AF497390

LES

MOTEURS A GAZ

———

PARIS — IMPRIMERIE E. MARPON ET C. FLAMMARION
26, RUE RACINE, 26.

———

LES

MOTEURS

A GAZ

PAR

M. Gustave RICHARD

INGÉNIEUR CIVIL DES MINES

TEXTE

PARIS

V^{VE} CH. DUNOD, ÉDITEUR

LIBRAIRE DES CORPS NATIONAUX DES PONTS ET CHAUSSÉES, DES MINES
ET DES TÉLÉGRAPHES

Quai des Augustins, 49

1885

PRÉFACE

Les moteurs à gaz ont pris depuis quelques années une
extension considérable, pour des forces variant de 1/4 de
cheval jusqu'à 100 chevaux. Ils s'adressent à toutes les
industries et s'imposent même dans bien des cas. Ils ont
fourni jusqu'ici la solution la plus pratique et la plus
générale de la distribution de la force motrice, et ne
semblent avoir à redouter sur ce terrain qu'un seul rival,
l'électricité.

Nous avons pensé qu'il serait utile de présenter, en
nous plaçant à un point de vue purement technique, un
résumé de l'état actuel de cette question si importante et
toute nouvelle des moteurs à gaz; tel est l'objet de cet
ouvrage.

Notre livre débute par l'exposé des notions de thermodynamique nécessaires pour établir la théorie des moteurs
à gaz. Nous nous sommes efforcés de conserver à cet
exposé et à la théorie qui en découle un caractère tout à
fait élémentaire. Les documents indispensables à l'établis-

sement d'une théorie *expérimentale* du moteur à gaz font encore défaut, et l'on serait d'autre part conduit, si l'on s'attachait à développer l'analyse *a priori* du moteur, à des formules difficiles à saisir, inapplicables en pratique et probablement peu exactes. Il est en effet très difficile, sinon impossible, de tenir compte ainsi des nombreuses influences qui agissent sur la marche des actions qui se produisent dans un cylindre de moteur à gaz, et notamment de l'influence exercée par la nature plus ou moins homogène du mélange d'air et de gaz, par le refroidissement des parois et par les phénomènes de dissociation. Nous nous sommes donc bornés à formuler le plus simplement possible les principaux éléments d'une théorie générale des moteurs à gaz, dans l'espoir que ces éléments pourront servir aux expérimentateurs comme des points de repère, leur indiquant de combien et pourquoi les données de la pratique s'écartent de certaines conditions hypothétiques que l'on ne pourra jamais réaliser complètement, mais dont la théorie les aidera peut-être à s'en rapprocher avec moins de tâtonnements. Nous avons d'ailleurs joint à notre théorie l'exposé des principales expériences exécutées sur les gaz détonants analogues au gaz d'éclairage, et sur ce gaz même.

La théorie des moteurs à gaz est suivie de la monographie des *principaux* types de machines appliquées ou proposées depuis ces dernières années décrits dans un ordre de classification qui n'a d'autre prétention que de répondre aux nécessités de la pratique. Nous n'avons pas hésité à décrire dans cette monographie quelques moteurs dont l'ensemble laisse à désirer et qui ne sont guère sortis de leur période d'essai, mais qui présentent par quelque côté un caractère ingénieux. Nous avons en effet songé, en écrivant notre ouvrage, non seulement au praticien en quête du meilleur moteur à gaz — qui n'est pas d'ailleurs jusqu'à présent bien difficile à reconnaître — mais aussi au chercheur, qui nous saura peut-être gré de lui éviter quelques peines inutiles en mettant à sa portée la description des principales inventions de ses prédécesseurs. Nous n'avons aussi, en raison même de l'actualité de ces travaux, usé de notre droit de critique qu'avec les plus grands ménagements, nous bornant le plus souvent à une simple description.

Les chapitres qui suivent sont consacrés à l'examen des principaux détails de construction des moteurs à gaz : l'allumage, la régularisation, la distribution... Chacun de ces chapitres est précédé d'une critique générale des organes qui s'y trouvent décrits, pour servir de guide dans leur appréciation. Nous nous sommes bornés à l'étude des organes rigoureusement propres aux moteurs à gaz en évitant, par exemple, de donner une théorie générale des distributions que l'on trouve exposée dans tous les traités de machines à vapeur, et qui aurait inutilement encombré notre livre. Nous n'avons fait exception à cette règle que pour les régulateurs électriques, en raison de l'application toute spéciale des moteurs à gaz aux éclairages de moyenne importance.

Notre ouvrage se termine par un chapitre consacré à certaines applications particulières des moteurs à gaz, applications peu répandues encore, mais auxquelles nous avons cru devoir consacrer quelques pages, en raison de l'avenir que nous leur croyons assuré.

Paris, Octobre 1884.

G. R.

TABLE DES MATIÈRES

CHAPITRE II

THÉORIE GÉNÉRALE DES MOTEURS A GAZ

Pages 21 à 82.

CHAPITRE III

MOTEURS DU PREMIER TYPE SANS COMPRESSION

Pages 83 à 126.

CHAPITRE IV

MOTEURS DU DEUXIÈME TYPE

Pages 127 à 135.

CHAPITRE V

MOTEURS DU TROISIÈME TYPE

Pages 136 à 262.

CHAPITRE VI

MOTEURS DIVERS

Pages 263 à 288.

CHAPITRE VII

LA DISTRIBUTION

Pages 289 à 326.

CHAPITRE VIII

ALLUMAGE

Pages 327 à 364.

CHAPITRE IX

LA RÉGULARISATION

Pages 365 à 406.

CHAPITRE X

DÉTAILS DE CONSTRUCTION

Pages 407 à 438.

CHAPITRE XI

APPLICATIONS DIVERSES

Pages 439 à 460.

APPENDICE

ADDITIONS

TABLE DES PLANCHES

PLANCHES 53 A 56. MOTEURS A DOUBLE EFFET

PLANCHES 57 ET 58. MOTEURS COMPOUND

PLANCHES 59 A 61. MOTEURS A GAZ ET VAPEUR D'EAU

PLANCHES 62 A 65. DÉTAILS DE CONSTRUCTION

PLANCHES 66 A 70. APPLICATION AUX TRAMWAYS

TABLE DES FIGURES

FIN DES TABLES

LES

MOTEURS A GAZ

CHAPITRE I

NOTIONS PRÉLIMINAIRES DE THERMODYNAMIQUE

Équivalence de la chaleur et du travail mécanique.
Tout le monde connaît aujourd'hui la proposition qui constitue
le premier principe de la thermodynamique : que *la chaleur et
l'énergie mécanique sont mutuellement convertibles.*

On appelle *équivalent mécanique de la chaleur* le nombre 425,
qui est le nombre des kilogrammètres, ou des unités de travail,
nécessaires pour donner naissance à une calorie, ou à une unité
de chaleur, en se transformant complètement en chaleur.

On désigne, inversement, sous le nom d'*équivalent colorifique
du travail*, le nombre

$$\frac{1}{425} = 0^{cal},00\,235,$$

qui est le nombre des calories nécessaires pour développer un travail d'un kilogrammètre, par leur conversion totale en travail : ce
nombre est ordinairement représenté par la lettre A,

$$A = \frac{1}{425} = 0^{cal},00\,235.$$

1

On désigne souvent par la lettre E, l'équivalent mécanique de
la chaleur,

$$E = \frac{1}{A} = 425 \text{ kilogrammètres.}$$

La loi de l'équivalence mécanique du travail et de la chaleur a
été établie par l'expérience, indépendamment de toute hypothèse
sur la constitution de la matière et sur la nature de la force. On
peut la considérer comme un cas particulier des deux lois générales
suivantes, démontrées par la vérification de leurs conséquences.

1° Toutes les formes de l'énergie sont mutuellement convertibles ;

2° L'énergie totale d'un corps, ou d'un système de corps, est
inaltérable par les actions mutuelles de ses parties.

PREMIER THÉORÈME

**Travail thermique ou de chaleur sensible
d'un gaz parfait.**

Lorsqu'un gaz parfait (*) *passe*

de l'état $p_0 \ v_0$
à   l'état $p_1 \ v_1$

*l'équivalent mécanique de la chaleur dépensée, pour changer sa
température, est donné par l'équation*

$$\theta_m = \frac{p_1 v_1 - p_0 v_0}{k - 1},$$

(*) On appelle, en thermodynamique, gaz parfaits, ceux dont le *travail interne* est nul ;
— ce qui n'existe rigoureusement pour aucun gaz — ces gaz passent brusquement d'une
pression à une autre-sans variation de température, pourvu qu'ils n'accomplissent ou ne
reçoivent aucun travail externe; ils suivent exactement les lois de Mariotte et de Gay-
Lussac. On peut, avec une approximation suffisante pour la pratique, considérer comme
gaz parfaits l'air et ses mélanges avec le gaz d'éclairage, dans les proportions adoptées
pour les moteurs à gaz. (Voir sur les gaz parfaits, HIRN, *Exposition analytique,*.....
2ᵉ vol., p. 160.)

k étant le rapport

$$k = \frac{C}{c},$$

des chaleurs spécifiques du gaz à pression constante et à volume constant.

Démonstration. On a, d'après la loi de Gay-Lussac, $\begin{Bmatrix} p_0 & v_0 & t_0 \\ p_1 & v_1 & t_1 \end{Bmatrix}$ étant les états successifs d'un gaz de coefficient de dilatation α, l'expression

$$p_1 v_1 = p_0 v_0 \frac{1 + \alpha t_1}{1 + \alpha t_0} = p_0 v_0 \frac{\frac{1}{\alpha} + t_1}{\frac{1}{\alpha} + t_0} = p_0 v_0 \frac{\tau_1}{\tau_0},$$

τ_1 et τ_0 étant les températures absolues.

$$\tau_1 = t_1 + 273° = t_1 + \frac{1}{\alpha},$$

$$\tau_0 = t_0 + 273° = t_0 + \frac{1}{\alpha},$$

correspondant à t_1 et à t_0 (*).

On écrit ordinairement cette expression sous la forme

$$pv = R\tau,$$

R étant une constante caractéristique de chaque gaz supposé parfait (**).

(*) Au sujet de la température absolue, voir HIRN. *Exposition analytique...* 1er vol., p. 100. On peut imaginer le zéro absolu (— 273°) comme la température où s'annule la force calorifique du corps.

(**) L'équation $pv = R\tau$, d'où $R = \dfrac{pv}{\tau}$, peut s'écrire

$$R = \frac{p}{\Delta}\,\frac{1}{\tau} = \frac{H}{\tau},$$

Δ étant le poids du mètre cube du gaz à la pression p et à la température τ.

H étant la hauteur d'une colonne de ce gaz équivalente à la pression p.

Pour l'air, à 0° ($\tau_0 = 273°$) et à la pression atmosphérique ($p_0 = 10333$ kilogrammes par mètre carré)

$$\Delta_0 = 1^k{,}293, \qquad H_0 = \frac{10333}{1{,}293} = 7991^m, \qquad R = \frac{7991}{273} = 29{,}272.$$

En exprimant

p, en kilogrammes par mètre carré,
v, volume du kilogramme, en mètres cubes,

on trouve, pour R, les valeurs suivantes :

Pour l'air sec . . . . R $= 29,272$
» » humide 31,964
» l'azote sec. 30,134
» l'oxygène sec. 26,475
» l'hydrogène sec. 422,612

De l'équation $p_1 v_1 - p_0 v_0 = R(\tau_1 - \tau_0)$, on déduit l'expression

$$\tau_1 - \tau_0 = \frac{p_1 v_1 - p_0 v_0}{R}.$$

Chaleur spécifique à pression constante C. Considérons maintenant un gaz parfait passant de l'état

$$p_0 \ v_0 \ t_0,$$

à l'état

$$p_0 \ v_1 \ t_1,$$

ou se dilatant de $v_0 t_0$ à $v_1 t_1$, sous la pression constante

$$p_0.$$

Il faudra dépenser, pour opérer ce changement :

1° La quantité de chaleur Q_e, nécessaire ou équivalente à l'accomplissement du travail externe

$$p_0 (v_1 - v_0)$$

du gaz repoussant de $(v_0 - v_1)$ la pression p_0 qui s'oppose à sa dilatation.

On a

$$Q_e = A p_0 (v_1 - v_0)$$
$$= A p_0 v_0 \left(\frac{\tau_1 - \tau_0}{\tau_0} \right),$$

en vertu de la relation

$$\left. \begin{array}{l} p_0 v_0 = R\tau_0 \\ p_0 v_1 = R\tau_1 \end{array} \right\} \quad \text{d'où} \quad \frac{v_0}{v_1} = \frac{\tau_0}{\tau_1}.$$

2° La chaleur Q_i, nécessaire pour élever de t_0 à t_1 la température du gaz.

Puisque le gaz est supposé parfait, son travail intérieur de dilatation est nul, et la chaleur Q_i est égale à celle qu'il faudrait dépenser pour élever la température de ce gaz de t_0 à t_1 sous volume constant; on a donc

$$Q_i = c(\tau_1 - \tau_0). \qquad (1)$$

Il en résulte que la chaleur totale nécessaire pour faire passer de $v_0 t_0$ à $v_1 t_1$, sous la pression constante p_0, l'unité de poids ou le kilogramme de ce gaz parfait, est donnée par l'équation

$$Q = Q_e + Q_i = A p_0 v_0 \left(\frac{\tau_1 - \tau_0}{\tau_0} \right) + c(\tau_1 - \tau_0),$$

et que la chaleur spécifique *moyenne* (*) de ce gaz, à la pression constante p_0, est définie par l'expression

$$C = \frac{Q}{\tau_1 - \tau_0} = c + A \frac{p_0 v_0}{\tau_0} = c + AR;$$

d'où l'équation générale

$$C - c = AR = A \frac{pv}{\tau} \qquad (2)$$

Remplaçant, dans l'expression (1)

$$\text{et } \left.\begin{array}{c} \tau_0 \\ \\ \tau_1 \end{array}\right\} \text{ par leurs valeurs } \left\{\begin{array}{c} \dfrac{p_0 v_0}{R} \\ \\ \dfrac{p_1 v_1}{R}, \end{array}\right.$$

on trouve, pour la chaleur sensible du gaz, Q_i, l'expression

$$Q_i = c(\tau_1 - \tau_0) = \frac{c}{R}(p_1 v_1 - p_0 v_0),$$

(*) Les chaleurs spécifiques C et c ne sont constantes que pour un gaz parfait, mais, avec les gaz dont nous aurons à traiter, elles varient assez peu pour que nous puissions les considérer comme constantes.

et pour son équivalent dynamique θ_m

$$\theta_m = \frac{1}{A} \times \frac{c}{R}\,(p_1 v_1 - p_0 v_0).$$

On en déduit, en remplaçant R par sa valeur,

$$R = \frac{C - c}{A},$$

tirée de l'équation (2), l'expression finale cherchée

$$\theta_m = \frac{1}{A}\,\frac{c}{\frac{C-c}{A}}\,(p_1 v_1 - p_0 v_0)$$

$$= \frac{c}{C - c}\,(p_1 v_1 - p_0 v_0$$

$$= \frac{1}{\frac{C}{c} - 1}\,(p_1 v_1 - p_0 v_0)$$

$$= \frac{p_1 v_1 - p_0 v_0}{k - 1},$$

en désignant par k le rapport

$$k = \frac{C}{c},$$

des chaleurs spécifiques du gaz à pression et à volume constants.

Si on admet, pour k, la valeur moyenne

$$k = \frac{C}{c} = 1{,}40 \;(*),$$

cette expression devient

$$\theta_m = \frac{5}{2}\,(p_1 v_1 - p_0 v_0). \qquad (3)$$

(*) Voici quelques déterminations de k :

	c	C	$k = \dfrac{C}{c}$
Air.	0,168	0,237	1,410
Azote.	0,173	0,243	1,411
Oxygène	0,155	0,217	1,403
Hydrogène.	2,412	3,409	1,413

Corollaire. La chaleur nécessaire pour porter un gaz de v_0 à v_1, sous la pression constante p_0, étant équivalente à la somme du travail θ_m et du travail externe $p_0(v_1 - v_0)$, est donnée par l'expression

$$Q = A \frac{5}{2} p_0 (v_1 - v_0) + p_0 (v_1 - v_0)$$

$$= A \frac{7}{2} p_0 (v_1 - v_0)$$

$$= 0^{cal},00\,823\, p_0 (v_1 - v_0)$$

DEUXIÈME THÉORÈME

Détente adiabatique.

Lorsqu'un gaz parfait se dilate ou se comprime sans recevoir ni céder de chaleur, la loi de cette variation est exprimée par la formule

$$pv^k = \text{constante},$$

k étant le rapport

$$k = \frac{C}{c}$$

des chaleurs spécifiques à pression et à volume constants.

Démonstration. Quand un corps varie de $dv\,dt$, la quantité de chaleur dq, nécessaire pour déterminer cette variation, est donnée par l'expression générale,

$$dq = cdt + ldv. \qquad (1)$$

Dans cette formule, c représente la limite du rapport

$$\frac{\Delta q}{\Delta t} = c,$$

de la chaleur qu'il faut fournir au corps, supposé maintenu sous un volume constant, pour y produire une variation de température

Δt, à cette variation de température, ou la *chaleur spécifique* du corps *au volume constant* v et à la température t.

Il faut noter que c, dépendant à la fois de t et de v, varie avec eux de quantités infinitésimales par rapport a $dv\, dt$, ou du second ordre.

l représente la limite

$$l = \frac{\Delta q}{\Delta v},$$

de la variation de la chaleur du corps à sa variation de volume, à température constante, ou la *chaleur de dilatation* du corps à l'état t, v.

Si l'on désigne, d'autre part, par $d\mathrm{U}$, la variation de la *chaleur interne* du corps pendant son changement $dv\, dt$, ou la chaleur dépensée à augmenter sa température et à faire varier les positions de ses molécules malgré les forces intérieures qui les maintiennent, et par p la pression extérieure que supporte le corps, on obtient, pour la variation de chaleur dq, l'expression

$$dq = \mathrm{A}pdv + d\mathrm{U}. \tag{2}$$

Dans cette formule, $\mathrm{A}pdv$ représente la partie de la chaleur totale dq employée à déplacer de dv la pression extérieure p.

Si l'on prend pour variables indépendantes t et v, l'expression (2) développée, devient

$$dq = \mathrm{A}pdv + \frac{d\mathrm{U}}{dv}\, dv + \frac{d\mathrm{U}}{dt}\, dt,$$

d'où l'on tire, pour l, en l'identifiant avec l'expression (1), la valeur

$$l = \mathrm{A}p + \frac{d\mathrm{U}}{dv}.$$

Or, dans un gaz parfait, on a, par définition

$$\frac{d\mathrm{U}}{dv} = 0,$$

d'où, pour un gaz parfait, l'expression simple

$$l = \mathrm{A}p,$$

ou, en remplaçant $\mathrm{A}p$ par sa valeur

$$\mathrm{A}p = (\mathrm{C} - c)\,\frac{\tau}{v},$$

tirée de l'équation (2) page 5

$$l = (\mathrm{C} - c)\,\frac{\tau}{v}\,p.$$

Lorsque le corps se dilate sans variations de chaleur, ou suivant une adiabatique, on a, par définition,

$$dq = l\,dv + c\,dt = 0,$$

et, pour le cas d'un gaz parfait,

$$dq = p\,(\mathrm{C} - c)\,\frac{\tau}{v}\,dv + c\,dt = 0,$$

d'où

$$\frac{\mathrm{C} - c}{c}\,\frac{dv}{v} + \frac{d\tau}{\tau} = 0,$$

et, en posant

$$\frac{\mathrm{C}}{c} = k,$$

$$(k - 1)\,\frac{dv}{v} + \frac{d\tau}{\tau} = 0.$$

En intégrant, et en remarquant que l'on a, pour les gaz parfaits,

$$\frac{pv}{\tau} = \mathrm{R} = \text{constante,}$$

on obtient, successivement, les trois relations

$$\left.\begin{array}{c} \tau v^{k-1} \\[4pt] \tau p^{\frac{1-k}{k}} \\[4pt] pv^{k} \end{array}\right\} = \text{constante,}$$

qui définissent la détente adiabatique d'un gaz parfait.

Prenant pour k la valeur

$$k = \frac{C}{c} = 1,40 = \frac{7}{5},$$

on trouve

$$\frac{1}{k-1} = \frac{5}{2}$$

$$\frac{1-k}{k} = -\frac{5}{7}$$

$$\frac{k}{k-1} = \frac{7}{2}$$

Conséquences principales de la loi

$$pv^k = \text{constante.}$$

A. *Diminution* $(p_1 - p_2)$ *de la pression d'un gaz se détendant* r *fois, sans variation de chaleur*, en passant, de v_1 à $v_2 = rv$ *suivant une adiabatique.*

On trouve immédiatement

$$p_2 = \frac{p_1}{r^k} = p_1 r^{-k} = p_1 r^{-\frac{7}{5}}.$$

Le tableau suivant facilitera l'application de cette règle

DEGRÉS de détente. $r = \frac{v_2}{v_1}$	DEGRÉS d'admission. $\frac{1}{2} = \frac{v_1}{v_2}$	RAPPORTS des pressions. $\frac{p_1}{p_2} = r^{\frac{7}{5}}$
5	0,2	0,105
4	0,25	0,144
3,3	0,3	0,185
2,9	0,35	0,230
2,5	0,4	0,277
2,02	0,45	0,327
2	0,5	0,379

Pour des valeurs de r comprises entre 2 et 7, on peut calculer le rapport $\frac{p_2}{p_1}$, sans avoir recours aux logarithmes, au moyen de la formule approximative suivante, indiquée par Rankine (*)

$$\frac{p_2}{p_1} = 0{,}54 \left(\frac{1}{r} - \frac{1}{r^2}\right) - 0{,}025.$$

B. *Travail* θ_a, *accompli par un gaz parfait, passant de* $p_1 v_1$ *à* $p_2 v_2$, *suivant une détente adiabatique.*

Ce travail est donné par l'expression

$$\theta_a = \int_{v_2}^{v_1} p\,dv$$

$$= \frac{1}{k-1} p_1 v_1 \left[1 - \left(\frac{v_1}{v_2}\right)^{k-1}\right]$$

$$= \frac{1}{k-1} p_1 v_1 \left[1 - \left(\frac{p_2}{p_1}\right)^{\frac{k-1}{k}}\right]$$

$$= \frac{c}{A}(t_1 - t_2) = \frac{c}{A}(\tau_1 - \tau_2) = \frac{c}{A}\tau_2\left(\frac{\tau_1}{\tau_2} - 1\right),$$

d'après l'équation générale

$$dq = cdt + Apdv = 0.$$

On peut écrire directement cette dernière expression du travail θ_a, en remarquant que, dans le cas d'une détente adiabatique, le gaz ne recevant ni ne perdant de chaleur par communication des corps extérieurs, le travail qu'il aura effectué sera équivalent à la variation de sa chaleur interne, ou à la différence

$$c\tau_1 - c\tau_2$$

de cette chaleur, au commencement et à la fin de la détente.

(*) *On the Theory of Explosive Gas Engines*, Miscellaneous Scientific papers ..., p. 466.

Prenant

$$c = 0,17,$$

$$\frac{1}{A} = 425 \text{ kilogrammètres,}$$

il vient, pour la valeur du travail développé par l'unité de poids du gaz passant de τ_1 à τ_2, suivant une adiabatique, l'expression

$$\theta_a = 0,27 \times 425 \, (t_1 - t_2) = 72 \, (t_1 - t_2) = 72 \tau_2 \left(\frac{\tau_1}{\tau_2} - 1 \right).$$

Cette formule donne, en même temps, le travail absorbé par la compression adiabatique de l'unité de poids du gaz de t_2 à t_1.

C. *Abaissement de la température d'un gaz se détendant de* $p_1 v_1$ *à* $p_2 v_2$, *suivant une adiabatique.*

Cet abaissement est donné par l'expression

$$\frac{\tau_1}{\tau_2} = \left(\frac{v_2}{v_1} \right)^{k-1} = \left(\frac{p_1}{p_2} \right)^{\frac{k-1}{k}},$$

d'où

$$t_1 - t_2 = \tau_1 \left[1 - \left(\frac{v_1}{v_2} \right)^{k-1} \right].$$

A' une compression adiabatique, correspondrait une élévation de température égale.

Ces variations de température sont donc proportionnelles à la température initiale absolue τ_1.

La table suivante, dressée d'après ces formules, en facilitera les applications à la théorie des moteurs à gaz.

Tableau de la détente adiabatique de l'air.

$\dfrac{p_1}{p_2}$	$\dfrac{\tau_1}{\tau_2}$	$\dfrac{\tau_2}{\tau_1}$	$\dfrac{v_2}{v_1}$	$\dfrac{v_1}{v_2}$
1,2	1,0543	0,9485	1,1382	0,8786
1,2	1,1024	0,9070	1,2699	0,7875
1,6	1,1460	0,8762	1,3961	0,7163
1,8	1,1859	0,8433	1,5179	0,6588
2	1,2226	0,8179	1,6358	0,6113
2,2	1,2569	0,7956	1,7503	0,5713
2,4	1,2890	0,7758	1,8619	0,5371
2,6	1,3193	0,7580	1,9707	0,5074
2,8	1,3480	0,7419	2,0772	0,4814
3	1,3752	0,7272	2,1815	0,4584
3,2	1,4012	0,7138	2,2838	0,4379
3,4	1,4260	0,7013	2,3843	0,4194
3,6	1,4498	0,6897	2,4830	0,4027
3,8	1,4728	0,6790	2,5802	0,3876
4	1,4948	0,6690	2,6759	0,3737
4,2	1,5161	0,6596	2,7702	0,3610
4,4	1,5367	0,6507	2,8632	0,3493
4,6	1,5567	0,6424	2,9350	0,3384
4,8	1,5760	0,6345	3,0456	0,3283
5	1,5948	0,6270	3,1352	0,3190
6	1,6813	0,5948	3,5685	0,2802
7	1,7582	0,5688	3,9814	0,2512
8	1,8276	0,5471	4,3772	0,2285
9	1,8912	0,5288	4,7589	0,2101
10	1,9500	0,5129	5,1286	0,1950
11	2,0044	0,4988	5,4869	0,1824
12	2,0556	0,4864	5,8353	0,1713
13	2,1040	0,4753	6,1783	0,1618
14	2,1497	0,4652	6,5123	0,1535
15	2,1931	0,4560	6,8396	0,1462

TROISIÈME THÉORÈME

L'énergie—ou le travail mécanique—*équivalente à la chaleur
absorbée ou dépensée par un corps passant, suivant une loi quelconque, figurée par une courbe* C (fig. 1) *de l'état* $p_1 v_1$ *à l'état* $p_2 v_2$,
est représentée par la surface comprise entre les courbes de dé-

*tente adiabatique de ce corps, a_1 et a_2, partant des extrémités de la
courbe C, et indéfiniment prolongées.*

Démonstration. Si l'on fait parcourir au corps le cycle $p_1 v_1 -$
$C - p_2 v_2 - a_2 - mn - a_1 - p_1 v_1$, en passant de a_2 sur a_1 au
volume constant $m\,n$, le travail rendu par ce cycle sera représenté par l'aire $a_1 C a_2 mn$.

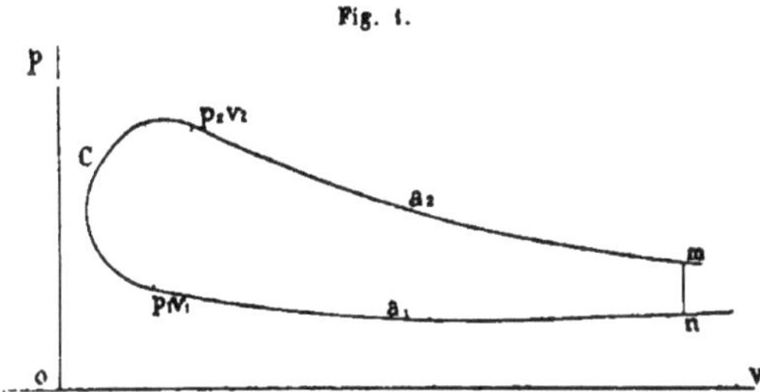

Fig. 1.

Or, ce travail est l'équivalent mécanique de la différence des chaleurs absorbées ou dépensées suivant la courbe C et dans la
chute de pression mn, ou sur la courbe C seule, quand mn est
infiniment petit, ou infiniment éloigné sur le prolongement des
adiabatiques $a_1 a_2$; il est donc représenté par l'aire comprise entre
la courbe C et les adiabatiques $a_1 a_2$, indéfiniment prolongées.

PRINCIPE DE CARNOT

Cycle de Carnot. On dit qu'un corps décrit un cycle de
Carnot quant il revient à son point de départ A, après avoir parcouru successivement, ainsi que l'indique la figure 2,

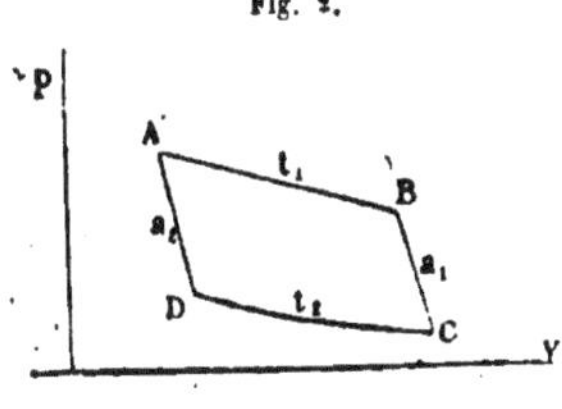

Fig. 2.

une isothermique AB
une adiabatique BC
une isothermique CD
une adiabatique DA.

Ce cycle est reversible, c'est-à-
dire susceptible d'être parcouru

par le corps dans les deux sens :

$$\begin{array}{cccc} A & B & C & D \\ t_1 & a_1 & t_2 & a_2 \end{array} \quad \text{et} \quad \begin{array}{cccc} A & D & C & B \\ a_2 & t_2 & a_1 & t_1 \end{array}$$

Théorème de Carnot. *Lorsque deux corps fonctionnent suivant des cycles de Carnot, entre les mêmes limites de températures*

$$t_1 \quad t_2 \quad \text{ou} \quad \tau_1 \quad \tau_2,$$

à une même quantité de chaleur Q, *transportée de* t_1 *à* t_2, *ou de* t_2 *à* t_1, *correspond une même quantité de travail* θ, *produit ou dépensé, quelle que soit la nature de l'agent intermédiaire.*

Car, s'il en était autrement, deux corps parcourant successivement, mais en sens contraire, le cycle de Carnot, entre les mêmes limites de température, l'un absorbant l'autre restituant la même quantité de chaleur, et laissant, par conséquent, après leur évolution, l'ensemble du système dans le même état qu'à l'origine, auraient, en admettant qu'ils puissent produire des travaux différents, donné naissance à une variation définitive de travail sans variation définitive de chaleur, ce qui est contraire à la loi de l'équivalence.

Travail d'un corps parcourant un cycle de Carnot.

Le travail d'un corps quelconque parcourant un cycle de Carnot ne dépendant que des limites de températures entre lesquelles il fonctionne et de la quantité de chaleur transportée, nous pouvons considérer, pour exprimer ce travail en fonction de ces données, le cas d'un gaz parfait.

Considérons un gaz parfait partant de $v_1 p_1$, pour revenir à cet état par le cycle représenté sur la *fig.* 3, limité par deux isothermiques,

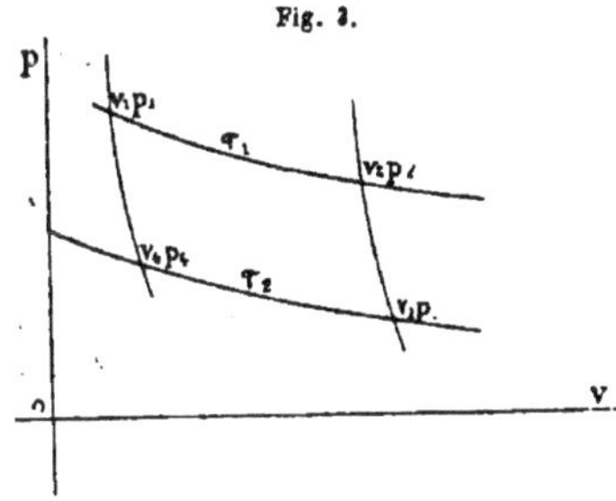

$$\left.\begin{array}{l}\tau_1 \\ \tau_2\end{array}\right\} \text{ allant de } \left\{\begin{array}{lll}v_1p_1 & \text{à} & v_2p_2 \\ v_3p_3 & \text{à} & v_4p_4,\end{array}\right.$$

et par deux adiabatiques,

$$\left.\begin{array}{l}a_1 \\ a_2\end{array}\right\} \text{ allant de } \left\{\begin{array}{lll}v_2p_2 & \text{à} & v_3p_3 \\ v_4p_4 & \text{à} & v_1p_1.\end{array}\right.$$

De $v_1 p_1$ à $v_2 p_2$, le gaz se détend à la température constante τ_1, et accomplit un travail

$$p_0 v_0 \log\left(\frac{v_1}{v_0}\right),$$

suivant la loi de Mariotte : il doit *recevoir*, pour accomplir ce travail, la quantité de chaleur équivalente

$$Q_1 = A p_0 v_0 \log\left(\frac{v_1}{v_0}\right) \tag{a}$$

De $v_2 p_2$ à $v_3 p_3$, le gaz passe, sans variation de chaleur, de τ_1 à τ_2, suivant la loi

$$\tau_1 v_2^{k-1} = \tau_2 v_3^{k-1}. \tag{b}$$

De $v_3 p_3$ à $v_4 p_4$, le gaz, comprimé à la température constante τ_2, *cède* une quantité de chaleur exprimée par l'équation

$$Q_2 = A p_4 v_4 \log\left(\frac{v_3}{v_4}\right). \tag{c}$$

De $v_4 p_4$ à $v_1 p_1$, le gaz se comprime sans variation de chaleur, et passe de τ_2 à τ_1 suivant la loi

$$\tau_2 v_4^{k-1} = \tau_1 v_1^{k-1}. \tag{d}$$

Divisant membre à membre les équations (*b*) et (*d*), il vient

$$\frac{v_2}{v_1} = \frac{v_3}{v_4}.$$

Divisant de même membre à membre les équations (a) et (c), et remarquant que l'on a, d'après la relation précédente,

$$\log \frac{v_2}{v_1} = \log \frac{v_3}{v_4},$$

il vient

$$\frac{Q_1}{Q_2} = \frac{p_1 v_1}{p_4 v_4}.$$

Remplaçant, dans cette dernière relation,

$$\left. \begin{matrix} p_1 v_1 \\ p_4 v_4 \end{matrix} \right\} \text{ par leurs valeurs } \left\{ \begin{matrix} R\tau_1 \\ R\tau_2, \end{matrix} \right.$$

on obtient enfin l'équation

$$\frac{Q_1}{Q_2} = \frac{\tau_1}{\tau_2}$$

d'où

$$\frac{Q_1}{\tau_1} = \frac{Q_2}{\tau_2}$$

ou, sous une forme générale,

$$\int \frac{dQ}{\tau} = 0.$$

De cette relation, on tire les deux suivantes

$$\frac{Q_1 - Q_2}{Q_2} = \frac{\tau_1 - \tau_2}{\tau_2} \quad \text{ou} \quad Q_1 - Q_2 = \frac{Q_2}{\tau_2}(\tau_1 - \tau_2)$$

$$\frac{Q_1 - Q_2}{Q_1} = \frac{\tau_1 - \tau_2}{\tau_1} \quad \text{ou} \quad Q_1 - Q_2 = \frac{Q_1}{\tau_1}(\tau_1 - \tau_2)$$

Si l'on remarque que $Q_1 - Q_2$ représente la quantité de chaleur dépensée ou convertie en travail, on voit que l'on peut énoncer ce théorème en disant que *le travail absorbé ou produit par un corps quelconque fonctionnant suivant un cycle de Carnot est proportionnel à la* **chute de température** $(t_1 - t_2)$ *dont on dispose.*

Coefficient économique.

On appelle *coefficient économique* d'une machine dont le corps travailleur décrit un cycle quelconque le rapport de la chaleur convertie en travail à la chaleur totale reçue par ce corps.

Dans le cas particulier d'un cycle de Carnot, le coefficient économique est donné par la formule

$$\rho_\bullet = \frac{Q_1 - Q_2}{Q_1} = \frac{\tau_1 - \tau_2}{\tau_1} = 1 - \frac{\tau_2}{\tau_1}.$$

Lorsqu'un corps fonctionne suivant un cycle quelconque *fermé et réversible* (*fig.* 4), on peut concevoir ce cycle comme formé d'une infinité de cycles de Carnot, tels que $t_1 t_2 a_1 a_2$, limités par son contour, dont ils s'approchent indéfiniment par l'évanouissement des triangles ombrés, et parcourus successivement par le corps, de manière qu'il décrive deux fois, et en sens contraires, chacune des isothermiques $t_1 t_2 \ldots$

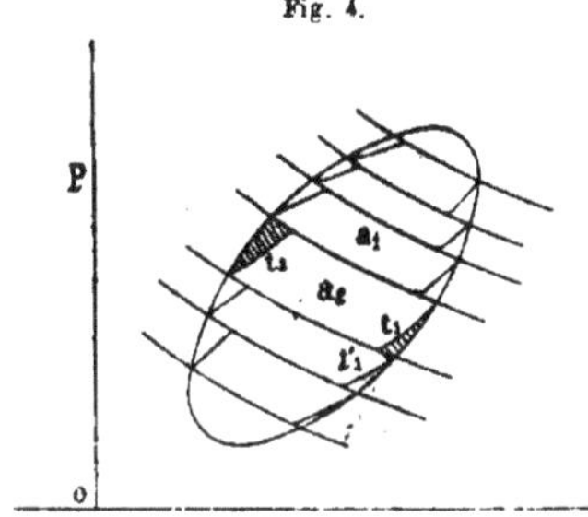

Fig. 4.

Le coefficient économique d'un pareil cycle, se trouvant compris entre la plus grande et la plus petite valeur des coefficients économiques des cycles de Carnot élémentaires qui le constituent, est nécessairement inférieur à celui d'un cycle de Carnot fonctionnant entre les limites extrêmes τ_1 et τ_2 des températures du cycle.

Ce théorème s'énonce, en disant que *le coefficient économique d'un cycle fermé et réversible quelconque est toujours inférieur à celui d'un cycle de Carnot décrit entre les mêmes limites de température.*

Un cycle cesse, en général, d'être réversible, lorsque, pendant tout le parcours du cycle, la pression du corps qui le décrit cesse

de subir, des corps extérieurs, une pression infiniment peu différente de sa force expansive; on ne peut plus, en effet, considérer
alors la pression extérieure comme une *pression du corps*, et la
chaleur à lui fournir comme complètement déterminée, pendant
tout le parcours du cycle, par le trajet déjà parcouru; on ne peut
plus faire retourner le corps à son état initial en faisant subir, à
la chaleur et à la pression, des variations suivant la même loi et
en sens inverse.

Tel est, par exemple, le cas d'un gaz se détendant d'abord sous
une pression extérieure infiniment peu différente de sa force expansive, puis comprimé brusquement, par une pression supérieure
à cette force d'une quantité finie. Il faudra, en effet, pendant cette
seconde période, que le gaz comprimé brusquement cède à chaque
instant une quantité de chaleur, ou absorbe une quantité de travail plus considérable, que la chaleur qu'il a reçue pendant l'élément correspondant de sa détente; en un mot, tous les éléments
de l'intégrale $\int \dfrac{dq_2}{\tau_2}$, se rapportant à la deuxième période, seront
augmentés, tandis que l'intégrale $\int \dfrac{dq_1}{\tau_1}$ conservera la valeur correspondant aux isothermiques élémentaires $t, t', \ldots$ (*fig.* 4) de la
première partie du cycle.

Pour chacun des cycles *élémentaires* de la *fig.* 4, la relation :

$$\int \frac{dq_1}{\tau_1} = \int \frac{dq_2}{\tau_2}$$

cesse donc alors d'exister; on a, au contraire,

$$\int \frac{dq_2}{\tau_2} > \int \frac{dq_1}{\tau_1},$$

d'où

$$\int \frac{dQ}{\tau} < 0,$$

en considérant toujours comme positives les quantités de chaleur
reçues par le corps, et comme négatives celles qu'il abandonne.

Dans le cas d'un cycle fermé réversible, on a, au contraire,

$$\int \frac{dQ}{\tau} = 0.$$

On déduit, de ces considérations, que l'on a, pour tout cycle fermé *non réversible*, l'inégalité

$$\frac{Q_1}{\tau_1} - \frac{Q_2}{\tau_2} < 0,$$

d'où

$$\frac{Q_1 - Q_2}{Q_1} < 1 - \frac{\tau_1}{\tau_1},$$

démontrant que, *dans tous les cas*, le coefficient économique d'une machine thermique est maximum, entre des limites de températures données, quant elle fonctionne suivant un cycle de Carnot.

En d'autres termes, si l'on désigne par

$\left.\begin{array}{l}\tau_1 \\ \tau_2\end{array}\right\}$ les températures absolues maxima et minima dont on peut disposer

et par

$\quad$ Q $\quad$ la chaleur maxima que l'on peut communiquer au fluide ou au corps travailleur,

le travail maximum que peut rendre ce corps est donné par l'expression

$$\theta = \frac{Q}{A} \frac{\tau_1 - \tau_2}{\tau_1}. \tag{*}$$

La conséquence de ce théorème est que *le travail total maximum que* **peut** *rendre un corps est indépendant de sa nature, et proportionnel à la température absolue auquel s'opère ce travail.*

Si l'on disposait d'une source froide à la température du zéro absolu

$$\tau_2 = 0, \quad t_2 = -273°,$$

le rendement du cycle de Carnot serait donc égal à l'unité; on peut donc définir le zéro absolu comme la température au-dessous de laquelle aucun corps ne peut s'abaisser par une restitution de travail.

(*) Consulter, pour plus de détails sur le théorème de Carnot et sur les cycles non réversibles. — Moutier, *Thermodynamique*, p. 49 et *Cours de physique*, chap. X. — Zeuner, *Théorie mécanique de la chaleur*, p. 85. — Hirn, *Exposition analytique*, 3e éd., 1er vol., chap. II.

CHAPITRE II

THÉORIE GÉNÉRALE DES MOTEURS A GAZ

Les principes de thermodynamique exposés dans le précédent chapitre vont nous permettre de présenter une théorie des moteurs à gaz suffisamment exacte pour guider les tâtonnements inévitables de la pratique, et assez générale pour s'adapter aux différents cas particuliers que l'on rencontre dans les applications.

Pour établir cette théorie, nous imaginerons un moteur dans lequel l'unité de poids du mélange explosif parcourerait les périodes suivantes du cycle représenté par la figure. 5.

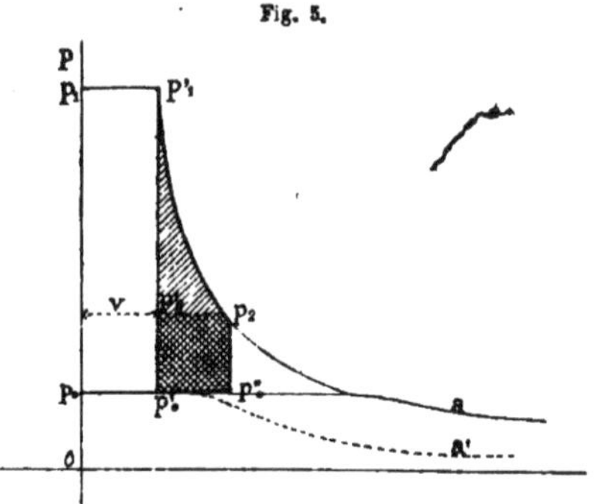

1° *Admission*, au cylindre moteur, du volume v de l'unité de poids du mélange, à la pression atmosphérique p_0, suivant la ligne $p_0 p'_0$;

2° *Explosion* subite et *combustion complète* du mélange, sans accroissement sensible du volume v; la pression augmente de p_0 à p_1, suivant la verticale $p'_0 p'_1$;

3° *Détente* de p'_1 à p_2, suivant une adiabatique a;

4° *Échappement* de p_2 à p_0, suivant la droite $p_2 p''_0$;

5° *Refoulement* dans l'atmosphère et continuation de l'échappement, à la pression atmosphérique p_0, suivant la droite $p''_0 p_0$.

Nous admettons, en outre, que la chaleur spécifique moyenne du mélange varie peu pendant les différentes phases du cycle, et que l'on peut négliger les phénomènes de condensation dus à sa combustion et à la production de la vapeur d'eau. Nous verrons bientôt que ces hypothèses, qu'il est nécessaire d'admettre pour attribuer aux moteurs à gaz des cycles fermés, sont parfaitement admissibles en pratique.

Explosion et *combustion complète* du mélange sous le volume constant v.

Si l'on désigne par p_1 la pression finale du gaz après l'explosion et par p_0 la pression atmosphérique, le travail total de l'explosion est donné, d'après le premier théorème du chapitre précédent, par la formule

$$\theta_e = \frac{5}{2}\,(p_1 - p_0).$$

La pression p_1 ne peut se déterminer que par l'expérience; nous verrons, en effet, qu'elle dépend de phénomènes thermochimiques multiples et compliqués.

Le travail θ_e est donc représenté par les $\frac{5}{2}$ du rectangle $p_0 p'_0 p_1$.

Rendement de l'explosion ρ_e.

On peut calculer, comme nous le verrons, d'après la loi de Dulong et Petit, la puissance maxima que peut développer la combustion de l'unité de poids d'un gaz. On appelle *rendement de l'explosion*, le rapport du travail réel θ_e, de l'explosion à ce travail maximum; il ne dépasse pas, dans les conditions de notre diagramme théorique, la valeur

$$\rho_e = 0,40.$$

Pression finale de détente p_2.

Cette pression est déterminée, quand on se donne le degré de détente

$$r = \frac{v_2}{v_1},$$

par l'expression

$$p_2 = p_1 r^{-\frac{7}{5}},$$

dont l'application est facilitée par la table de la page 10.

Détente adiabatique. Le degré de détente

$$r = \frac{v_2}{v_1},$$

est donné, en fonction de la pression finale p_2, par l'expression

$$r = \frac{v_2}{v_1} = \left(\frac{p_1}{p_2}\right)^{\frac{5}{7}},$$

dont l'application est facilitée par l'emploi de la table de la page 13.

La détente est la plus grande possible quand elle se prolonge jusqu'à la pression atmosphérique, dans ce cas,

$$p_2 = p_0$$

et l'on obtient, du gaz à p_1, le plus grand travail qu'il puisse donner.

Travail développé par le volume de l'unité de poids du gaz v_0.

Ce travail est représenté par l'aire de la partie du diagramme couverte de hachures.

Cette aire peut se diviser en deux parties :

1° L'aire rectangulaire $p'_0 p_2$, dont la surface est égale à

$$(r-1)(p_2 - p_0).$$

2° L'aire triangulaire.

Cette aire peut être considérée comme la différence entre les surfaces

$$a' p' a - a' p_2 p'_2,$$

a et a' étant les adiabatiques indéfiniment prolongées partant, d'après le troisième théorème du chapitre premier, des points p'_1 et p'_2, définis par le diagramme.

Or, on a, d'après le premier théorème :

Aire $a'p'a$ = travail équivalant à la quantité de chaleur nécessaire pour faire passer v de p_1 à p_2

$$= \frac{5}{2}\,(p_1 - p_2).$$

Aire $a'p_2p'_2$ = travail nécessaire pour faire passer l'unité de poids du gaz de v_1 à v_2, sous la pression p_2

$$= \frac{7}{2}\,p_2\,(v_1 - v_2) = \frac{7}{2}\,p_2\,(r - 1);$$

d'où, pour le travail total de détente θ_d

$$\theta_d = \frac{5}{2}\,(p_1 - p_2) - \frac{7}{2}\,[p_2\,(r - 1)],$$

et, pour le travail total du cycle,

$$\theta = \frac{5}{2}\,(p_1 - p_2) - \frac{7}{2}\,(r - 1)\,p_2 + (r - 1)\,(p_2 - p_1).$$

Pression effective moyenne p_m.

Cette pression est donnée par l'expression :

$$p_m = \frac{\theta}{r}.$$

Rendement de la détente ρ_d.

On appelle rendement de détente le rapport du travail effectué par le gaz pendant sa détente au travail disponible de l'explosion θ_e; il est donné par l'expression

$$\rho_d = \frac{\theta}{\theta_e} = \frac{2}{5}\ \frac{\theta}{p_1 - p_0} = 0,4\ \frac{\theta}{p_1 - p_0}.$$

Rendement total ρ.

Par définition,

$$\rho = \rho_d + \rho_e.$$

Rendement total maximum ρ_m.

Ce rendement est celui que l'on obtiendrait en prolongeant la détente adiabatique jusqu'à la pression atmosphérique.

Le travail maximum du cycle devient alors

$$\theta_m = \frac{5}{2}(p_1 - p_0) - p_2(r - 1)p_0,$$

et le rendement de détente maximum

$$\rho_{dm} = \frac{\theta_m}{\theta_0} = 1 - \frac{7}{5}\left[\frac{(r - 1)p_0}{p_1 - p_0}\right],$$

EXPLOSION D'UN MÉLANGE DE GAZ ET D'AIR

Avant d'appliquer la théorie générale aux principaux types de moteurs à gaz que l'on rencontre dans l'industrie, je crois utile d'étudier avec quelques détails le phénomène le plus important du cycle de ces machines : l'explosion et la combustion plus ou moins complète du mélange d'air et de gaz qui constitue leur fluide moteur.

Chaleur de combustion. La chaleur de combustion, ou la puissance calorifique d'un corps est, comme on le sait, la plus grande quantité de chaleur que puisse dégager la combustion d'un kilogramme de ce corps; elle donne la mesure du travail *maximum* que puisse accomplir le kilogramme de ce corps par une réaction thermique, ou son énergie potentielle.

Chaleur de combustion des composés. La chaleur de combustion des corps simples ne peut se déterminer que par l'expérience; celle des corps composés peut se calculer, avec une approximation suffisante, par la règle suivante :

La chaleur de combustion d'un composé d'oxygène, d'hydrogène et de carbone, est égale à la somme des chaleurs de combus-

tion de ses éléments combustibles — carbone et hydrogène — dont on a retranché le poids d'hydrogène qui s'y trouve, avec l'oxygène, dans la proportion nécessaire pour former de l'eau.

En langage algébrique, si l'on désigne par

$$c. \quad h. \quad o$$

les poids de carbone, d'hydrogène et d'oxygène, renfermés dans un kilogramme d'un gaz, la chaleur totale de combustion de ce gaz sera égale à la somme des chaleurs dégagées par la combustion complète de

$$c \text{ kil. de carbone}$$

et de

$$\left(h - \frac{o}{8}\right) \text{ kil. d'hydrogène,}$$

puisque l'hydrogène doit, pour former de l'eau, s'unir à huit fois son poids d'oxygène.

Il en résulte que, si nous désignons par

$$q \quad \text{et} \quad q'$$

les chaleurs de combustion du carbone et de l'hydrogène, la puissance calorifique d'un kilogramme du gaz, composé de

$$c \text{ kil. de carbone,}$$
$$h \text{ kil. d'hydrogène,}$$
$$o \text{ kil. d'oxygène,}$$

sera donnée par la formule

$$Q = qc + q'\left(h - \frac{o}{8}\right) = q\left[c + \frac{q'}{q}\left(h - \frac{o}{8}\right)\right].$$

Prenant, d'après Favre et Silvermann,

$$q = 8080 \text{ calories}$$
$$q' = 36,460$$

d'où

$$\frac{q'}{q} = 4,50 \text{ environ,}$$

on trouve que l'on peut calculer, avec une approximation suffisante pour la pratique, la chaleur de combustion de ce gaz, par la formule

$$Q = 8\,080\left[c + 4,5\left(h - \frac{o}{8}\right)\right] = 8\,080\,c + 36\,460\,h - 4\,500\,o.$$

Chaleur de combustion du gaz d'éclairage. Admettons, ce qui est suffisamment exact pour notre objet, que le gaz d'éclairage ait, en poids, la composition suivante :

	Gaz constituants.	Proportion p. 100.	Poids du mètre cube.	Proportion des gaz constituants.		
				o	c	h
Hydrogène bicarboné. . .	C^4H^4	0,13	1ᵍʳ,275	0	85,7	14,3
— protocarboné .	C^2H^4	0,67	0 ,727	0	75	25
Oxyde de carbone.	CO	0,20	1 ,124	57,44	42,56	0
		1,00	0ᵏ,850			

Il résulte, de cette composition, que ce gaz renferme en poids

70 p. 100 de carbone,
12   »   d'oxygène,
18   »   d'hydrogène,

que le poids de son mètre cube est de $0^k,850$, et que le volume de son kilogramme est de $1^{mc},20$, à $0°$ et sous la pression atmosphérique.

Appliquant à ce gaz la formule précédente, il vient, pour sa puissance calorifique Q, la valeur

$$Q = 8\,000 \times 0,7 + 36\,460 \times 0,18 - 4\,500 \times 0,12$$
$$= 5\,600 + 6\,563 - 540 = 11\,623 \text{ calories.}$$

Soit, en nombre ronds, 11,600 calories.

La puissance calorifique du mètre cube de ce gaz est de

$$Q_v = Q \times 0,85 = 9\,860 \text{ calories.}$$

Le calcul précédent repose donc sur les deux principes suivants dont on peut admettre l'exactitude dans une première approximation :

1° La chaleur totale de combustion d'un composé d'hydrogène

et de carbone est égale à la somme des quantités de chaleur que dégageraient les combustions séparées de son carbone et de son hydrogène.

En opérant ainsi on néglige la perte de chaleur équivalente au travail moléculaire dépensé à faire varier la position des atomes du corps composé, malgré leur affinité chimique ; ce travail est relativement faible dans les corps dont nous avons à nous occuper.

2° Quand l'hydrogène et l'oxygène existent, dans un composé, en proportion convenable pour former de l'eau, ces corps n'ont pas d'effet sur sa chaleur totale de combustion.

En opérant de la même manière sur les gaz de Londres et de Manchester, dont les compositions suivantes, en volumes,

		GAZ de Londres.		GAZ de Manchester.
Hydrogène	H	50,05	51,24	45,58
Gaz des marais	C^2H^4	32,87	35,38	34,90
— oléfiant	C^4H^4	3,87	3,56	4,06
Oxyde de carbone	CO	12,89	7,40	6,64
Divers		0,32	2,62	5,13

sont données par M. Clerk, dans son mémoire sur la *Théorie des moteurs à gaz* (*), on trouve, respectivement, 12.500 calories pour la puissance calorifique du gaz de Londres et 10.900 calories pour le gaz de Manchester.

En calculant la puissance calorifique du gaz de Londres par la somme des puissances calorifiques des composés qu'il renferme, M. Adams est arrivé (**) au chiffre moyen de 11.900 calories.

- (*) *The Theory of the Gas Engine.* Proceedings of the Institution of civil Engineers. London, vol. LXIX, 1881-82, Part. 111.
(**) *On the Heating Power of Coal Gas.* British Association of Gas Managers. Juin 1881, p. 104.

On peut donc, si on veut prendre un chiffre rond suffisamment exact et se prêtant facilement aux calculs, adopter, pour la puissance calorifique moyenne du gaz d'éclairage

et

10 000 calories par kilogramme

8 000 calories par mètre cube (*).

Température de l'explosion. Notre gaz type, dont la composition ne diffère pas sensiblement, au point de vue ther-

---

(*) Il convient d'insister sur le caractère approximatif de cette évaluation, bien qu'elle soit fondée sur une méthode de calcul suffisamment exacte. La composition des gaz d'éclairage est, en effet, très variable; en voici quelques exemples :

Composition du gaz de Paris. Analyse de M. Hudelot, en 1863.
(Péclet, *La chaleur*, édition Hudelo, vol. I, p. 116.)

	EN VOLUME.	EN POIDS.	
Azote..............	2,7	6,7	
Oxygène...........	0,5	1,4	Poids du mètre cube. 0ᵏ,250
Acide carbonique......	1,5	5,8	Puissance calorifique
Hydrogène.........	50,1	8,8	du kilogramme. . 10.270ᶜᵃˡ
Oxyde de carbone.....	6,3	13,6	du mètre cube. . . 5.340
Gaz des marais.......	33,1	47,3	
Gaz oléfiant	5,8	14,4	

Gaz-type de M. Witz.
(*Annales de physique et chimie*, Nov. 1883, p. 304.)

	EN VOLUME.	EN POIDS.	
Azote..............	100	76,6	
Hydrogène.........	100	1116	
Oxyde de carbone.....	150	119,6	Poids du mètre cube. 0ᵏ,473
Hydrogène protocarbone. .	490	684,3	Puissance calorifique
— bicarboné ...	130	103,6	du kilogramme . . 11.676ᶜᵃˡ
Carbone divers.......	30	12	du mètre cube. . . 5.520
	1000	2115,1	

La composition du gaz varie en outre aux différentes périodes de sa distillation, comme le prouve le tableau ci-dessous (Wurtz).

mique, de celle d'un gaz d'éclairage moyen, renferme, en poids,

70 p. 100 de carbone,
12 » d'oxygène,
18 » d'hydrogène.

Il faudra donc, pour transformer tout son carbone en acide carbonique et son hydrogène en eau, dépenser

$$0^k,70 \times 2,7 + 0^k,18 \times 8 - 0,12 = 3^k,20 \text{ d'oxygène,}$$

puisque chaque kilogramme de carbone exige $2^k,7$ d'oxygène pour se brûler en acide carbonique, et chaque kilogramme d'hydrogène 8 k. d'oxygène pour former de l'eau.

L'air renfermant, en poids,

76,87 d'azote

et

23,13 d'oxygène.

on voit qu'il faut, pour brûler complètement un kilogramme de notre gaz, dépenser, au moins

$$3^k,20 \left(1 + \frac{76,8}{23,13}\right) = 13^k,8 \text{ d'air,}$$

soit, en nombre rond,

14 kilogrammes d'air.

	1ʳᵉ HEURE.	2ᵉ HEURE.	3ᵉ HEURE.	4ᵉ HEURE.	5ᵉ HEURE.
Hydrogène bicarboné	199,39	184,06	184,06	107,37	0
— protocarboné . .	786,13	690,20	556,05	536,87	191.74
Oxyde de carbone.	10,02	5,95	38,50	34,43	31,30
Hydrogène.	0,0	27,33	49,70	66,16	186,36
Azote	0,0	0,0	0,0	0,0	0,0

D'après les analyses de M. de Marcilly, la proportion de l'hydrogène peut varier entre les limites extrêmes de 3 à 55 p. 100, et celle du gaz de marais de 30 à 90 p. 100 (*Annales de chimie et de physique*, vol. LXIV, p. 297).

Les chiffres admis par différents auteurs pour la puissance calorifique moyenne du gaz sont aussi très variables.

RUHLMAN admet (*Handbuch des meschanischen Waïmr-theorie*). 4900 calories.
SCHOTTLER « (*Die gasmaschine*). 6000
RÉSAL « (*Mécanique générale*, vol. IV) 9000

Le mètre cube d'air pesant, à 0° et à la pression atmosphérique

$$1^k,30$$

et le mètre cube de gaz

$$0^k,85,$$

on en conclut qu'il faut, pour brûler un mètre cube de gaz, dépenser

$$14 \times \frac{0,85}{1,30} = 9^{mc},10 \text{ d'air}$$

et pour brûler 1 kilogramme de gaz

$$\frac{14}{1,3} = 10^{mk},7 \text{ d'air.}$$

Pour obtenir la température *maxima* de l'explosion — que nous supposons se faire sous volume constant — du mélange de 14 kil. d'air et de 1 k. de gaz, pris à 0° et sous la pression atmosphérique, il suffit de diviser son poids, 15 kil., par la chaleur spécifique moyenne des produits de sa combustion sous volume constant c.

Ces produits se composent de

$$0^k,70 \times \quad (1 + 2,7) \text{ d'acide carbonique. .} = 2^k,59 C o^2$$
$$0,18 \times 9 \qquad \text{de vapeur d'eau.. . .} = 1,62 Ho$$
$$15 - (2,59 + 1,62) \quad \text{d'azote.. . . . . . .} = \underline{10,79 Az.}$$
$$15^k,00$$

Les chaleurs spécifiques sous pression constante de ces différents gaz étant de

$$0,216 \text{ pour l'acide carbonique,}$$
$$0,480 \text{ pour la vapeur d'eau,}$$
$$0,244 \text{ pour l'azote,}$$

on en déduit, pour celle des produits de la combustion, la valeur

$$C = 0,265.$$

La chaleur spécifique sous volume constant, c, peut se déduire de la chaleur spécifique à pression constante C par la formule

$$C - c = AR$$

démontrée à la page 5, dans laquelle

$$A = \frac{1}{425}$$

$$R = \frac{p_0 \, v_0}{\tau_0} \; (^*).$$

Le volume v_0 du kilogramme des produits de la combustion à la pression atmosphérique ($p_0 = 10{,}333$ kilogrammes par mètre carré) et à zéro degrés ($\tau_0 = 273^\circ$) se calcule d'après sa composition et les poids du mètre cube de ses composés qui sont :

$$
\begin{aligned}
&\text{Pour l'acide carbonique.} \ldots \ldots \quad 1^k,98 \\
&\text{Pour la vapeur d'eau.} \ldots \ldots \ldots \quad 0\ ,80 \\
&\text{Pour l'azote} \ldots \ldots \ldots \ldots \ldots \quad 1\ ,25
\end{aligned}
\; \Big\} \; \text{à } p_0 \; \tau_0.
$$

On en déduit, pour v_0, la valeur

$$v_0 = 0^{mc},80$$

et pour son poids spécifique

$$\frac{1}{v_0} = 1{,}25.$$

On trouve, en substituant ces données dans la formule précédente,

$$R = \frac{10{,}333 \times 0{,}80}{273} = \frac{1}{273} \times 8266 = 0{,}00\,367 \times 8266$$

$$AR = \frac{1}{425} \times 0{,}00367 \times 8266 = 0{,}0000086 \times 8266 = 0{,}071,$$

d'où

$$c = C - 0{,}071 = 0{,}265 - 0{,}071 = 0{,}194.$$

(*) Les chaleurs spécifiques des gaz permanents restent d'ailleurs égales entre elles aux températures les plus élevées qu'ils puissent atteindre dans les moteurs à gaz, (2000°). Les chaleurs spécifiques de l'acide carbonique et de la vapeur d'eau varient au contraire; la chaleur de la vapeur d'eau atteint un maximum ($c = 0{,}160$, $c = 0{,}690$) vers 2000°. A ces mêmes températures, les chaleurs spécifiques de l'acide carbonique seraient de $C = 0{,}340$, $c = 0{,}310$.

(BERTHELOT et VIEILLE, *Comptes rendus*, 10 mars 1884, p. 601, 7 avril, p. 852; 31 mars, p. 770; 24 mars, p. 706. — *Annales de chimie et de physique*, 5ᵉ série, vol. XII, p. 302. — MALLARD et LECHATELIER, *Journal de physique*, 2ᵉ série, vol. I, p.173.)

L'influence de ces variations est, comme nous le verrons, négligeable vis-à-vis de l'action toujours très puissante des parois dans les cylindres des moteurs à gaz.

La température maxima de l'explosion, sous le volume v_0, sera donc donnée par la formule

$$t_1 = \frac{10,000^{\text{calories}}}{15^{\text{kil}} \times 0,194} = \frac{10,000}{2,9} = 3400° \text{ environ,}$$

Cette température suppose que l'explosion ou, plus exactement, la combustion instantanée du gaz, s'opère complètement, avec le minimum d'air nécessaire (90 p. 100 d'air et 10 p. 100 de gaz), et sous volume constant.

En admettant, comme dans le moteur Lenoir, un mélange de

$$\left.\begin{array}{l} 7 \text{ p. } 100 \text{ de gaz} \\ \text{et } 93 \quad » \quad \text{ d'air} \end{array}\right\} \text{ en volumes,}$$

le poids du mètre cube du mélange devient égal à

$$0^{k},85 \times 0,27 + 1^{k},30 \times 0,93 = 0^{k},06 + 1^{k},20 = 1^{k},26.$$

la densité du gaz étant de 0,85 et celle de l'air de 1,30.

Si l'on prend pour capacité calorifique de ce gaz à volume constant celle de l'air

$$c = 0,17.$$

la température du mélange, après l'explosion, sera de

$$\frac{8.000^{\text{calories}} \times 0,07}{1,26 \times 0,17} = \frac{560}{0,21} = 2800° \text{ environ.}$$

En n'admettant plus, comme dans le moteur Otto, que

$$\begin{array}{l} 4 \text{ p. } 100 \text{ de gaz} \\ \text{et } 96 \quad » \quad \text{ d'air.} \end{array}$$

le poids du mètre cube du mélange devient

$$0^{k},85 \times 0,04 + 1^{k},30 \times 0,90 = 0,03 + 1,25 = 1^{k},28,$$

et sa température d'explosion s'abaisse à

$$\frac{8.000 \times 0,04}{1,28 \times 0,17} = \frac{320}{0,22} = 1500° \text{ environ.}$$

Nous verrons bientôt pourquoi ces températures théoriques sont plus élevées que celles qui se produisent en pratique dans les moteurs à gaz.

Pression maxima de l'explosion p_1. — On peut calculer *approximativement* cette pression par la formule

$$p_1 = p_0 \frac{1 + \alpha t_1}{1 + \alpha t_0} = p_0 \frac{\tau_1}{\tau_0},$$

dans laquelle

p_0 est la pression initiale du mélange explosif,

α son coefficient de dilatation $\alpha = \dfrac{1}{273}$,

t_1 la température de l'explosion,

t_0 la température initiale du mélange,

$\left.\begin{array}{c}\tau_1 \\ \tau_0\end{array}\right\}$ les températures absolues $\left\{\begin{array}{l}\tau_1 = t_1 + 273° \\ \tau_0 = t_0 + 273°.\end{array}\right.$

Cette formule suppose :

1° Que le gaz suit, pendant cette brusque augmentation de
pression et de température, la loi

$$pv = R\tau.$$

2° Que le volume des produits de la combustion est identique à
celui du mélange, aux mêmes températures et pressions.

Ces deux hypothèses ne sont qu'approximatives : la première,
parce qu'il intervient, dans le phénomène de l'explosion, des effets
de *dissociation* qui troublent la loi $pv = R\tau$, applicable seulement
à un gaz qui ne change pas de nature pendant sa compression, et
la seconde, parce qu'elle ne tient pas compte de la formation de
la vapeur d'eau qui a lieu avec une contraction de 1 volume d'oxygène et de 2 volumes d'hydrogène en 2 volumes de vapeur. Cette
dernière perturbation est d'ailleurs peu importante, ainsi que nous
le verrons plus bas.

Ces réserves faites, il vient, en prenant

$$t_0 = 0° \qquad \tau_0 = 273$$
$$p_0 = 10.333^{k} \text{ (pression atmosphérique)}$$

avec

$$
\left.\begin{array}{l}
t_1 = 3400° \text{ correspondant à 10 p. 100 de gaz} \\
t_1 = 2800° \qquad\quad » \qquad\qquad 7 \qquad\quad » \\
 = 1500° \qquad\quad » \qquad\qquad 4 \qquad\quad »
\end{array}\right\}
p_1 = p_0\!\left(1 + \frac{3400}{273}\right) =
\left\{\begin{array}{l}
12^{\text{atm}},5 \\
10 \quad ,3 \\
5 \quad ,5
\end{array}\right.
$$

Rapidité de l'explosion. Propagation de la flamme.

Les principales recherches sur la vitesse de propagation de la
damme et de la détonation dans les mélanges gazeux explosifs
sont dues à Bunsen, Schlæsing, Mallard et Lechâtelier, Berthelot
et Vieille.

Les recherches de Bunsen ont porté principalement sur l'explosion ou l'inflammation vive du mélange oxyhydrique formé de 2 volumes d'oxygène pour un d'hydrogène. Le mélange était enflammé
à la sortie d'un récipient, par un orifice étroit, et l'on abaissait la
pression, dans le récipient, jusqu'à ce que la flamme rétrogradât et
vint faire éclater toute la masse. Ce retour de la flamme ayant lieu
quand la vitesse de propagation de l'inflammation devient égale
où un peu supérieure à la vitesse d'écoulement ou de sortie du
gaz, Bunsen trouva, par ce mode d'expérimentation, 34 mètres
par seconde pour la vitesse d'inflammation ou de combustion pro-
gressive du gaz oxyhydrique, et 1 mètre pour celle du gaz oxy-
carbonique, $CO + O$.

L'application de cette même méthode a donné, entre les mains
de M. Mallard, $1^m,01$ par seconde pour la vitesse de combustion
d'un mélange de 1 volume de gaz d'éclairage et de 5 volumes d'air,
et $0^m,30$ seulement pour celle d'un mélange de 1 volume de gaz et
de 6 volumes 1/2 d'air (*).

Ces résultats approximatifs se rapportent à des gaz explosifs
brûlés sous pression constante; le phénomène change quand la
combustion s'opère sous volume constant.

La propagation de la flamme est alors plus rapide, parce que la
tranche de gaz enflammée comprime, par sa détente, le reste de
la masse gazeuse et y lance ainsi la flamme avec une impulsion

---

(*) *Annales des mines*, 1871, 3ᵉ livraison.

propre, qui s'ajoute à celle des affinités chimiques. MM. Mallard et Lechâtelier ont en effet reconnu que la vitesse de combustion, dans un tube ouvert à un bout seulement, est considérablement accrue quand l'allumage se fait à l'extrémité fermée : elle peut être, dans certains cas, cent fois plus rapide qu'avec un allumage par l'autre bout.

M. Clerk (*) a réussi à enflammer complètement des volumes de gaz et d'air de 3 litres 1/2 en 1/100 de seconde, en y projetant la flamme d'une petite masse de gaz enflammée sous pression. On peut, en modifiant la puissance de cette amorce, faire varier de 1/100 a 1/10 de seconde la vitesse ou la durée de l'inflammation totale.

Régime de détonation. — A la suite de leurs importantes recherches sur la vitesse de propagation des phénomènes explosifs dans les gaz, MM. Berthelot et Vieille sont arrivés aux conclusions suivantes, sur le régime de *détonation* des gaz explosifs (**).

La détonation, ou le changement brusque de constitution chimique, se propage, dans les gaz sous pressions ou sous volumes invariables, par un mouvement ondulatoire, ou par une *onde explosive*, dont la vitesse uniforme est la même dans les deux cas, et ne dépend que de la nature du mélange explosif.

La flamme accompagne l'onde explosive, de sorte que les vitesses de propagation sont les mêmes pour la flamme et pour la pression maxima qui se développe immédiatement au contact de la tranche enflammée avec la tranche qui la précède « il semble que, dans
« l'acte de l'explosion, un certain nombre de molécules gazeuzes,
« parmi celles qui forment la tranche enflammée tout d'abord,
« soient lancées en avant, avec toute la vitesse correspondant à la
« température maxima développée par la combinaison chimique :
« leur choc détermine la propagation de celle-ci dans la tranche,
« avec une vitesse, sinon identique, du moins comparable à celle
« des molécules elles-mêmes. »

(*) *Theory of the Gas Engine*, p. 27.
(**) *Comptes rendus de l'Académie des sciences*, 1882, 16 et 23 janvier, 27 mars, 24 et 31 juillet, et *Sur la force des matières explosives*, vol. 1, ch. VII.

Cette vitesse des molécules v est donnée, en mètres par seconde, par la formule de Clausius

$$v = 29^{\mathrm{m}},354 \sqrt{\frac{\tau}{\Delta}},$$

τ étant la température absolue du mélange aussitôt après l'explosion,

Δ la densité des produits de la combustion par rapport à l'air.

MM. Berthelot et Vieille ont trouvé, en opérant sur des tubes longs et étroits — 40 mètres de long et 5 millimètres de diamètre — les valeurs suivantes, pour la vitesse de détonation v

COMPOSITION des mélanges détonants.		VALEURS DE v en mètres par seconde	
		expérimentales.	d'après la formule de Clausius.
Mélange oxyhydrique	$H + O$	2810	2831
— oxycarbonique.	$C_o + O$	1089	1941
Hydrogène protocarboné et hydrogéné.	$C^2 H^4 + O^8$	2287	2517
— bicarboné et hydrogène. .	$C^4 H^4 + O^{12}$	2210	2427

La formule ne s'applique donc pas à l'oxyde de carbone, mais on peut l'étendre aux mélanges de ce gaz avec les hydrogènes carbonés.

La vitesse de l'onde explosive est indépendante de la pression, de la matière et du diamètre des tubes, entre 1 et 15 millimètres ; elle est si rapide « que les gaz ne sont pas projetés par elle et n'ont « pas le temps de s'écouler au dehors d'une manière appré- « ciable, au moins dans les tubes étroits, ce qui explique la « détonation marchant plus vite que le son ne le fait dans les « mêmes gaz, pris à la température ordinaire » c'est le mouvement ondulatoire, et non la masse gazeuse, qui se transporte.

La vitesse de l'onde explosive se ralentit beaucoup par le mélange des gaz comburants avec des gaz inertes. Quand la masse enflammée au début est trop faible, l'onde cesse même de se produire, la combustion se propage alors suivant une loi différente et avec une bien moindre vitesse.

Limite de détonation et de combustion. La composition limite le détonation est distincte de la limite de combustion ordinaire des mélanges comburants, comme le prouvent les exemples suivants :

	Limite de	
	détonation.	combustion.
Oxyde de carbone	40 p. 100	20 p. 100
Oxygène et hydrogène	22	6

On peut encore enflammer, sans compression, un mélange de 1 de gaz d'éclairage pour 14 volumes d'air.

L'hydrogène protocarbonné (gaz des marais) commence à détonner quand il est mélangé à 6 fois son volume d'air : il atteint son explosivité maxima avec 8 ou 9 volumes d'air. Avec 16 volumes, la détonation cesse.

La propagation de l'onde explosive, ou le régime de détonation, cesse toutes les fois que la température théorique d'explosion τ, tombe au-dessous de 1700 à 2000°. Dès ce point, où dès que la vitesse de l'ensemble de la tranche enflammée devient inférieure à la vitesse de translation v des molécules gazeuses, l'onde cesse de se propager, et le régime de détonation fait place au régime de la combustion ordinaire, dont la limite est fixée par l'état de dilution du mélange explosif dans un gaz inerte tel qu'il ne se maintient plus, dans la tranche enflammée, que la très petite quantité de chaleur nécessaire pour porter les parties voisines à la température de combustion ; le reste de la chaleur étant dissipé par rayonnement, par conductibilité ou converti en travail.

Compression. On peut passer par un accroissement de pression ou par une compression du mélange, qui l'échauffe et rapproche ses molécules, du régime de combustion au régime de détonation. La compression augmente la vitesse de propagation de la flamme dans le régime de la combustion ; elle restreint l'influence du refroidissement par les parois, en augmentant la masse du gaz échauffé dans un volume donné, et prolonge ainsi sa limite d'inflammabilité.

Régime de l'explosion dans les moteurs. L'allure de

l'explosion, dans les cylindres des moteurs à gaz, participe de chacun de ces deux régimes — détonation et combustion — suivant la nature et la compression du mélange, l'intensité de l'allumage, la vitesse du piston, le rayonnement du cylindre ; influences multiples, et que la théorie ne saurait formuler. Les diagrammes peuvent seuls fournir, à ce sujet, ainsi que nous le verrons dans la suite, quelques renseignements précis.

Point de pression maxima. Le point du diagramme où la pression atteint son maximum est celui où la diminution de pression due à la perte de chaleur par le rayonnement, par la détente et par le travail accompli, arrive à compenser l'augmentation de pression due à la continuation de la combustion ou de l'inflammation du mélange. La rapidité des phénomènes d'inflammation, même dans le régime de la combustion, donne à penser que les causes d'abaissement de pression que je viens d'indiquer sont, à l'exception de l'influence des parois, faibles en comparaison de la grande quantité de chaleur développée par la combustion vive du mélange, et que le point de pression maxima des diagrammes doit coïncider, à très peu près, avec le degré de la course du piston où la combustion du mélange s'est accomplie aussi complètement que le permettent les phénomènes de dissociation et de refroidissement dont nous allons parler.

Fin de l'explosion. Dans la plupart des diagrammes de machines à gaz, quand l'inflammation se fait bien et très vite, la pression maxima est atteinte en 1/10 de seconde environ, puis la pression s'abaisse rapidement ; il est difficile d'assigner, à ce changement de sens, une cause autre que la fin même de la combustion du mélange par la propagation de la flamme initiale.

Quand la vitesse du piston est trop grande, ou le gaz trop dilué, la propagation de la flamme suit au contraire difficilement le piston ; le point de pression maxima s'éloigne du commencement de la course et le changement de sens de la courbe est moins brusque, le sommet du diagramme s'arrondit.

Ce retard à la combustion produit une diminution de travail disponible analogue à celui qu'occasionne le laminage dans les machines à vapeur.

La dissociation.

Le phénomène de la dissociation intervient dans l'explosion d'un mélange combustible, pour en retarder ou même en empêcher la combustion complète.

La dissociation d'un composé consiste en ce que, au delà d'une certaine température variable avec la pression et la nature du corps, ses éléments se séparent ou se dissocient, puis restent en présence sans se recombiner, tant que l'on ne descend pas au-dessous de cette température, ou *point de dissociation*.

Ainsi, à partir de 1000° environ, et sous la pression atmosphérique, la vapeur d'eau commence à se dissocier; à 2800° environ, la moitié du poids de la vapeur se trouve et reste dissociée en ses éléments oxygène et hydrogène; mais la dissociation de la vapeur d'eau n'est complète qu'à une température beaucoup plus élevée.

L'acide carbonique se dissocie entre 1000 et 1200°.

Il en résulte que les produits qui existent au moment de l'explosion d'un mélange détonant ne sont pas identiques à ceux que l'on peut recueillir après son refroidissement, et d'après lesquels on calcule la température et la pression de l'explosion : cette pression est, en fait, toujours diminuée par les phénomènes de dissociation.

La *tension* ou la *pression de dissociation* d'un gaz, sous laquelle il commence à se dissocier, est fonction, comme la pression de saturation des vapeurs, de la température seule et de la nature du gaz.

La chaleur de décompositiou d'un gaz, à la tempétrature t et sous la pression constante p, ou la chaleur de combinaison de ses éléments, dans les mêmes conditions, est, comme les chaleurs de vaporisation et de fusion, fonction de la nature du gaz et de la température t.

Si la dissociation est accompagnée d'un accroissement de volume, la tension de dissociation augmente avec la température.

Une fois la température de dissociation atteinte, sous volume constant, par la combustion d'une partie du mélange explosif, la combustion s'arrête et la température n'augmente plus.

Bunsen a constaté cet effet de la dissociation par l'expérience suivante (*) : il fit détoner, dans un tube fermé de 17 millimètres de diamètre et de 85 millimètres de long, un mélange de deux volumes d'hydrogène pour un d'oxygène, en le faisant traverser par une étincelle électrique dans toute sa longueur; il constata que la pression développée par l'explosion était, de beaucoup, inférieure à celle qui correspondrait à la combustion complète des éléments, et il en conclut que la température de l'explosion suffisait à empêcher cette combustion, en les maintenant dissociés.

Dans leurs expériences sur l'explosion des gaz, MM. Mallart et Lechâtelier (**) ont constaté que l'explosion est accompagnée d'une disparition de chaleur considérable, aux environs de 1000 à 1500°; ils admettent que l'on peut expliquer ce phénomène par une augmentation de la chaleur spécifique du gaz, sous volume constant, occasionnée par un travail moléculaire préparatoire à la dissociation. Cet accroissement de la chaleur spécifique des gaz formés avec condensation, comme l'acide carbonique et la vapeur d'eau, à mesure que s'élèvent la température et la pression, a, d'autre part, pour effet de diminuer leur température et d'atténuer, par cela même, l'intensité des phénomènes de dissociation. L'influence de ces phénomènes sur la pression est encore diminuée par ce fait, qu'aux pressions très élevées, la pression des gaz augmente avec leur température beaucoup plus vite que suivant la loi $pv = R\tau$.

En faisant détoner, dans un cylindre de 270 millimètres de diamètre et de 270 millimètres de long, un mélange d'air et de gaz pris à la pression atmosphérique et en proportions exactement

---

(*) *Philosophical Magazine*, 1867, p. 489, vol. XXXIV.
(**) *Annales des mines*, 7° série, vol. VII.

suffisantes pour la combustion, M. Clerk a constaté (*) un accroissement de pression de 7 atmosphères 1/2, au lieu des 11 à 12 atmosphères marquées par la théorie.

Il est facile de concevoir comment la dissociation peut retarder la combustion du mélange actif dans un cylindre de machine à gaz : dès que le mélange a atteint la température de dissociation de ses éléments, la combustion ne peut plus s'y propager pendant le reste de la course du piston que successivement, à mesure que la température s'abaisse au-dessous du point de dissociation.

Il est, d'autre part, impossible de préciser l'importance ou le degré de cette influence, car la combustion du mélange, dans les cylindres des machines à gaz, participe à la fois, et dans une mesure indéterminée, du régime de la combustion vive et du régime de détonation, dans lequel la propagation de l'onde explosive n'est pas influencée par les phénomènes de dissociation, et cette combustion subit, en outre, de la part des parois du cylindre, une influence perturbatrice très considérable.

Diminution du volume du mélange, par la condensation de la vapeur d'eau pendant l'explosion. Nous avons vu que la combustion complète du kilogramme de notre gaz fictif donnait naissance à

$$1^{k},62 \text{ de vapeur d'eau.}$$

et à $12^{mc}.6$ de produits mélangés à cette vapeur, c'est-à-dire, à 1/6 de son volume de vapeur d'eau :

$$\frac{1^{k},62}{0,80} = 2 \text{ mètres cubes de vapeur d'eau.}$$

Il y a tout lieu de penser que cette vapeur d'eau se condense ***en grande partie*** aussitôt après l'explosion, parce que la pression du gaz, refroidi par la conductibilité des parois, reste supérieure à

(*) ***Theory of the Gas Engine,*** p. 65.

la pression de saturation de la vapeur d'eau correspondant à la température du mélange.

Dans la détonation proprement dite des gaz explosifs, cette condensation de la vapeur d'eau n'a guère le temps de s'effectuer au point d'agir, en arrière de la flamme, sur l'onde explosive ; mais, quand l'onde s'arrête, parce que la chaleur de la flamme est trop faible, la condensation de la vapeur d'eau peut avoir pour effet de ramener la flamme en arrière, ainsi que l'ont constaté MM. Berthelot et Vieille.

Influence des parois.

Les phénomènes que nous venons de décrire sont tous influencés, dans une proportion impossible à définir théoriquement, par l'action des parois des cylindres des machines à gaz.

L'expérience seule peut, comme nous l'avons, dit dans le cas des moteurs à gaz aussi bien que pour les machines à vapeur, procurer, à ce sujet, des données positives.

Les principales expériences exécutées à un point de vue industriel et pratique, en même temps que précises et scientifiques, sur l'influence que les phénomènes de détonation et de combustion des mélanges détonants subissent de la part des parois, sont celles de MM. A. Witz, Berthelot et Vieille, en France ; Morgan, Brookes et Stewart, aux États-Unis ; Ayrton et Perry, en Angleterre.

Voici comment M. Witz s'exprime à ce sujet, dans le très important mémoire qu'il a tout récemment publié sur les moteurs à gaz (*).

____

(*) *Annales de physique et de chimie*, nov. 1883, p. 320-345.

ÉTUDE D'UNE EXPLOSION SUIVIE DE DÉTENTE.

Il s'agit de reproduire, artificiellement, pour ainsi dire, les phénomènes qui se passent derrière le piston des moteurs, en les faisant varier au gré de l'expérimentateur.

A cet effet, j'ai opéré dans le cylindre de fonte dont je m'étais servi précédemment pour étudier le refroidissement des gaz et des vapeurs ; cet appareil a été décrit (*) à plusieurs reprises et représenté par la gravure, ce qui me dispensera d'entrer dans de trop minutieux détails. Je me bornerai aux traits principaux.

Le cylindre, qui est disposé verticalement, a un diamètre intérieur de 200^{mm},1 et une hauteur de 400 millimètres. Un piston à garniture métallique de bronze se meut dans ce cylindre, de bas en haut, sous l'action du mélange tonnant : sa course est de 323 millimètres, attendu qu'il en a 77 d'épaisseur ; son poids est de 14^{k},500 ; la résistance au mouvement, produite par le frottement des cercles de bronze, équivaut à une force d'environ 17 kilogrammes. L'effort à développer pour soulever le piston est donc de 31^{k},500. Le mouvement ascensionnel de ce piston peut être accéléré ou ralenti à volonté, grâce à un contre-poids et à un frein ; dans le premier cas, une corde attachée à l'extrémité de la tige et enroulée sur une poulie transmet au piston la force vive d'une masse de 75 kilogrammes tombant le long d'un coulisseau ; dans le second cas, un collier de pression fait frein sur la tige et permet d'enrayer tout mouvement, s'il devient nécessaire de le faire.

Grâce à ce double dispositif, la vitesse du piston, et par suite la rapidité de la détente, se trouve à la disposition de l'opérateur, et il peut la faire croître de 0^{m},25 à 10 mètres par seconde.

Le mélange tonnant est admis sous le piston à travers un robinet dont la manœuvre est aisée'; des crans de repère, tracés sur la tige du piston, indiquent le volume de gaz enfermé dans le cylindre, et permettent de le jauger avec une exactitude suffisante. Le mélange est enflammé par l'étincelle d'une forte bobine d'induction, jaillissant au fond d'une petite cavité ménagée dans la paroi du cylindre. L'explosion a lieu et projette le piston vers la partie supérieure : des évents ménagés au couvercle livrent issue à l'air comprimé ; en les fermant on constitue un *dashpot* qu'on peut utiliser pour amortir le choc du piston et atténuer l'ébranlement qui l'accompagne toujours. Le piston s'arrête lorsque le travail résistant de la pression atmosphérique et celui de son propre poids et des frottements ont absorbé sa force vive : il redescend lentement, au fur et à mesure du refroidissement et de la condensation des produits de la combustion.

(*) *Annales de chimie et de physique*, 5e série, t. **XV**, p. **433** (1878) ; t. **XVIII**, p. **208** (1879) ; t. **XXIII**, p. **131** (1881).

Les pressions développées sous le piston sont mesurées par un appareil Richard monté sur le cylindre et commandé par un cordon attaché à la tige du piston : les diagrammes tracés de la sorte ont donc leurs ordonnées proportionnelles aux pressions et leurs abscisses proportionnelles aux volumes occupés par les gaz. Un diapason horizontal inscrit ses vibrations sur une ligne parallèle aux abscisses, et marque les temps avec une précision extrême : le diapason que j'ai employé donnait la note *ut*, et battait par conséquent 128 vibrations simples par seconde, de sorte qu'il était facile d'observer au moins le $\frac{1}{256}$ de seconde.

En relevant les courbes de l'indicateur et en évaluant leur aire, il devenait possible de connaître toutes les circonstances caractéristiques d'une explosion et de calculer le travail effectué, pour une dépense de gaz connue, dans des conditions quelconques. Le mélange tonnant, composé sur la cuve à eau, était d'une teneur déterminée ; à l'aide d'une vessie en caoutchouc, on en introduisait un volume variable dans le cylindre, en soulevant le piston jusqu'aux repères désignés à l'avance : l'étincelle jaillissait, l'indicateur traçait sa courbe en même temps que le diapason marquait une sinusoïde plus ou moins allongée ; on lisait à la fois, sur le même papier, les volumes et les pressions occupés par les gaz, la vitesse d'ascension du piston, la durée totale du phénomène de détente, etc. L'enveloppe à circulation d'eau ou de vapeur, dont le cylindre était revêtu, maintenait à point voulu la température des parois de l'enceinte, dont l'effet thermique sur les gaz qu'elle renferme m'était parfaitement connu par mes études précédentes. Toutes les conditions de l'expérience étaient de sorte bien déterminées.

. . . .

Telle est la méthode à laquelle j'ai eu recours pour étudier les phénomènes explosifs qui se produisent dans le cylindre des moteurs à gaz.

De savantes recherches ont déjà été faites, avec le plus grand succès, sur la combustion des mélanges tonnants : MM. Bunsen, Berthelot, Mallard, Le Châtelier et Vieille paraissent avoir élucidé complètement cet important sujet. Toutefois aucun de ces habiles et infatigables physiciens n'a opéré dans les conditions mêmes qui se rencontrent dans la pratique, c'est-à-dire dans une enceinte fermée par un piston mobile de large surface : leurs remarquables expériences ont été poursuivies en vase clos et sans détente. Or, dans mon cylindre, la détente joue un rôle considérable, et les phénomènes observés se présentent sous un nouveau jour.

L'emploi des grandes détentes présente en particulier le double et précieux avantage de limiter les températures et de réduire les pressions développées dans l'explosion. En limitant les températures, j'écarte les effets de dissociation qui ne se produisent assurément pas au-dessous de 1500° C. (*) ; en rédui-

---

(*) Les belles expériences de MM. Mallard et Lechâtelier accusent nettement l'existence d'une dissociation commençant vers 1800° pour l'acide carbonique, et vers 3000° pour la vapeur d'eau : jusque-là on peut admettre qu'il ne s'en produit que des traces. (*Comptes rendus*, t. XCIII, p. 962; 1881.)

sant et graduant les pressions, j'évite les mouvements oscillatoires, qu'on ne réussit généralement à supprimer que par un étranglement des conduites, au préjudice de la rapidité et de l'exactitude des indications. Le degré de détente étant connu, il est facile de passer des températures et des pressions observées aux températures et aux pressions qui se seraient développées dans une enceinte de volume invariable, à l'aide des formules

$$\frac{PV}{T} = \text{const.} \quad \text{et} \quad pv^\gamma = \text{const.} \; ;$$

la seule action refroidissante des parois s'exerce alors sur le gaz. Nous pourrons nous rendre compte de la sorte de toutes les circonstances qu'aurait présentées une explosion en vase clos, avec une grande rigueur et indépendamment des effets de dissociation.

L'action de paroi peut elle-même être étudiée par ce procédé, indirectement, il est vrai, mais avec intérêt, parce que le résultat était inespéré; voici de quelle manière. Il est possible de calculer, grâce aux derniers travaux de MM. Mallard et Lechâtelier, la température produite par la combustion d'un mélange tonnant bien défini, tel que le mélange d'oxyde de carbone et d'air, indépendamment de tout effet de dissociation et en supposant la combustion complète : or ma méthode exclut la dissociation et, d'autre part, il est facile de s'assurer si la combustion est complète, en analysant les résidus.

On peut donc considérer que T est connu, sous réserve de ce que je viens de dire. Mais, dans la détente, la connaissance successive des pressions et des volumes conduit à la connaissance approchée de la température maximum T' qui serait réalisée à volume constant, la seule action de paroi intervenant; T—T' est donc la perte de température due à la seule paroi. Le temps pendant lequel cette action s'est exercée est une des données de l'expérience. Décomposant ce temps en n intervalles égaux, pendant lesquels l'excès moyen de la température du gaz sur la température de l'enceinte a été ε, et tenant compte des valeurs successives de $\frac{S}{V}$, il est permis d'appliquer la formule du refroidissement que j'ai donnée pour ce cylindre même (*); elle est $v = 0{,}058924 \, \varepsilon^{1,216}$ pour un excès ε ne dépassant pas 40°, dans un cylindre de 200 millimètres de diamètre sur 400 millimètres de hauteur, pour lequel le rapport $\frac{S}{V}$ de la surface au volume est égal à 2,5; pour tout autre cylindre, elle deviendrait

$$v = \frac{S}{V} = 0{,}02357 \, \varepsilon^{1,216} \; (^{**}).$$

(*) *Annales de chimie et de physique*, 5ᵉ série, t. XV, p. 433 ; 1873. La formule que j'ai donnée était $v = (0{,}11 + 0{,}0016\varepsilon)\varepsilon$ ou bien celle qui est rappelée dans le texte ; ces deux formes sont équivalentes. MM. Mallard et Lechâtelier en ont vérifié l'exactitude, ainsi qu'on peut le lire dans les *Comptes rendus*, t. XCIII, p. 962 ; 1881.

(**) M. Vieille a observé depuis lors, par un procédé tout différent du mien, que la pression développée par une explosion en vase clos dépend du rapport $\frac{S}{V}$. (*Comptes rendus*, t, XCV, p. 116 ; 1882.)

Mais, sur un excès ε compris entre $0°$ et $5°$, l'exposant serait égal à 1,203 : contrôlée par de nombreuses expériences de vérification, et confirmée par les deux savants physiciens dont je me plais à invoquer si souvent le témoignage, cette formule peut être reconnue comme exacte. Toutefois j'ai reconnu moi-même, à la suite de MM. de la Provostay, Desains et Jamin, que l'exposant de l'excès ε devait croître avec l'excès lui-même. De plus, MM. Mallard et Lechâtelier ont observé qu'au delà de $600°$ d'excès jusqu'à $2400°$ l'exposant pouvait être pris égal à 2, dans un cylindre à paroi humide. Il était du plus haut intérêt de rechercher suivant quelle loi variait l'exposant dans un cylindre de fonte semblable à celui des moteurs : il suffisait de quelques tâtonnements pour arriver à ce résultat.

Cette méthode très indirecte ne peut donner, je le reconnais, que des résul-'ats approchés ; mais ces résultats auront quelque valeur en attendant qu'on ait trouvé une méthode plus directe et plus sûre. Du reste, une seule donnée de ce calcul peut être contestée : c'est celle qui est relative aux chaleurs spécifiques aux températures élevées (*). Du jour où ces coefficients seront connus exactement, la méthode nouvelle que j'indique ici sera rigoureusement applicable.

RÉSULTATS DES EXPÉRIENCES.

En tenant compte du volume et de la surface de la tubulure du robinet, comprise entre le cylindre et le boisseau, les volumes et les surfaces correspondant aux quatre premiers crans d'admission étaient les suivants :

	Volumes.	Surfaces.	$\dfrac{S}{V}$.
Premier cran	1066 cc	906 eq	0,85
Deuxième cran	2081	1109	0,53
Troisième cran	3096	1312	0,42
Quatrième cran	4111	1514	0,35

Une première série d'essais démontra que les phénomènes ne dépendaient nullement de l'étincelle d'inflammation ; en effet, soit qu'on employât un ou six éléments Bunsen, soit que la bobine d'induction fût petite ou grande, soit même qu'on y adjoignît une cascade de trois bouteilles, les résultats de la détonation restaient identiques.

. . . .

J'ai admis que le gaz de la Compagnie continentale de Lille, dont je me suis servi, avait un pouvoir calorifique de 5520^{cal} par mètre cube de gaz combustible : ce chiffre, basé uniquement sur des calculs théoriques, m'a paru correspondre moyennement à la réalité des faits.

. . . .

Le premier objectif de mes recherches était d'observer l'effet produit sur une explosion par la vitesse de la détente : cette vitesse peut être représentée par

---

(*) Les chiffres de MM. Mallard et Lechâtelier ne concordaient pas entièrement avec ceux de MM. Wüllner et Wiedemann, mais un récent travail de M. Vieille est venu confirmer les chiffres des premiers savants (*Comptes rendus*, t. XCVI, p. 1210 et 1369 ; 1883).

$\frac{dl}{dt}$, rapport du déplacement du piston au temps. Les tableaux ci-dessous font ressortir à l'évidence l'influence des vitesses de détente.

Mélange de 1 volume d'oxyde de carbone avec 2^{vol},675 d'air, à 15° C.

(Volume du mélange, 2^{lit},081.)

DURÉE de l'explosion t.	COURSE du piston. l.	VITESSE. $\frac{dl}{dt}$	TRAVAIL théorique T.	TRAVAIL calculé par le diagramme T'.	UTILISATION pour 100 η.
s	mm	m	kgm	kgm	
0,17	254	1,5	688	22.0	3,2
0,12	258	2,15	»	29,0	4.2
0,11	»	2,35	»	34,0	4,9
0,08	»	3,25	»	42,0	6,1
0,05	»	5.20	»	53,0	7,7
0,045	»	5,60	»	60,0	8,7

Mélange de 1 volume de gaz d'éclairage avec 9^{vol},4 d'air.

(Volume de mélange, 2^{lit},081.)

t.	l.	$\frac{dl}{dt}$	T.	T'.	η.
s	mm	m	kgm	kgm	p. 100
0,48	122	0,25	467	5,3	1,1
0,47	127	0,27	»	5,3	1,1
0,40	»	0,32	»	7.0	1,4
0,39	132	0,34	»	6,6	1,4
0,31	140	0,45	»	7,8	1,6
0,23	147	0,64	»	10,8	2,2

Mélange de 1 volume de gaz d'éclairage avec 9^{vol},4 d'air.

(Volume du mélange, 3^{lit},096.)

t.	l.	$\frac{dl}{dt}$	T.	T'.	η.
s	mm	m	kgm	kgm	p. 100
0,53	188	0,36	680	9,8	1,4
0,42	203	0,49	»	10,5	1,5
0,40	»	0,50	»	11,8	1,7
0,35	211	0,60	»	12,3	1,8
0,25	229	0,92	»	14,6	2,1
0,16	»	1,42	»	17,4	2,6

Mélange de 1 volume de gaz d'éclairage avec 6^{vol},33 d'air.

(Volume du mélange, 1^{lit},066.)

t.	l.	$\dfrac{dl}{dt}$.	T.	T'.	η.
s	mm	m	kgm	kgm	p. 100
0,07	185	2,6	340	17,6	5,2

Mélange de 1 volume de gaz d'éclairage avec 6^{vol},33 d'air.

(Volume du mélange, 2^{lit},081.)

t.	l.	$\dfrac{dl}{dt}$.	T.	T'.	$\tau_{\bullet}$
s	mm	m	kgm	kgm	p. 100
0,15	259	1,7	663	17,6	2,6
0,09	»	2,9	»	40,1	6,0
0,06	»	4,3	»	50,5	7,5
0,06	280	4,8	»	57,0	8,6

Commencées le 24 février 1883, ces expériences ont été poursuivies jusqu'aux derniers jours de juillet de cette même année, et les essais compris dans un même tableau ont été empruntés à des pages diverses de mon journal d'expériences : les variations, quelquefois très sensibles, du gaz d'éclairage fourni par l'usine devaient donc introduire quelque discordance dans les résultats. Cependant nous voyons nettement l'utilisation croître avec la vitesse de détente. Cet effet est encore sensible avec des mélanges tonnants de richesse fort différente, ainsi que le prouve le tableau suivant.

Mélanges d'oxyde de carbone et d'air de teneurs différentes.

(Volume du mélange, 2^{lit},081.)

COMPOSITION.	t.	l.	$\dfrac{dl}{dt}$.	T.	T'.	η.
	s	mm	m	kgm	kgm	p. 100
1CO + 3,2 air.	0,17	221	1,3	646	19,4	3,0
	0,13	236	1.6	»	26,5	5,1
1CO + 2,675 air. . . .	0,12	258	2.15	735	29,0	4,0
	0,11	»	2.35	»	34,1	4,6
1CO + 2,215 air. . . .	0,08	»	3,1	760	41,7	5,5
	0,07	»	3,7	»	50,2	6,6
1CO + 1,625 air. . . .	0,04	»	6,4	688	57,6	8,3

Quelques essais ont été faits avec un mélange de 1 volume d'oxyde de carbone, $\frac{1}{7}$ volume d'air et $0^{vol},075$ d'air excédent; mais, dans ces conditions, la charge devient pour ainsi dire brisante, et les résultats sont peu satisfaisants, par suite de l'extrême vitesse de la détente, qui dépasse $9^m,80$ par seconde ; les lancés du piston de l'indicateur déforment la courbe, et l'estimation de l'aire du diagramme devient fort problématique. Je renonce donc à produire les chiffres relatifs à ces essais.

Les tableaux qui précèdent suffisent du reste amplement pour démontrer à l'évidence que l'utilisation croît avec la vitesse. Ce premier point est acquis pour nous jusqu'à la vitesse de 6 mètres par seconde, laquelle dépasse de beaucoup celle des pistons des moteurs à gaz.

Le lecteur verra (fig. 6, 7 et 8) quelques courbes tracées par l'indicateur dans

Fig 6.

Fig 7.

Fig. 8.

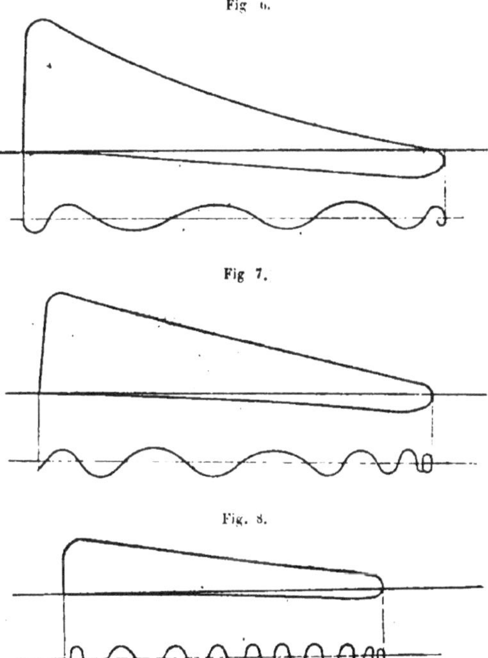

l'explosion d'un mélange de 1 volume de gaz d'éclairage et de $6^{vol},33$ d'air : chaque chiffre des tableaux ci-dessus correspond à un ou plusieurs diagrammes analogues, car j'ai cherché à répéter les expériences quand cela m'était possible. La fig. 9 est un curieux exemple de l'influence de la vitesse de détente : c'est un jeu d'expériences, une véritable fantaisie d'opérateur, que je ne reproduirais pas s'il n'en ressortait un enseignement. Cette courbe a été

Fig. 9.

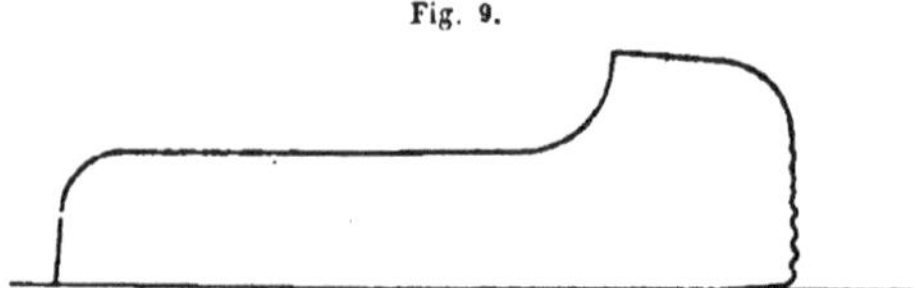

obtenue en fermant les évents du couvercle du cylindre : l'air comprimé au-dessus du piston forme alors *dashpot* et arrête le mouvement de détente : aussitôt la courbe s'élève et elle ne retombe que sous l'action refroidissante de la paroi, le piston étant pour ainsi dire immobilisé. Ce diagramme, aux formes si bizarres, nous sera utile pour l'étude des combustions lentes.

Mais reprenons la suite logique de nos recherches. Les diagrammes d'explosion ne donnent pas seulement l'utilisation, mais ils permettent de calculer la succession des températures et des pressions qu'on observerait en vase clos, sans détente, sous la seule action de la paroi : j'ai déjà expliqué ce point. Faisons-en une application à quelques diagrammes.

Le diagramme qui a servi de base à ces calculs est représenté (fig. 10); la

Fig. 10.

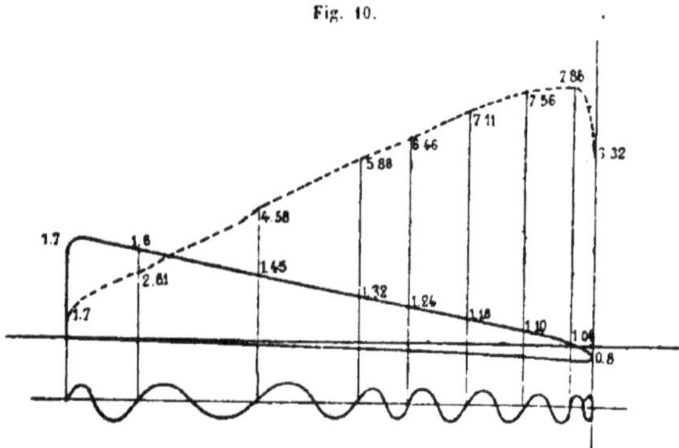

vitesse moyenne de détente $\dfrac{dl}{dt}$ est égale à $2^m,02$. La température initiale était de 288° absolus ; la détonation la porte subitement à 474°, et la pression s'élève de $1^k,033$ à 1,7, puis la détente commence ; les températures absolues du gaz à chaque point de la courbe se déterminent par la formule $\dfrac{PV}{T} = \text{const.}$; les pressions qu'aurait le gaz si le volume était resté constant sont données

52

LES MOTEURS A GAZ

Mélange de 1 volume d'oxyde de carbone avec $2^{vol},675$ d'air à 15° C.

	Avant la détonation	0^s	$0^s,016$	$0^s,032$	$0^s,048$	$0^s,064$	$0^s,080$	$0^s,096$	$0^s,0112$	$0^s,128$
Temps.	Avant la détonation	0^s	$0^s,016$	$0^s,032$	$0^s,048$	$0^s,064$	$0^s,080$	$0^s,096$	$0^s,0112$	$0^s,128$
Course.	$64^{mm},6$	$64^{mm},6$	$100^{mm},5$	$157^{mm},5$	$207^{mm},3$	$234^{mm},0$	$262^{mm},0$	$289^{mm},9$	$312^{mm},8$	323^{mm}
Volumes.	$2^{lit},081$	$2^{lit},081$	$3^{lit},210$	$5^{lit},009$	$6^{lit},567$	$7^{lit},408$	$8^{lit},288$	$9^{lit},165$	$9^{lit},885$	$10^{lit},296$
Surfaces.	$11^{dc},09$	$11^{dc},09$	$13^{dc},34$	$16^{dc},94$	$20^{dc},06$	$21^{dc},74$	$23^{dc},50$	$55^{dc},25$	$26^{dc},69$	»
$\dfrac{V}{S}$	5,3	5,8	4,2	3,4	3,0	2,9	2,8	2,7	2,7	»
Pressions observées.	$1^{kg},033$	$1^{kg},7$	$1^{kg},6$	$1^{kg},45$	$1^{kg},32$	$1^{kg},24$	$1^{kg},18$	$1^{kg},10$	$1^{kg},04$	$0^{kg},80$
Températures absolues observées.	288°	474°	687°	941°	1161°	1228°	1308°	1350°	1377°	1091°
Pressions calculées	»	$1^{kg},7$	$2^{kg},7$	$4^{kg},58$	$5^{kg},88$	$6^{kg},46$	$7^{kg},11$	$7^{kg},56$	$7^{kg},88$	$6^{kg},32$
Températures absolues calculées.	»	474°	784°	1278°	1640°	1802°	1984°	2109°	2197°	1762°

par la formule $PV^\gamma = $ const., dans laquelle je donne à γ la valeur 1,3; enfin les températures absolues atteintes dans les mêmes conditions se calculent par la formule $\dfrac{P}{P'} = \dfrac{T}{T'}$. Voici un exemple de ce calcul pour le temps $0^s,016$:

$$\frac{1,7\ 2.081}{474} = \frac{1.6\ 3.210}{x},$$

$$x = 687°,$$

$$1,6.3,210^{1,3} = x.2,081^{1,3}.$$

$$x = 2^{kg},81.$$

$$\frac{2,81}{1,7} = \frac{x}{474},$$

$$x = 784°.$$

Ce mélange a donc mis $0^s,112$ pour atteindre une pression de $7^{kg},88$ et une température de 2197° absolus : à ce moment, la combustion est achevée, puisque la pression et la température baissent aussitôt sous l'action de la paroi. La fig. 10 retrace aux yeux toutes les phases de ce phénomène; le trait plein est celui du diagramme réel; la courbe pointillée représente au contraire les résultats du calcul, à une échelle moindre, pour ne pas exagérer les dimensions du dessin.

Cette action refroidissante de la paroi est par le fait même déterminée, car nous savons de combien la température maximum réalisée est inférieure à la température théorique : au lieu de 2755°, nous trouvons 2197°; la perte totale est donc égale à 558°. Il s'agit de calculer la perte élémentaire éprouvée pendant chaque intervalle de temps égal à $0^s,016$ et de faire la somme. Cherchons donc quel est, pendant chacun de ces intervalles, l'excès moyen de la température du gaz sur celle de la paroi; puis, les valeurs moyennes de $\dfrac{S}{V}$ étant inscrites en face de ces excès, appliquons la formule de la vitesse de refroidissement, pour le temps $0^s,016$. Il n'y a pour nous dans cette formule d'autre inconnue que l'exposant de l'excès : c'est une fonction de l'excès lui-même que nous devons déterminer par tâtonnement. Dans le cas présent, j'ai trouvé que la formule $v = \dfrac{S}{V} 0,02357\ t^{1.203 + 0.00048}$ répondait aux faits : il n'y a qu'à multiplier v par 0,016 pour connaître la perte par intervalle.

Temps	0^s	$0^s,016$	$0^s,032$	$0^s,048$	$0^s,064$	$0^s,080$	$0^s,096$	$0^s,112$
Excès.	186°	399°	653°	873°	940°	1020°	1062°	1089°
Excès moyen.		292°	526°	763°	906°	980°	1041°	1075°
$\dfrac{S}{V}$ moyen		4,7	3,8	3,2	2,93	2,85	2,75	2,7
Perte		4°	12°	37°	79°	106°	143°	167°

La somme des pertes égale 547° au lieu de 558 ; cette différence est négligeable : l'exposant serait donc égal à 1,203 + 0,00048ε, pour un mélange d'air, d'azote et d'acide carbonique, et il ne deviendrait égal à 2 qu'au delà de 1660° d'excès. MM. Mallard et Le Châtelier ont été conduits à adopter l'exposant 2 entre les excès de 600 et 2700° : il est à remarquer que la moyenne de ces deux excès est précisément 1650°.

Je n'ai pas cru devoir appliquer cette méthode aux produits de la combustion des gaz d'éclairage, parce que l'incertitude qui règne sur la valeur théorique de T est trop grande. Au reste, le résultat de ce calcul ne pourrrait pas différer beaucoup de celui que nous venons de faire, attendu que la présence de la vapeur d'eau ne modifie pas considérablement le pouvoir refroidissant d'une atmosphère, ainsi que je l'ai démontré en 1881 (*). Je n'hésite donc pas à proposer pour les moteurs à gaz la formule

$$\frac{d\varepsilon}{dt} = v = \frac{S}{V}\ 0{,}02357\,\varepsilon^{1{,}203\,+\,0{,}0005\varepsilon}.$$

Les tableaux suivants nous permettront de suivre les progrès de la combustion et toutes les phases de l'explosion d'un mélange tonnant au gaz d'éclairage.

Mélange de 1 volume de gaz d'éclairage avec 6^{vol},33 d'air.

$$\left(\frac{dl}{dt} = 4^m{,}30.\ \right)$$

Temps.	0°	0°,023	0°,039	0°,044	0°,045	0°,046	0°,034
Détente	1	2,44	3,86	4,25	4,33	4,39	4,88
Pressions observées.	2^{kg},1	1^{kg},6	1^{kg},22	1^{kg},12	1^{kg},10	1^{kg},05	0^{kg}2,5
Pressions calculées.	2^{kg},1	5^{kg},1	7^{kg},05	7^{kg},35	7^{kg},39	7^{kg},18	1^{kg},96

Le maximum de pression à volume constant a été atteint au bout de 0°,045 : ce calcul a été fait sur le diagramme de la fig. 1 ; le suivant est relatif au diagramme de la fig. 2.

Même mélange.

$$\left(\frac{dl}{dt} = 1^m{,}7.\right)$$

Temps observés	0°	0°,023	0°,047	0°,063	0°,094	0°,109	0°,125	0°,141	0°,148
Détente.	1	1,57	2,30	2,64	3,23	3,55	3,82	4,01	4,09
Pressions observées. . .	1^{kg},45	1^{kg},40	1^{kg},28	1^{kg},25	1^{kg},18	1^{kg},15	1^{kg},12	1^{kg},10	0^{kg},90
Pressions calculées. . .	1^{kg},45	2^{kg},52	3^{kg},80	4^{kg},40	5^{kg},40	6^{kg},00	6^{kg},40	6^{kg},70	5^{kg},60

(*) *Annales de chimie et de physique*, 5ᵉ série, t. XXIII, p. 131. L'air sec paraît avoir le même pouvoir que l'air saturé ; cependant la vapeur d'eau à 100° a un pouvoir plus considérable que l'air à 15° ; c'est pourquoi j'adopterai 0,0005ε au lieu de 0,00048ε.

La pression maximum se serait produite à volume constant au bout de 0ʳ,141.

Étudions maintenant un mélange moins riche, à des vitesses de détente différentes.

Mélange de 1 volume de gaz d'éclairage avec 9ᵛᵒˡ,4 d'air.

$$\left(\frac{dl}{dt} = 0^{\mathrm{m}},64.\right)$$

Temps. . . . .ᵗˢ	0ˢ	0ˢ,078	0ˢ,125	0ˢ,164	1ˢ,195	0ˢ,219	0ˢ,234
Détente	1	1,85	2,28	2,68	3,05	3,21	3,29
Pressions observées.	1ᵏᵍ,25	1ᵏᵍ,25	1ᵏᵍ,25	1ᵏᵍ,25	1ᵏᵍ,20	1ᵏᵍ,15	1ᵏᵍ,11
Pressions calculées	1 ,25	2 ,78	3 ,65	3 ,65	5 ,11	5 ,24	5 ,17

Même mélange.

$$\left(\frac{dl}{dt} = 0^{\mathrm{m}},25.\right)$$

Temps.	0ˢ	0ˢ,156	0ˢ,156	0ˢ,224	0ˢ,312	0ˢ,390	0ˢ,168	0ˢ,484
Détente	1	1,42	1,77	2,09	2,38	2,64	2,85	2,89
Pressions observées.	1ᵏᵍ,165	1ᵏᵍ,165	1ᵏᵍ,165	1ᵏᵍ,165	1ᵏᵍ,165	1ᵏᵍ,165	1ᵏᵍ,160	1ᵏᵍ,100
Pressions calculées.	1 ,83	1 ,83	2 ,44	3 ,03	3 ,60	4 ,10	4 ,53	4 ,02

Rassemblons tous ces résultats.

Il ressort de ces quelques chiffres une conclusion des plus simples, dont la netteté a dépassé toutes mes espérances. La combustion est d'autant plus rapide, et, par suite, la pression explosive est d'autant plus élevée, que la vitesse de détente est plus considérable.

Voilà une loi dont l'importance est capitale dans la question des moteurs à gaz tonnant. En effet, cette influence si grande de la vitesse de détente est subordonnée à une action de paroi ; sinon, comment la vitesse de détente agirait-elle sur les phénomènes explosifs ? Ce ne peut être que par le refroidissement de la surface métallique qui, s'exerçant pendant un temps plus ou moins considérable, vient soustraire le calorique au sein même de ce foyer (*) et di-

---

(*) Comparons les deux expériences faites sur une même masse de gaz aux vitesses de détente de 4ᵐ,30 et 1ᵐ,70. La surface de paroi est à peu de chose près la même ; elle atteint 24ᵈᶜ,57 dans le premier cas, 23ᵈᶜ,62 dans le second. Mais, avec une grande vitesse de détente, elle n'a été découverte que pendant 0ˢ,045 au lieu de 0ˢ,141, durée quatre fois plus grande de la longue détente. Aussi l'utilisation baisse-t-elle de 7,5 pour 100 à 2,6 pour 100, en raison inverse des durées de la détente. La seconde expérience donne les mêmes résultats.

$\frac{dl}{dt}$.	Durée de la combustion.	Surfaces.	Utilisation p. 100.
0,64	0ˢ,219	20ᵈᶜ,04	2,2
0,25	0ˢ,468	18ᵈᶜ,60	1,1

minue l'intensité de la réaction. Or ce n'est pas seulement la rapidité de la combustion qui subit cette influence, mais la surface du diagramme elle-même est réduite, le travail diminue et l'utilisation baisse, ainsi que nous l'avons constaté ci-dessus. Pour tirer le meilleur parti possible du calorique disponible dans les mélanges tonnants, il importe donc d'opérer la détente des produits de la combustion dans le temps le plus court et de réduire le plus possible la surface de la paroi du cylindre, c'est-à-dire de faire $\frac{S}{V}$ minimum. Nous retrouvons de la sorte le phénomène observé par M. Vieille; la pression maximum explosive dépend du rapport de la surface de refroidissement du récipient au volume de la masse gazeuse. Nous reconnaissons aussi immédiatement l'avantage de réaliser le maximum de $\frac{Q}{V}$, rapport de la quantité de chaleur disponible au volume occupé par le mélange tonnant (*) : en d'autres termes, nous découvrons qu'il y a, non pas seulement un avantage théorique, mais encore un réel bénéfice pratique à comprimer préalablement les gaz avant la détonation.

. . . .

L'action de paroi est donc le grand régulateur des phénomènes explosifs. Elle suffit pour activer ou ralentir une combustion, pour produire une combustion lente et graduelle : pas n'est besoin de recourir aux phénomènes de dissociation, pour expliquer cette réaction prolongée du comburant sur le combustible. En effet, nous reproduisons ce phénomène dans des conditions telles que la dissociation est impossible, puisque la température dans notre cylindre ne dépasse pas 1400°. La dilution rend cet effet plus sensible, c'est évident, car cette masse de gaz inerte, dans laquelle le mélange tonnant actif est noyé, n'agit pas autrement que la paroi, c'est-à-dire par refroidissement; mais la combustion prolongée (*Nachbrennen*) peut se produire indépendamment de la dilution.

. . . .

Cette influence si considérable de la paroi me paraît bien établie par ce qui précède : toutefois, j'ai voulu ajouter une dernière preuve expérimentale, pour compléter victorieusement cette démonstration. Deux séries parallèles de recherches ont été exécutées avec un gaz tonnant identique, emprunté à un même réservoir, à des températures de 15°, 64° et 93°.

Le gaz combustible a été tour à tour l'oxyde de carbone et le gaz d'éclairage.

Les fig. 11, 12, 13 et 14 reproduisent les diagrammes obtenus avec l'oxyde de carbone, le mélange contenant $2^{\text{vol}},075$ d'air : les tracés 11 et 13 correspondent

---

(*) Ce résultat peut être rapproché d'une observation de M. Frankland : d'après ce savant, des mélanges d'oxyde de carbone et d'oxygène n'émettent que peu de lumière quand on les brûle ou qu'on les fait détoner à l'air libre, mais produisant un éclat considérable quand on les fait détoner dans des vases de verre clos, de manière à empêcher leur expansion, et par suite l'accroissement de la surface refroidissante au moment de combustion (*Comptes rendus*, t. LXVII, p. 736).

au travail à chaud, tandis que 12 et 14 ont été relevés sur le cylindre froid ;
pour les deux premiers, le volume du mélange était de 1^{lit},066 ; pour les se-
conds, de 2^{lit},081.

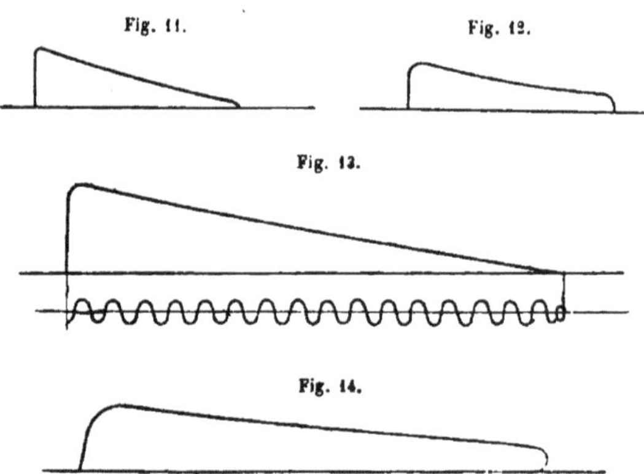

Fig. 11.   Fig. 12.

Fig. 13.

Fig. 14.

L'allure des deux groupes de tracés est tout à fait différente : à chaud, la
pression initiale s'établit, pour ainsi dire, instantanément, tandis qu'à froid l'inclinaison même de la ligne AB (fig. 12 et 13) et l'arrondi du sommet A témoi-
gnent d'une combustion lente. La courbure de la ligne de détente est du reste
caractéristique ; à chaud, elle répond à l'équation $pv^{0.22} = \text{const.}$; à froid, l'èx-
posant est 0,8 ; la combustion s'est donc poursuivie plus longtemps à froid qu'à
chaud, et dans le diagramme à froid la diminution de pression due aux progrès de la détente est presque compensée par l'augmentation qui résulte de la
combustion prolongée. A chaud nous voyons, du reste, que la pression initiale est plus considérable qu'à froid.

Les diagrammes relevés avec un mélange de 1 volume de gaz avec 9^{vol},40
d'air sont plus caractéristiques encore. Voici la légende des figures :

		Volume. du mélange.
		lit
Fig. 15 : à chaud. . . . . . }		3,096
» 16 : à froid. . . . . . . }		
» 17 : à chaud. . . . . . }		4,011
» 18 : à froid. . . . . . }		

A chaud, les courbes de détente sont représentées par la formule $pv^{0.16}$
$= \text{const.}$; à cette température, les diagrammes ne présentent rien de bien particulier, si ce n'est que (fig. 17) le piston est arrivé à fond de course avant que
la combustion soit achevée ; le piston cessant de monter, la pression s'est élevée aussitôt. Mais, à froid, cet effet est bien plus nettement marqué : nous

voyons, sur la fig. 16, que la courbe de détente est parallèle à l'axe des volumes ; nous la voyons même (fig. 18) s'élever à mesure que le piston avance,

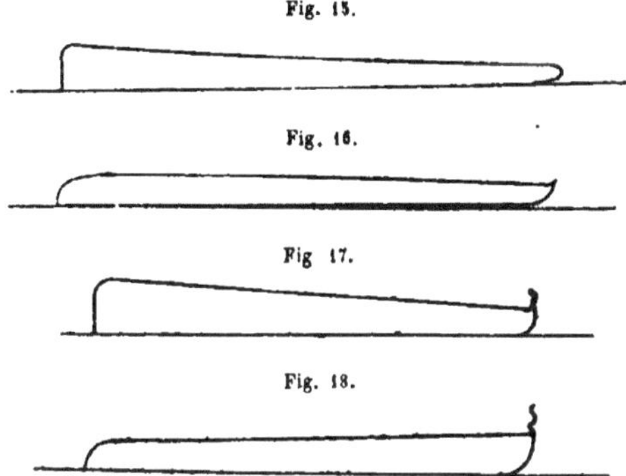

preuve manifeste que la combustion ne s'accomplit que graduellement, avec une lenteur d'autant plus grande que l'enceinte est plus froide.

L'influence de la paroi sur le mode de combustion est donc indéniable : l'utilisation est d'ailleurs augmentée ou diminuée du même coup, ainsi que le prouvent les chiffres suivants :

Mélange tonnant d'oxyde de carbone et d'air.

	Utilisation pour 100.	Bénéfice pour 100.
A froid, 15°.	1,9	0,7
A chaud, 64.	2,6	
A froid, 15.	3,0	0,8
A chaud, 64.	3,8	

Les expériences toutes récentes de MM. Perry et Ayrton, sur lesquelles nous aurons à revenir, ont indiqué, pour la chaleur dissipée par le rayonnement dans les moteurs Otto, une perte égale 2,22 fois le travail indiqué du cycle.

Les expériences de MM. Morgan Brookes et Stewart, que nous décrirons en même temps que le moteur Otto, conduisent à des résultats analogues.

Voici maintenant comment s'expriment MM. Berthelot et Vieille dans la communication qu'ils ont présenté, le 18 mars 1884, à l'Académie des sciences, sur la vitesse de combustion des mélanges gazeux détonants :

Dans le cours de nos expériences, nous avons pris soin de noter chaque fois le temps nécessaire pour que la pression développée pendant les explosions à volume constant atteignît son maximum : cette observation est inscrite dans nos courbes. L'inégalité de ces temps est fort importante : en effet, la pression maxima observée dans une capacité donnée est toujours inférieure à la pression qui se développerait si le système conservait la totalité de la chaleur due à la réaction; car il y a toujours une perte, due au contact des parois et au rayonnement. L'écart est d'autant plus grand que la capacité est plus petite, c'est-à-dire que la masse du gaz est moindre par rapport à celle du vase qui le renferme. Or plus la combustion est lente, plus cette cause d'erreur tend à s'exagérer. La durée des combustions est d'ailleurs fort inégale en fait : elle répond à l'état variable (*Sur la force des matières explosives*, t. I, p. 160) qui se produit à l'origine des phénomènes et elle est intermédiaire entre le régime de détonation (vitesse de l'onde explosive, soit 2810 millimètres par seconde pour l'hydrogène; 1689 mètres pour l'oxyde de carbone) et le régime de combustion ordinaire (34 mètres pour le premier gaz, 1 mètre pour le second, d'après Bunsen). Le ralentissement comparatif croît avec la durée même de la combustion.

Nos observations ont été faites dans trois récipients distincts, l'un de 300 centimètres cubes, l'autre de 1500 centimètres cubes, un dernier de 4 litres. Commençons par la bombe de 4 litres. Elle était de forme cylindrique et percée suivant son axe de deux trous, portant l'un un ajutage tubulaire long de 63 millimètres, d'un diamètre égal à 5 millimètres, et à l'extrémité duquel se produisait l'étincelle qui enflammait les mélanges; l'autre, un tube logeant le piston enregistreur. Celui-ci faisait une saillie de 3 millimètres à l'intérieur. La longueur de l'axe intérieur de la bombe était de 217 millimètres; par suite, la distance du point d'inflammation à la base du piston, soit 217 + 63 — 32 — 248 millimètres, dont 185 millimètres dans la bombe même. Telle est la distance maxima que la flamme ait à parcourir avant d'arriver au piston, du moins tant que celui-ci ne s'est pas déplacé.

La bombe de 1^{lit},500 est sphérique et percée semblablement suivant un diamètre horizontal; la longueur de l'ajutage d'inflammation = 53 millimètres; le diamètre de la bombe, 142 millimètres; la saillie du piston, 32 millimètres. La distance initiale du point d'inflammation à la base du piston, = 142 + 53 — 33 = 163 millimètres, dont 110 millimètres dans la bombe même.

La bombe de 300 centimètres cubes est de forme cylindrique : l'une de ses bases est plane; c'est celle qui supporte le piston enregistreur, faisant saillie de 32 millimètres; l'autre base est hémisphérique, convexe à l'extérieur; l'ajutage est percé à la jonction des parties sphérique et cylindrique; il est long de 60 millimètres. La distance initiale du point d'inflammation à la base du piston se mesure suivant une ligne oblique à l'axe et est longue de 128 millimètres, dont 68 millimètres dans la bombe même.

Dans tous les cas, le maximum était atteint lorsque le piston avait reculé de 20 millimètres environ.

Dans les expériences faites avec le bioxyde d'azote et le cyanogène, on a eu recours à l'inflammation centrale, la flamme s'éteignant dans l'ajutage. Dans ce cas, la distance initiale entre le point d'inflammation et la base du piston se réduisait à peu près à 21 millimètres.

Voici les temps écoulés, exprimés en millièmes de seconde, entre le moment de l'inflammation et celui de la production du maximum de pression.

I. — *Influence de la grandeur du récipient. Temps écoulé (en millièmes de seconde).*

Nature du mélange.	Bombe de		
	300 c. c.	1500 c. c.	4000 c. c.
$H^2 + O^2$	1,04	»	2,14
$H^2 + O^2 + H^2$	1,67	»	4,22
$H^2 + O^2 + Az^2$	2,67	»	6,87
$C^2O^2 + O^2$	12,86	»	15,51
$C^4H^4 + O^{12}$	2,86	»	2,23
$C^4Az^2 + O^8$	1,55	4,50	»
$C^4Az^2 + O^4 + \frac{1}{2}Az$	3,20	2,74	»
$C^4Az^2 + O^4 + 2Az^2$	10,35	15,12	»

On voit qu'en général le maximum exige un temps d'autant plus long que la capacité de la bombe est plus grande et l'intervalle entre le point d'inflammation et la base du piston plus considérable. Cependant il y a quelques irrégularités, dues aux perturbations qui se produisent au voisinage du point d'inflammation.

II. — *Influence de la composition du mélange. Mélanges simples à combustion totale. Bombe de 300 centimètres cubes.*

$H^2 + O^2$	1,04	$H^2 + Az^2O^2$	2,06	$C^4H^2 + O^{10}$	1,94
$C^2O^2 + O^2$	12,86	$C^2O^2 + Az^2O^2$	15,39	$C^4H^4 + O^{12}$	2,86
$C^4Az^2 + O^8$	4,55	$C^4Az^2 + 4Az^2O^2$	4,53	$C^4H^6 + O^{14}$	0,83
				$2C^2H^4 + O^{16}$	1,24

L'oxyde de carbone est plus lent que l'hydrogène, conformément à ce que l'on sait; le rapport des temps (12,3) étant intermédiaire entre le régime de détonation (2,6) et le régime de combustion ordinaire (34).

Pour le cyanogène et les carbures très hydrogénés, la vitesse diffère peu de celle de l'hydrogène, conformément aux rapports de vitesse déduits des ondes explosives (cyanogène, 1,3 d'après l'onde, au lieu de 1,5; formène, 1,23 d'après l'onde, au lieu de 1,2; méthyle, 1,2 d'après l'onde, au lieu de 0,8, etc.). C'est donc toujours la vitesse de translation des molécules gazeuses qui règle le phénomène. L'emploi du protoxyde d'azote à la place de l'oxygène ralentit l'action.

La vitesse absolue est difficile à évaluer. Si l'on admet, pour se faire une idée de la vitesse relative, que la flamme atteint le piston au moment du maximum, la vitesse serait de 100 mètres environ par seconde pour l'hydrogène ; de 8 mètres environ pour l'oxyde de carbone ; de 70 mètres pour le cyanogène ; elle tomberait à la moitié pour l'hydrogène brûlé par le protoxyde d'azote, au tiers pour le cyanogène brûlé par le même gaz, etc.

III. — *Influence d'une combustion plus ou moins complète* (300 *centimètres cubes*).

$$C^4Az^2 + O^8 \ldots \ldots \quad 1,55 \qquad\qquad C^4Az^2 + O^4 \ldots \ldots \quad 1,06$$
$$C^4Az^2 + O^8 + 2Az^2 \ldots \quad 15,4 \qquad C^4Az^2 + O^4 + 2Az^2 \ldots \quad 10,35$$

Il ne paraît pas que la combustion totale du cyanogène s'effectue en deux temps, en formant d'abord en totalité de l'oxyde de carbone qui brûlerait ensuite ; car la combustion totale est beaucoup plus rapide que la somme des deux effets séparés. Cependant la combustion incomplète est la plus rapide, peut-être à cause de l'existence d'une dissociation partielle qui ralentit la combustion totale.

IV. — *Influence d'un excès de l'un des composants* (4 *litres*).

$$H^2 + O^2 \ldots \ldots \ldots \quad 2,14$$
$$H^2 + O^2 + \tfrac{1}{53} H^2 \ldots \ldots \quad 2,27$$
$$H^2 + O^2 + \tfrac{1}{13} H^2 \ldots \ldots \quad 2,53$$
$$H^2 + O^2 + \tfrac{1}{3} H^2 \ldots \ldots \quad 2,41$$
$$H^2 + O^2 + \tfrac{1}{2} H^2 \ldots \ldots \quad 2,82$$
$$H^2 + O^2 + H^2 \ldots \ldots \quad 4,22 \qquad\qquad H^2 + O^2 + O^4 \ldots \ldots \quad 8,16$$
$$H^2 + O^2 + 2H^2 \ldots \ldots \quad 5,95$$
$$H^2 + O^2 + 3H^2 \ldots \ldots \quad 9,67 \qquad\qquad H^2 + O^2 + 3O^4 \ldots \ldots \quad 26,04$$

La combustion est ralentie en raison de l'excès du gaz qui ne brûle pas ; l'influence retardatrice de l'oxygène total étant à peu près double de celle de l'hydrogène à volumes égaux : ce qui répond à la vitesse de translation plus grande des molécules du premier gaz.

V. — *Influence des produits de la combustion* (300 *centimètres cubes*).

$$C^2O^2 + O^2 \ldots \ldots \quad 12,86 \qquad\qquad C^4Az^2 + O^4 \ldots \ldots \quad 1,06$$
$$C^2O^2 + O^2 + \tfrac{1}{2}C^2O^4 \ldots \quad 27,18 \qquad C^4Az^2 + O^4 + \tfrac{3}{4}C^2O^2 \ldots \quad 4,64$$
$$C^2O^2 + O^2 + C^2O^4 \ldots \quad 35,8 \qquad\quad C^4Az^2 + O^4 + 2C^2O^2 \ldots \quad 6,44$$

Ralentissement de plus en plus marqué ; triple pour un volume égal d'acide carbonique, dans un cas, et sextuple pour un volume égal d'oxyde de carbone, dans l'autre cas. On voit comment, dans le régime de combustion ordinaire, la propagation de la combustion est ralentie par le mélange des gaz déjà brûlés.

VI. — *Influence d'un excès de gaz inerte.*

Bombe de 4 litres.

$$H^2 + O^2 \ldots\ldots\ldots\ldots\ldots\ldots\ldots\ldots\ldots\ldots\quad 2,14$$
$$H^2 + O^2 + \tfrac{1}{8} Az^2 \ldots\ldots\ldots\ldots\ldots\ldots\ldots\ldots\quad 2,86$$
$$H^2 + O^2 + \tfrac{1}{4} Az^2 \ldots\ldots\ldots\ldots\ldots\ldots\ldots\ldots\quad 3,55$$
$$H^2 + O^2 + Az^2 \ldots\ldots\ldots\ldots\ldots\ldots\ldots\ldots\ldots\quad 6,87$$
$$H^2 + O^2 + 2 Az^2 \ldots\ldots\ldots\ldots\ldots\ldots\ldots\ldots\quad 11,98$$
$$H^2 + O^2 + 3 Az^2 \ldots\ldots\ldots\ldots\ldots\ldots\ldots\ldots\quad 24,45$$
$$H^2 + O^3 + 4 Az^2 \ldots\ldots\ldots\ldots\ldots\ldots\ldots\ldots\quad 36,35$$

Bombe de 300 centimètres cubes.

$C^2 O^2 + O^2$	12.86	$C^4 Az^2 + O^8$	1,55	$C^4 Az^2 + O^4$	1,05
$C^2 O^2 + O^2 + \tfrac{1}{2} Az^2$	17,78	$C^4 Az^2 + O^8 + Az^2$	6,09	$C^4 Az^2 + O^4 + \tfrac{1}{4} Az^2$	3.20
$C^2 O^2 + O^2 + Az^2$	26,49	$C^4 Az^2 + O^8 + 2 Az^2$	15,4	$C^4 Az^2 + O^4 + 2 Az^2$	10,35
				$C^4 Az^2 + O^4 + 3 Az^2$	23,63
				$C^4 Az^2 + O^4 + 4 Az^2$	29,78

L'azote ralentit la combustion de l'hydrogène et celle de l'oxyde de carbone, la première suivant une proportion plus forte ; ceci montre que le phénomène n'est pas dû seulement à l'abaissement de température, qui est à peu près le même dans les deux cas, mais aussi à l'inégalité plus grande entre les vitesses de translation des molécules gazeuses.

L'influence du gaz inerte s'exerce à la fois en abaissant la température de combustion, ce qui diminue la vitesse de translation des molécules, et en diminuant le nombre des rencontres efficaces entre molécules susceptibles d'une action réciproque. Ainsi l'azote en excès notable retarde plus que les deux composants. A volume triple, dans le mélange oxyhydrique, les temps ont été trouvés proportionnels à 10 pour l'hydrogène, 16 pour l'oxygène, 24 pour l'azote. La présence d'un excès de l'un des produits retarde encore davantage : ainsi l'acide carbonique retarde plus que l'azote la combustion de l'oxyde de carbone.

Dans tous ces effets interviennent aussi l'inégalité des chaleurs spécifiques (pour $C^2 O^4$) et les changements de dissociation, produits par la présence des composants ou des produits.

VII. — *Systèmes isomères (300 centimètres cubes).*

$H^2 + Az^2 + O^2$	2,67	$C^3 O^2 + Az^2 + O^2$	26,5
$H^2 + Az^2 O^2$	2,06	$C^2 O^2 + Az^2 O^2$	15,4
$C^4 Az^2 + O^8$	1.55	$C^4 H^6 + O^{14}$	0.83
$2 C^2 O^2 + Az^2 + O^4$	1,78	$C^4 H^4 + H^2 + O^{14}$	1,37

La combustion est plus lente dans les systèmes moins condensés, qui sont en même temps ceux qui dégagent le moins de chaleur : double cause qui diminue à la fois la vitesse de translation et la probabilité des rencontres efficaces de molécules.

VIII. — Mélange de deux gaz combustibles.

$H^2 + O^2$	1,04	$C^4H^4 + O^{12}$	2,86
$C^2O^2 + O^2$	1,29		
$H^2 + \frac{1}{2}C^2O^2 + O^3$	2,57	$C^4H^4 + H^2 + O^{14}$	1,37
$H^2 + \frac{2}{3}C^2O^2 + O^{3\frac{1}{3}}$	1,39		
$H^2 + C^2O^2 + O^4$	3,88		
$H^2 + 2C^2O^2 + O^6$	4,14		

La vitesse de combustion n'est la moyenne dans aucun cas. Mais les deux gaz paraissent tendre à brûler·séparément, chacun avec sa vitesse propre. Il en résulte que le maximum de pression observé ne répond pas à un état uniforme de combinaison du système : par suite, il se produit avec certaines irrégularités, et il est inférieur à ce qu'il devrait être. Ainsi l'oxyde de carbone et l'hydrogène, brûlés séparément par l'oxygène, donnent sensiblement une même pression, 10^{cm},1 pour l'un, 9^{cm},9 pour l'autre. Pour tous les mélanges, on devrait avoir la moyenne; tandis que l'expérience a conduit à des chiffres plus faibles, soit 8,7 à volumes égaux. Mêmes remarques pour le cas de l'éthylène mêlé d'hydrogène comparé à l'éthylène : la vitesse de combustion semble indiquer que l'hydrogène brûle d'abord.

IX. — Carbures d'hydrogène (éléments combustibles combinés), 300 centimèt. cubes.

$C^4H^2 + O^{10}$	1,94	$C^4H^6 O^2 + O^{12}$	1,42
$C^4H^4 + O^{12}$	2,86	$C^6H^{10}O^2 + O^{24}$	2,89
$C^4H^6 + O^{14}$	0,83		
$C^2H^4 + O^6$	1,24		

La vitesse de combustion des gaz très hydrogénés est fort voisine de celle de l'hydrogène : ce qui semble indiquer que l'hydrogène brûle avant le carbone, même dans les combustions totales. Ces effets interviennent dans les équilibres momentanés résultant d'une combinaison incomplète : telle que la répartition de l'oxygène entre deux combustibles mélangés, oxyde de carbone et hydrogène par exemple; ou bien entre le carbone et l'hydrogène associés au sein d'un carbure; ou bien encore la répartition de l'hydrogène entre deux comburants, tels que le chlore et l'oxygène. Cette répartition, dans les premiers moments, dépend de la vitesse relative des combinaisons, et elle peut être fort différente de l'équilibre définitif, qui s'établirait dans le même système maintenu à température constante pendant un temps convenable. Un système brusquement refroidi, tel que celui que l'on obtient après détonation, ne fournit pas de mesures réelles des affinités, parce qu'il peut offrir une tout autre répartition d'éléments : circonstance dont il n'a pas toujours été tenu un compte suffisant.

L'influence considérable des parois suffit donc pour infirmer complètement les résultats que l'on déduirait des considérations théoriques qui ne peuvent pas en tenir compte.

Il faut donc considérer les théories générales qui précèdent, et les applications que nous allons en faire aux principaux types de moteurs à gaz, comme des approximations grossières, qui n'ont d'autre mérite que de permettre de constater de combien et pourquoi le cycle et le rendement de ces moteurs s'écartent de ce qu'ils seraient, si ces machines fonctionnaient suivant certaines conditions scientifiquement définies par leur théorie.

L'influence des parois diminuant, toutes choses égales, avec l'augmentation de leur température et avec la vitesse de la machine, on a tout intérêt à donner aux moteurs à gaz une grande vitesse de piston et à porter leurs parois à la température la plus élevée possible; en fait, on ne s'est arrêté, dans cette voie, qu'aux limites imposées par la nature même des matériaux que l'on est obligé d'employer pour les cylindres et les pistons, de sorte qu'il parait très difficile de réduire notablement la perte due au refroidissement par les parois.

Perte à l'échappement. Nous verrons, par les descriptions qui vont suivre et par les comptes rendus d'expériences, que la plupart des moteurs à gaz subissent, du fait de la chaleur emportée à l'échappement, une perte du même ordre d'importance que celle qui provient du rafraîchissage indispensable des parois. Il semble que l'on pourrait atténuer cette perte par un prolongement de la détente ou par l'emploi de récupérateurs de chaleur, et que c'est dans cette voie qu'il faudrait marcher, pour perfectionner le cycle et améliorer le rendement des moteurs à gaz.

CLASSIFICATION DES MACHINES A GAZ

Les machines à gaz se divisent, au point de vue thermique, en deux grandes classes, suivant que le mélange est comprimé ou non avant son inflammation.

Les machines *à compression* se distinguent elles-mêmes en deux classes, suivant que l'explosion du mélange comprimé se fait à pression constante ou sous volume constant.

On aura donc à examiner les cycles des trois types de machines suivants :

1er Type. *Machines sans compression.*

Leur cycle comprend trois périodes : Admission à la pression atmosphérique — explosion et détente — échappement des produits brûlés.

2e Type. *Machines à compression et à explosion sous pression constante.*

Leur cycle comprend quatre périodes : Aspiration du mélange — refoulement du mélange comprimé dans un réservoir à pression constante — admission, explosion à pression constante et détente — échappement.

3e Type. *Machines à compression et à explosion sous volume constant.*

Leur cycle comprend aussi quatre périodes : Aspiration du mélange — compression — explosion et détente — échappement.

Il faut ajouter, à ces trois catégories de machines, une quatrième classe de moteurs désignés sous le nom de *moteurs divers*, et comprenant les machines *à double effet — compound — à gaz et vapeur d'eau*, etc., dont le cycle peut appartenir à l'une quelconque des trois divisions principales.

Je supposerai, dans l'examen de ces divers types de machines, que la détente se poursuit toujours jusqu'à la pression atmosphérique et qu'elle s'effectue, ainsi que la compression, sans perte ni gain de chaleur par les corps extérieurs, ou suivant des courbes adiabatiques. Les rendements auxquels conduisent les formules appliquées suivant ces hypothèses seront plus élevées que les utilisations obtenues en pratique; il faudra les considérer comme des limites, propres à caractériser la valeur théorique comparative des trois types fondamentaux et à guider les constructeurs dans l'étude rationnelle de leur perfectionnement.

Machines du premier type.

———

Le cycle théorique des moteurs du premier type se compose des trois périodes suivantes :

1° Admission du mélange à la pression atmosphérique;

2° Explosion du mélange et détente adiabatique, jusqu'à la pression de l'atmosphère;

3° Retour du piston et refoulement des produits brûlés dans l'atmosphère;

Le travail maximum de ce cycle est donné, comme nous l'avons vu à la page 25, par la formule

$$\theta_m = \frac{5}{2}(p_1 - p_0) - p_1(r - 1)p_0,$$

dans laquelle on désigne par

p_1 la pression de l'explosion
p_0 la pression atmosphérique
$= 10.333^k$ par mètre carré
r le degré de détente.

———

Admettons que l'on emploie, comme dans le moteur Lenoir, qui appartient à ce type, un mélange formé de

$$\left. \begin{array}{l} \text{7 p. 100 de gaz} \\ \text{et de 93 p. 100 d'air} \end{array} \right\} \text{en volumes}$$

pris à $0°$ ($\tau_0 = 273°$) et qu'on le fasse détoner sous le volume constant v_0.

On a, d'après les formules des pages 9 et 12 et les données de la table de détente adiabétique (p. 13)

t_1 température de l'explosion $= 2800°$
$\tau_1 = 2800 + 273 = 3000°$ environ
$p_1 = 10,3 p_0 = 10,3 \times 10,333$
$= 106.000^k$ par mètre carré

$$r = \left(\frac{p_1}{p_0}\right)^{\frac{1}{k}} = 10{,}3^{\frac{5}{7}} = 5{,}20$$

$$\frac{\tau_2}{\tau_1} = \left(\frac{p_0}{p_1}\right)^{\frac{k-1}{k}} = 10{,}3^{\frac{2}{7}} = 0{,}50$$

d'où
$$\tau_2 = 1500^\circ$$

On trouve ainsi :

1° Pour le *travail maximum développé*

A. par mètre cube du mélange

$$\theta_m = \frac{5}{2}(106.000 - 10.000) - \frac{7}{2}(5{,}20 - 1)\,10.000 = \frac{5}{2}\,96.000 - 42.000 \times \frac{7}{2}$$

$$= 240.000 - 147.000 = 93.000 \text{ kilogrammètres.}$$

B. *par mètre cube* de gaz

$$\theta = 93.000 \times \frac{1}{0{,}07} = 1.330.000 \text{ kilogrammètres.}$$

Rendement. La puissance calorifique du mètre cube de gaz étant de

$$8000 \text{ calories}$$

équivalant à

$$8000 \times 425 = 3.400.000 \text{ kilogrammètres}$$

le *rendement absolu* de ce cycle est de

$$\frac{1{,}330000}{3{,}40000} = 0{,}40 \text{ environ.}$$

Le *rendement de la détente*

$$\digamma_\Delta = \frac{\theta_m}{\frac{5}{2}(p_1 - p_0)} = \frac{93.000}{240.000} = 0{,}40 \text{ environ.}$$

Le *rendement de l'explosion* est de

$$\rho_e = \frac{5}{2}\,\frac{(p_1 - p_0)}{3{,}400000 \times 0{,}07} = \frac{240.000}{238.000} = 0{,}9 \text{ environ,}$$

d'où, pour le *rendement total maximum* de ce cycle

$$\rho_1 = \rho_\Delta \times \rho_e = 0{,}40 \times 0{,}9 = 0{,}36,$$

c'est-à-dire, qu'il utilise, au plus, les 0,36 de la chaleur totale disponible de l'explosion.

Le *rendement thermique maximum* du corps, entre les limites données de températures, est de

$$\frac{\tau_1 - \tau_0}{\tau_1} = \frac{3000 - 273}{3000} = \frac{1727}{3000} = 0,90$$

Le *rendement thermique* réel du moteur ρ_1 est donné par le rapport

$$\rho_1 = \frac{\text{chaleur restée dans la machine}}{\text{chaleur totale fournie}}.$$

D'après la composition du mélange,

$$1 \text{ mètre de gaz, pesant } 0^k,800$$

correspond à $14^{mc},30$, ou à $14,3 \times 1,3 = 18^k,6$ d'air, soit à $19^k,6$ du mélange, dont on peut considérer la chaleur spécifique, sous la pression constante p_0, comme égale à celle de l'air

$$c = 0,24.$$

Le mètre cube de gaz brûlé emporte donc à l'échappement à $1200°$

$$19^k,6 \times 0,24 \times 1200° = 4,70 \times 1200° = 5600 \text{ calories environ,}$$

ce qui donne, pour ρ_1,

$$\rho_1 = \frac{8000 - 5600}{8000} = \frac{2400}{8000} = 0,30 \text{ environ}$$

comme précédemment.

Le *rendement spécifique* maximum de ce type de moteur est donné par la formule

$$R = \frac{\rho_1}{\frac{\tau_1 - \tau_2}{\tau_1}} = \frac{3}{9} = 0,33 \text{ environ}$$

avec le dosage donné du mélange.

Si l'on employait, comme on ne *peut* le faire en réalité qu'avec les moteurs à compression, un mélange de 4 p. 100 de gaz et de 96 p. 100 d'air, voici les résultats que donnerait l'application du calcul précédent à ce dosage du mélange.

Ayant

$$p_0 = 10.333$$
$$t_1 = 1500°$$
$$p_1 = 5,5\,p_0 = 56.800^k$$
$$r = 3,3$$
$$\tau_2 = 0,60\,\tau_1 = 1060° \qquad t_2 = 790°$$

il vient, pour le travail

A. du mètre cube du mélange

$$\theta = \frac{5}{2}(56.800 - 10.333) - \frac{7}{2}(3,3 - 1)\,10.333 = 33.000 \text{ kilogrammètres.}$$

B. du mètre cube de *gaz*

$$\theta = 33.000\,\frac{1}{0,04} = 825.000.$$

Rendement absolu

$$\frac{825.000}{8000 \times 425} = 0,25.$$

Rendement de détente

$$\rho_\Delta = \frac{\theta}{\frac{5}{2}(p_1 - p_0)} = \frac{33.000}{116.000} = 0,28.$$

Rendement de l'explosion

$$\rho_e = \frac{\frac{5}{2}(p_1 - p_0)}{3.400.000 \times 0,04} = \frac{116.000}{136.000} = 0,9.$$

Rendement total maximum

$$\rho_1 = \rho_\Delta \times \rho_e = 0,28 \times 0,9 = 0,25.$$

Rendement thermique maximum du corps

$$\frac{\tau_1 - \tau_0}{\tau_2} = \frac{1773 - 273}{1773} = 0,85.$$

Chaleur emportée à l'échappement par mètre cube de gaz correspondant à 32 kilogrammes du mélange

$$32 \times 0,24 \times 790° = 6000 \text{ calories.}$$

Rendement thermique du moteur

$$\rho_1 = \frac{8000 - 6000}{8000} = 0,25.$$

Rendement spécifique

$$\rho = \frac{\rho_1}{\dfrac{\tau_1 - \tau_2}{\tau_2}} = 0,30.$$

Ces résultats, qui font ressortir l'influence du dosage du mélange sur le rendement, nous seront utiles pour comparer les moteurs du premier type aux moteurs à compression; ils montrent combien le rendement ρ_1 augmente avec la proportion de gaz ou la température initiale τ_1, et font pressentir que l'on atteindrait, avec des dosages moins riches, des rendements aussi élevés, si on pouvait augmenter suffisamment la température du mélange par une compression préalable.

MOTEURS A COMPRESSION

Machines du deuxième type.

Le cycle de ces moteurs comprend les opérations suivantes :

1° Aspiration du mélange et son refoulement dans un réservoir ;

2° Admission et inflammation du mélange, sous une pression constante, égale à celle du réservoir ;

3° Détente adiabatique jusqu'à la pression atmosphérique ;

4° Echappement et refoulement des produits de la combustion dans l'atmosphère.

Nous admettrons que l'on emploie, comme dans le deuxième cas des moteurs du premier type, et comme on le fait en pratique avec le moteur Otto, un mélange formé de

$$\left. \begin{array}{l} 4 \text{ p. 100 de gaz} \\ \text{et de 96 p. 100 d'air} \end{array} \right\} \text{ en volume,}$$

et que la compression, très élevée, augmente de 5,5 fois la pression initiale de ce gaz, comme le faisait son explosion dans l'exemple précédent, ou que l'on a

$$p_1 = 5,5\, p_0 = 5,5 \times 10.333 = 56.800^k \text{ par mètre carré.}$$

1° *Température et travail de compression par kilogramme de gaz.*

Il a fallu d'abord prendre, à 0° et à la pression atmosphérique p_0, les 32 kilogrammes ou les 25 mètres cubes de mélange, qui renferment, au taux de 4 p. 100, un mètre cube de gaz, les comprimer suivant une adiabatique de p_0 à p_1 ou $p_1 = 5,5\,p_0$, puis refouler le mélange comprimé à p_1 dans le réservoir de compression.

A. *Travail de compression adiabatique* θ_α.

Ce travail est donné, comme on l'a démontré à la page 12

par la formule

$$\theta_a = 72\tau_0 \left(\frac{\tau'_1}{\tau_0} - 1\right)$$

pour un kilogramme d'air ou du mélange, et, pour nos 32 kilo-grammes, par l'expression

$$\theta_a = 32 \times 72 \times \tau_0 \left(\frac{\tau'_1}{\tau_0} - 1\right) = 32 \times 72\,(t'_1 - t_0)$$

$t_1\ \tau'_1$) étant les températures réelles et absolues à la fin et au
$t_0\ \tau_0$) commencement de la compression.

Or nous avons, d'après la table de détente adiabatique donnée dans le premier chapitre, pour un degré de compression

$$\frac{p_1}{p_0} = 5,5$$

un degré d'échauffement

$$\frac{\tau'_1}{\tau_0} = 1,67,$$

d'où, pour les températures de compression τ'_1 et t'_1, les valeurs

$$\tau'_1 = 1,67 \times 273° = 450°$$
$$t'_1 = 180° \text{ environ}$$

correspondant à une chaleur sensible de

$$180° \times 32^k \times 0,24 = 880 \text{ calories}$$

dépensées pour le travail de compression.

Ce travail est donc donné par l'expression

$$\theta_a = 32 \times 72 \times 180° = 2300 \times 180° = 414.000 \text{ kilogrammètres.}$$

B. *Travail de refoulement* θ_2 *dans le réservoir à la pression.*

$$p'_1 = 5,5\,p_0 = 56.800^k \text{ par mètre carré.}$$

Il faut, pour calculer ce travail, déterminer le volume

$$v'_1$$

occupé par les 32 kil. du mélange à la pression p'_1 et à la température t_1, après la compression adiabatique de p_0 à p'_1 : ce volume est donné par l'expression

$$v'_1 = v_0 \frac{\tau'_1}{\tau_0} \frac{p_0}{p_1} = 25^{\text{mc}} \times 1,7 \times \frac{1}{5,5} = \frac{42,5}{5,5} = 7^{\text{mc}},70.$$

Le travail de refoulement θ_2 est donc donné par l'expression

$$\theta_2 = v'_1 (p'_1 - p_0) = 7^{\text{mc}},70 (56.800 - 10.333) = 358.000^k \text{ environ.}$$

Travail total de la pompe de compression θ_c.

Ce travail est donné par l'expression

$$\theta_c = \theta_1 + \theta_2 = 414.000 + 358.000 \text{ kilogrammètres}$$
$$= 772.000 \text{ kilogrammètres par mètre cube de } gaz.$$

2° *Travail* θ_e *d'explosion et d'échauffement à la pression constante.*

$$p_1 = 5,5 \, p_0.$$

Ce travail θ_e est donné par l'expression

$$\theta_e = p_1 v_1,$$

v_1 étant le volume final du mélange après sa combustion complète à p_1.

Température finale de l'explosion à la pression p_1.

Les 8,000 calories du mètre cube de gaz brûlé à la pression p_1 élèveront la température τ'_1 des 32 kilogrammes du mélange de

$$\frac{8000}{32 \times 0,24} = 1040°;$$

la température t_1 du mélange, après l'explosion, sera donc de

$$t_1 = 1040 + 180 = 1220°$$
$$\tau_1 = 1490° \text{ environ}$$

et le volume final des $7^{\text{mc}},70$ à $p'_1 \, t'_1$, sera, à la fin de l'explosion à

$$p_1 = p'_1,$$

de

$$v_1 = 7^{\text{mc}},70 \, \frac{1490}{450} = 25^{\text{mc}},4;$$

Le travail *absolu* accompli par l'explosion sera de

$$\theta_e = 56.800 \times 25^{mc},4 = 1.442.700 \text{ kilogrammètres.}$$

3° *Travail θ_a de la détente adiabatique de p_1 à p_0.*

D'après les tables de la détente adiabatique, on trouve, qu'à une détente de

$$\frac{p_1}{p_0} = 5,5$$

correspond un abaissement de température de

$$\frac{\tau_2}{\tau_1} = 0,6,$$

τ_2 étant la température à la fin de la détente adiabatique, lorsque le mélange a été ramené, par cette détente, à la pression atmosphérique p_0.

Le travail de cette détente est donné par l'expression

$$\theta_a = 72 \times 32 \times \tau_2 \left(\frac{\tau_1}{\tau_2} - 1\right) = 2300 \times 1490 \times 0,6 \times (1,7 - 1)$$
$$= 2300 \times 890° \times 0,7 = 1.400.000 \text{ kilogrammètres environ.}$$

Volume final v_2 du mélange à la fin de la détente adiabatique.

Ce volume est donné par l'expression

$$v_2 = v_0 \times \frac{\tau_0}{\tau_2}$$

v_0 étant le volume initial du mélange à la pression atmosphérique ; $v_0 = 25^{mc}$, d'où

$$v_2 = 25^{mc} \times \frac{273}{890} = 82 \text{ mètres cubes.}$$

Travail positif ou moteur total θ_m.

Ce travail est égal à la somme des travaux absolus

$$\theta_e \quad \text{et} \quad \theta_a$$

de l'explosion et de la détente, diminuée des travaux négatifs de la compression et de la pression atmosphérique sur la face opposée du piston.

La pression atmosphérique exerce, sur le piston, un travail négatif, ou de sens contraire à celui du travail moteur, égal à

$$p_0 v_2$$

et un travail positif, ou de même sens que le travail moteur, égal à

$$p_0 (r_0 - r'_i)$$

pendant la compression adiabatique.

Le travail négatif total de la pression atmosphérique est donc égal à

$$\theta'_n = p_0 (v_2 + v'_i - v_0)$$
$$= 10.333 (82^{mc} + 7^{mc},70 - 25^{mc})$$
$$= 10.333 \times 64,7 = 668.500 \text{ kilogrammètres.}$$

Le travail de compression est, comme nous l'avons établi, de

$$\theta_c = 772.000 \text{ kilogrammètres}$$

ce qui donne, pour le travail négatif ou résistant total, la valeur,

$$\theta_r = \theta_c + \theta_n = \quad 772.000$$
$$+ \quad 668.000$$
$$= 1.440.000 \text{ kilogrammètres.}$$

Le travail positif ou moteur total θ_m s'élève donc à

$$\theta_m = \theta_c = 1.442.700$$
$$+ \theta_d \quad 1.400.000$$
$$= 2.842.700 \text{ kilogrammètres}$$

de sorte que le travail moteur θ, *disponible* par mètre cube de gaz, est égal à

$$\theta = 2.843.000$$
$$- 1.440.000$$
$$= 1.400.000 \text{ kilogrammètres environ.}$$

Rendement.

La chaleur totale fournie au mélange est de

8.880 calories

dont 8.000 par la combustion du mètre cube de gaz, et 880 par la compression des 25^{mc} du mélange.

Le *rendement absolu* du moteur est donc de

$$\frac{1.400.000}{8880 \times 425} = \frac{1.400.000}{3.774.000} = 0,40.$$

La *chaleur emportée à l'échappement* est de

$$32 \, t_2 \times 0,24 = 32 \times 620 \times 0,24 = 4760 \text{ calories.}$$

Ce qui donne, pour le *rendement thermique réel*

$$\rho_t = \frac{8880 - 4760}{8880} = 0,46.$$

Le *rendement thermique maximum* est de

$$\frac{\tau_1 - \tau_0}{\tau_0} = \frac{1490 - 273}{1490} = 0,80.$$

Le *rendement sépécifique* est de

$$\rho_1 = \frac{0,40}{0,80} = 0,50.$$

La supériorité de cette machine sur la précédente est manifeste, par ce fait qu'elle donne à peu près le même travail par mètre cube de gaz avec une température initiale bien moins élevée (1040° au lieu de 2800°) que dans le cas où l'on emploie, pour le premier type, un mélange à 7 p. 100 de gaz.

Lorsqu'on emploie, dans les deux cas, un mélange à 4 p. 100, la supériorité du deuxième type est dans le rapport des travaux

$$\frac{1.400.000}{825.000} = 1,7 \text{ environ.}$$

Cette supériorité tient à ce que le travail de la compression permet d'obtenir une énergie plus considérable par la combustion du mélange à la pression constante p_1.

Moteurs du troisième type.

Le cycle de ces moteurs comprend les périodes suivantes :

1° Compression du mélange de p_0 à p'_1 ;

2° Explosion au volume constant de compression v'_1, détente jusqu'à la pression atmosphérique p_0 ;

3° Refoulement des produits brûlés dans l'atmosphère.

Je supposerai, pour rester dans les conditions réalisables en pratique, l'emploi d'un mélange à 4 p. 100 de gaz, et que la compression se poursuive jusqu'à trois atmosphères

$$\frac{p'_1}{p_0} = 3.$$

On a alors, d'après les tables de détente adiabatiques et suivant les notations adoptées

$$\frac{\tau'_1}{\tau_0} = 1,4,$$

d'où

$$\tau'_1 = 273 \times 1,4 = 380°$$
$$t'_1 = 110°.$$

Le travail de compression est de

$$72 \times 32^k \times 273\,(1,4 - 1) = 2300 \times 273 \times 0,4 = 251.000 \text{ kilogrammètres.}$$

Le volume du gaz, après sa compression, est de

$$v'_1 = v_0\, \frac{p_0}{p'_1}\, \frac{\tau'_1}{\tau_0} = v_0 \times 0,33 \times 1,4 = v_0 \times 0,46$$

$$25 \times 0.46 = 11^{mc},50,$$

et sa chaleur est de

$$32 \times 0,24 \times 110° = 845 \text{ calories.}$$

La *température finale de l'explosion* à volume constant est de

$$t_1 = 1500 + 110° = 1600° \text{ environ}$$
$$\tau_1 = 1880° \qquad »$$

La pression maxima p_1 est de

$$p_1 = p'_1 \times \frac{1880}{380} = 15 \text{ atmosphères.}$$

Détente adiabatique de p_1 à p_0

$$\frac{p_1}{p_0} = 15.$$

La température finale τ_2, au bout de la détente adiabatique. est de

$$\tau_2 = \tau_1 \times 0,456 = 857°$$

d'où

$$t_2 = 580°.$$

Le travail de la détente est de

$$\theta_\Delta = 72 \times 32 \times 857 (2,19 - 1) = 2.345.000 \text{ kilogrammètres.}$$

Le volume final v_2 est de

$$v_2 = 25^{mc} \times \frac{857}{273} = 78^{mc},5$$

Travail de la pression atmosphérique. Ce travail est donné par l'expression

$$p_0(v_2 + v'_1 - v_0)$$
$$= p_0(78,5 + 11,5 - 25) = 10.333 \times 65 = 671.000 \text{ kilogrammètres.}$$

Travail moteur utile θ. On a donc

$$\theta = \quad 2.345.000 \text{ travail de détente}$$
$$- \quad 251.000 \text{ travail de compression}$$
$$\underline{- \quad 671.000 \text{ travail de la pression atmosphérique}}$$
$$= \quad 2.345.000$$
$$- \quad 922.000 = 1.423.000 \text{ kilogrammètres par mètre cube de gaz.}$$

Rendement.

Rendement absolu

$$\frac{1.423.000}{(8000 \times 845)425} = \frac{1.423.000}{3.759.000} = 0,4 \text{ environ.}$$

Rendement thermique maximum

$$\frac{1880 - 273}{1880} = 0,80.$$

Chaleur perdue à l'échappement

$$32 \times 0,24 \times 580° = 4520 \text{ calories.}$$

Rendement thermique réel

$$\frac{8845 - 4325}{8845} = 0,5.$$

Rendement spécifique

$$\frac{0,5}{0,8} = 0,62.$$

Consommation de gaz par cheval et par heure

$$G = \frac{75 \times 60 \times 60}{1.423.000} = \frac{270.000}{1.420.000} = 0^{mc},20.$$

Cette consommation est *un minimum toujours très largement dépassé en pratique*, pour des raisons faciles à saisir par l'examen des diagrammes réels des moteurs.

Si l'on poussait, dans les machines du troisième type, la compression au même degré que dans les machines du deuxième type, on obtiendrait un travail de

$$2.600.000 \text{ kilogrammètres environ}$$

par mètre cube de gaz, mais avec une pression d'explosion p_1 de près de 27 atmosphères, qui ne saurait se maintenir sans brûler les cylindres et détruire les articulations du moteur.

LA COMPRESSION.

L'examen que nous venons de faire, des trois types fondamentaux des moteurs à gaz, indique clairement d'où provient l'avantage que procure, en pratique, la compression préalable du mélange explosif.

Cette compression, surtout avec les moteurs du troisième type, c'est-à-dire quand on l'associe à l'explosion du mélange sous volume constant, a pour effet de permettre, par l'échauffement préalable et par le rapprochement des molécules du mélange, l'emploi de dosages moins riches en gaz qu'avec les moteurs sans compression.

La chaleur communiquée au mélange par la compression permet, en effet, d'employer une proportion d'air plus considérable, tout en conservant au mélange son caractère détonant, de manière à mitiger l'explosion, au grand bénéfice du mécanisme, en la faisant porter sur un volume plus étendu.

La compression augmente, *à dosage égal*, le rendement du cycle en élevant la température initiale τ_1 et la chute de température disponible ; à détente égale, elle augmente la pression moyenne et, par conséquent, le travail par tour du moteur.

En outre, plus la compression est élevée, plus le piston accomplit dans les premiers temps de sa course une grande partie du travail total, plus la chaleur de l'explosion se transforme vite en travail aux températures les plus hautes du cycle, et moins elle se dissipe par la conductibilité des parois.

La compression n'est, en pratique, limitée que par la résistance des métaux et des garnitures du piston et du cylindre à la

pression et à la haute température qu'elle développe. Nous verrons, en décrivant les principaux moteurs à compression, que l'on
n'a guère dépassé, en pratique, les limites adoptées pour
l'exemple choisi afin de présenter une théorie approchée des
moteurs du troisième type.

CHAPITRE III

MOTEURS DU PREMIER TYPE

Le cycle des moteurs du premier type est caractérisé, comme nous l'avons vu, par les périodes suivantes :

Course motrice. .
1. Aspiration du mélange d'air et de gaz sensiblement à la pression atmosphérique.
2. Explosion sous un volume sensiblement constant.
3. Détente.

Course résistante.
4. Échappement des produits de la combustion.

Ce cycle présente, en comparaison de celui des moteurs à compression, une infériorité radicale : on y dispose d'une chute de température moindre. De là, le moindre rendement des moteurs du premier type, bien que leur cycle soit quelquefois mieux utilisé que celui des machines à compression, l'influence de leurs parois moins puissante et leur rendement organique plus élevé, à cause de la simplicité relative de leur mécanisme.

Machines atmosphériques. Il faut, néanmoins, faire exception à cette condamnation générale en faveur d'un genre particulier de moteurs du premier type, connus sous le nom de *machines atmosphériques.*

Dans ce genre de machines, la troisième période du cycle, la détente, est extrêmement étendue, poussée même au delà de la pression atmosphérique ; la quatrième période est complètement modifiée — de résistante elle devient motrice. — Les produits brûlés, très détendus, occasionnent, en se refroidissant au contact des pa-

rois du cylindre, un vide sous l'une des faces du piston moteur, et
la pression de l'atmosphère, agissant sur l'autre face, détermine

Fig. 19.

Moteur atmosphérique Otto-Langen.

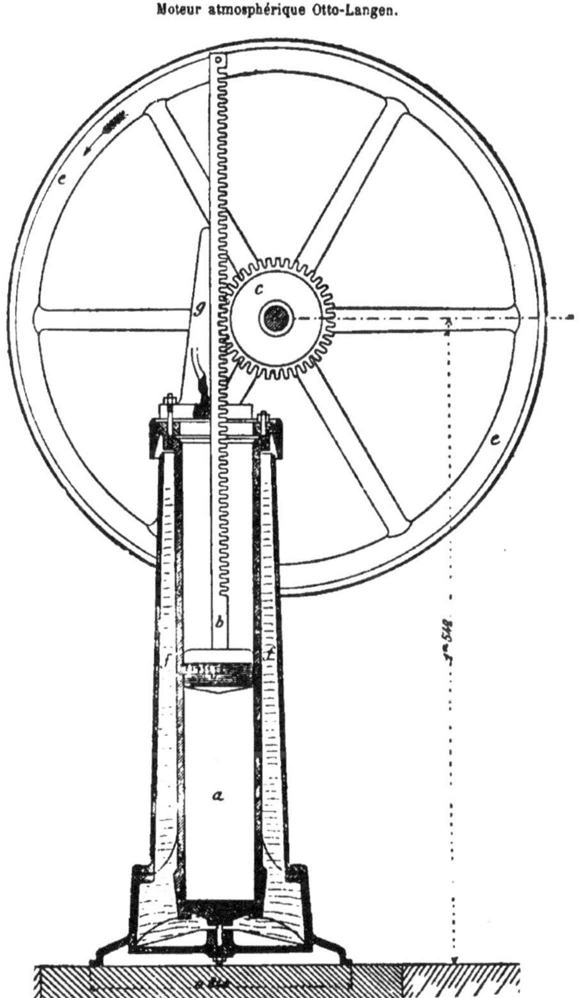

la course motrice du piston puis l'expulsion des produits brûlés.

Le type de moteur atmosphérique le plus répandu est celui de MM. *Otto* et *Langen*, représenté shéématiquement par la figure 19.

L'explosion du mélange admis en *a* projette le piston *b*, dont la crémaillère, guidée en *g*, engrène avec une roue à embrayage *c*, folle de gauche à droite sur l'arbre moteur *d*. Cette roue, fixée sur *d* de droite à gauche, entraine, au contraire, l'arbre moteur et son volant *e*, quand la crémaillère et le piston descendent, comme nous l'avons expliqué, sous l'influence de la pression atmosphérique.

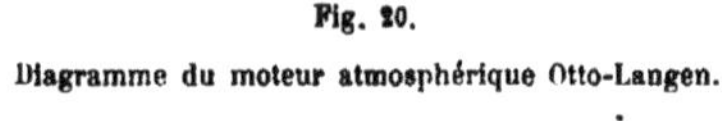

Fig. 20.

Diagramme du moteur atmosphérique Otto-Langen.

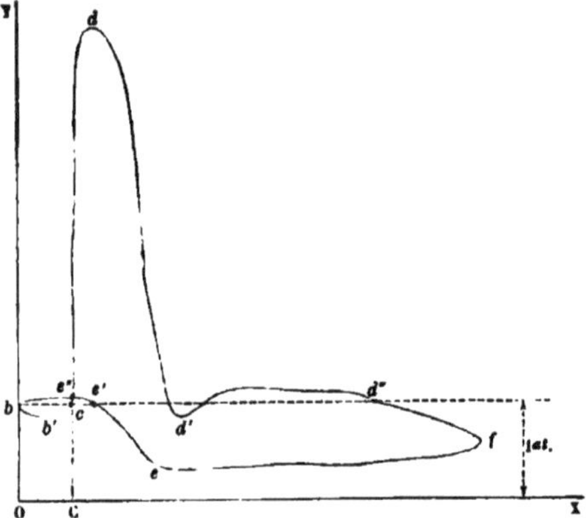

La fig. 20 représente un diagramme — type du cycle réel de ce moteur ; on y reconnait :

En *bb'c*,   la première période du cycle, aspiration du mélange.

En *cd*,   l'explosion, presque sous volume constant, à cause de la masse très lourde du piston.

En *dd'd″f*,   la détente, dont le point *d'* est probablement dû aux vibrations de l'indicateur, mais dont le point *f* tombe au-dessous de la pression atmosphérique.

En *fee'e″b*,   la courbe de descente du piston; de *f* en *e* sous une pression négative ou motrice d'environ 1/2 atmosphère; de *e* en *e″* et en *b*, refoulement des gaz refroidis dans l'atmosphère.

On voit que le travail négatif — représenté par l'aire $cb'be'e''c$, correspondant au refoulement $e'e''b$, puis à l'aspiration des gaz $bb'c$ — est relativement très faible.

L'explosion agit, dans ces moteurs, comme une véritable détonation, très vive, ne laissant que peu de prise à l'action des parois, et dont l'énergie se trouve ainsi presque tout entière absorbée par l'inertie du piston.

On s'explique, par cette considération et par le prolongement de la détente, le rendement thermique très élevé de ces moteurs : il peut atteindre 70 et même 80 p. 100 ; le cycle se trouve donc parfaitement utilisé. En fait, le moteur Otto-Langen est celui qui s'est montré, jusqu'ici, le plus économique, malgré le vice essentiel de son cycle ; pour de très petites forces (1/2 cheval) on parvient à brûler moins de 800 litres de gaz par cheval-heure.

Malheureusement ce moteur, si avantageux au point de vue du rendement, présentait de graves inconvénients pratiques — marche bruyante, peu régulière, encombrement, mécanismes compliqués — on dut y renoncer, après un succès des plus brillants, pour le remplacer par les moteurs *Otto* à compression, décrits au chapitre suivant.

L'idée des moteurs atmosphériques fut même presque abandonnée, malgré le succès de la machine Otto-Langen. On ne peut guère citer que le moteur de *Gilles* (1874), moins bruyant et plus compact ; celui d'*Hallewell* (1875), dans lequel la pression atmosphérique agit à double effet sur le piston d'un cylindre de machine à vapeur ordinaire mis en rapport, par sa lumière d'échappement, avec une capacité où l'explosion détermine un vide par la descente d'un piston libre, et le moteur de *Robson* (1881), auquel il serait difficile d'assigner un avantage sur celui d'Otto-Langen.

Le cycle des moteurs atmosphériques pourrait être mieux utilisé par l'emploi d'un régénérateur ou récupérateur de chaleur, échauffant le mélange détonant par la chaleur perdue des gaz de l'échappement ; mais ce serait encombrer encore et compliquer ces moteurs, augmenter pour peu de chose les défauts qui les ont fait abandonner.

Machines mixtes. C'est vers la classe, aujourd'hui très importante, des moteurs *mixtes*, que se sont portés la plupart des inventeurs de petits moteurs à gaz.

Dans ce genre de moteurs, l'explosion agit comme force motrice pendant la course-avant du piston et la pression atmosphérique pendant une faible partie de la course-arrière. Ce sont donc des moteurs à double effet, mais dont la course-avant est de beaucoup la plus puissante.

Le moteur de ce genre le plus répandu est celui de *Bischopp*, dont nous donnons une description détaillée ; la pression atmosphérique n'intervient que très peu dans ces moteurs, remarquables plutôt par leur extrême simplicité et par l'économie de leur construction.

Les moteurs du premier type, ou sans compression, se prêtent mieux que les autres à l'emploi de la force motrice du gaz sur les deux faces du piston ou à la marche à *double effet*. On en a un exemple remarquable dans la célèbre machine de M. *Lenoir*. Nous décrirons ces machines dans le chapitre spécialement consacré aux moteurs à double effet.

Un inventeur ingénieux, M. *J. Shweizer*, a proposé, tout récemment, d'employer la force explosive du gaz, ainsi que sa chaleur de combustion, à comprimer directement, dans un récipient convenablement disposé, un volume d'air considérable, que l'on utiliserait ensuite au fonctionnement de divers moteurs à air comprimé. C'est une extension de l'idée de *J. Hallewell*, que nous venons d'exposer, mais elle semble présenter, comme nous le verrons, quelques objections importantes.

Nous allons maintenant passer en revue, d'une façon sommaire et générale, les principaux organes des moteurs du premier type : leurs mécanismes d'allumage, de distribution, de régularisation, dont on trouvera la description détaillée dans les monographies qui vont suivre, ou dans les chapitres spécialement consacrés à l'étude de leurs fonctions.

Allumage. Parmi ces fonctions, l'allumage est celle pour l'accomplissement de laquelle les moteurs sans compression offrent le plus de ressources ; il est, en effet, très facile d'y aspirer ou d'y projeter, au sein du mélange d'air et de gaz, une flamme brûlant à l'extérieur du cylindre et rallumée, s'il le faut, par un bec auxiliaire ou brûleur permanent.

Aussi, l'allumage par *aspiration de flamme* est-il le plus usité ; on peut le considérer comme caractéristique des moteurs sans compression. A un point donné de la course, au tiers, en général, le piston moteur découvre un orifice fermé par un petit clapet, que la pression atmosphérique ouvre et repousse vers le cylindre, en même temps que la flamme du brûleur : c'est l'allumage des moteurs *Bischopp, Hutchinson, Robson,* etc. Le clapet peut être au besoin logé, comme dans les moteurs de *Turner*, dans le tiroir même de distribution, ou remplacé par un boulet, comme dans les machines de *Haigh* et *Nuttall.*

On pourrait même, à la rigueur, supprimer le clapet comme l'a tenté M. *Atkinson*, mais sans grand avantage.

On peut encore, comme dans certains types de *Bischopp* et dans les grands moteurs de *Shweizer*, renforcer la flamme d'allumage proprement dite par l'action d'un *exploseur ;* c'est-à-dire, enflammer le mélange moteur du cylindre, non pas directement par la flamme du brûleur, mais indirectement, par la détonation d'une partie du mélange, que cette flamme allume dans une capacité mise en rapport avec le cylindre moteur par un conduit spécial. Le renforcement de la flamme est quelquefois effectué par le soufflet d'une poche (*Bischopp, Hugon*) ou par le refoulement d'une pompe (*R. Ord*).

L'ouverture d'allumage peut être fermée par un piston, comme dans les machines de *Robson*, ou par une languette glissant sur le tiroir de distribution qui porte cet orifice, comme dans le moteur d'*Atkinson.*

Ces mécanismes, moins simples que les clapets, sont, en général, avantageusement remplacés par le tiroir lui-même, qui transporte alors, dans une chambre d'allumage, la flamme du brûleur, et ferme l'orifice d'allumage par son seul mouvement, à l'origine de l'explosion. Tels sont les dispositifs adoptés pour les machines de *Bénier* et *Lamart*, de *Ravel*, d'*Hallewell* et de *Forest*.

Dans les machines de *Linford*, c'est par un tiroir spécial que s'effectue le transport de la flamme.

L'*incandescence* est rarement employée comme moyen d'allumage dans les moteurs sans compression. On en trouvera un exemple dans la machine de l'*Economic Motor Company* de New-York, sous la forme d'un disque de platine fixé à la place du clapet des moteurs Bischopp, et porté au rouge par la flamme d'un chalumeau.

Enfin, on ne rencontre plus que très rarement l'*électricité*, le premier de tous les moyens d'allumage adoptés pour ce genre de machines.

Distribution. La distribution s'opère par des organes le plus souvent analogues aux mécanismes correspondants des machines à vapeur, dont ils ne diffèrent essentiellement que par les additions nécessaires pour leur permettre d'effectuer en même temps l'allumage.

C'est ainsi que l'on rencontre, employés pour l'admission de l'air et du gaz, les tiroirs cylindriques équilibrés : sous forme de robinets oscillants, dans les machines de *Haigh* et *Nuttall*, tournants dans celles de *Linford* et de *Tonkin*, glissants dans les moteurs de *Bischopp* et de l'*Economic Motor C°*. Dans la machine d'*Hallewell*, le robinet tournant s'aplatit et devient un disque.

On retrouve le tiroir plat sur un grand nombre de moteurs : (*Ravel*, *Bénier*, *Forest*, *Hutchinson*) accompagné parfois, pour les grands moteurs, d'un tiroir spécial à l'échappement (*Turner Ord Atkinson*).

Je ne fais qu'indiquer ici pour mémoire ces différentes solutions, que l'on trouvera discutées en détail au chapitre spécialement consacré à la distribution.

L'aspiration de l'air se fait, le plus souvent, par des valves en caoutchouc, très larges pour ne pas offrir de résistance, silencieuses, à disques (*Bischopp*, *Economic Power C°*), ou à lèvres, comme dans les moteurs d'*Atkinson* et de *Haigh et Nuttall*.

On emploie aussi quelquefois, pour l'aspiration de l'air et du gaz, des clapets en métal (*Hutchinson*), ou en vulcanite, très légers et à levée variable, comme dans le moteur de *Turner*; parfois enfin, l'air et le gaz sont refoulés, sous une très faible pression, au cylindre et aux becs d'allumage, par des pompes spéciales, comme dans les machines de *R. Ord* et de *Withers*. On obtient ainsi, mais au prix de complications trop dispendieuses, un mélange plus homogène et plus exactement dosé.

La tendance générale des constructeurs parait être de s'en tenir à une simple aspiration du mélange à travers le distributeur, avec allumage séparé, ou par transport de flamme au moyen du distributeur même. On obtient ainsi, sans grande complication, une marche plus silencieuse qu'avec l'allumage direct par aspiration au travers d'un clapet. L'addition d'un tiroir d'échappement spécial présente, pour les grands moteurs, l'avantage de réduire les dimensions et de diminuer l'échauffement du tiroir d'admission.

Mélangeurs. Le mélange de l'air avec le gaz s'opère, le plus souvent, par l'admission simultanée de ces deux fluides suivant des directions à angle droit (*Bischopp*, *Forest*), ou très inclinées (*Lamart* et *Bénier*); le tiroir porte, quelquefois, comme dans la machine de *Withers*, un diffuseur mélangeant l'air au gaz à travers une plaque percée de petits trous divisant leur courant. Le mélangeur peut aussi former, comme dans le moteur de *Rider*, un organe distinct, une chambre séparée du reste du moteur et n'ayant pas d'autre fonction.

Détails divers. Quelques inventeurs, notamment *Andrew*, ont jugé nécessaire d'admettre au cylindre moteur une certaine quantité de mélange directement, par simple aspiration, indépendamment de l'admission faite par le tiroir, afin de soulager d'autant ce tiroir et de pouvoir en réduire les dimensions.

On se contente, le plus souvent, d'expulser les produits de la combustion par le retour seul du piston moteur ; dans certaines machines on en laisse même systématiquement une partie séjourner au delà du piston, pour y former comme un matelas destiné à légèrement amortir le choc de l'explosion; tel est le cas des moteurs *Shweizer*. Dans d'autres machines au contraire, on s'est assujetti à balayer complètement les produits brûlés, après chaque explosion, par l'action d'une pompe (*Turner*), d'un piston auxiliaire (*Robson*), ou d'un ventilateur (*Shweizer*); mais l'expérience ne parait pas avoir, jusqu'à présent, justifié ces précautions exceptionnelles.

On s'est beaucoup attaché à atténuer, sur les mécanismes, le choc de l'explosion, si vive dans les moteurs sans compression; l'emploi d'un matelas d'air, ou du moins d'un mélange pauvre, en avant de la charge proprement dite, semble tout indiqué pour cet objet, mais il est d'une réalisation difficile, et entraîne quelques inconvénients, notamment une augmentation du volume du cylindre, et quelques complications dans les organes du distributeur (*Withers*). On a donc eu recours, de préférence, à des dispositions cinématiques telles que la bielle inclinée de *Bischopp*, l'arbre excentré de *Turner*, l'encliquetage à piston libre d'*Otto* et *Langen*.

Ces dispositions cinématiques ont aussi pour effet de réduire l'encombrement du moteur, en longueur, comme les bielles en retour de *Bénier* et *Lamart* et de *Forest*, ou en hauteur, comme le cylindre oscillant de *Ravel ;* mais ce dernier dispositif, condamné pour les machines à vapeur, ne parait guère devoir mieux réussir avec les moteurs à gaz.

Le *refroidissement du cylindre* et des organes de distribution, moins échauffés dans les petits moteurs du premier type que dans les grands moteurs à compression, exige rarement l'emploi d'une circulation d'eau; il suffit souvent de simples ailettes, longitudinales comme dans le moteur *Bischopp*, ou enroulées autour du cylindre, comme dans la machine de *Forest*, ou encore, d'une circulation d'air à travers une masse d'eau toujours la même, entourant le cylindre, comme dans les moteurs de la *Compagnie parisienne* et de *Bénier*. Cet eau peut être rafraîchie, comme dans le moteur *Atkinson*, par son passage à travers un long serpentin exposé à l'air libre.

Les mécanismes dé la *régularisation* sont presque toujours empruntés à la pratique des machines à vapeur ; c'est le régulateur à force centrifuge agissant pour réduire ou supprimer l'admission du gaz. On peut signaler, comme originales et particulières aux moteurs à gaz, les régulateurs de *Withers* et l'*Economic Motor C*ᵉ. Dans le moteur *Withers*, l'admission au cylindre est réglée par l'introduction, entre la chambre du tiroir et le cylindre, d'une poche qui se vide en partie dans le cylindre pendant l'admission ; dans les moteurs de l'*Économic Motor C*ᵉ, l'admission du gaz est réglée par l'emploi d'une espèce de cataracte à air comprimé, extrêmement sensible.

Les moteurs sans compression entraînent d'ailleurs, comme tous les moteurs à gaz, l'emploi de poches ou d'accumulateurs en caoutchouc, interposés entre leur prise de gaz et la conduite d'alimentation afin de réduire les oscillations de la pression du gaz.

Enfin, ces moteurs peuvent parfaitement, si l'on désire une régularité exceptionnelle, s'accoupler de façon à constituer des machines à plusieurs cylindres. On en verra un exemple dans la description des moteurs de *Linford*.

Moteurs Bischopp (*).

(Planches 1 et 2.)

Type usuel pour petites forces. Le moteur Bischopp est actuellement le plus répandu des moteurs à gaz sans compression ; spécialement adapté aux petites forces, son fonctionnement est facile à suivre sur les figures et les diagrammes de la planche I.

Le piston aspire d'abord, pendant 35 ou 40 p. 100 de sa course ascendante, un mélange d'air et de gaz ; l'air arrivant par a et le gaz par g, à travers l'ouverture centrale du distributeur D,

---

(*) Brevets anglais, nᵒˢ 1594 (25 mai 1872), 191 (1ᵉʳ juin 1874) et 4342 (15 déc. 1875).

ainsi que l'indiquent les figures 3 et 5. Ce distributeur descend pendant la période d'admission, de manière à ouvrir en grand l'entrée de l'air et du gaz.

L'air et le gaz doivent, pour pénétrer dans le cylindre, soulever les clapets en caoutchouc c (fig. 7 et 8) et c' (fig. 4).

Dès que la languette l du piston moteur (fig. 6) a dépassé l'orifice d'allumage A, son petit clapet en acier se soulève sous l'action de la pression atmosphérique, et laisse aspirer dans le cylindre moteur la flamme du brûleur y (fig. 1).

L'explosion se produit, repousse le piston, et ferme automatiquement les clapets d'allumage A, et de retenue c et c'.

L'échappement commence, par Fe (fig. 7), un peu avant la fin de la course motrice et se ferme (fig. 3) un peu avant la fin de la course descendante, de sorte qu'il s'y produit une légère compression des gaz de la combustion.

La tige du piston est reliée à la manivelle motrice par une longue bielle en retour B; cette disposition, jointe à l'excentricité de l'arbre moteur, a pour objet principal d'allonger la course du piston. Dans l'exemple représenté par les figures 1 et 2, la course du piston est de $0^m,30$ et le rayon de la manivelle de $0^m,125$. Cette augmentation de la course a pour effet de permettre une détente plus prolongée, presque jusqu'à la pression atmosphérique. Le mécanisme est, de plus, disposé de façon que, pendant l'explosion et une grande partie de la détente, la bielle motrice Bf reste presque parallèle à la tige du piston (fig. 5); elle attaque, lors de l'explosion, sa manivelle presque à angle droit. La tige du piston, guidée par le coulisseau de la bielle motrice, glisse à frottements doux dans une longue douille.

Le distributeur équilibré D est en bronze; il est entouré d'une gaine également en bronze, de sorte que ses frottements sont très doux.

Le cylindre moteur communique constamment par E (fig. 1) avec l'atmosphère; son graissage se fait de lui-même, par le dépôt que laisse l'explosion du mélange; il se rafraichit par le rayonnement de nombreuses ailettes ou nervures n (fig. 2) venues de fonte avec lui.

La bielle, le piston et le distributeur sont équilibrés, de manière à donner au mouvement le plus de régularité possible.

La machine n'a pas de régulateur, mais on peut modifier à la main l'admission du gaz en serrant plus ou moins la pince p (fig. 1), sur le tuyau de caoutchouc qui amène le gaz. Ce tuyau est, de plus, muni d'une poche en caoutchouc qui amortit les variations de pression du gaz à chaque aspiration.

Le brûleur ou réchauffeur R (fig. 2) sert à échauffer préalablement le moteur, un peu avant la mise en marche, car les explosions ne se font bien que si les fontes du cylindre sont un peu chaudes.

Le bec x (fig. 1) sert à rallumer l'allumeur y, et à assurer ainsi la continuité de l'allumage.

Le tableau ci-dessous fait connaitre la puissance, la vitesse de la marche et la consommation des types les plus usités de moteurs Bischopp.

PUISSANCE en kilogrammètres par seconde.	DIAMETRE du piston.	COURSE du piston.	NOMBRE de tours par minute.	CONSOMMATION de gaz en litres par heure.
3	60ᵐᵐ	0ᵐ,22	150 à 180	450
6	80	0 ,30	100 à 120	700

Types de 1882. M. Bischopp a récemment proposé quelques modifications, pour adapter ses moteurs à la production de travaux plus considérables.

1ᵉʳ *Type.* — Dans le type représenté par la figure 1 de la planche 2, le cylindre moteur porte à sa partie supérieure une pompe à comprimer de l'air, qu'elle refoule dans un réservoir accumulateur G. L'admission du gaz se fait par g, celle de l'air comprimé par a. Le degré de compression de l'air est réglé par les trous ij de la tige du piston qui est creuse; la compression ne commence qu'après le passage des trous j. Les trous H laissent arriver au cylindre une injection d'eau.

2ᵉ *Type*. — La figure 2 représente le type de trois à quatre chevaux ; la marche du moteur est la suivante :

Lorsque le piston descend, il aspire, par sa face supérieure, l'air renfermé dans la poche élastique K, en communication avec le réservoir mélangeur I, qui se remplit alors du mélange détonant ; en même temps le piston comprime, à partir de son passage devant l'orifice d'échappement E, le mélange primitivement admis dans la chambre d'explosion G.

Dès le passage au point mort, l'explosion se produit ; la face supérieure du piston comprime légèrement, dans la poche K, de l'air qui, arrivant derrière les produits de la combustion, par I et G, les balaye par sa détente, pendant la première partie de la course descendante du piston.

Le mélange se trouve ainsi précédé, dans le cylindre moteur, d'une couche d'air très peu chargée de gaz.

La chambre d'explosion G est garnie de terre réfractaire.

La fig. 2 représente la position des mécanismes au moment de l'explosion ; la coulisse agit alors sur la manivelle avec la plus grande pression. Lorsque le piston descend et que la compression commence, le bouton de la manivelle se trouve à l'autre extrémité de la coulisse, sur laquelle elle réagit ainsi de manière à exercer une traction suffisante sur la bielle motrice. Le chemin parcouru par le bouton de la manivelle dans la coulisse est très faible pendant la course active, dont la vitesse est accrue dans le rapport des arcs extérieurs et intérieurs à l'angle d'oscillation de la coulisse. C'est une heureuse application du mécanisme à retour accéléré de Whitworth.

Pour de plus fortes machines on remplacerait la poche élastique K par un réservoir d'air comprimé à plusieurs atmosphères pendant la course ascendante du piston, et qui serait admis, pendant la course ascendante, à la suite du gaz auquel il se mélangerait

Économiseur. — Afin de récupérer une partie de la chaleur emportée par les gaz de l'échappement, on les fait circuler par I J (fig. 10) autour d'un serpentin B, dont les extrémités s'ouvrent

dans un vase plein d'eau et au bas du cylindre fermé par un clapet H; ce serpentin communique, en outre, par F, avec un piston relié au robinet d'admission du gaz et au clapet H. Quand
l'air du serpentin a acquis la température de 200° environ, sa
pression est telle qu'il soulève le piston F, ferme l'admission du
gaz et ouvre H; le piston du moteur aspire alors, à sa course
montante, l'eau de C, qui se vaporise en traversant le serpentin
et achève de se détendre dans le cylindre, de sorte que la
machine marche pendant quelques tours avec air et vapeur. On
peut aussi, pendant ce temps, injecter dans le cylindre de l'eau
qui permet d'utiliser la pression atmosphérique par la condensation de la vapeur.

Allumage. — L'allumage se fait au moyen d'un détonateur à
clapets CDE (fig. 8) le clapet de C est percé d'un petit trou par lequel la chambre H se remplit du mélange détonant comprimé dans
le cylindre moteur A; en ce moment, la flamme de l'allumeur D,
lancée dans H, y détermine une explosion qui se propage, par C,
dans le cylindre. Le clapet E sert, avec le concours de la cheminée F, au balayage et à l'échappement des produits de la combustion accumulés dans H.

Régulateur. — Le régulateur est représenté par les fig. 3 et 4.
Lorsque le moteur dépasse sa vitesse de régime, les boules B,
ramenées par la force centrifuge vers la jante du volant, malgré
les ressorts qui tendent à les en écarter, rapprochent du volant
la came E de l'admission du gaz, de manière à l'empêcher d'ouvrir cette admission tant que la machine n'ait repris sa marche
normale.

Les poches en caoutchouc interposées entre la prise de gaz et
le moteur sont (fig. 5) armées d'un ressort C qui les ouvre et
aspire le gaz après qu'elles se sont aplaties sous l'aspiration de
la machine; les poches interposées sur la conduite d'allumage
sont plus petites et munies, en outre, d'un levier *l* (fig. 6 et 7),
mu par la machine, et qui vient, en pressant sur la poche, intensifier, au moment de l'explosion, la flamme D (fig. 8).

Piston. Les segments du piston peuvent être, ainsi que l'indique la figure 9, engagés sans s'ouvrir ; le dernier segment *d*, plus épais que les autres, est seul forcé dans sa rainure. La garniture est composée de segments alternativement pleins et coupés en biseau.

Variantes du moteur Bischopp.

Carl Max. Sombard (*). Les figures 11 à 19, de la planche 2 représentent les principales modifications apportées par M. Sombart au type usuel de la machine Bischopp ; elles portent sur les points suivants :

1° Séparation du bâti du distributeur B (fig. 12) de celui du moteur, pour éviter l'échauffement du distributeur, faciliter ses réparations et son entretien ;

2° Remplacement des deux portées de l'arbre moteur (fig. 2, Pl. I) dont l'une, *p*, est trop faible, par un seul coussinet, qui permet, en outre, de caler l'excentrique *c* sur le volant par un goujon *i*, plus sûrement que par la vis de pression *v* (fig. 1, Pl. I) ;

3° Protection de la soupape d'aspiration de l'air [contre les coups de feu (fig. 13) par un disque en tôle perforée *g*.

4° Régularisation de l'admission du gaz au moyen d'un modérateur (fig. 14 à 16) ouvrant plus ou moins la valve d'admission à papillon *o* (fig. 17 à 19), par le mécanisme *abc*, dont la coulisse *b* permet de régler la sensibilité. Ce robinet est interposé entre la poche de réglage et le distributeur du moteur. Le gaz arrive à la poche et en sort par un même tuyau percé de trous et bouché en son milieu (fig. 16).

Dans une modification antérieure (**), représentée par les figures 21 à 27 du texte, Sombart a proposé de distribuer l'air

---

(*) Brevet anglais, n° 320 (25 janv. 1881).
(**) Brevet anglais, n° 1933 (14 mai 1879).

et le gaz et d'effectuer l'échappement par un tiroir plat, dont le détail est représenté par les figures 23 à 27.

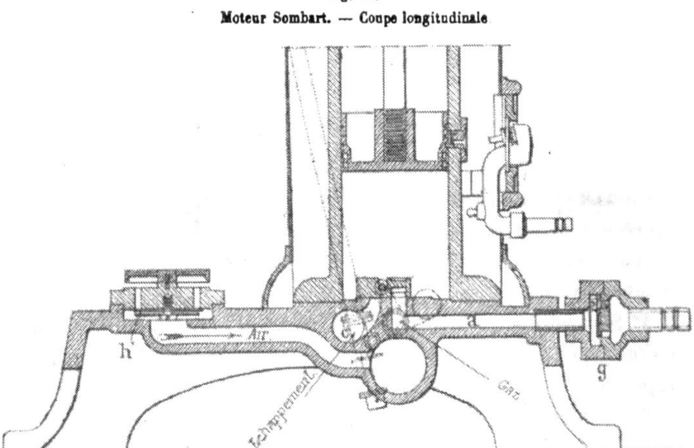

Fig. 21.

Moteur Sombart. — Coupe longitudinale

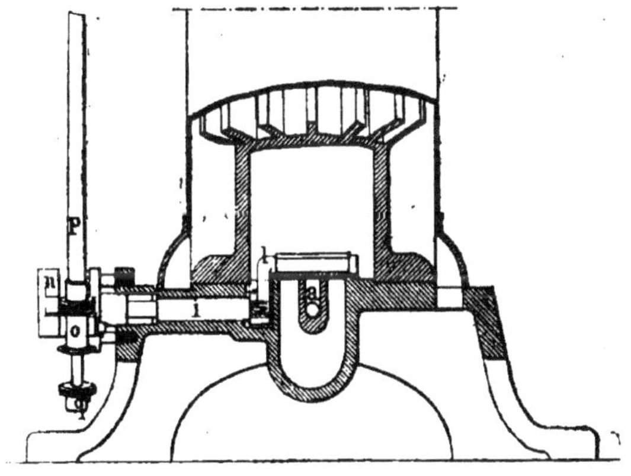

Fig. 22.

Moteur Sombart. — Coupe transversale.

Le gaz arrive par l'orifice central a, à travers le clapet g; l'air arrive, à travers le clapet h, par les orifices bb' (fig. 27), autour de *a*. Au moment de l'admission les orifices *dd* du tiroir viennent, comme l'indique la figure 25, au-dessus des lumières *bb'* ; le

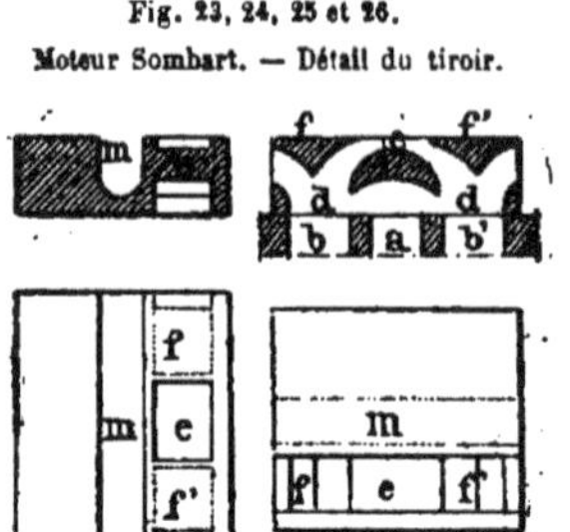

Fig. 23, 24, 25 et 26.

Moteur Sombart. — Détail du tiroir.

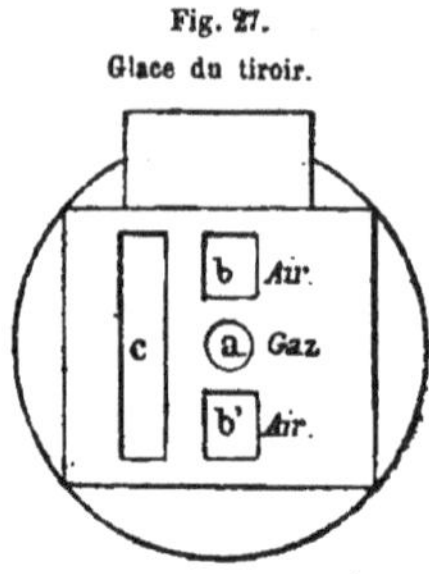

Fig. 27.

Glace du tiroir.

gaz et l'air, aspirés par la montée du piston moteur, pénètrent dans le cylindre après s'être mélangés en tourbillonnant autour des défecteurs *eff'*. A la descente du piston, le tiroir découvre l'échappement *c* (fig. 21 et 27) et ferme, en marchant vers la droite, les orifices d'admission *abb'*.

Le tiroir est commandé par un arbre coudé *n.i.l.* (fig. 22) dont la manivelle *l* attaque le creux *m* (fig. 23), de manière que le tiroir s'applique librement sur sa glace.

La tige d'excentrique *p* (fig. 28) glisse dans le croisillon *o* de la manivelle *n* à laquelle elle imprime, par les taquets *qq'*, un mouvement intermittant pour l'admission et l'échappement : il reste stationnaire pendant l'explosion et la détente.

L'allumage s'effectue, comme dans les moteurs précédents, à travers un clapet, par un injecteur à chalumeau que nous décrirons au chapitre spécialement consacré à l'allumage.

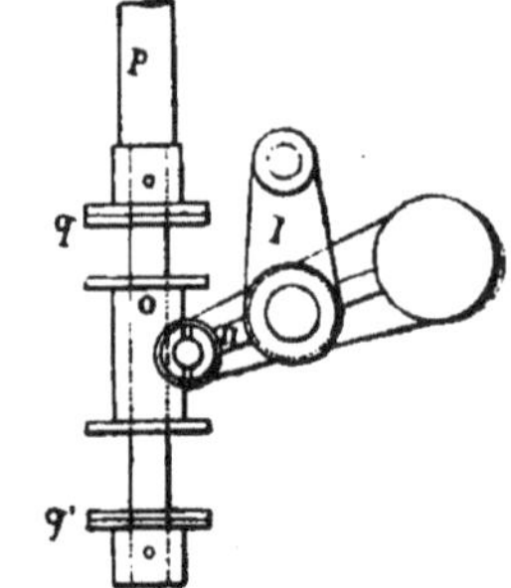

Fig. 28.

Moteur Sombart —.Commande du tiroir.

M. C. H. Andrew ajoute, aux organes ordinaires du moteur Bischopp, une admission automatique du gaz, par le tuyau *d*, le clapet d' et la prise g_2 (fig. 23, Pl. 8) et d'air par $g'g$ (fig. 22). Ce mélange est aspiré par le piston indépendamment de celui que fournit le tiroir, dont il permet de réduire les dimensions.

Dans le moteur de MM. *Haigh* et *Nuttall* (fig. 1 à 11, Pl. 8) le mélange du gaz admis par g et de l'air aspiré par ll se fait, ainsi que sa distribution au cylindre, par un tiroir oscillant k.

Les valves l sont constituées (fig. 5, 6 et 7) par des feuilles de caoutchouc inclinées m, séparées par des rondelles de métal o, et maintenues par des ailettes p, laissant l'air pénétrer en ouvrant es lèvres des caoutchoucs.

Ces valves peuvent n'avoir (fig. 8) qu'une seule feuille m et une rondelle o; enfin, les ouvertures d'admission d'air a peuvent être (fig. 9) perpendiculaires à la valve et non pas radiales, comme dans les premières dispositions.

Dans la chambre d'allumage, on a remplacé (fig. 10 et 11) le clapet du Bischopp par un boulet s, retenu par un tasseau t, et que l'explosion roule (fig. 10) ou soulève automatiquement (fig. 11).

Le moteur Bischopp est remarquable par la simplicité et la rusticité de ses organes, la facilité de sa conduite et de son entretien, qualités récompensées d'ailleurs par un brillant succès, mais il est douteux que son inventeur soit aussi heureux dans ses tentatives pour l'adapter aux grandes forces, ou même aux puissances dépassant un cheval.

Moteur Gilles.
(Fig. 29 à 31, Pl. 8.)

Ce moteur, fabriqué en Allemagne par l'usine de Humboldt et en Angleterre par L. Simon and Sons de Nottingham, appartient à la classe des moteurs atmosphériques.

Le piston moteur B (fig. 29) partant du haut de sa course,

contre le piston auxiliaire A maintenu par les cliquets *f*, aspire, par sa descente, le mélange d'air et de gaz. L'explosion a lieu quand les deux pistons sont écartés comme l'indique la figure 30 ; elle force B à terminer sa course descendante et projette en haut le piston A, alors lâché par les cliquets *f* à l'aide du déclenchement *bcd*.

Le vide qui se crée entre A et B, par le refroidissement des produits brûlés, fait que, A étant de nouveau fixé par son cliquet, B remonte sous l'influence de la pression atmosphérique ; A retombe ensuite et chasse les produits brûlés.

La montée de A, par l'explosion, est amortie par A' faisant matelas d'air en *d*.

Le tiroir d'admission et d'allumage est conduit par une came *a*, dont l'action est réglée par une cataracte R.

Ce moteur fonctionne avec moins de bruit que l'ancien moteur Otto-Langen.

R. Hallewell (*).

(Fig. 1 à 11, Pl. 4.)

La machine de Richard Hallewell est fondée sur le même principe que le moteur atmosphérique Otto ; elle utilise comme lui, mais indirectement, la pression de l'atmosphère.

L'explosion du mélange de gaz et d'air se fait dans un cylindre vertical A, terminé à sa partie supérieure par un grand clapet C ; l'explosion soulève le piston libre B, qui détermine, en retombant, un vide dans le cylindre A : ce vide est mis en rapport, par H_2, avec l'échappement H_1 du tiroir d'un cylindre à double effet G, dont les lumières d'admission, H et H_2, communiquent alternativement avec l'atmosphère.

(*) Brevet anglais, n° 2826 (11 août 1875,.

Le cylindre moteur peut, ainsi que l'indique la figure 5, mar-cher à simple effet.

Avant chaque explosion, le levier f' soulève (fig. 2 et 4) le pis-ton libre B, de manière à lui faire aspirer le volume d'air et de gaz nécessaire; l'échappement du cylindre A se fait par m (fig. 1).

La distribution se fait, au cylindre A, par un tiroir tournant F, représenté dans ses différentes positions par les figures 6 à 11. Les phases de cette distribution sont les suivantes, en partant du fond de course du piston B, le tiroir faisant un tour pour deux du moteur :

Premier quart de tour du tiroir : il passe de la position indiquée par la figure 7 à la position différente de 90° dans le sens de la flèche; la chambre de mélange j^* se remplit d'air et de gaz par jj_1;

Deuxième quart de tour : le tiroir F passe à la position des figures 9 et 10, la chambre d'allumage j^* (fig. 11) se remplit de gaz enflammé par les brûleurs b et j_* (fig. 7 et 10) pendant que communique avec le cylindre à vide A;

Troisième quart de tour : (fig. 8) la chambre de mélange j_* est séparée du cylindre A, qui communique, par j_*, avec la flamme j^* transportée par l'allumeur j_*;

Quatrième quart : après l'explosion, le tiroir revient à sa posi-tion primitive (fig. 7). L'échappement des produits brûlés se fait par m.

Le mouvement intermittent du tiroir lui est communiqué par un mécanisme à cliquet dont la dent p (fig. 1 et 2) lâche succes-sivement les quatre taquets moteurs t, en venant buter sur le levier t'; il se produit ainsi un arrêt du tiroir pendant environ un quart de tour de l'arbre de distribution a, ou pendant une cylin-drée du piston moteur G, pour laisser échapper les produits de la combustion.

On peut employer deux cylindres à vide A, de manière que le cylindre moteur laisse son échappement H_1 continuellement en rapport avec l'un d'eux.

Turner.

———

Petits moteurs (fig. 1 à 8, Pl. 3). La marche du petit moteur sans
compression de Turner est facile à saisir, d'après les figures 1 à 8
de la planche 3.

Au commencement de sa course montante (fig. 2), le piston
moteur c aspire un mélange d'air et de gaz par la lumière b_2, la
cavité centrale $d'\,d_2$ du tiroir d (fig. 4 et 5), et la lumière e_1 de son
couvercle (fig. 6) ; cette lumière débouche dans le mélangeur e
(fig. 2), qui reçoit le gaz par e_2 (fig. 6) et aspire l'air par les
soupapes l_2.

Les soupapes à boulets $l_2 e_2$ sont en vulcanite, pour avoir une
grande légèreté, et peuvent être réglées par des vis $l_2 e_4$, qui limitent
leur levée.

Quand le piston est arrivé au tiers environ de sa course, le
tiroir d, conduit par l'excentrique m, ferme l'admission b_2 et présente, d'une part, sa cavité centrale devant la lumière supérieure b', et, d'autre part, son ouverture d'allumage d^3 (fig. 5) à
clapet k, devant le brûleur e ; le vide déterminé dans le cylindre
moteur par l'ascension du piston soulève le clapet k et aspire la
flamme du brûleur, qui fait détoner le mélange.

A la descente du piston, l'échappement des produits de l'explosion s'opère, à travers le tuyau j (fig. 2), par la cavité centrale
du tiroir et la troisième lumière de sa glace b_3.

Le tiroir est complètement entouré d'eau.

L'axe de l'arbre moteur G est écarté de celui du piston d'une
longueur 1 — 2 (fig. 3) égale au quart environ de la manivelle, de
manière à diminuer la poussée latérale de la bielle sur le piston,
au moment de l'explosion.

Un essai d'une de ces machines, de 1/3 de cheval, faisant
180 tours par minute et marchant avec un mélange de 1 de gaz
pour 7 volumes d'air, a donné une consommation de $1^{m^3},13$, ou

———

(*) Brevet anglais, n° 1270 (29 mars 1879).

de $3^{mè}$,30 par cheval indiqué ; la machine était munie d'un régulateur agissant sur la prise du gaz (*).

Grands moteurs (fig 7, 8 et 9). Pour les grands moteurs, au-dessus de deux chevaux, M. Turner ajoute au [cylindre moteur une pompe *n*, refoulant les gaz légèrement comprimés dans le cylindre moteur et en balayant complètement, à chaque tour, les produits de l'explosion ; l'explosion a lieu quand le piston de la pompe est au fond de course.

Distribution à deux tiroirs. Enfin, M. Turner a adopté, pour ses moteurs les plus récents, une distribution à deux tiroirs *f* et *g* (fig. 1 à 6, Pl. 32) dont l'un, *f*, ne sert qu'à l'échappement. Cette distribution sera décrite en détail au chapitre spécial.

Ravel (**).

(Fig. 16 à 21, Pl. 3.)

Le moteur bien connu de Ravel est caractérisé par son cylindre oscillant qui permet au piston d'attaquer directement la manivelle motrice.

Le tiroir G, conduit par une came L, est commandé par une coulisse décrite de l'axe d'oscillation comme centre, de sorte que son mouvement est indépendant de celui du cylindre ; l'air arrive au cylindre par l'ouverture *t* (fig. 16) et le gaz par le diffuseur *p* (fig. 20 et 21) à trous *a*, percés à angle droit des trous r_a d'admission d'air (fig. 16 et 19).

L'allumage se fait par le transport de la flamme du brûleur *d* (fig. 16) dans la poche d'allumage *b* du tiroir (fig. 16 et 21) qui

---

(*) *Iron*, 9 janv. 1880.
(**) Brevet français, n° 127.583 (23 nov. 1878).

vient mettre cette flamme en rapport avec le conduit d'admission b_1 ; lorsque le piston est au tiers environ de sa course, le brûleur d est rallumé par le bec fixe c (fig. 17) à travers l'ouverture p.

Lorsque le tiroir remonte, après l'explosion, la cavité b vient se remplir de gaz par la rainure x (fig. 21) qui se met en rapport avec une rainure de la contre-plaque H, communiquant avec le tuyau d'arrivée du gaz ; la paroi supérieure de la cavité b est percée (fig. 16) de petits trous d'équilibre, insuffisants pour laisser passer la flamme.

L'échappement se fait par vv'N, v étant amené au droit de v' par l'oscillation du cylindre. Afin d'éviter l'échappement des produits de la combustion par le tiroir H, l'arrivée de l'air t est fermée, pendant la période d'échappement, par l'obturateur j, et celle du gaz par le robinet e (fig. 17), dont la coulisse h est actionnée par le cylindre ; le mouvement de cette coulisse est tel qu'il ouvre graduellement le robinet d'admission du gaz, de manière à en augmenter la proportion vers la fin de la course active du piston.

L'admission du gaz est, en outre, modérée par un régulateur à boules, avec interposition d'une poche en caoutchouc.

Robson (*).
(Fig. 12 à 20, Pl. 4.)

Le moteur atmosphérique de Robson dérive, comme celui de Gilles, du moteur de Otto-Langen : la tige du piston libre p est rabattue, après l'explosion, par une série de ressorts étagés r, elle actionne l'arbre moteur par un encliquetage Dobo avec crémaillère (fig. 16) ou courroies (fig. 17 et 18).

La machine est, de plus, compliquée d'une pompe p' aspirant

(*) Brevet anglais, n° 4050 (5 avril 1881).

l'air et le gaz à travers un clapet mélangeur *c* (fig. 14) fermé (fig. 15) au moment de l'explosion qui se fait dans le cylindre de la pompe lorsque son piston est au haut de course.

L'échappement s'opère par *ee'* à la descente des pistons du cylindre moteur et de la pompe.

L'allumage se fait à l'aide d'une flamme *f*, mise en rapport avec le mélange explosif de la pompe par la lumière *l*, dès que le piston de la pompe la découvre vers le haut de sa course (fig. 12). Quand l'explosion se produit, sa pression, transmise par *l'* (fig. 20) au petit piston *p''*, le soulève et ferme, par *t*, la lumière d'allumage *l*, de sorte que la flamme *f* n'est pas éteinte; le piston d'allumage est ensuite ramené par le ressort *r'*.

Ces machines ne présentent guère qu'un intérêt historique.

M. Robson à étudié l'application de son système à un grand nombre de mécanismes, notamment aux grues et aux treuils : le piston, ramené par des ressorts de rappel *r* (fig. 21 et 22), actionne le tambour du treuil par un cliquet à arc-boutement 10.

Dans l'application du système à l'actionnement direct des pompes à pression d'eau (fig. 1 à 4, Pl. 5), la pompe à gaz reçoit son mouvement d'aspiration du contrepoids *p*, et son mouvement de refoulement de la tige à ressort *t*, accrochée par le cliquet *c*. Quand le piston moteur arrive au fond de course avant, il déclanche ce cliquet par *abb'*. La soupape à ressort *s* (fig. 3) interposée entre le piston de la pompe à eau et l'accumulateur, sert à amortir les chocs.

On peut remplacer l'action des cliquets *c* par celle d'un piston de cataracte *p''* (fig. 4) en relation avec l'accumulateur.

Les figures 5 et 6 représentent l'application du système à un marteau-pilon; le piston de la pompe à gaz P est manœuvré à la main.

La fig. 7 représente un mécanisme de régularisation et de mise en train. Quand la machine s'emporte, le régulateur ouvre le clapet *c*, qui laisse une partie du gaz aspiré par la face gauche du piston entrer dans la poche *p'*.

Pour mettre en train, on ouvre le robinet *m* qui laisse le gaz s'échapper, par *s'*, jusqu'à ce que le piston ait dépassé *m*; la soupape *s'* se ferme au contraire à l'explosion, dont la pression est assez forte pour la soulever. Le piston léger et libre *p* ne sert qu'à séparer le mélange admis à chaque course des produits de l'explosion précédente.

Dans le type de moteurs représenté par les figures 24 à 28, planche 8, les gaz brûlés sont chassés, après chaque explosion, à travers les lumières 13, par la descente d'un piston auxiliaire 5, ramené par le piston 8, qui fonctionne dans le cylindre à vide 9. Le piston 5 ne descend que vers la fin de la course du piston moteur, lorsque le tiroir d'allumage 14 déclanche, par 15, 16 et 17, le cliquet 18, qui retient la tige du piston 5.

L'admission du mélange se fait, à la descente du piston 5, par aspiration à travers le tuyau 12 et le clapet 11 (fig. 25 et 27).

Avant de découvrir les lumières d'échappement 13, le piston, moteur fait communiquer le cylindre, par le conduit 20, avec la chambre 21 ; les gaz refroidis en 21 aident ensuite à l'aspiration du mélange.

Le piston auxiliaire 5 est muni (fig. 24) de clapets permettant au mélange de le traverser quand il monte.

Ce moteur peut marcher avec une très légère compression. Pour le mettre en train, on allume, par le brûleur permanent 25 (fig. 26), la flamme 24 qui fait, lorsque le piston moteur se trouve environ au milieu de sa course, détoner le mélange dans 11, 12 et dans le cylindre. Après l'explosion, le reniflard 26 facilite l'échappement ; on le ferme quand on veut marcher à compression.

Dans la variante représentée par la figure 28, le piston moteur 2 ouvre, lorsqu'il arrive au milieu de sa course, le conduit d'échappement 6, et sa tige creuse 3 entraîne, par le taquet 5, celle du piston auxiliaire 8, qui aspire par la lumière 7, une charge fraîche comprimée ensuite, au retour du piston principal, après l'expulsion des produits brûlés.

Robert Ord (*).

(Fig. 8 à 19, Pl. 5.)

———

Type normal. L'objet principal des perfectionnements apportés aux moteurs à gaz sans compression par M. R. Ord est d'assurer leur allumage, afin de pouvoir leur imprimer une grande vitesse ; il emploie, à cet effet, deux pompes, K et L (fig. 8), dont l'une, L, refoule du gaz dans la chambre d'allumage du tiroir de distribution, et dont l'autre, K, refoule de l'air, de manière à injecter, dans cette chambre, la flamme d'un brûleur permanent qui la remplit avant qu'elle ne se présente au contact du mélange détonant du cylindre moteur.

Le gaz qui alimente le moteur arrive, de la prise de gaz o (fig. 11) dans une chambre p, d'où il passe, par la poche q, le robinet de réglage r et la deuxième poche élastique s, au tuyau t, qui l'amène au conduit d'admission u du tiroir F (fig. 10).

La chambre p communique aussi par le tuyau 1 (fig. 11) avec l'aspiration de la pompe L (fig. 8) ; le gaz aspiré par cette pompe est ensuite refoulé, par le trajet 3, 4 et 5, dans la chambre d'allumage i du tiroir F, où il pénètre (fig. 10 et 14) dès que ce tiroir découvre la lumière 5 (fig. 12 et 15). Le tuyau 4 est muni d'un robinet de réglage 6 et d'une soupape 7 (fig. 12), laissant retourner dans la chambre p l'excès du gaz refoulé par la pompe.

La chambre p communique enfin, par un troisième tuyau J (fig. 11 et 8) muni d'un robinet de réglage z, avec le brûleur m (fig. 9 et 11) renfermé dans le cone n.

La pompe K refoule, par le tuyau 10, de l'air, qui injecte, au moment voulu, la flamme de m dans la chambre d'allumage du tiroir.

La marche du moteur est la suivante, dans le sens de la flèche (fig. 9), le piston étant au fond de sa course.

———

(*) Brevet anglais, n° 3275 (26 juill. 1881).

Les pistons des pompes K et L sont alors au milieu de leur course montante ; ils refoulent au brûleur l'air et le gaz d'allumage.

Pendant que le piston moteur monte jusqu'au tiers de sa course, le tiroir F descend et laisse aspirer par *wxx* (fig. 12 et 13) de l'air, et par *tuw*, du gaz qui s'y mélange (fig. 9 et 10) ; la chambre d'allumage, remplie de gaz par l'orifice 5 (fig. 15) vient se présenter devant le brûleur *m* dont la flamme allume son mélange.

Dès que le piston arrive au tiers de sa course, le tiroir remonte et sa chambre transporte en *w* le mélange enflammé qu'elle renferme ; c'est donc un allumage par transport de flamme.

L'échappement se fait par le tiroir spécial H (fig. 10) conduit par l'excentrique des pompes.

Le tiroir d'allumage et d'admission F est actionné par une came G ; sa tige est ramenée par un ressort dont l'action est amortie par le glissement du coin *f* sur la tête d'un boulon pressé par un ressort ; la came du tiroir G, folle sur son arbre, est conduite par un boulon à ressort 12, qui s'échappe de sa rainure inclinée 11, quand on tourne en sens contraire de la marche normale.

Type modifié. Dans le type modifié, le tiroir *f* ne laisse entrer par *x* (fig. 19) qu'une petite quantité d'air mélangée au gaz de *u* ; la majorité de l'air pénètre au cylindre par les ouvertures 17 du piston (fig. 16) et les lumières 18 (fig. 17) jusqu'à ce que le piston soit arrivé en 19, moment où se produit l'explosion. Les mêmes lettres désignent les pièces analogues de celles du moteur précédent.

Bénier et Lamart [*].
(Fig. 12 à 15, Pl. 3.)

La distribution et l'allumage se font, dans ce petit moteur, au moyen d'un seul tiroir (fig. 15) mu par une came G (fig. 12) avec ressort de rappel R (fig. 14).

----

[*] Brevet anglais, n° 2074 (20 août 1881).

Jusqu'au milieu environ de sa course-avant, le piston aspire le mélange détonant, par O,N,n, puis la flamme M', alimentée de gaz par Ma et rallumée par le brûleur fixe M", vient, en N, déterminer l'explosion. Au retour du piston, l'échappement se fait par N S.

Le refroidissement du cylindre s'opère au moyen d'une enveloppe d'eau fermée et traversée par des tubes l (fig. 15), parcourus par des courants d'air ascendants a (fig. 12), déterminés par l'échauffement même de l'eau qu'ils rafraichissent.

Ces moteurs, désignés sous le nom singulier de « moteurs individuels », se fabriquent couramment depuis 1 kilogrammètre 1/2 jusqu'à un cheval ; ils sont très simples et présentent, grâce à leur mécanisme de bielle en retour F, un ensemble compact.

James Atkinson (*).

(Fig. 13 à 15, Pl. 46, et fig. 5 à 8, Pl. 47.)

Le moteur représenté par les fig. 13 à 15 de la Pl. 46 fonctionne comme il suit :

Le piston aspire, par les ouvertures 60 et 62 du tiroir principal, un mélange détonant très riche, puis, par la lumière 62 et le clapet 67 (fig. 15) le complément de l'air qui vient se joindre au premier mélange.

L'échappement a lieu, par le tuyau 71, à travers la lumière 70 du tiroir d'échappement 58 (fig. 14), descendu par la poussée du tiroir principal, puis remonté par les taquets 59, à la fin de l'échappement.

L'allumage a lieu par aspiration de flamme, en 66, à travers une petite lumière sans clapet 65.

Dans ses nouveaux moteurs (fig. 5 et 6, Pl. 47) (2), M. Atkin-

---

(*) Brevets anglais, n°° 4086 (22 sept. 1881), et 4378 (14 sept. 1882).

son ajoute au tiroir d'échappement une languette 57, fermant la lumière d'allumage 61 pendant la descente du tiroir, de manière à éviter toute explosion intempestive, et l'ouvrant à la montée, par la butée B (fig. 6).

L'air auxiliaire est admis (fig. 6) à travers des valves à lèvres 65, qui en retiennent les impuretés et fonctionnent sans bruit. Le rafraichissement du cylindre a lieu par une circulation d'eau dans un serpentin extérieur 80. Le régulateur agit, comme nous le verrons au chapitre spécial, en fermant l'admission du gaz.

W. W. Tonkin (*).

(Fig. 11 à 14, Pl. 40.)

Le fonctionnement du moteur sans compression de M. W. Tonkin, représenté par la figure 11 de la planche 40, est des plus simples.

L'air, aspiré par la descente du piston à travers l'entonnoir 4, se bifurque en deux courants : le premier va, dans le robinet mélangeur 5, se mêler au gaz admis par le tuyau J, de façon à composer un mélange explosif admis, par 6 et la lumière C, au centre du cylindre; l'autre courant d'air pénètre, par 7 et la lumière G, tangentiellement aux parois du cylindre. Le mélange se trouve alors formé, dans le cylindre, de deux parties concentriques : un noyau central très actif et une couche externe presque inerte.

L'allumage a lieu, vers le 1/3 de la course, par une aspiration de la flamme K', à travers la lumière K, dans la partie centrale du mélange. Cette flamme est renforcée, près de l'orifice C, par du gaz admis à travers le petit conduit J.

(*) Brevet anglais, n° 5201 (29 nov. 1881).

L'échappement se fait, au retour du tiroir **M**, par G et le tuyau *l*. Les orifices 6 et 7 sont munis de clapets de retenue non figurés, pour empêcher l'échappement par leurs conduits.

On peut remplacer (fig. 12, 13 et 14), le tiroir du moteur précédent par un robinet tournant. Le mélange arrive par H à la lumière centrale C. L'échappement a lieu par la conduite 9 (fig. 14) qui met le conduit tangentiel G alternativement en rapport avec l'échappement *l* puis avec l'admission d'air 4. L'allumage se fait, ainsi que l'indique la figure 13, par une aspiration de flamme.

Ch. Emmet (*).
(Fig. 16 à 20, Pl. 41.)

Le fonctionnement du moteur sans compression d'Emmet est le suivant :

L'air et le gaz, aspirés au cylindre moteur à travers le distributeur tournant q'' (fig. 19), sont enflammés, par ce même distributeur, au 1/3 environ de la course du piston, puis l'échappement a lieu par une soupape spéciale.

Les principaux détails de ces moteurs, les organes d'allumage et d'admission du mélange, seront décrits aux chapitres spéciaux.

Samuel Withers (**).
(Fig. 1 à 8, Pl. 6.)

Le tiroir de la machine de Samuel Withers accomplit les trois fonctions de l'allumage, de l'admission, et de l'échappement du mélange.

(*) Brevet anglais, n° 397 (26 janv. 1882).
(**) Brevet anglais, n° 417 (27 janv. 1882).

Lorsque le piston se trouve au fond de course, la chambre A_2 (fig. 1) est remplie d'air, le mélangeur H est plein d'air aspiré par les ouvertures H_2 et de gaz admis par le tuyau M_3 (fig. 2), en proportions d'un mélange détonant. La lumière d'admission F du tiroir (fig. 6) fait communiquer, par H_1 et C, le cylindre moteur avec le mélangeur.

Le cylindre se remplit ainsi, jusqu'au tiers environ de la course du piston, d'un mélange détonant précédé d'une masse d'air.

En ce point, le tiroir ferme brusquement l'admission pour laisser s'effectuer l'allumage et l'explosion, mitigée par la masse d'air.

Vers la fin de la course motrice, et au commencement de la course descendante, il se produit, par le tuyau D (fig. 2) un échappement anticipé ; en même temps, le tiroir ferme l'admission M_2J du gaz (fig. 7) et met l'intérieur du cylindre en communication avec l'atmosphère par H_1BC. (fig. 6), de manière à le faire traverser par un courant d'air froid.

Le tiroir, continuant à marcher vers la droite, termine ensuite l'échappement des produits brûlés par CGD' (fig. 6).

Pendant que le tiroir est dans cette position d'échappement, le gaz arrive, ainsi que l'indique la figure 7, du tuyau M_3, par $JJ_1J_2M_4$ dans la poche Q (fig. 3), actuellement séparée du mélangeur. Au commencement de la course motrice, en même temps qu'il ouvre en grand l'admission par F. (fig. 6), le tiroir amène (fig. 7) J, en prolongement de J_2 et de R, de sorte que le gaz de la poche Q vienne se mélanger à l'air dans H.

On voit donc que le gaz fourni par le tuyau M_3 communique d'abord avec la poche Q seulement, puis que cette poche se vide, pendant la période d'admission, dans le mélangeur mis en rapport avec le cylindre. On évite ainsi tout excès de gaz au cylindre et toute fuite de gaz pendant l'arrêt du moteur.

Allumage. L'allumage s'opère (fig. 5 et 6) par un bec B, rallumé à chaque explosion par un brûleur fixe K (fig. 3).

Le bec B est alimenté de gaz par M_2 M_1 M, et ses produits brûlés s'échappent par N (fig. 5 et 8).

Le mouvement du tiroir est tel que B reste en présence du rallumeur K pendant toute la durée de la course descendante.

La valve L (fig. 1) sert à empêcher la formation d'un vide dans le cylindre, pendant la mise en train.

***

W. B. Hutchinson [*].
(Fig. 12 à 21, Pl. 8.)

***

L'ensemble de ce moteur est très simple.

L'air arrive, à la montée du piston, à travers les clapets 10 et 12 dans la chambre de mélange 11 (fig. 13) d'où le mélange passe au cylindre par les trous 13.

L'échappement se fait par le tiroir 14, à travers le tuyau 15 ; la valve d'aspiration 10 est en caoutchouc, mais le clapet 12, qui reçoit l'explosion, est entièrement métallique.

L'allumage se fait, comme dans les moteurs Bischopp, par aspiration de flamme en 3 (fig. 18 et 19) à travers un clapet métallique librement suspendu aux vis 2,2 ; le mélange, admis et échauffé en 5,5, autour de la flamme 3, vient la renforcer par 6,6.

On peut aussi (fig. 14 et 15) remplacer la distribution automatique précédente par un tiroir 39 (fig. 16 et 17), laissant aspirer le mélange par 42 et 43, et l'enflammer par la flamme 44.

Les figures 20 et 21 représentent un mode particulier d'allumage qui sera décrit au chapitre spécial.

***

P. F. Forest [**].
(Fig. 9 à 13, Pl. 8.)

***

La distribution se fait, dans ce moteur, par un tiroir équilibré M, dans la chambre de mélange M_1 duquel l'air arrive par les trous

---

[*] Brevet anglais, n° 2239 (18 mai 1882).
[**] Brevet anglais, n° 19 (1ᵉʳ janv. 1883).

o_2 de la contre-plaque, lorsqu'ils viennent au droit des lumières n du tiroir, et le gaz par le tuyau O (fig. 11), les canaux verticaux n_1 et les diffuseurs n_2, lorsqu'ils arrivent, ainsi que l'indique la figure 13, en présence l'un de l'autre.

Au moment de l'allumage (fig. 12), la chambre M_1 est séparée du cylindre moteur, avec lequel la flamme du brûleur intermittent p vient communiquer par p_1. Le déflecteur Q, forçant le mélange à passer devant p_1, en assure l'allumage.

Au retour du piston, le tiroir, avançant vers la gauche, laisse les produits de la combustion s'échapper par ses ouvertures M_2 et le tuyau M_1; en même temps, la flamme p se rallume à celle du brûleur permanent q.

Le tiroir est conduit par la poussée de la came L sur un galet.

La régularisation s'opère par le déplacement de la plaque R (fig. 9 et 10) venant fermer plus ou moins les orifices d'admission d'air o_2. Cette plaque est commandée par un coin u actionné par le régulateur.

La transmission du piston à l'arbre de couche se fait par bielle en retour, sans glissières.

Le cylindre est entouré d'anneaux de rayonnement simples ou à circulation d'eau.

Le plus petit type de ces moteurs, celui de 4 kilogrammètres, consomme environ 250 litres de gaz par heure ; son socle occupe une surface de $0^m,45 \times 0^m,30$; celui de 15 kilogrammètres consomme 5 à 600 litres, et celui d'un cheval environ 1.500 litres.

Linford et Cooke [*].

(Fig. 7 à 24, Pl. 7.)

La distribution est effectuée, dans le moteur de Linford et Cooke, par un tiroir tournant H (fig. 9), représenté en détail par

---

[*] Brevet anglais, n° 296 (19 janv. 1883).

les figures 16 à 19; l'allumage est accompli par un second tiroir I.

Au commencement de la course du piston moteur, le tiroir A se trouve dans la position indiquée par la figure 9; l'air pénètre par le trajet LMN dans le conduit O du tiroir (fig. 9 et 18), où il se mêle au gaz amené par le trajet $Po''o'$ (fig. 18); ce mélange est alors conduit au cylindre par G.

Lorsque le piston arrive dans la position indiquée par la figure 8, l'admission se ferme et l'explosion se produit.

Quand le piston arrive au fond de course, la lumière annulaire P du tiroir communique avec la lumière d'admission G et avec le conduit P_2 (fig. 17) de l'échappement, par son prolongement PP (fig. 11).

A la fin de la course ascendante, les lumières G. P et P_2 sont de nouveau séparées.

L'allumage se fait par le transport de la flamme T, alimentée de gaz par T' et d'air par une lumière u_1, située au-dessous de u (fig. 9). Au moment de l'allumage, le tiroir I ne laisse plus cette flamme communiquer qu'avec l'orifice R, d'où elle se projette dans G. Après l'allumage, le tiroir descend, et le gaz de T' vient, par uv, se rallumer au brûleur permanent r_2. Les figures 8 et 9 indiquent comment le tiroir d'allumage reçoit son mouvement du jeu de came et de levier K K'.

Le régulateur agit (fig. 9) en faisant fermer, par son manchon et par le levier G_4, la valve o (fig. 23 et 24) du robinet du gaz c.

On reconnaît, sur les figures 10, 11 et 12, l'application de ces mêmes mécanismes, affectés des mêmes lettres, à un moteur horizontal.

Le reniflard J (fig. 9) ouvrant dans le conduit G, est destiné à prévenir la formation d'un vide au-dessus du piston quand une explosion manque.

On remarquera, comme détail de construction, le couvercle H' du tiroir H (fig. 21 et 22) facile à enlever en desserrant un peu ses écrous.

On peut n'employer, pour les machines à deux cylindres (fig. 13 et 14) qu'un seul tiroir de distribution et deux tiroirs d'allumage.

Les figures 15 et 20 permettront de comprendre le jeu du double
tiroir. Sur la figure 15, le conduit d'admission *o* (fig. 20) amène le
mélange au cylindre de droite, tandis que l'échappement P fait
communiquer le cylindre de gauche avec P_s, les autres organes
se reconnaissent aux lettres.

Les manivelles sont à 180°, pour donner un moment de torsion
le plus uniforme possible.

Jacob Schweizer.

Moteur Révolver (*) (fig. 1 à 4, Pl. 7). Le moteur revolver de
M. Schweizer repose sur une idée juste : allumer le mélange
détonant au commencement de la course du piston, c'est-à-dire,
quand il n'est encore animé que d'une faible vitesse, et chasser
entièrement les produits brûlés de la chambre d'explosion; il
utilise en même temps le vide produit par la condensation des
gaz brûlés.

La machine se trouve, à cet effet, munie d'un certain nombre
de chambres de combustion (six au cas actuel), disposées comme
les chambres d'un revolver ; chacune de ces chambres vient,
après s'être remplie d'air (fig. 2), puis de gaz, par le tuyau *e* et la
soupape *s* se mettre en rapport, d'une part avec l'allumage
(fig. 4), et, de l'autre, avec le fond du cylindre moteur.

Le vide déterminé par le mouvement en avant du piston moteur B, aspire, en soulevant le clapet *f*, la flamme d'allumage ;
l'explosion se produit.

La face avant du piston moteur communique en même temps
avec le compartiment du revolver qui précède immédiatement celui qui vient d'agir, et dans lequel une injection d'eau *g* (fig. 4)
détermine un vide dont l'action s'ajoute à celle de l'explosion.

(*) Brevet anglais, n° 4363 (19 janv. 1883).

Les produits de la combustion sont évacués ensuite par l'aspiration du ventilateur *i*.

Ce moteur, très logique en principe, doit avoir une marche économique et régulière, mais il pèche par l'encombrement.

Moteurs à compression d'air (fig. 5 et 6, Pl. 7). Dans cet autre moteur de M. Schweizer, l'explosion du gaz est employée à comprimer directement de l'air, que l'on utilise ensuite dans des moteurs quelconques à air comprimé.

Les allumages ont lieu dans un grand exploseur A, qui reçoit le gaz à travers un diffuseur D, au moyen d'un tiroir E, mû par la bielle de la pompe K. L'air comprimé par l'explosion s'emmagasine dans l'accumulateur B, à clapet de retenue C. Quand la pression dépasse la valeur du régime, elle soulève par *p* le tiroir à contrepoids F, qui ferme par *b* l'admission du gaz.

Lorsque le piston de la pompe K descend, il détermine par *q* un vide dans A; ce vide soulève le clapet J et aspire la flamme d'allumage *g*, qui détermine une explosion. La flamme est ensuite rallumée par *g'*.

On ne saurait élever plus simplement la pression de l'air, et plus économiquement *au moment même de sa compression;* mais on augmente en même temps sa température; de là, des pertes considérables par le rayonnement de l'accumulateur et de la distribution d'air. Cette idée ingénieuse n'a pas encore reçu de sanction pratique.

Moteur à action directe. — Le moteur à action directe de M. Shweizer, se distingue principalement par son allumage, à l'aide d'un exploseur E' (fig. 29), muni d'un clapet d'allumage ou d'aspiration de flamme *c*.

Le gaz allumeur arrive dans l'exploseur par G' et par un tube central diffuseur percé de trous, en même temps que le gaz moteur arrive, par G et par le diffuseur *m* dans le chapeau ou dans la chambre d'explosion qui couronne le cylindre moteur. L'admission de l'air a lieu directement, par aspiration au travers de la soupape *a*, équilibrée par un ressort ou par un contre-poids.

Dès que le piston moteur commence à descendre, il se forme, ainsi que par la condensation des produits brûlés, un vide en *m*; ce vide détermine, par *c*, une aspiration de flamme qui occasionne, dans l'exploseur E', une détonation dont le jet, lancé en *m* provoque sûrement l'explosion du gaz moteur, en y ajoutant sa puissance propre.

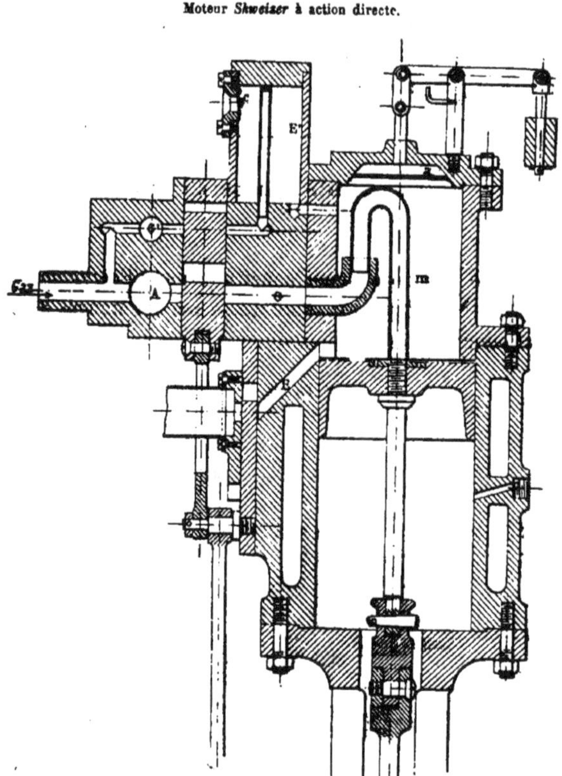

Fig. 29.

Moteur *Schweizer* à action directe.

L'échappement a lieu par E à l'aide d'un tiroir spécial dont la tige fait également mouvoir le tiroir d'admission.

On obtient, grâce à l'emploi de l'exploseur, un allumage certain et silencieux, même aux vitesses de 200 à 300 tours par minute.

Pour les très petits moteurs, de 1 à 3 kilogrammètres, M. Shweizer préfère supprimer l'exploseur ; on enflamme alors le mélange en *m* directement, par aspiration de flamme au travers d'un clapet qui sert en même temps à l'admission de l'air, à la place de la soupape *a*. On arrive ainsi à construire des petits moteurs extrêmement simples, très légers, marchant sans bruit à 4 ou 500 tours, avec une dépense de gaz d'environ 100 litres par kilogrammètre et par heure.

Economic Motor C° (*).

La machine tout récemment construite par l'Economic Motor Company, de New-York, est représentée par les figures 30 à 35, son fonctionnement est le suivant :

Fig. 30.

Machine de l'*Economic motor C°*. — Détail du distributeur.

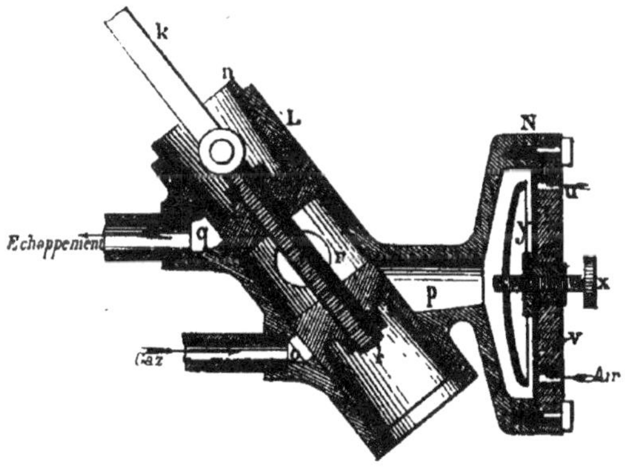

(*) Brevet anglais, n° 4260 (4 sept. 1883).

A la montée du piston, le mélange d'air et de gaz est aspiré dans le cylindre C à travers les orifices du distributeur L. L'explosion a lieu dès que le piston dépasse la lumière d'allu-

Fig. 31 et 32.

Moteur de l'*Economic motor C°*. — Élévation et plan.

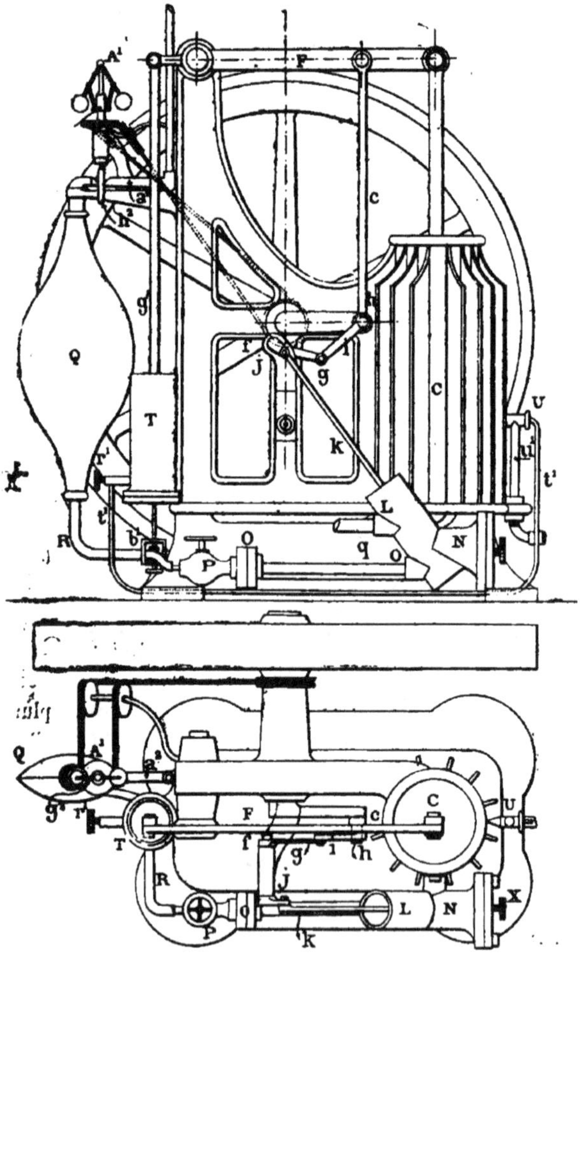

mage, fermée par une lame de platine portée au rouge. L'échappement se fait par le même distributeur que l'admission.

Ce distributeur est représenté en coupe par la figure 30; il est formé de deux pistons, l et n, dont on peut faire varier l'écartement en les tournant sur la vis qui termine leur tige K. Le gaz arrive au tiroir par o et l'air par p, à travers les trous u du clapet v, dont la course est réglée par la garde y. L'échappement se fait par le tuyau q et l'admission au cylindre par la lumière r. La lumière o est fermée au moment de l'explosion, mais p reste ouvert pendant l'explosion et la détente, pour empêcher la production d'un vide; cet orifice ne se ferme que tout à la fin de la course motrice, en même temps que s'ouvre l'échappement anticipé. L'échappement reste ouvert pendant toute la durée de la course descendante.

Les principales particularités de ces moteurs sont les suivantes :

La transmission du mouvement à l'arbre moteur par le balancier F et la bielle c, et au tiroir, par le mécanisme à contre-manivelle $higfj$ (fig. 31 et 32).

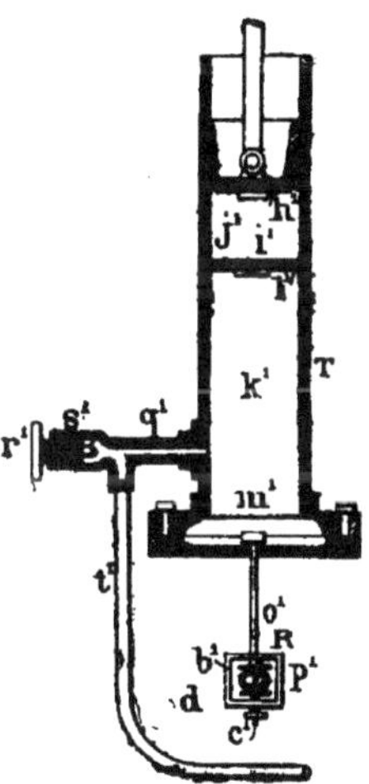

Fig. 33.

Machine de l'*Economic motor C°*.
Régulateur.

Le gaz suit, avant d'arriver au distributeur L, le trajet $a_2 Q po$. Le tuyau en caoutchouc a_2 reste fermé par l'étrier du régulateur A_1, tant que ses boules ne viennent pas, au premier tour du volant, soulever cet étrier. Après avoir traversé la poche de régularisation Q, le gaz se rend, par R, à un deuxième régulateur agissant, comme le premier, par un étrier b_1, étranglant plus ou moins un tuyau de caoutchouc R. Cet étrier est relié (fig. 33) à une membrane m', placée au fond du cylindre k_1 d'une pompe à air T. Le piston de cette pompe aspire l'air par h_1, à sa montée dans le corps de pompe j_1, puis le refoule, par $i_1 l_1$, dans le réservoir d'air k_1. L'air comprimé en k_1 s'échappe en partie directement dans l'atmosphère par q_1 et l'ouverture s_1, à vis de réglage r_1, et en partie par le tuyau t_1 qui l'amène au chalumeau U (fig. 31) du bec d'allumage. Quand la vitesse s'accélère, la pression de l'air augmente en k_1, et déprime la membrane m_1, qui étrangle, par $o_1 b_1$, le tuyau R. La vis c_1 règle la distance normale du tube R à la plaque p_1, qui termine la tige o_1, et, par suite, la sensibilité de l'appareil.

Fig. 34 et 35.
Machine de l'*Economic motor C°*. — Petits moteurs.

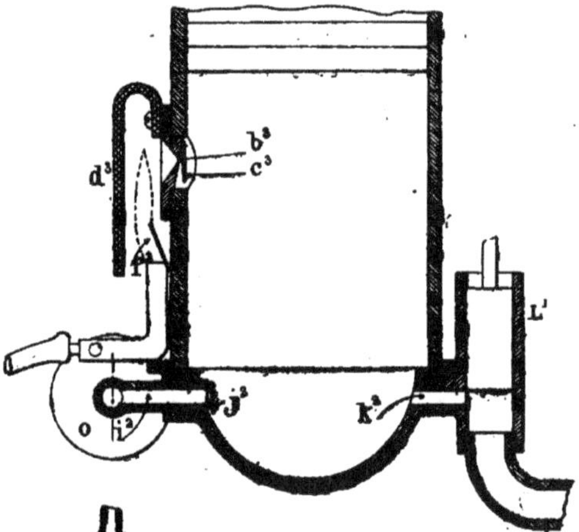

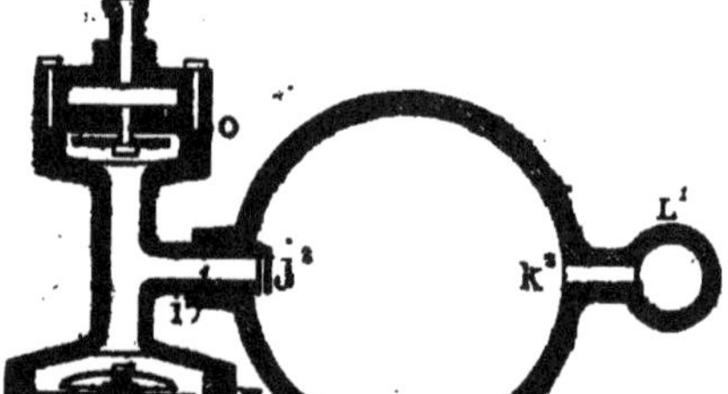

(*) *Scientific American*, 8 sept. 1883.

Dans les très petits moteurs, les valves à gaz O et à air N sont reliées directement (fig. 34 et 35) par un conduit i_2 aboutissant au cylindre moteur par un clapet j_2, qui sert de tiroir d'admission ; l'échappement a lieu par k_2 et le tiroir spécial L_1.

L'allumage sera décrit au chapitre spécial.

Ces moteurs se fabriquent couramment depuis 3 kilogram-mètres jusqu'à 1/2 cheval (*).

W. H. Northcott (*).

(Fig. 1 à 3, Pl. 60.)

Le fonctionnement de la machine de Northcott est particulier : il s'opère par la détente d'une masse d'air comprimé à chaque explosion.

L'explosion a lieu lorsque les mécanismes occupent à peu près les positions représentées par la figure 1 ; le tiroir d'admission d se ferme, le mélange détonant est enflammé en A, sous le long piston B.

Le piston B monte alors le long de la tige du piston D, en comprimant l'air primitivement admis et retenu dans e par la soupape k, et le refoulant par g (fig. 3), dans l'espace annulaire f, au-dessus du piston D.

Dès que la manivelle motrice a passé le point mort, après l'explosion, les deux pistons B et D descendent agissant à la fois, par leur poids et par le vide partiel formé sous B ; l'air comprimé maintenu en f oblige les deux pistons à conserver sensiblement leur position relative, jusqu'à ce que B vienne à fond de course.

En ce moment, les lumières c du piston B mettent, par le conduit h et par f, les deux faces du piston D en rapport avec la cham-

---

(*) Brevet anglais 3176 (3 août 1880).

bre *e*, de sorte que le piston D remonte sous l'impulsion exercée par la pression de l'air de *e* et de *f* sur sa face inférieure, plus grande que sa face supérieure.

L'échappement a lieu automatiquement par *b*, *d*, *l*, et l'admission par *u*, *a*, *d*, *b* (fig. 1 et 2).

Le moteur Northcott est donc un moteur *mixte* (page 87), marchant par l'intermédiaire d'un matelas d'air.

CHAPITRE IV

MOTEURS DU DEUXIÈME TYPE

Le cycle théorique des moteurs du deuxième type comprend, comme nous l'avons vu, les quatre périodes suivantes :

(*a*) Compression de l'air et du gaz suivant une adiabatique jusqu'à la pression de l'explosion, ou, plus exactement, de la combustion ;

(*b*) Combustion du mélange sous pression constante ;

(*c*) Détente suivant une adiabatique ;

(*d*) Échappement à la pression atmosphérique.

On reconnaît le cycle des machines d'Éricson, limité par deux adiabatiques et deux droites d'égales pressions.

Ce cycle est théoriquement presque équivalent à celui des moteurs du troisième type, limité par deux adiabatiques et deux droites d'égal volume ; les équations de ces deux cycles sont, en effet, les mêmes, la chaleur spécifique sous volume constant c remplaçant, dans les formules du cycle du troisième type, ou de Joule, la chaleur spécifique sous pression constante C des formules du cycle d'Éricson. Le cycle des moteurs du deuxième type présente, de ce fait, à compression égale, une légère infériorité.

Il n'y aurait donc lieu de s'attacher au développement de ce genre de moteurs que s'ils présentaient des avantages pratiques.

Or, il paraît difficile de trouver, aux moteurs du deuxième type, d'autre avantage que celui d'une atténuation de l'influence des parois, parce que la température de la combustion y est moins élevée que celle de l'explosion dans les moteurs du troisième type et que cette combustion peut s'effectuer aisément dans une enceinte séparée du cylindre moteur proprement dit, plus chaude et plus facile à protéger contre le rayonnement.

Cet avantage permet de racheter, par une meilleure utilisation du cycle, ses imperfections théoriques; mais il semble plus que compensé par une plus grande complication du mécanisme et par l'encombrement des moteurs du deuxième type, dont le cycle ne peut que difficilement se réaliser dans un seul cylindre.

Les moteurs du deuxième type ne se sont donc pas répandus et ne paraissent guère pouvoir prétendre au succès. Les trois exemples que nous allons décrire suffiront à faire connaître les principales variétés dont ils sont susceptibles.

W. Foulis.

(Pl. 9.)

Dans le moteur de M. Foulis, le mélange détonant est préalablement comprimé par une pompe mise en rapport, au moment de l'allumage, avec le cylindre moteur; les dimensions des cylindres compresseur et moteur, ainsi que les courses de leurs pistons, sont combinées de manière que l'explosion se fasse, dans le cylindre moteur, sous une pression *sensiblement* constante, égale à celle qu'il subit dans la pompe, au moment de son admission au cylindre moteur.

Cycle. Au retour du piston moteur, l'échappement se produit par la soupape I (fig. 5); cette soupape est plus ou moins soulevée par la came i de l'arbre i_2, suivant la position du coulisseau i_4. L'arbre i_2 est actionné par l'excentrique i_3 (fig. 2), et la position

(*) Brevet anglais n° 180 (14 janvier 1881).

du coulisseau est déterminée par la vis i_{10} (fig. 5), qui permet de régler l'ouverture de l'échappement.

Vers la fin de la course-arrière, l'échappement se ferme et une partie des produits brûlés se comprime jusqu'à ce que le mélange refoulé par la pompe ait atteint une pression suffisante pour soulever le clapet z_2 (fig. 7) interposé dans le conduit C_1 (fig. 2), malgré la pression exercée en z_3 par les produits brûlés du cylindre moteur.

Le mélange détonant, poussé par la pompe, pénètre alors dans le cylindre moteur à travers la toile métallique D (fig. 4) et l'orifice annulaire F, réglé par la tige e^2. L'explosion se produit, *sous pression constante*, jusqu'au fond de course du piston de la pompe et au tiers environ de la course du piston moteur; à partir de ce point, l'admission se ferme et la détente commence.

Allumage. Le mélange, refoulé par la pompe dans le tuyau g (fig. 6), s'enflamme au contact de l'allumeur de platine, G ou H, (fig. 6^A) porté au rouge par la flamme du brûleur permanent h. A mesure que la pression de la pompe augmente, la flamme s'allonge dans la chambre de combustion A du cylindre moteur (fig. 4), jusqu'à pouvoir enflammer à coup sûr le mélange qui s'y trouve admis par F.

La chambre de combustion A renferme un bouton R (fig. 4) en terre réfractaire, qui s'échauffe bientôt assez pour suffire seul à l'allumage du mélange.

Régularisation. Nous avons vu comment on peut régler l'échappement par le volant i_{10} (fig. 5) : on peut agir de même sur l'admission, en modifiant, par l'action de la vis e_2, la section de l'orifice annulaire F, ou faire agir le régulateur directement sur la valve d'admission Q (fig. 16), la tige r_7 du régulateur déplaçant le coulisseau r_4, de sorte que la coulisse r_2, calée sur l'arbre r_6 de la soupape d'admission, le fasse osciller plus ou moins à chaque tour.

On fait varier à volonté la quantité et le dosage du mélange aspiré par la pompe C au moyen du distributeur représenté par les fig. 10 à 13 : la quantité, en tournant la manivelle x_1, qui change la section d'aspiration du mélange ; le dosage, par la vis x^2, qui modifie le rapport des orifices d'entrée du gaz u et de l'air t en soulevant plus ou moins le boisseau x.

Le distributeur des fig. 8 et 9 permet de modifier l'admission du gaz sans étrangler celle de l'air.

Économiseur. Avant de s'échapper par la valve I (fig. 14 et 15) les produits de l'explosion circulent, en K, autour des tubes en briques réfractaires l, traversés ensuite par le mélange de la pompe qui se rend, par F, au cylindre moteur.

Variante de la distribution. On peut, ainsi que l'indique la figure 7_a, actionner la soupape d'admission j_1, par un renvoi $j j_1 j_2$, qui l'ouvre au moyen de la même bielle b commandant la soupape d'échappement e.

Cylindre moteur. Le cylindre moteur proprement dit, A', est séparé de la chambre de combustion A (fig. 3_a), par une rainure a_2, qui retient les graisses et les crasses de l'explosion, de manière à les empêcher d'encombrer la course du piston.

Compteur. Le mélange d'air et de gaz admis au brûleur h (fig. 6) y est amené par un compteur-compresseur représenté par la figure 17. L'air et le gaz arrivent, par le tuyau t, dans les chambres c d'un tambour ; ces chambres débouchent à l'intérieur du compteur, où elles dégagent leur mélange à mesure qu'elles plongent dans l'eau, quand le tambour tourne sous l'action du poids p. Le mélange sort du compteur par t' ; en v, se trouve une valve de dosage analogue à celle des figures 8 et 9 (1).

(*) Consulter les brevets de Foulis : **2422**, 15 juin **1880**, et **4843**, 28 novembre 1878.

Crowe [*].

(Pl. 10.)

Les machines à gaz de MM. E. et H. Crowe se divisent en deux classes, suivant qu'elles peuvent utiliser toute espèce de gaz combustible, et notamment le gaz à l'eau, ou qu'elles sont spécialement construites pour l'emploi du gaz d'éclairage.

Moteur pour gaz à l'eau. Les figures 1 à 6 de la planche 10 représentent un moteur vertical de la première espèce.

Le gaz aspiré par le petit piston J, à travers le clapet M, est refoulé, par M' et l'ajutage N, dans la chambre de combustion U', garnie de terre réfractaire ; l'air, aspiré par A dans l'espace annulaire H', est refoulé, à la descente du piston moteur K, à travers le clapet B, dans le conduit C qui l'amène, par D, au régénérateur O.

Après s'être réchauffé dans les tubes o, entourrés par les produits de l'échappement, l'air se rend en partie dans la chambre de combustion U_1, en partie, par E', dans le foyer U, où il se mélange aux produits de la combustion de l'air et du gaz en U_1 et les délaye suffisamment pour en permettre l'admission, par G, au cylindre moteur H. La quantité d'air admise en U, doit être juste suffisante pour brûler le gaz moteur auquel elle se mélange.

L'échappement des produits brûlés a lieu par la soupape G_1 qui les amène, par P, autour des tubes du régénérateur, dont ils sortent par l'orifice Q (fig. 3).

Les espaces nuisibles H' et M' (fig. 4), ménagés aux refoulements de l'air et du gaz, font que leur consommation se règle de manière à maintenir automatiquement une pression motrice constante dans le réservoir U, car, dès que cette constante est dépassée, la

---

(*) Brevet anglais 2706 (31 mai 1883.)

pression en H' et en M' devient impuissante à soulever les clapets de refoulement de l'air et du gaz (fig. 5 et 6).

La vitesse du moteur est réglée par la fermeture de la soupape d'admission, comme nous le décrirons au chapitre des régulateurs.

Le cylindre moteur est refraichi par l'enveloppe I, traversée par l'air aspiré en A.

La porte V sert à introduire dans U' du coke enflammé pour l'allumage initial du gaz.

A cause de l'impureté des gaz employés, le clapet d'aspiration M est manœuvré par un excentrique S_4, qui l'empêche de se coller.

Machine à gaz d'éclairage. La machine spécialement destinée à marcher au gaz d'éclairage est représentée par les fig. 7 à 10.

On y retrouve : en A le cylindre moteur; en B la pompe à air aspirant par D et C (fig. 10) et refoulant l'air par C'; en j la pompe à gaz refoulant le gaz par NN_1 (fig. 8) dans l'ajutage E (fig. 9).

Ce gaz rencontre en F une partie de l'air refoulée à travers la valve régulatrice D_1 (fig. 8); le reste de l'air, en excès sur la quantité nécessaire pour la combustion, arrive, par M, se mélanger en U aux produits de cette combustion qui sortent, par U_2, de la chambre U'. Ces produits, convenablement mélangés d'air chaud, sont ensuite amenés, par P, au cylindre moteur A.

Les chambres B_2 et N servent à régler, comme dans le moteur précédent, la pression de la chambre U.

L'allumage initial se fait en projetant, par K (fig. 9), un corps enflammé dans la chambre de combustion U_1.

W. Livesay (*).

La marche du moteur de M. Livesay, représenté par la figure 36, est la suivante :

(*) Brevet anglais 2927 (12 juin 1883.)

Le piston de la pompe C aspire de l'air par *c* et le refoule sous le piston *déplaceur* D et dans la chambre de combustion G.

Quand le piston de la pompe à air C arrive au bas de sa course, le piston de la pompe à gaz refoule du gaz dans la chambre G, où il forme avec l'air un mélange détonant qui s'allume quand *j* se trouve au milieu environ de sa course descendante; l'allumage se fait par f_1 dans le piston de la pompe à gaz.

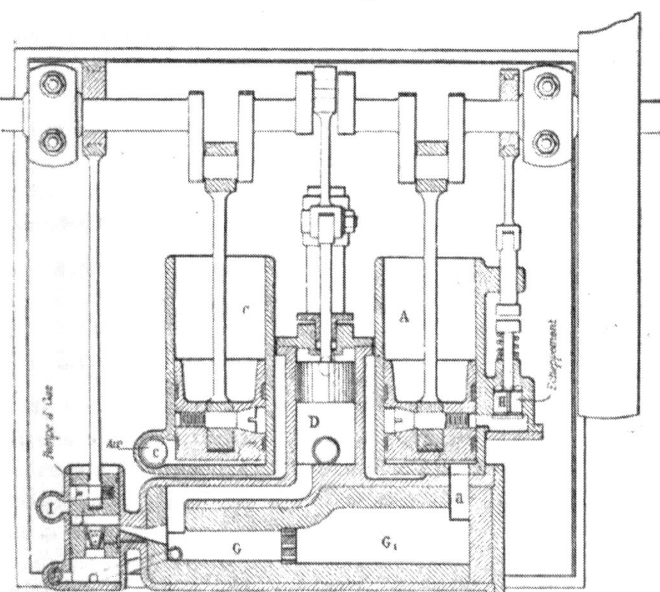

Fig. 36.
Moteur Livesay.

Le gaz enflammé se détend, sans grande augmentation de pression, en G et dans la chambre en briques réfractaires G_1, soulève le piston moteur A, puis s'échappe, au retour de A, par la soupape H.

La chambre G_1 est remplie de briques réfractaires, entre les quelles le mélange enflammé en G_1 doit passer avec l'air refoulé par le déplaceur D.

Le piston déplaceur D n'accomplit pas de travail, la pression sur ses deux faces étant égalisée par la communication permanente du haut de son cylindre avec le bas du cylindre moteur.

L'échappement H reste ouvert pendant la moitié seulement de la course descendante de A; à partir de ce point, une partie des produits brûlés est refoulée dans le régénérateur G_1.

Après un certain nombre de tours, quand le régénérateur est suffisamment échauffé, on peut supprimer temporairement l'admission du gaz, et marcher, pendant quelques tours, à l'air chaud.

CHAPITRE V

MOTEURS DU TROISIÈME TYPE

———

Les moteurs du troisième type sont, de beaucoup, les plus répandus ; ils ne peuvent que se développer dans l'avenir.

Leur cycle comprend, comme nous l'avons dit, les quatre périodes suivantes :

Aspiration du mélange détonant d'air et de gaz ;
Compression du mélange ;
Explosion et détente ;
Échappement des produits de l'explosion.

Ce cycle est théoriquement identique à celui de la machine à air chaud de Joule, limité par deux adiabatiques et deux droites de volumes constants ; il jouit de la propriété de fournir son travail maximum par mètre cube de gaz lorsque la température à la fin de la détente est égale à la température à la fin de la compression. Nous reviendrons sur cette propriété à propos de l'application des générateurs ou récupérateurs de chaleur aux moteurs à gaz.

Les moteurs du troisième type se divisent en deux grandes classes, A et B, suivant que les quatre périodes de leur cycle s'accomplissent dans le cylindre moteur même ou dans deux cylindres, dont l'un agit comme *pompe* et l'autre comme cylindre moteur.

Les machines de la classe A ne donnent nécessairement qu'une course motrice tous les deux tours ; leur type le plus répandu est le moteur Otto.

Les machines de la classe B donnent une explosion par tour ; Leur représentant le plus connu est le moteur Clerk.

Les moteurs du troisième type présentent une très grande variété dans leurs dispositions ; c'est à la fin seulement du présent chapitre que nous en discuterons l'ensemble, après que le lecteur se sera familiarisé avec leur description.

MOTEURS DU TROISIÈME TYPE A

Otto-Langen et Crossley.
(Pl. 11 à 18.)

Moteurs à un cylindre. — *Distribution.* Les différentes phases du cycle de ce moteur sont faciles à suivre sur le diagramme de la figure 16, planche 11 ; elles comprennent les quatre périodes suivantes, correspondant à deux tours de l'arbre :

De *a* en *b*. Aspiration de l'air et du gaz sensiblement à la pression atmosphérique.

De *b* en *e*. Compression du mélange jusqu'à 2 ou 3 atmosphères.

De *c* en *d'* et *d*. Explosion, détente, échappement anticipé des produits de l'explosion.

De *d* en *a*. Échappement.

Ces opérations s'exécutent dans un seul cylindre : un même tiroir accomplit l'admission et l'allumage. L'échappement se fait par une soupape.

Le tiroir, indiqué en détail par les figures 1 à 5 de la planche 12, est conduit par une manivelle *m*, qui fait un tour pour deux du moteur. Chacune des périodes du cycle correspond à une rotation de 90° environ de la manivelle *m*.

Pendant la première période, le piston moteur aspire le mélange d'air et de gaz par la lumière *l* (fig. 1 à 5) mise en rapport, par la cavité *jj'* du tiroir, avec les tuyaux d'air *a* et de gaz *g*. Le gaz arrive dans *jj'* à travers un certain nombre de trous *d*, de dimensions proportionnées au dosage moyen du mélange, et disposés de manière à laisser encore pénétrer le gaz un peu après la fin de l'admission de l'air. Il se produit ainsi, dans le cylindre moteur, un mélange hétérogène plus riche en gaz et plus détonant vers la culasse du cylindre. La période d'admission correspond à une rotation de la manivelle *m* de 90° de part et d'autre des points morts de la bielle du tiroir, de 1 à 2 (fig. 1).

Pendant la période de compression, correspondant à la deuxième course du piston, la manivelle du tiroir décrit l'angle **2-3**; la lumière *l* reste fermée, ainsi que la soupape d'échappement *e* (fig. 2, 9 et 10, pl. 10).

La période motrice correspond à l'angle **3-4**. L'allumage se fait, comme nous le verrons, par la lumière *l'*.

A la fin de la course motrice, la came *e'* (fig. 1, pl. 10) fait basculer le levier d'échappement *e"* (fig. 3) qui maintient la soupape d'échappement ouverte pendant l'échappement anticipé *d'd* (fig. 16) et le retour du piston *d a*, correspondant à l'arc **1-4** de la manivelle du tiroir.

Allumage. L'allumage s'opère par un **transport de flamme sous pression**, à l'aide d'un mécanisme très ingénieux, souvent imité depuis.

La contre-plaque du tiroir porte deux brûleurs, *b* et *b'*, l'un permanent et brûlant à l'air libre dans une cheminée, l'autre intermittent, *b'*, logé dans la contre-plaque (fig. 1 à 4, pl. 12). Pendant que la manivelle du tiroir parcourt l'angle **2-3**, correspondant à la course-arrière du piston, il se produit les phénomènes suivants :

Le brûleur *b'* amène, par le trajet *b'* R *l l"* (fig. 3), du gaz à la lumière *l'*, alors isolée du cylindre ; puis le tiroir, en marchant vers la gauche, transporte *l'* devant le brûleur fixe *b*, qui enflamme son gaz.

Le tiroir allant toujours vers la droite, un peu avant que sa manivelle n'arrive en 3 (fig. 1), le trou d'équilibre *t'* (fig. 4), en avance sur le bord droit de *l'*, fait communiquer, par *tt''*, (fig. 3) la capacité *l'* avec l'intérieur du cylindre, plein de mélange comprimé.

En ce moment, la lumière d'allumage *l'*, remplie de gaz allumé par *b*, puis transportée vers la droite, est complètement fermée du côté de la contre-plaque. Le mélange admis dans *l'*, par le trajet *tt'*, renforce sa flamme, et lui communique graduellement la pression du cylindre.

Une fois cette pression atteinte, c'est-à-dire lorsque la manivelle du tiroir arrive au point 3, *l'* entre en communication avec *l* (fig. 2), et la flamme détermine l'explosion du mélange moteur.

Le fonctionnement du trou d'équilibre est certain, mais délicat ; il faut le percer rigoureusement aux cotes indiquées par l'expérience ; il faut aussi observer avec la plus grande exactitude les dimensions qui règlent la durée du transport de la flamme dans la lumière d'allumage *l'*.

Il importe, pour le succès de l'allumage, de bien régler, une fois pour toutes, les flammes *b* et *b'* à l'aide des robinets *r* et *r'* (fig. 5), de manière à n'avoir plus qu'à les allumer après avoir ouvert leur robinet commun *r''*.

Le tiroir est serré entre la culasse du moteur et la contre-plaque par des boulons à ressorts que l'on règle de manière à éviter les crachements, sans augmenter plus qu'il ne le faudrait les frottements du tiroir.

Régularisation. L'admission du gaz se fait (fig. 5) à travers une poche de réglage en caoutchouc P et un robinet G (fig. 5, pl. 12 et 8, pl. 11), à boisseau gradué et à soupape *s*. Cette soupape est manœuvrée par une came d'admission *g'* (fig. 14 et 17, pl. 11) que le régulateur écarte et fait échapper du marteau *m'* quand la machine s'emporte.

Mise en train. Pour faciliter la mise en train, il suffit de déplacer (fig. 12, pl. 11) le galet *i*, par lequel la came d'échappement *d'* commande son levier *e''*, de manière qu'il soit actionné aussi par la deuxième came *t*, qui ouvre l'échappement à temps pour éviter la compression, et facilite ainsi le tournage du volant.

Circulation. La circulation de l'eau s'opère soit (fig. 15, pl. 11) par de l'eau sous pression sans cesse renouvelée, soit en employant (fig. 6, pl. 12) toujours la même eau d'un réservoir assez grand pour ne pas trop s'échauffer. L'échauffement de l'eau dans le cylindre détermine, par la plus grande densité de la colonne du réservoir, une circulation continue. L'eau entoure le cylindre et la culasse, et, dans les grands moteurs, la soupape d'échappement.

Moteurs à deux cylindres (Pl. 13 et 14).

Les moteurs à deux cylindres ont pour objet principal de procurer une plus grande régularité de rotation, en faisant que la machine donne une explosion par tour.

On reconnaît sur les figures de la planche 13, les mêmes organes principaux de la distribution et de l'allumage, affectés des mêmes lettres que ceux du moteur précédent.

La distribution s'opère par deux tiroirs conjugués (fig. 5 et 6), commandés par un coulisseau *m*, et disposés de manière que l'admission dans l'un des cylindres corresponde à la compression dans l'autre.

Les soupapes d'échappement sont commandées par deux leviers *e' e''* (fig. 14), et la soupape d'admission du gaz, G, par deux cames, *g* et *g'*, sur le manchon du régulateur. Ces cames peuvent être disposées de façon que l'un seulement des deux cylindres fonctionne constamment.

Dans les moteurs à deux cylindres de *Crossley* (p. 14), la distribution se fait par un seul tiroir, recevant le mélange de la lumière M, et l'admettant aux cylindres par la cavité *j* et les lumières *l*.

On reconnaît, en *e' e''* E les organes de l'échappement, en *g g* G ceux de l'admission du gaz et de la régularisation, en *l' l''* les lumières d'allumage.

L'élargissement A de la manivelle motrice permet d'y accoupler les bielles de deux autres cylindres en opposition de celles du moteur de manière que l'ensemble fonctionne avec une explosion par course.

Ces moteurs à deux cylindres marchent avec une régularité parfaite et conviennent tout particulièrement à l'éclairage électrique.

On obtient aussi une grande régularité en accouplant deux moteurs à un cylindre, de manière que leurs manivelles motrices soient parallèles à celles de leurs tiroirs antiparallèles.

Variétés. — Les types classiques du moteur Otto, que nous venons de décrire, a été l'objet de nombreuses études de la part de son inventeur, des ingénieurs de l'usine Deutz et de MM. Crossley, en Angleterre. Je crois utile de faire connaître les principaux de ces travaux, bien qu'ils n'aient pas encore tous reçu d'application.

Moteurs à piston auxiliaire. M. Otto a tout récemment (*) proposé, pour les moteurs marchant avec des gaz moins combustibles que le gaz d'éclairage, de chasser complètement les produits de l'explosion à l'aide d'un piston auxiliaire b (fig. 7, pl. 12) dont le ressort, après avoir cédé à la compression et à l'explosion, le repousse lors de l'échappement, de manière à refouler la totalité des produits de la combustion par la soupape v, menée par la came n et les leviers g, g', l.

On peut remplacer l'action du ressort par une transmission mécanique telle que u' u_2 u_3 (fig. 12), dont l'arbre u tourne deux fois moins vite que l'arbre moteur.

Enfin, le piston moteur lui-même peut remplir cette fonction, soit en lui laissant sur sa tige un jeu élastique ii' (fig. 16), soit en allongeant sa course d'échappement à l'aide d'une transmission mécanique analogue à celle de la figure 17.

Dans cette disposition, la bielle motrice w est reliée à un levier H, pivotant autour de o, et articulé en j au levier M, relié

(*) Brevet anglais 60 (5 janvier 1881).

au piston moteur a et à la bielle N, dont la manivelle tourne deux
fois moins vite que le moteur. Quand le piston moteur accomplit
sa course aspirante, P va de 1 à 2, puis il décrit, pendant la
compression, l'arc 2-3, de manière que M vienne en M_1, et que le
piston a laisse une chambre de compression de longueur MM_1.
Pendant l'explosion et la course d'échappement, le point P décrit
l'arc 3-1, qui ramène a au fond du cylindre à la fin de l'échappement.

Les figures 13 et 14 représentent l'application de ce système
aux machines du second genre donnant, par l'adjonction d'une
pompe de compression, un coup par tour.

La manivelle de la pompe de compression, w_2, suit la manivelle
motrice, w', d'un angle 4-5 (fig. 12). Pendant la course 4-1 la
pompe aspire le mélange ; de 1 à 2 elle le comprime ; de 2 à 4 elle
le refoule au cylindre moteur, en repoussant le piston auxiliaire b.
En ce moment, le piston moteur, arrivé au point 5, reçoit l'explosion. Au point 3 de la course d'échappement, le ressort du piston
auxiliaire l'a repoussé presque au contact du piston moteur, et
la soupape d'échappement v est fermée ; le piston de la pompe,
arrivé au point 3, refoule dans le cylindre moteur une nouvelle
charge explosive.

Crossley. 1er *type* (*) (pl. 17). Dans la première machine de
Crossley (pl. 11), qui ne peut donner plus d'une explosion tous
les deux tours, la pompe I ne sert qu'à balayer les produits de
combustion par une chasse d'air à une faible pression. Au commencement de la course du piston (fig. 2), la chambre G est remplie d'air ; la soupape de refoulement de la pompe l (fig. 5) est
fermée ; le piston aspire, par le tiroir f et la lumière i, le mélange
d'air et de gaz fourni par a et g (fig. 1 et 2). Ce mélange se diffuse
dans l'air de G, la partie la plus active restant auprès du tiroir. A
la seconde course-arrière, le mécanisme facile à suivre, D M m N' O',
ouvre la soupape d'échappement e, puis la soupape l, par où la

---

(*) **Brevet anglais 4297 (21 octobre 1880).**

pompe refoule dans la chambre du cylindre moteur une chasse d'air qui en balaye complètement les produits de la combustion précédente. Les soupapes l et c sont ramenées par des ressorts n et o ; leur levée est réglée par les vis-butées des leviers N' et O'. La régularisation de ce moteur s'opère par l'action, sur l'admission du gaz en g, d'un appareil décrit au chapitre consacré aux régulateurs.

Crossley. 2e *type* (pl. 16) (*). Le second moteur de Crossley donne, au contraire, un coup par tour du moteur. Il appartient donc à la variété B des moteurs du 3e type. Son cycle est le suivant, la manivelle tournant dans le sens de sa flèche :

Après l'explosion, au point c de la course motrice (fig. 4), le piston moteur A_2 découvre la lumière A_4 et laisse une partie des produits de l'explosion s'échapper directement dans l'atmosphère, par $e_1 F_1 F$ (fig. 3) jusqu'au point c_1 de la course-avant.

En ce point, le tiroir fait communiquer le cylindre moteur, par $A_4 e_2 D_4$, avec la chambre D, où l'aspiration de la pompe D_2' a déterminé un certain vide. Le cylindre reçoit en même temps, derrière les produits brûlés, le mélange d'air et de gaz précédé par une masse d'air pur qui en empêche l'explosion.

Au point c_2 de la course-arrière, le piston moteur recouvre la lumière d'échappement A_4. La compression commence pendant que la pompe D_2 refoule, par $D_4 d_2$ (fig. 1), une partie du gaz primitivement aspiré, et rétablit ensuite, dans la chambre D, un vide tout prêt pour la course suivante.

Il n'y a pas, avec cette pompe, danger d'explosion à contre-temps, comme avec celles que refoulent directement le mélange explosif dans le cylindre moteur.

Les autres figures des planches 11 et 18 représentent des perfectionnements et des applications particulières qui seront décrits aux chapitres spéciaux.

(*) Brevet anglais 5469 (14 déc. 1881.)

Expériences exécutées sur le moteur à gaz Otto

Par MM. Morgan Brooks et J.-E. Steward (*)

Les moteurs Otto sont, comme nous l'avons dit, de beaucoup
les plus répandus des moteurs à gaz. On en compte aujourd'hui
près de 20,000, depuis 1/4 de cheval jusqu'à 90 et 100 chevaux.
Ils ont été l'objet de nombreuses expériences, parmi lesquelles
il convient de citer au premier rang celles de MM. Morgan,
Brooks et Steward, exécutées, au Stevens Institute of Technology
de Hoboken, sur un moteur Otto de 10 chevaux, construit par la
maison Schleicher-Schumm and Cᵒ. Ces expériences, poursuivies
sous la direction du professeur Thurston, par des ingénieurs
désintéressés et savants, présentent toute garantie d'exactitude.

M. Thurston avait déjà exécuté lui-même quelques expériences
sur des moteurs à gaz de différents types. Ainsi qu'il nous
l'apprend, dans une introduction au mémoire de MM. Brooks et
Steward, la consommation du *gaz à l'eau* avait varié, dans ces
essais, de 600 à 660 litres par cheval-heure, avec des machines
de 6 à 7 chevaux, et de 670 à 700 litres environ avec des machines
de 2 chevaux et au-dessous. Les frottements des mécanismes
absorbaient de 4 à 5 p. 100 de l'énergie totale de la combustion
et de 20 à 40 p. 100 de la puissance totale indiquée, suivant la
dimension des moteurs. La perte de chaleur à l'échappement
variait, suivant la puissance des moteurs, de 12 à 24 p. 100 de
la chaleur totale de combustion des gaz employés, et de 100 à 200
p. 100 de la chaleur transformée en travail utile.

La circulation d'eau emportait 45 à 55 p. 100 de la chaleur
totale fournie par la combustion du gaz. C'est ainsi que, dans un
moteur à gaz essayé par M. Cartwright, principal assistant de
M. Thurston, la répartition de la chaleur de combustion avait
donné les résultats suivants :

(*) Publiées par le *Van Nostrand Engineering Magazine*, février 1884.

Chaleur dépensée en travail utile au frein.	14,27
Travail de la pompe.	0,42
Frottements des mécanismes.	4,10
Perte à l'échappement.	23,55
Échauffement de l'eau des enveloppes.	46,90
Rayonnement, etc.	10,76
	100,00

Cette machine développait 7 chevaux au frein, et 8,9 chevaux indiqués ; elle consommait 0^{mc},60 de gaz par cheval indiqué et 0^{mc},78 par cheval effectif.

Les expériences de MM. Steward et Brooks sont venues compléter très heureusement les résultats déjà acquis par le professeur Thurston.

Dimensions principales du moteur; installation des essais. — Les principales dimensions du moteur étaient les suivantes :

Course du piston.	356^{mm}
Diamètre »	216 (*)
Diamètre de la poulie du frein.	762^{mm}
Longueur du levier du frein.	420
Poids des deux volants.	750^k
Volume de la chambre de compression 38 p. 100 du volume total du cylindre.	

La figure 5, pl. 14, représente la disposition du moteur et des appareils employés pour son essai.

Le gaz employé dans le cylindre moteur seulement, indépendamment du gaz consumé pour l'allumage, était mesuré par un compteur branché sur les tuyaux de la ville. On avait eu soin d'interposer, entre ce compteur et la machine, une poche en caoutchouc, régularisant la marche du compteur.

La consommation de l'air employé pour former avec le gaz le mélange détonant moteur était donnée de même par un second compteur, avec interposition de deux poches. L'air était fourni par un petit ventilateur marchant à 3.000 tours par minute et maintenant les poches constamment remplies à une pression réglée par une soupape disposée près du ventilateur.

On pouvait, à l'aide d'un robinet à trois voies placé sur le tuyau d'admission d'air, près du moteur, prendre l'air aux poches ou directement dans l'atmosphère.

(*) Ces dimensions se rapprochent plutôt de celles du type Otto français de 6 chevaux effectifs.

La dépense de l'eau employée pour le refroidissement du cylindre était mesurée par un compteur; on notait la température à l'entrée et à la sortie de la circulation.

La température du gaz au sortir de l'échappement était mesurée par un pyromètre de Bulkley, placé aussi près que possible de la machine.

Le travail du moteur était mesuré par un frein de Prony formé par une bande de tôle à tasseaux de bois enroulée sur une poulie de 762 millimètres de diamètre, dont un poinçon transmettait directement l'effort à une bascule de Fairbanks.

L'indicateur, du type Tabor, était vissé sur le couvercle de la boîte d'échappement.

On notait la vitesse du moteur à l'aide d'un compteur actionné par la bielle du tiroir.

Résumé des essais. — Les observations résumées dans le tableau de la page 146 furent exécutées normalement toutes les cinq minutes, et à de intervalles plus rapprochés quand les variations du moteur s'accentuaient.

La pression du gaz était de 30 millimètres d'eau, celle de l'air, prise poches du ventilateur, était de 50 millimètres en moyenne.

On a tenu compte, sur les diagrammes d'indicateur mesurés au planimètre d'Amsler, du travail dépensé à chasser dans l'atmosphère les produits de la combustion et pour aspirer le mélange détonant d'air et de gaz; ce travail, figuré par l'aire comprise entre les courbes d'admission et d'échappement, équivaut, en moyenne, à une contre-pression d'un dixième d'atmosphère.

La dépense du gaz affecté à l'alimentation des brûleurs, dont on n'a pas tenu compte dans les tableaux, s'est élevé, en moyenne, à 200 litres par heure.

Résistance ou frottements de la machine. — Cette résistance est donnée par la différence entre la puissance effective, ou recueillie au frein, et la puissance indiquée. Dans les essais 10 et 17, cette résistance s'abaisse à 15 p. 100 du travail indiqué; à pleine puissance, elle s'élève, en moyenne, à 18,6 p. 100, résultat très remarquable pour une machine d'une aussi faible puissance.

Consommation de gaz. — La dépense de gaz s'est montrée plus élevée que la consommation normale des moteurs Otto, principalement à cause de la pauvreté du gaz employé, dont la puissance calorifique n'était que de 5,495 calories environ par mètre cube, au lieu de 6,000 calories que donne, en moyenne, le mètre cube de gaz ordinaire, supérieur, par conséquent, de 8 1/2 p. 100 au gaz des essais.

En outre, la température du gaz était, à l'admission, de 24°, ce qui augmentait de 5 p. 100 environ son volume spécifique à zéro.

NUMÉROS DES EXPÉRIENCES	A DIFFÉRENTES PUISSANCES.								
	1	2	3	4	5	6	7	8	9
Durée en minutes	15	15	30	14,5	30	10	15	10	60
Gaz en litres	335	495	1785	1175	2905	805	1,310	980	7050
Air en litres	10000	—	—	—	—	7850	11800	8000	13550
Rapport de l'air au gaz	—	—	—	—	—	—	—	—	—
Eau de circulation en litres	26,5	131	122	113	306	71	107	69,5	690
Température de l'eau { à l'entrée	22	22	21	21	21	22	22	22	22
{ à la sortie	49	29	51,7	44,5	42	49,5	48	51	45,7
Nombre des { doubles révolutions	1252	1247	2445	1181	2426	809	1212	801	4634
{ révolutions par minute	167	166	163	163	162	162	162	160	154,5
{ explosions	235	352	1224	788	1820	607	970	716	4620
Rapport des explosions aux doubles révolut.	.19	.3	.5	.66	.75	.75	.8	.89	.997
Poids moyen sur le levier du frein (kilogr.)	0	0	29	48	57	49	57	68	83
Pression moyenne effective (atmosphères)	4,2	3,3	4,24	4,3	4,1	4,0	3,9	4,0	4,2
Température des gaz à l'échappement (C.)	163	121	299	349	371	371	306	402	416
Puissance indiquée	2	2,55	5,4	7,06	7,6	7,3	7,6	8,6	9,4
Puissance effective en chevaux (au frein)	0	0	2,73	4,5	5,3	4,5	5,4	6,3	7,6
— perdue par les gaz d'échappement	2,3	—	—	—	—	6,7	6,8	7,6	7,6
— perdue par l'eau de circulation	6,6	8,1	11,5	16,8	19,8	18	17	18,7	25,2
— du gaz brûlé	12,2	17,1	30,9	42,1	48,5	44,9	45,6	51,0	61,0
Gaz par cheval indiqué et par heure, en litres	708	765	660	637	736	663	604	685	745
— effectif et par heure, en litres	—	—	1310	1090	1060	1080	970	940	830

NUMÉROS DES EXPÉRIENCES	EN PLEINE MARCHE.										
	10	11	12	13	14	15	16	17	18	19	20
Durée en minutes	30	30	30	30	30	30	30	25	20	10	30
Gaz en litres	3090	3255	3460	2975	3227	3255	3320	2520	2040	1050	2975
Air en litres	20740	22850	21670	22540	23510	23040	22850	17650	14050	16940	22010
Rapport de l'air au gaz	6,6	6,9	6,2	7,4	7,1	7,0	6,86	7,0	6,9	6,63	7,7
Eau de circulation en litres	221	325	170	188	127	248	334	82	58	116	276
Température de l'eau { à l'entrée	22	22	22	22	22	22	23	23	23	23	24
{ à la sortie	59,7	48	80	76	80	57	49	89,4	88,2	53	48,1
Nombre des { doubles révolutions	2100	2325	2290	2294	2161	2404	2371	1859	1472	750	2396
{ révolutions par minute	140	155	153	153	164	160	158	149	147	150	160
{ explosions	Une explosion tous les deux tours.										
Rapport des explosions aux doubles révolut.	1	1	1	1	1	1	1	1	1	1	1
Poids moyen sur le levier du frein (kilogr.)	89	85	87	81	81	80	88	86	86	85	68
Pression moyenne effective (atmosphères)	4,2	4,1	4,1	3,9	3,9	3,8	4,04	3,85	3,87	4,15	3,3
Température des gaz à l'échappement (C.)	399	429	432	427	427	432	430	422	407	410	421
Puissance indiquée	8,4	9,6	9,5	8,9	9,7	9,6	9,6	8,7	8,7	9,3	8,5
Puissance effective en chevaux (au frein)	7,2	7,8	7,8	7,1	7,7	7,5	8,1	7,4	7,2	7,4	6,3
— perdue par les gaz d'échappement	6,9	7,9	7,8	7,7	8,1	8,0	8,0	7,3	7,0	7,0	7,8
— perdue par l'eau de circulation	25,7	26,2	30,5	31,2	22,4	26,8	26,9	20,3	17,6*	33,4*	20,6
— du gaz brûlé	53,4	56,4	59,8	51,5	55,9	56,4	57,6	52,3	52,9	54,4	54,5
Gaz par cheval indiqué et par heure, en litres	735	680	725	668	665	685	694	687	700	677	703
— effectif et par heure, en litres	851	835	802	835	832	850	825	822	850	853	945

* Dans les essais 18 et 19, la quantité de chaleur comptée comme transmise à l'eau de circulation ne représente pas exactement la chaleur perdue par les gaz chauds du cylindre. Dans l'expérience 18, en effet, on n'employa que peu d'eau, de sorte que, le cylindre s'échauffant, une partie de la chaleur fut employée à élever la température de ses parois. Dans l'expérience n° 19, qui suivit le n° 18, à cinq minutes d'intervalle, on employa plus d'eau, et la chaleur cédée par le refroidissement des parois primitivement échauffées s'ajouta à la chaleur cédée directement par les gaz. — Dans un essai prolongé, on obtiendrait, pour la puissance perdue à échauffer l'eau de circulation, 23 et 28 chevaux, plutôt que les 17,6 et 33,4 chevaux inscrits au tableau.

Le tableau ci-après ramène la consommation du gaz à sa valeur normale, en tenant compte de ces particularités.

DÉSIGNATION.	DÉPENSE DE GAZ MOYENNE PAR HEURE EN PLEINE MARCHE.			
	En gaz des essais.		Équivalente en gaz ordinaire.	
	Réelle.	Ramenée à zéro.	A 24°.	Ramenée au zéro.
Par cheval indiqué	m. cub. 0,694	m. cub. 0,637	m. cub. 0,634	m. cub. 0,383
Par cheval effectif	1,853	0,784	0,781	0,719

Un moteur Otto dépense, en général, 600 litres *de bon gaz*, à la température ordinaire, par cheval (indiqué?) et par heure. En fait, ce résultat est souvent atteint dans la pratique.

La pression du gaz ne réduit son volume que de $\frac{1}{300}$, quantité négligeable.

La dépense de gaz à différentes puissances, la machine ne donnant plus régulièrement une explosion tous les deux tours, reste sensiblement la même par cheval indiqué, mais elle augmente nécessairement par cheval effectif, à mesure que le travail total de la machine diminue, et que les frottements en absorbent une proportion plus élevée. Ces résultats démontrent le fonctionnement excellent du régulateur qui ferme l'admission du gaz complètement, dès que la machine dépasse sa vitesse de régime.

Proportion d'air et de gaz. — Lorsque la machine fonctionnait le plus économiquement possible, le dosage du mélange détonant était d'environ 7 d'air pour 1 de gaz en volumes.

Bien que ce dosage doive pouvoir s'atténuer avec des gaz plus riches, les auteurs des expériences pensent qu'il n'atteint que rarement, en pratique, la composition de 1 volume de gaz pour 10 d'air, considérée comme normale dans les moteurs Otto. On évalue, en effet, d'ordinaire, la consommation de l'air d'après la dépense du gaz seule, que l'on retranche du volume total décrit par le piston. Or, les diagrammes démontrent, comme nous le verrons, que cette méthode est inexacte, car ils indiquent, dans le cylindre, à la fin de la course d'aspiration, une pression notablement inférieure à la pression atmosphérique, et, par conséquent, à celle du gaz au compteur. On arriverait à plus d'exactitude en calculant le dosage d'après le volume décrit par le piston entre les points des diagrammes où l'air et le gaz sont à peu près à la pression atmosphérique, mais il faut toujours, si l'on tient à quelque rigueur, opérer par des mesures directes.

Lorsqu'on augmente la proportion d'air en fermant en partie le robinet du

gaz, on obtient des diagrammes analogues à ceux de la figure 6, en B et
en C. La courbe figurative de l'explosion s'incline, la pression moyenne
s'abaisse, la dépense du gaz augmente par cheval effectif. On aurait donc tort
de régler la marche du moteur par l'étranglement du gaz. On achèvera, d'ailleurs, d'être édifié à ce sujet, par l'examen des résultats des essais 16 et 20,
dont les conditions ne diffèrent que par la composition des mélanges d'air et
de gaz.

Température de l'eau de circulation. — Il résulte, des tableaux d'expériences, que l'eau de circulation emporte environ la moitié de la chaleur
totale de combustion du gaz dépensé.

Lorsque le cylindre est maintenu froid par une circulation abondante, la
chaleur emportée par l'eau paraît augmenter, mais, en réalité, le travail
indiqué et le travail effectif n'augmentent pas sensiblement avec la température du cylindre : quand on restreint la circulation de l'eau, il se perd, par
le rayonnement des parois, une quantité de chaleur qui compense la diminution de la chaleur emportée par l'eau. Il n'y a donc pas, en pratique, économie de gaz à épargner l'eau de refroidissement.

Analyse du gaz. — L'analyse du gaz des essais, exécutée par M. T. Still-
mann, a donné les résultats consignés dans le tableau suivant :

DÉSIGNATION.	EN VOLUME.	EN POIDS.	DENSITÉS. (Poids au m. cube.)	POIDS par m. cube de gaz.
Hydrogène H.	0,395	0,058	0^k,087	0^k,035
Gaz des marais CH_4.	0,373	0,426	0 ,694	0 ,258
Azote Az	0,082	0,163	1 ,215	0 ,099
Hydrocarbures : divers C_3H_6, etc. . .	0,066	0,200	1 ,840	0 ,121
Oxyde de carbone Co.	0,043	0,086	1 ,215	0 ,052
Oxygène O.	0,014	0,031	1 ,388	0 ,019
Vapeur d'eau, impuretés $H_2O CO_2 H_2S$.	0,027	0,036	0 ,800	0 ,022
	1,000	1,900	0^k,606	0^k,000

Le mètre cube de ce gaz pesant, à 0° et sous la pression atmosphérique,
0^k,606, son volume spécifique est de 1^{m3},65.

Puissance calorifique du gaz. — La combustion complète du mètre cube
de ce gaz dégage environ 5,495 calories; la chaleur de combustion du kilogramme est de 9,070 calories.

Il faudrait dépenser, pour accomplir cette combustion complète, environ :

5^{m3},94 d'air par mètre cube de gaz,

ou

12^k,26 —　　　　—　　　　　—

qui formeraient, comme produits de la combustion, un volume de $11^{mc},141$, composé de :

	Densité.	Par kilog. de gaz.
CO	$1^k,93 \times 0,524 =$	$1^{mc},011$
H_2O	$1,74 \times 1,28 =$	$2,227$
Az	$9,57 \times 0,823 =$	$7,872$
Impuretés	$0,03 \times 0,9 =$	$0,027$
		$\overline{11^{mc},141}$

Les produits de la combustion occupent donc un volume de :

$$11,141 \times 0,606 = 6^{mc},750$$

par mètre cube de gaz brûlé, ou pour $6^{mc},94$ de mélange détonant; c'est-à-dire que la combustion s'opère avec une contraction de 2,7 p. 100 environ.

En pratique, avec l'excès d'air nécessaire à l'explosion, cette contraction ne dépasse guère 2 p. 100 : on peut donc la négliger.

Les calculs ordinaires de la chimie donnent, pour des chaleurs spécifiques moyennes des produits de la combustion,

à volume constant $c = 0,1985,$
à pression constante $C = 0,2712,$

et pour rapport γ, la valeur

$$\gamma = \frac{C}{c} = 1,366.$$

La présence d'un excès d'air de $1^k,42$ environ par kilogramme de gaz — expérience 19 — ramène ces quantités aux valeurs suivantes :

$$c = 0,196,$$
$$C = 0,268,$$
$$\gamma = \frac{C}{c} = 1,37.$$

Les diagrammes. — Le diagramme représenté par la figure 7 correspond à une bonne marche à pleine puissance.

On y suivra facilement les quatre principales périodes du cycle :

A, de 1 à 4, *aspiration* de l'air et du gaz, à une pression *négative* de 0,15 atmosphère environ, ainsi qu'on le voit mieux par les diagrammes 9 et 10, pris avec un ressort très flexible.

B, *compression* du mélange dans le cylindre moteur, suivant la courbe 2, 3, 4 et 5, coupant la ligne atmosphérique en 3, et s'élevant, en 5, à 2 atmosphères.

C, *allumage, détente, échappement anticipé* de 7 à 8, pendant la *course motrice.*

La pression s'élève, par l'explosion en 5, jusqu'à 9 atmosphères.

D, de 8 à 1, quatrième période du cycle. — Expulsion et *échappement* des produits de l'explosion dans l'atmosphère.

Lorsque la machine s'emporte et que le régulateur ferme l'admission du gaz, la période motrice du cycle normal est remplacée par une détente, dont la courbe se superpose presque à celle de la compression qui la précède.

La figure 8 représente deux diagrammes. Le premier A, se rapporte à l'essai n° 1, la machine prenant ou admettant le gaz une fois seulement sur cinq. Le diagramme B correspond à la marche normale, avec admission de gaz tous les deux tours. Après les huit tours sans explosion du premier essai, le cylindre moteur se trouvait complètement débarrassé des produits de la combustion et rempli d'air pur, de sorte que son piston pouvait aspirer une plus forte proportion de gaz; l'explosion fut donc plus vigoureuse, ainsi que l'indique la supériorité de sa courbe de détente, mais sans augmenter proportionnellement la pression moyenne effective, parce qu'il faut en déduire le travail de cinq aspirations.

Entre les points 9 et 10 de la période d'échappement, la pression s'abaisse au-dessous de l'atmosphère, à cause du refroidissement rapide des gaz dans le tuyau et dans le pot d'échappement, dont la contraction diminue le volume plus vite que le déplacement du piston, assez lent au commencement de sa course. Afin de démontrer que telle est bien la cause de cet abaissement de pression, les auteurs des expériences citent le diagramme de la figure 10, pris lorsque le moteur marchait trop vite, en passant des explosions.

Après une explosion, le crayon de l'indicateur trace la courbe *a*, *b*, *c*, *d*, la même que la courbe 8, 9, 10, 11 du diagramme 9; pendant la course avant suivante, il n'entre pas de gaz au cylindre, l'indicateur décrit la courbe *d e*, correspondant à 1-2, puis la courbe de compression *e f g h*, correspondant à 2, 3, 4, 5. Comme il n'y a pas d'explosion, le crayon revient à sa position primitive par le trajet ondulé *i j k l*, suivant de près la courbe de compression. En *m*, l'échappement s'ouvre, permettant à l'air atmosphérique de pénétrer dans le cylindre; le crayon ne revient pas en *c*, mais remonte au point *n*, presque à la pression atmosphérique. Le gaz se trouvant, à l'échappement, à une température peu élevée, la contraction qui s'était produite pendant le trajet 3-10 du diagramme précédent ne peut plus avoir lieu, la courbe d'échappement *n o p q* monte immédiatement à la pression atmosphérique; elle reste, de plus, toujours au-dessus de l'échappement, suivant *b c d*, ce qui démontre encore la justesse de cette interprétation.

Pressions et températures. — La chambre de compression occupait un volume de 7ᵈ,94. Le déplacement du piston, ou le volume d'une cylindrée, étant de 13ᵐ,05; le volume de la chambre de compression était donc égal aux 38 p. 100 du volume total du cylindre. Ce volume est représenté, sur les diagrammes, par une abscisse de 73 millimètres, de sorte que l'origine des volumes s'y trouve à 73 millimètres à gauche des points 1 et 5 (fig. 7).

Prenons, comme exemple, l'expérience 19.

La courbe de compression 2, 3, 4, 5, coupe la ligne atmosphérique au point 3, à 0ᵐ,170 du zéro, correspondant à un volume égal aux 0,885 du total du cylindre.

D'après les mesures se rapportant à l'expérience 19, on admettait à chaque aspiration

$$11^{\text{lit}},40 \text{ de gaz} \atop \text{et} \quad 9^{\text{lit}},25 \text{ d'air} \Big\} \text{ à } 22°$$

soit $10^{\text{lit}},65$ de mélange.

La chambre de compression renfermait, provenant de l'explosion précédente :

$$7^{\text{lit}},94 \text{ de produits brûlés à } 410°, \text{ d'après le pyromètre.}$$

Ramené à zéro degré, cela fait

$$9^{\text{lit}},82 \text{ de mélange détonant, poids } 11^{\text{gr}},3$$

$$\text{et} \quad 3^{\text{lit}},18 \text{ de produits brûlés, pesant } 3^{\text{gr}},78.$$

On trouve, pour la température absolue τ_3 de ces gaz, en admettant qu'ils aient la même chaleur spécifique, la valeur

$$\tau_3 = \frac{11,3 \times (273 + 22) + 3,78(410 + 273)}{11,3 + 3,78} = 393°,$$

correspondant à une température réelle de

$$T_3 = \tau_3 - 273 = 120°.$$

On trouve ainsi, successivement, d'après la loi :

$$pv = R\tau ;$$

au point 3 :

$$p_3 = 1 \text{ atmosphère,}$$
$$v_3 = 0,885 \text{ du volume du cylindre,}$$
$$\tau_3 = 393°, \quad T_3 = 120°,$$
$$\frac{p_3 v_3}{\tau_3} = R = 0,002252;$$

au point 5 :

$$p_5 = 3,09 \text{ atmosphères,}$$
$$v_5 = 0,38$$
$$\tau_5 = \frac{3,09 \times 0,38}{0,002252} = 522°, \quad T_5 = 249°;$$

au point 6 :

$$p_6 = 10 \text{ atmosphères,} \quad v_6 = 0,44,$$
$$\tau_6 = 1930°, \quad T_6 = 1657°;$$

au point 7 :

$$p_7 = 3,5 \text{ atmosphères,} \quad v_7 = 0,92,$$
$$\tau_7 = 1432°, \quad T_7 = 1159°.$$

Au point 7, s'ouvre l'échappement anticipé, le diagramme n'indique plus les volumes absolus v.

Supposons que l'échappement anticipé s'effectue suivant une adiabatique, et désignons par $9'$ le point correspondant, dans cette hypothèse, au point 9 du diagramme, où la pression tombe à celle de l'atmosphère; il vient d'après l'équation

$$p v^\gamma = \text{constante},$$
$$p'_9 v'_9{}^\gamma = p_7 v_7{}^\gamma,$$

dans laquelle

$$p'_9 = 1 \text{ atmosphère},$$
$$p_7 = 3,5 \quad —$$
$$v_7 = 0,92 \quad —$$

pour v'_9 la valeur

$$v'_9 = p_7^{\frac{1}{\gamma}} v_7 = 3,5^{0,73} \times 0,92 = 2,33,$$

et pour la température τ_9, à la fin de l'échappement anticipé,

$$\tau'_9 = \frac{1 \times 2,33}{0,002252} = 1035°,$$
$$T'_9 = 762°.$$

Équation des courbes de détente et de compression. — En admettant que ces courbes soient représentées par les équations de la forme

$$p v^x = \text{constante}.$$

on trouve, pour la courbe de détente :

$$x^d = \frac{\log p_6 - \log p_7}{\log v_7 - \log v_6} = \frac{\log 10 - \log 8,5}{\log 0,92 - \log 0,44} = 1,363,$$

et pour la courbe de compression,

$$x_c = \frac{\log p_3 - \log p_0}{\log v_3 - \log v_2} = 1,335.$$

Chaleur indiquée. — On sait, d'après un théorème bien connu de Rankine [*], que : « l'équivalent mécanique de la chaleur absorbée ou cédée par « un corps, en passant d'un état de volume et de pression à un autre état, « par une série d'états représentés par les coordonnées d'une courbe sur un « diagramme d'énergie, est représenté par l'aire comprise entre cette courbe « et deux adiabatiques partant de ses extrémités, indéfiniment prolongées « dans la direction des accroissements de volume. »

On peut ainsi déterminer les quantités de chaleur reçues ou rejetées le long des différentes courbes du diagramme.

La chaleur reçue le long de la courbe d'explosion 5-6 est l'équivalent thermique de l'aire comprise entre deux adiabatiques indéfiniment étendues à partir des points 4 et 6, augmentée de l'aire 4.6.5, trouvée, par le planimètre, égale à 4,2 centimètres carrés.

---

[*] Voir page 14 et *Manuel de la machine à vapeur*, édition française, p. 321.

Désignons par A l'aire comprise entre l'adiabatique (6) indéfiniment prolongée par B l'aire de l'adiabatique (4);

L'aire cherchée A' est égale à

$$A' = A - B + \text{(aire 4.5.6)}.$$

De l'équation de l'adiabatique 6,

$$p_6 v_6{}^{\gamma} = p v^{\gamma} = \text{constant,}$$

d'où

$$p = p_6 v_6{}^{\gamma} \times v^{-\gamma},$$

il vient

$$A = \int p\,dv = \int_{v_6}^{v_\infty} p_6 v^{\gamma} v^{-\gamma}\,dv = \frac{1}{1-\gamma} p_6 v_6{}^{\gamma} \left(v^{1-\gamma} \right)_{v_6}^{v_\infty}$$
$$= \frac{1}{1-\gamma} p_6 v_6{}^{\gamma} \left(v_\infty{}^{1-\gamma} - v_6{}^{1-\gamma} \right).$$

Puisque $1 - \gamma$ est négatif

$$v_\infty{}^{1-\gamma} = 0,$$

d'où

$$A = \frac{1}{\gamma - 1} p_6 v_6.$$

On trouverait, de même,

$$B = \frac{1}{\gamma - 1} p_4 v_4,$$

d'où

$$A - B = \frac{1}{\gamma - 1} (p_6 v_6 - p_4 v_4),$$

et, puisque $v_6 = v_4$,

$$A - B = \frac{1}{\gamma - 1} (p_6 - p_4) v_4 = 96{,}5 \text{ cent. carré,}$$

pour

$$\gamma = 1{,}37;$$

d'où, enfin,

$$A' = A - B + \text{(aire 4.5.6)} = 96{,}5 + 4.2 = 100{,}7 \text{ cent. carré.}$$

Réduite en calories par charge ou par explosion, cette surface donne

$$4{,}67 \text{ calories.}$$

Dans l'état actuel de la science, on ne sait pas si les chaleurs spécifiques des gaz de l'explosion restent constantes aux températures élevées du cycle des moteurs à gaz. En admettant qu'elles soient constantes, la valeur de l'exposant x, correspondant à la courbe de détente, différant très peu de γ, indique qu'elle se rapproche beaucoup d'une adiabatique, et qu'il ne s'y produit qu'une transmission de chaleur inappréciable.

La courbe de compression 2, 3, 4, 5 est ainsi presque adiabatique; un calcul analogue au précédent indique une perte de chaleur de 0,05 calories.

La quantité totale de chaleur reçue pendant la partie du cycle représentée par les courbes 3, 4, 5 — 5, 6 — et 6, 7, est donc de 4, 67 + 0 — 0,65 ou de 4,62 calories par charge.

Cette chaleur indiquée disparaît de deux manières :

1° En travail indiqué;

2° En chaleur perdue à l'échappement.

L'équivalent thermique du travail indiqué est de 1^{cal},33.

La température absolue du gaz au point 7, où commence l'échappement anticipé, est de

$$\tau_7 = 1432^{\circ}.$$

Si les gaz se détendaient pendant l'échappement anticipé, suivant une adiabatique, leur température absolue serait, lorsqu'ils atteignent la pression atmosphérique, de $1,035^{\circ}$.

Or, le pyromètre n'indique, à l'échappement, que 685° absolus.

On doit, pour tenir compte de cette différence, admettre que la perte à l'échappement se subdivise en trois autres :

a Travail de la détente supposée adiabatique, du point 7 à la pression atmosphérique.

Ce travail équivaut à 0^{cal},58.

b Chaleur cédée par l'abaissement des produits brûlés, de $1,035^{\circ}$ à 683.
15^{gr},08 s'abaissant de $(1,035-683^{\circ})$ chaleur spécifique — 0,27.

Soit $\qquad 0,01508 \times 352^{\circ} \times 0,27 = 1^{cal},44.$

c Chaleur cédée à l'atmosphère par l'abaissement de la température des produits de l'échappement de 683° à 295° absolus, soit 1^{cal},18.

On trouve ainsi, pour la perte de chaleur à l'échappement :

$$Qe = a + b + c = 3^{cal},2,$$

et pour la chaleur disparue totale

$$Qi = 1,33 \times 3,2 = 4^{cal},53,$$

valeurs se rapprochant autant qu'on peut l'exiger de la valeur indiquée comme chaleur reçue — 4^{cal},62.

La dissociation. — La chaleur totale de combustion des 14 litres de mélange détonant constituant une charge est de 7^{cal},69. Les diagrammes ne rendent pas compte de la différence $7,69 — 4,62 = 3,07$ calories, entre cette chaleur et la chaleur indiquée; cette différence s'élève, comme on le voit, à 40 p. 100 de la chaleur totale.

Nous avons vu que la circulation d'eau absorbait environ la moitié de la chaleur totale, et cette absorption doit se faire, en grande partie, pendant la période 6-7 du cycle, où la température des gaz est très élevée. La courbe 6-7 s'approchant, d'autre part, beaucoup d'une adiabatique, on en conclut que le gaz doit recevoir, pendant cette période, une quantité de chaleur à peu près égale à celle qui est absorbée par l'eau. On trouverait une explication de cet accroissement de chaleur dans les phénomènes de dissociation, qui se produiraient aux températures élevées du gaz, empêcheraient la combustion des gaz de s'accomplir instantanément, et la laisseraient se prolonger après l'explosion, à mesure que la température s'abaisse, jusqu'à l'ouverture même de l'échappement.

Rendement. — Le travail indiqué représente 18 p. 100 de la chaleur totale de combustion du gaz employé.

Le travail effectif en représente 14,5 p. 100.

Or, les meilleures machines à vapeur n'utilisent que 10 p. 100 de la chaleur totale de combustion du charbon employé et le rendement thermique des petites machines à vapeur dépasse rarement 5 p. 100; la machine à gaz est donc, de beaucoup, le moins imparfait des moteurs thermiques, au point de vue du rendement.

La chaleur fournie au moteur à gaz se dépense :

1° En travail indiqué — travail utile et de frottement;

2° En chaleur des gaz expulsés à l'échappement;

3° En chaleur emportée par l'eau de circulation;

4° En rayonnement, etc.

Les résultats de l'expérience 19, corrigés de l'erreur probable affectée à la chaleur de l'eau de circulation, donnent, pour cette répartition, les chiffres suivants :

1. Travail indiqué	1,33 calories	ou	17 p. 100 de la chaleur totale.	
2. Échappement	3,18	—	15,5	—
3. Circulation..	4,00	—	52	—
4. Rayonnement..	1,18	—	15,5	—
	7,69		100,0	

Économie relative des machines à gaz, à vapeur et à air chaud. — Il faut, pour établir cette comparaison, considérer :

1° *La dépense de gaz et de charbon.* — Le moteur à gaz Otto consomme, en moyenne, par cheval effectif et par heure, 0^{m3},850 de gaz. Les petits moteurs à vapeur consomment environ 3^k,20 de charbon;

2° *La dépense d'eau.* — Nulle pour le moteur à gaz, puisque c'est toujours la même eau qui circule, cette dépense s'élève à 15 litres environ par cheval-heure, pour machine à vapeur;

3° *Le graissage.* — Un peu plus coûteux pour le moteur à gaz;

4° *La surveillance.* — Une machine à gaz n'exige guère, pour son entretien et sa surveillance, plus de $\frac{1}{6}$ de journée de mécanicien. La machine à vapeur exigerait $\frac{1}{2}$ jour où toute la journée, suivant sa distance à la chaudière;

5° *Entretien, réparation, usure et dépréciation.* — On peut les considérer comme équivalents;

6° *L'intérêt et l'amortissement.* — Proportionnels à la valeur des moteurs

On trouve ainsi par journée de 10 heures, pour un moteur Otto de 8 chevaux effectifs :

Gaz, 6^{mc},80 à 0^f,46 le mètre cube................	30^f,00
Eau...............................	0 ,00
Graissage...................	1 ,00
Main d'œuvre, un sixième de jour à 10 francs.........	1 ,65
Dépréciation à 12 p. 100 sur 5,375 francs............	1 ,80
Intérêts à 5 p. 100.....................	0 ,75
Total..............	35^f,20

Pour une machine à vapeur de 8 chevaux effectifs :

Charbon, 250 kilogr. à 25 fr. la tonne............	6^f,25
Eau, 1^{mc},80 à 0^f,22 le mètre cube................	0 ,40
Graissage........................	0 ,75
Main-d'œuvre, une demi-journée à fr........ ...	5 ,00
Dépréciation à 12 p. 100 sur 4.000 fr.....	1 ,75
Intérêts à 5 p. 100..................	0 ,55
Total.....	14^f,70

Pour un moteur à air chaud de 2 chevaux $\frac{1}{2}$.

Charbon, 50 kilogr. à 25 fr. la tonne........... ..	1^f,25
Eau.............................	0 ,00
Graissage......................	0 ,50
Surveillance, comme pour une machine à gaz..........	1 ,65
Dépréciation à 10 p. 100 sur 3.750 fr.	1 ,05
Intérêt à 5 p. 100........................	0 ,50
Total..............	4^f,95

Cette machine marche depuis dix-huit ans dans une imprimerie de New-York, elle dépense 3 kilogrammes de charbon par cheval-heure. La garniture à renouveler tous les trois ans coûte 500 francs.

La dépense moyenne par cheval-heure s'élèverait donc aux États-Unis :

Pour les machines à gaz, à.....................	0^f,440
Pour les machines à vapeur, à..................	0 ,175
Pour les machines à air à...................	0 ,200

En Angleterre et en Allemagne, où le prix du gaz varie de 0^f,10 à 0^f,13 par mètre cube, la dépense journalière du moteur à gaz se réduirait de 60 p. 100, tomberait à 13^f,75 par jour. Avec du gaz à 0^f,30, prix de Paris, elle tomberait à 25 francs environ ou à 0^f,31 par cheval-heure.

On peut, comme exemple de l'économie réalisable par l'emploi rationnel du moteur Otto, citer l'installation de la raffinerie d'Elsdorf, dont nous empruntons les données à la *Revue industrielle* du 21 février 1883 :

Les dépenses d'achat et de transport des charbons se sont élevées, du 1ᵉʳ août 1881 au 31 juillet 1882, à la somme totale de 16,718 francs, pour une consommation de 1,800 tonnes. De ce chiffre, il y a lieu de déduire les recettes provenant de la vente des goudrons et des eaux ammoniacales : 4,284 fr. 40 ; de l'emploi du goudron dans l'usine : 377 fr. 50 ; du coke vendu ou employé : 9,450 francs, ce qui réduit à 2,646 fr. 10 le prix de revient du charbon.

Pendant le même exercice, la production de gaz, mesurée au compteur, s'est élevée à 422,174 mètres cubes, dont les moteurs à gaz ont consommé, d'après un compteur spécial, 256,904 mètres cubes. La dépense de charbon se décompose alors en 1,612 francs pour les moteurs et 1,034 francs pour l'éclairage.

La raffinerie s'est exclusivement servie de moteurs à gaz et a fonctionné comme suit : 1 mois de chômage ; 9 mois de travail sans arrêt, représentant 5,148 heures ; et 2 mois de travail de jour représentant 572 heures, soit en tout 5,720 heures. La dépense nette de charbon, par heure de travail, ressort ainsi à 0 fr. 282.

L'installation des machines comprend 1 moteur de 60 chevaux et 2 moteurs de 20 chevaux, qui peuvent marcher ensemble ou séparément. La force utilisée est en moyenne de 70 chevaux. On en conclut que la *consommation moyenne par heure et par cheval* est de 666 litres et que la *dépense par heure et par cheval* est de 0 fr. 004, c'est-à-dire, *inférieure à un demi-centime*. Elle correspond, par heure et par cheval, à une consommation de 409 grammes de charbon au prix de 10 francs la tonne, et à une consommation de 327 grammes de charbon au prix de 12 fr. 50 la tonne.

Nous examinerons, dans un chapitre spécial, la question de l'application du gaz à l'eau, et notamment du gaz Dowson à l'actionnement des moteurs.

Le moteur à gaz, qui ne dépense que lorsqu'il travaille, présente en outre, pour les travaux intermittents, des avantages particuliers et très importants.

D'autre part, la fabrication du gaz à l'eau, que l'on peut déjà produire en Amérique à moins de 8 centimes par mètre cube, apportera probablement, aux moteurs à gaz, une nouvelle occasion d'étendre leurs applications (*).

(*) A l'usine de MM. Crossley (Manchester), les machines Otto consomment, par heure et par cheval indiqué, environ 3 mètres cubes de gaz Dowson, équivalents à une dépense de 0ᵏ,7 à l'anthracite. Le gaz Dowson revient, en Angleterre, à environ 1 centime le mètre

Les expériences de MM. Brooks et Steward présentent donc, en dehors de leur valeur scientifique, un grand intérêt industriel.

Ces expériences sont, à ma connaissance, les plus complètes que l'on ait encore publiées sur les moteurs à gaz, et l'on peut, sans en admettre rigoureusement tous les chiffres (*), considérer leurs résultats généraux comme exacts et leur méthode comme pouvant servir de type pour les essais ultérieurs.

La constatation d'une perte de chaleur de près de 50 p. 100. par le refroidissement des parois du cylindre au moyen d'une circulation d'eau, mérite d'attirer toute l'attention des ingénieurs vers la création de nouveaux moteurs à températures initiales moins élevées au cylindre-moteur même.

La perte très considérable à l'échappement, 15 à 20 p. 100 de la chaleur totale, indique tout le bénéfice que l'on pourrait retirer de l'emploi convenable d'un régénérateur de chaleur ou d'une détente plus prolongée, par exemple, par l'adoption d'un système compound.

L'examen détaillé des courbes de détente et de compression est des plus importants au point de vue de la théorie du moteur.

Enfin, c'est dans le mémoire de MM. Brooks et Steward que l'on rencontre la première démonstration *expérimentale* du prolongement de la combustion du mélange dans le cylindre moteur, après l'explosion, grâce, en partie, aux phénomènes de la dissociation des composés gazeux aux températures élevées du cycle, phénomènes sur lesquels M. Clerk avait déjà insisté dans un remarquable mémoire (**).

Ce qui manque encore aux moteurs à gaz pour accomplir les grands progrès dont leur théorie indique la réalisation possible, c'est peut-être moins l'imagination des inventeurs qu'un ensemble

---

cube. (*Inst. of Civil Eng. London*, vol. LXXIII, **1882-83**, *Paper n° 1.929. On cheap Gas for motive. Power, by J.-E. Dowson.*

(*) Notamment les indications trop basses du pyromètre, qui donne plutôt la température moyenne du tuyau d'échappement que la température exacte du gaz à la sortie même du cylindre.

(**) *The Theory of the Gas Engines. Proceedings of Inst. Civ. Eng. London* 1881-82. *Part* III.

d'études et d'essais, à la fois pratiques et savants, analogues à ceux par lesquels M. Hirn et les ingénieurs de son école sont parvenus à constituer leur célèbre analyse expérimentale de la machine à vapeur; il y a tout lieu de féliciter MM. Brooks et Steward, ainsi que leur maitre éminent, M. Thurston, d'être entrés des premiers dans cette voie.

Herbert Summer (*).
(Pl. 19).

La machine de M. H. Sumner dérive immédiatement de celle d'Otto, que cet inventeur était, mieux que personnne, à même de connaitre dans tous ses détails.

La distribution s'opère, comme dans les grands moteurs de Crossley, par deux soupapes à ressorts, B et N, conduites par un manchon A, à cames cc, réversible en dévissant l'écrou H, de manière à pouvoir renverser la marche du moteur.

Le tiroir M ne sert qu'à l'allumage : son excentrique L est conduite par les boulons o ou o' du plateau K (fig. 4), suivant le sens de la marche du moteur.

Le tiroir porte une lumière $t't$ qui débouche d'une part dans la chambre l, par la rainure R' du cylindre, et, de l'autre, dans la rainure R de la contre-plaque T. Cette lumière se trouve un peu en avant du bord supérieur de la chambre d'allumage l' du tiroir, et t communique, en outre, par R', avec le trou t, qui s'ouvre dans la chambre l', derrière la flamme de b'. Au moment de l'explosion, t' communique avec le cylindre par l R ; une partie du mélange comprimé pénètre, par l R' t' R t, dans la chambre l', dont elle projette la flamme dans le cylindre, dès que l' débouche dans la lumière l. Le mélange d'équilibre est donc admis, non pas dans le conduit qui alimente la flamme d'allumage, mais au centre même de la chambre d'allumage, derrière la flamme qu'il projette dans le cylindre, à la manière d'un éjecteur. La flamme

---

(*) Brevet anglais 1360, 2 mars 1882.

du brûleur b' reste toujours verticale, dans la direction du tirage.

Le régulateur agit très simplement, en avançant plus ou moins le ressort s (fig. 2) sous l'étrier de la soupape d'admission du gaz ; le ressort est d'autant plus raide, et l'aspiration plus étranglée, que le ressort s'avance plus vers la droite de la figure 2.

Lefèvre-Bysmans (*).

La distribution de ce moteur s'effectue (*fig.* 37 et 38) par quatre jeux de soupapes :

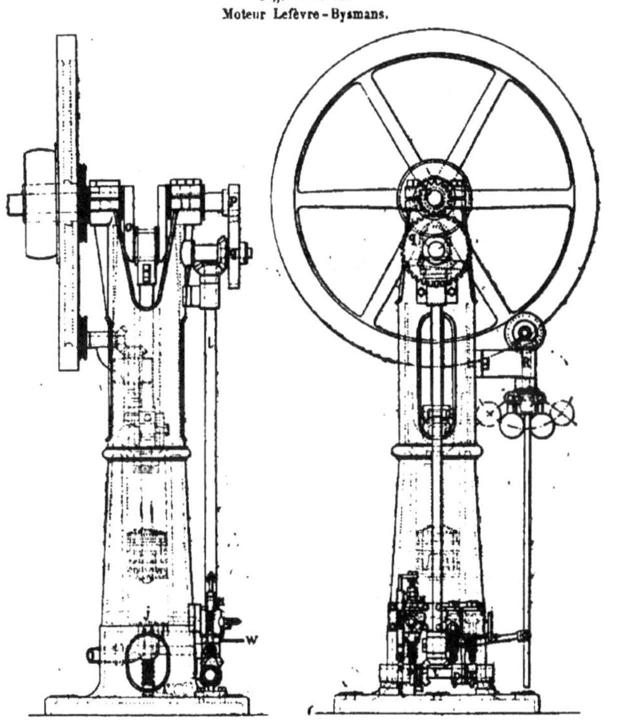

Fig. 37 et 38.
Moteur Lefèvre-Bysmans.

(*) Brevet français, 123060 (5 avril 1878).

F et G pour l'admission de l'air et du gaz;

H pour l'allumage;

J pour l'échappement.

Ces soupapes sont commandées respectivement par les cames A, B, C, O, calées sur un arbre t, recevant, du train pqt, une rotation deux fois moins rapide que celle de l'arbre moteur o.

Le régulateur R agit en déplaçant, par le levier T, la came de l'admission du gaz, comme dans le moteur Otto. L'allumage a lieu par une injection de flamme sous pression poussée de H dans le cylindre par un petit piston mu par la came A B.

R. Hallewell (*).
(Pl. 18, Fig. 6 à 10).

Le fonctionnement de ce moteur est très simple.

Pendant sa première course descendante, le piston moteur aspire de l'air par le clapet z, et le gaz pénètre par n, m, o, l (fig. 9), dans la pompe b seulement. Pendant la première course montante, ou de compression, l'air est comprimé dans la chambre d'explosion E, puis, vers la fin de la course, la pompe refoule le gaz dans cette même chambre, à travers le diffuseur T, par le trajet $o\,s\,v$ (figures 7 et 8).

Après l'explosion et la détente, les produits de la combustion sont expulsés à travers la soupape a', ouverte par l'action de la came c' sur le levier $b'\,b$.

Au moment de l'allumage, le tiroir passe brusquement de la position (fig. 7) à la position (fig. 9), de manière à transporter en $v\,v$ la flamme des brûleurs $g\,g'$, renfermée dans la chambre d'allumage u. Pendant ce temps, g est rallumé par x.

Le régulateur agit en maintenant la soupape d'échappement a' ouverte, en soulevant l'extrémité de son levier $b\,b'$.

(*) Brevet anglais 5092, 12 décembre 1878.

Charles Linford.

La première machine de M. Ch. Linford (*), représentée par les figures 39 à 41, est caractérisée par l'emploi de deux pistons, F et N, reliés à la manivelle motrice k par les bielles P L G et J, et par les balanciers M et H.

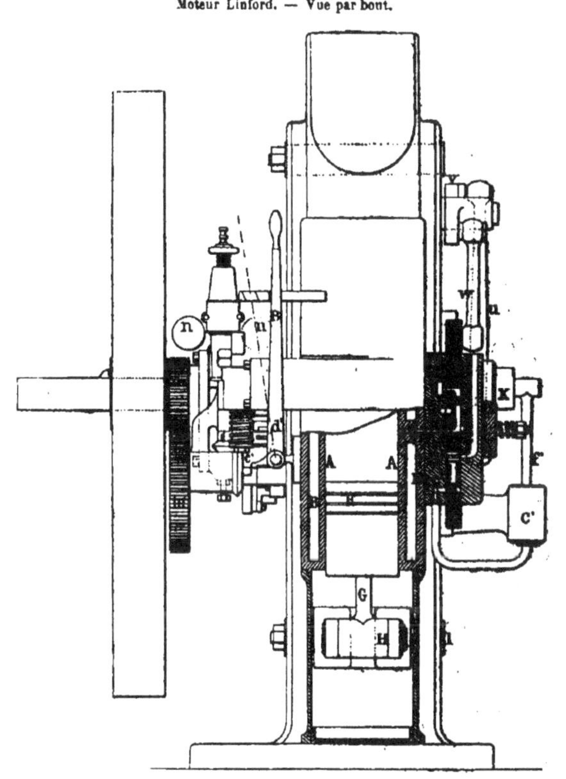

Fig. 39.
Moteur Linford. — Vue par bout.

(*) Brevet anglais 1500, 17 avril 1879.

Les deux pistons sont séparés par un tiroir à grille E (fig. 41) qui s'ouvre sous l'action de l'arbre de distribution t quand les deux pistons se rapprochent pour comprimer entre eux le mélange, et pendant la course motrice ; ce tiroir se ferme, au contraire, pendant l'admission de l'air seul, au-dessus de F, et d'un mélange détonant au-dessous du piston N.

Fig. 41.

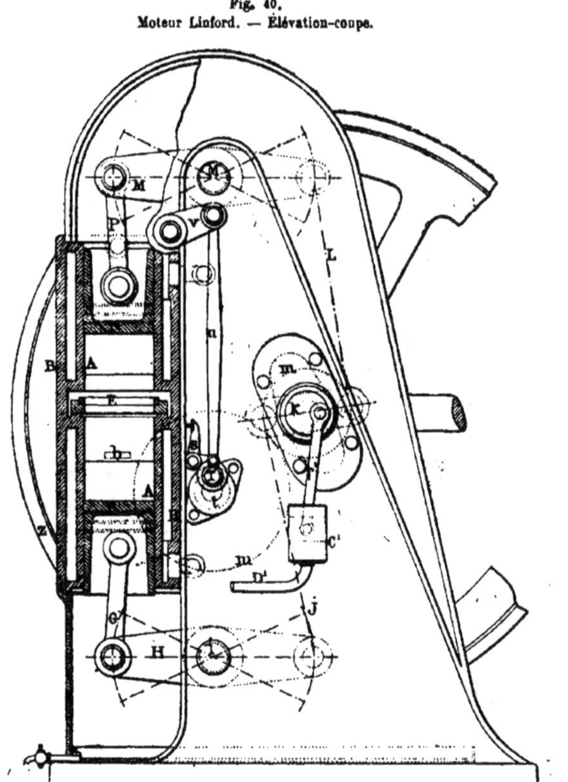

Fig. 40.
Moteur Linford. — Élévation-coupe.

L'arbre de distribution t, qui manœuvre en outre l'allumage, l'admission et l'échappement, fait, par les pignons $m\,m$, un tour pour deux du moteur; il commande aussi le tiroir *v* (fig. 39), par le renvoi à balancier *u v w*. L'échappement se fait par une soupape commandée par une came et que l'on peut, lors de la mise en marche, maintenir ouverte à l'aide du levier B.

L'allumage a lieu par l'incandescence d'un fil de platine renfermé dans le tiroir. L'incandescence de ce fil est maintenue par un refoulement du mélange détonant dans la cavité qui le renferme, à l'aide d'une pompe *c'*, suivant le trajet D et la petite ouverture *e'* ; mais M. Linford a également appliqué, à ces moteurs, un allumage analogue à celui des moteurs Otto, et que nous décrirons au chapitre spécial.

Le régulateur agit en fermant plus ou moins l'admission du gaz *s* (fig. 40).

2° *type* (*) (pl. 25). La deuxième machine de MM. Charles et Thomas Linford comporte deux cylindres en prolongement l'un de l'autre ; l'un, *b*, constitue le cylindre moteur, l'autre, *f*, est spécialement destiné à la ventilation du cylindre moteur après chaque explosion.

Les pistons *a* et *e* de ces cylindres sont séparés par une cloison *d*.

Pendant la première course avant, le piston moteur aspire, dans son cylindre, un mélange d'air et de gaz, le piston *e* aspire, dans *f*, de l'air seulement : le mélange d'air et de gaz admis par la soupape *m* pénètre, par *n n*, autour du tube d'échappement *o ;* l'air est aspiré, par la pompe *f*, à travers un filtre F.

Après l'explosion et la détente, au retour du piston moteur, la soupape d'échappement *v* s'ouvre, puis la pompe refoule de l'air par la valve tournante *p*, le tube *s* et la valve *t*, la soupape *m* et les ouvertures *n ;* cet air pénètre dans le cylindre autour du tube d'échappement, par lequel il refoule à l'extérieur les produits de la combustion.

Le mélangeur est représenté par les figures 9 et 10 ; le gaz

(*), Brevet 2990, 7 juillet 1881.

arrive, par le tuyau g et les trous du diffuseur d, dans la chambre à air l, d'où il passe par x, au moment voulu, dans le cylindre moteur, à travers m (fig. 2). Ce mélangeur peut être logé (fig. 4 et 5) dans le clapet d'admission même, l'air arrivant par a et le gaz par $g\,g'$ et le diffuseur d. Au moment de l'admission, ce mélange pénètre alors par c dans le cylindre moteur.

3e *type*. Le troisième type du moteur Linford est représenté par les figures 11 à 14. Sa marche est la suivante :

La distribution s'accomplit par une soupape d, un distributeur c, et un robinet d'admission du gaz g.

Pendant la première course avant, le piston a aspire le mélange : l'air, par pjd, le gaz, par gjd, dans la chambre $c'c$ du cylindre moteur.

Après la compression, l'explosion et la détente, la soupape d se soulève, ainsi que c, pour laisser les produits de la combustion s'échapper par i et n (fig. 12). Vers la fin de la course d'échappement, la valve c descend, ferme l'échappement i et ouvre j, de manière à ne laisser pénétrer que de l'air dans le cylindre moteur. La soupape c reçoit son mouvement du système $e_1 e_2 e_3$ (fig. 12).

L'allumage se fait par un tiroir spécial Q représenté en détail, sur les figures 13 et 14.

Supposons le conduit B^6 rempli, par la rainure B^8 de la contreplaque, d'un mélange enflammé, puis séparé de cette rainure ainsi que la lumière d'allumage C_1 ; un peu avant l'allumage, le trou d'équilibre B_9, qui se trouve en avance de deux millimètres environ sur $B_6 B_2$, vient communiquer, par C_1, avec le mélange comprimé dans le cylindre, de manière à élever la flamme isolée dans $B_6 B_2$ à la même pression que ce mélange, et à préparer son injection dans le cylindre, dès que B_2 arrive devant C_1. Le brûleur b', qui fournit la flamme au tiroir par la rainure B_8, reçoit son gaz du tuyau B_6 ; l'air destiné à en activer la combustion arrive par B_4, et les produits de cette combustion s'échappent, dans la cheminée C. Les ouvertures B_4 et B_6 sont fermées dès que B_8 se sépare de la rainure B_8, de sorte que le conduit B_2 est complètement isolé et fermé avant la communication de $B_{\imath}$ avec la lumière C.

· 4ᵉ *type*. Dans ce dernier type de moteur, le distributeur d n'effectue pas à lui seul l'échappement ; quand le piston arrive au bout de sa course motrice, il découvre les orifices x (fig. 17) mis, par la rainure ou gorge $n_{\imath}$, en communication avec la soupape d'échappement anticipé v', qui communique avec l'atmosphère directement ou par l'échappement $d\,i$ (fig. 15).

Au retour du piston, la compression commence, pour les 3/4 environ de la course, dès qu'il a recouvert les orifices x.

La distribution se fait par un mécanisme analogue à celui du premier moteur, $d\,i\,j\,g$ (fig. 15) commandé par $F_{\imath}$ (fig. 16), dont l'arc $a\,b$ correspond à l'échappement et l'arc $b\,c$ à l'admission du mélange. Les phases du cycle sont figurées par le diagramme de la figure 18 : de 1 à $0_{\imath}$ et $0_{\imath}$, aspiration d'air ; de $0_{\imath}$ et $0_{\imath}$ à 2, aspiration du mélange ; de 2 à $0_{\imath}$ et $0_{\imath}$, expulsion des produits brûlés par les ouvertures x (fig. 15) ; de $0_{\imath}$ et $0_{\imath}$ à 1, compression du mélange dans le cylindre. Les positions $0_{\imath}$ et $0_{\imath}$ de la manivelle correspondant aux quarts de course du piston moteur, $0_{\imath}$ et $0_{\imath}$ aux sixièmes de course.

Les autres figures de la planche 25 représentent des mécanismes particuliers, dont on trouvera la description aux chapitres qui leur sont spécialement consacrés.

Jenner [*].

(Fig. 15 à 19, Pl. 30

La disposition de la machine Jenner mérite d'être signalée à cause de sa singularité.

A chaque tour du moteur, la pompe a aspire, puis refoule dans

---

[*] Brevet anglais 3607, 4 septembre 1880.

le réservoir *b*, par le jeu des soupapes *c* et *d*, une charge du mélange détonant, mais le piston moteur ne subit qu'une explosion tous les deux tours, après avoir comprimé, dans la chambre d'explosion, deux charges de la pompe.

L'admission se fait derrière le piston-moteur a_s, par le trajet *u p* ; l'allumage, par *k*, comme nous le verrons au chapitre spécial, et l'échappement par *e g*.

Le tiroir est commandé par un excentrique tournant deux fois moins vite que le moteur.

La boîte de refoulement du mélange est surmontée d'une soupape de sûreté (fig. 15) cédant en cas d'explosion ou de pression excessive dans la chambre de compression *b*.

Simon et Wertenbruch.
(Pl. 21 et 22).

1er *type* (*). Dans le premier moteur de MM. Simon et Wertenbruch, l'allumage seul est effectué par un tiroir cylindrique équilibré ; le reste de la distribution s'effectue par des soupapes.

Le mélange d'air et de gaz aspiré par les soupapes F et G (fig. 1, pl. 22), puis comprimé, fait explosion, se détend et s'échappe à la fin de la course motrice par H I N (fig. 5), ou par les orifices P, reliées par O R (fig. 1) au tuyau d'échappement N.

L'allumage s'opère au moyen d'un tiroir équilibré *b* (fig. 3, 4, 6); au moment de l'allumage, la flamme enfermée de *a*, mise en rapport (fig. 4) avec la chambre d'allumage *e*, y détermine une explosion qui se propage dans le cylindre en soulevant le clapet M (fig. 1); *a* est ensuite rallumé (fig. 6) par le brûleur fixe *d*.

2e *type* (**). Le piston de la deuxième machine de MM. Simon

---

(*) Brevet anglais 4881, 24 nov. 1880.
(**) Brevet anglais 4288, 31 octobre 1881.

et Wertenbruch est double F et H (fig. 2, pl. 21). Pendant sa première course avant, il aspire, dans l'espace annulaire F E, le mélange d'air et de gaz, par LT ; pendant sa course arrière, H comprime ce mélange, par T, dans l'espace W (fig. 4), autour du tiroir qui joue le rôle de chambre de compression, et dans le réservoir J, par la soupape S'.

Au commencement de la course motrice, le mélange comprimé en W est mis, par X, en communication avec le cylindre moteur, à travers l'allumeur à boîte métallique R, alimenté par le réservoir S. Vers le milieu de la course motrice, X se sépare de W et communique, par M N P, avec le fond-avant Y du cylindre qui agit, au retour du piston, comme un condenseur dans lequel les produits brûlés s'abaissent, par leur refroidissement, au-dessous de la pression atmosphérique : à la course-avant suivante, ces produits sont expulsés par le tuyau PN et la soupape M.

L'action du condenseur Y est purement régularisatrice, l'action d'entraînement qu'il exerce sur le piston étant compensée par sa contre-pression à l'échappement anticipé.

———

A. Fiddes (*).

(Fig. 7 à 12, Pl. 22).

———

Le moteur de M. A. Fiddes est caractérisé par l'emploi d'un piston auxiliaire F actionné par une came *c* (fig. 12), dans les rainures de laquelle s'engagent les boutons d'un zig-zag *b*. Cette came reçoit, d'une chaîne sans fin, une rotation, deux fois moins rapide que celle du moteur.

Pendant la première partie de la course motrice, F comprime le mélange derrière le piston moteur ; après l'explosion, F recule et l'échappement s'opère par la soupape *m*, soulevée par *o*, à

---

* Brevet 5219, 15 décembre 1880.

travers l'ouverture *e* du piston F. A la seconde course-avant, l'admission du mélange a lieu par xx' (fig. 11), et *l*, le piston auxiliaire F restant immobile. Pendant la seconde course arrière du piston moteur, F recule jusqu'au fond de sa course arrière, pour repartir en avant et comprimer le mélange à l'origine de la course motrice.

Au moment de l'explosion, la chambre d'allumage R (fig. 10) remplie de flamme par le brûleur T, puis isolée, reçoit, par N M L xp, la compression du mélange du cylindre, qui projette cette flamme, par *u*, entre le piston moteur et le piston auxiliaire. Pendant l'aspiration, le gaz d'allumage vient, par le clapet L, s'enflammer en J T. Le tiroir d'allumage K, reçoit son mouvement du jeu de cames fg (fig. 8).

Au moment de l'allumage, la chambre R reçoit une petite injection d'eau, par v_1 (fig. 9), dont l'effet pourrait bien être tout l'opposé de celui qu'en espère l'inventeur.

Hutchinson (*).

(Pl. 23,

Machines à haute pression. La machine à compression de Hutchinson est caractérisée par l'emploi d'un piston auxiliaire 11 (fig. 1 et 20) mobile, à l'aide d'un levier 12, ou d'une vis *v*, de manière à pouvoir graduer la compression et la réduire pour la mise en train.

Le tiroir 17 (fig. 9) admet, lors de sa course ascendante, un mélange d'air et de gaz au cylindre moteur 7, par 19 et 20; l'air arrive par 22, à l'opposé du gaz amené par le tuyau 23.

A la première course descendante du piston, le tiroir ferme la lumière d'admission 19 ; le gaz d'allumage communique, par la

---

*) Brevet 5471, 29 décembre 1880.

rainure 26 et le conduit 25, avec la chambre d'allumage 24, où l'air arrive par 29, de manière à former un mélange détonant. Le tiroir montant toujours, ce mélange s'enflamme au brûleur 28, s'en isole, et se trouve transporté devant la petite lumière 30, qui l'amène graduellement à la pression du cylindre moteur. Lorsque le piston arrive au fond de course, cette pression est égalisée, de sorte que la flamme de la chambre 24 se propage dans le cylindre moteur dès qu'elle se présente à la lumière du conduit 20.

Pendant la seconde course ascendante du piston, le tiroir laisse les produits de l'explosion s'échapper par 29 (fig. 9), la soupape 39 (fig. 4), toujours en communication avec le cylindre, et ouverte par le jeu de taquet 16-38.

On retrouve le même organisme affecté des mêmes indications au tiroir du moteur horizontal (fig. 19 et 20).

Le cylindre moteur est rafraîchi par des chambres à air 3 (fig. 1 et 3).

Machine à basse pression. La machine sans compression opère son allumage à l'aide d'un clapet 57 (fig. 10) qui se lève sous le vide déterminé par la montée du piston, et laisse aspirer la flamme 58 dans le cylindre moteur, par 55 et 54. La chambre d'allumage 55 forme un exploseur rempli, par 67 et 68, du mélange détonant de gaz et d'air aspiré en même temps au moteur ; le gaz amené par le tube *t* renforce la flamme 58 suffisamment pour assurer l'allumage.

On peut aussi n'aspirer par le tiroir que le gaz nécessaire à l'allumage. La flamme du brûleur 58 est aspirée simultanément dans la chambre d'allumage *a* (fig. 6 et 7), et dans un exploseur *e*, entourant cette chambre. Le gaz du mélange moteur arrive au bas du cylindre par le tuyau 45 (fig. 5), et l'air par le clapet 46 (fig. 7), à valves étagées (fig. 16 et 17) formées par des rondelles de caoutchouc platinées. Le mélange s'opère au fond du cylindre à travers le clapet 49 (fig. 5 et 8).

Dans le tiroir (fig. 12) le clapet de la figure 10 est remplacé par une sphère *s*.

On peut enfin (fig. 14 et 15) distribuer le mélange moteur au cylindre par un tiroir tournant admettant le mélange tout formé par $k\,l$, et l'évacuant par $l\,m$.

Le bec d'allumage 58 entraîne son air par des cônes c (fig. 18) à larges surfaces, inspirés des éjecteurs de Koerting.

J. Fielding (*).

(Fig. 1 à 4, Pl. 24).

L'aspect du moteur Fielding rappelle celui d'un grand nombre de machines à vapeur à simple effet, dont presque tous les organes sont renfermés dans l'intérieur du bâti.

Sa distribution s'effectue en grande partie automatiquement, par quatre soupapes.

Pendant sa première course ascendante, le mélange d'air et de gaz est aspiré dans l'espace annulaire J, à travers les soupapes G et I, soulevées par les cames $G_2 I_2$, et le clapet d'admission d'air H; vers la fin de la course, les clapets du gaz se ferment, et il n'entre plus que de l'air par H.

Quand le piston descend, il refoule de E dans B, par le trajet I J L, mélange, précédé de la masse d'air pur de J qui se rend à la partie supérieure du cylindre, afin d'éviter les explosions à contretemps et de mitiger le choc de la détonation.

Après l'explosion et la détente, les produits brûlés s'échappent par la soupape M, ouverte par le mécanisme $M_2 M_3 M_4$.

La figure 4 indique, avec les mêmes lettres, l'application du système à un moteur horizontal.

L'allumage peut s'effectuer par une méthode quelconque de transport de flamme ou par l'électricité.

(*) Brevet 532, 1 février 1881.

S. Bickerton (*).

(Fig. 5 à 9, Pl. 24).

La machine de Bickerton est caractérisée par l'addition d'un piston auxiliaire ayant pour objet de chasser complètement les produits brûlés ou d'aspirer le mélange de gaz et d'air, et par l'emploi d'un tiroir d'allumage équilibré, conduit directement par un excentrique de l'arbre moteur.

Pendant sa première course arrière, le piston moteur N (fig. 5), aspire, par la soupape k (fig. 6), le mélange de gaz et d'air, puis il comprime ce mélange pendant la première course-avant, jusqu'à çe qu'il ait dépassé la lumière l. Le mélange comprimé dans H passe alors entre le piston moteur et le piston auxiliaire G, qu'il repousse vers la gauche ; ce mouvement du piston G refoule en même temps, par l'échappement c' (fig. 5), les produits brûlés de l'explosion précédente.

Pendant la seconde course arrière, le mélange se comprime entre les deux pistons N et G et s'infiltre, entre le piston G et les parois du cylindre, dans la chambre d'allumage d', d^2 et dans le tiroir d'allumage (fig. 8 et 9). Au fond de la course de compression, les deux pistons arrivent à se toucher et sont ainsi projetés par l'explosion.

L'allumage a lieu par transport de flamme. Le mélange comprimé par le cylindre moteur pénètre dans la poche e du tiroir (fig. 9) par d, d, puis dans la cavité i, par le trou f, réglé au moyen de la vis h. Le tiroir reculant toujours vers la gauche, le mélange, emprisonné et comprimé dans i, vient s'allumer au brûleur j. Le tiroir rétrograde alors vers la droite, et la flamme emprisonnée dans i, puis comprimée graduellement par sa communication f avec e, vient, en son passage devant d', enflammer sous pression le mélange du cylindre. Pendant les courses d'échappement et

---

(*) Brevet 1363, 28 mars 1881.

d'aspiration, les chambres *i* et *e* du tiroir sont débarrassées des produits de l'allumage.

Le moteur vertical (fig. 7) est muni d'un piston libre P; lorsque le piston moteur L arrive au haut de sa course, le piston P tombe et aspire le mélange par R. La compression se fait pendant la course descendante. En même temps qu'il tombe, dès que le choc du piston moteur sur le levier *o* ouvre l'échappement *n*, le piston auxiliaire chasse, comme dans la machine précédente, les produits brûlés.

———

S. Clayton (*).

(Pl. 20).

———

La machine de Clayton est aussi munie d'une pompe A aspirant le mélange d'air et de gaz et le refoulant dans la chambre d'explosion D, mais elle n'accomplit qu'en partie ces deux fonctions, de sorte que le moteur ne donne néanmoins qu'un coup par tour.

Au moment de l'allumage, la soupape K (fig. 2, 3, 9 et 10), met la chambre d'allumage J en communication avec la flamme L (fig. 10); la soupape X, qui communique par l'étranglement à vis A' et le passage C_2 avec la chambre d'explosion actuellement pleine du mélange comprimé, forme, au contact de L, un brûleur circulaire qui projette sa flamme dans le cylindre moteur et détermine l'explosion, dès que X s'ouvre, peu après la fermeture de K. Les soupapes X et K sont manœuvrées par le jeu des leviers PMN actionnés par une came (fig. 5).

Lorsque la machine s'emporte, la tige *j* du régulateur amène (fig. 6 et 7) le creux *a* du levier *z* au contact du levier à ressort *t*, de façon à porter le galet *g* sur la circonférençe de la came *y*

<hr>

(*) Brevet 4075, 7 avril 1881.

(fig. 4), qui maintient l'échappement ouvert et empêche la compression. Le régulateur peut aussi agir en fermant la prise du gaz.

C. Wilden King (*).
(Pl. 27.)

Les moteurs à gaz de King sont de deux espèces, avec ou sans pompe de compression ; ils sont tous caractérisés par l'emploi d'une chambre de combustion à parois en briques réfractaires, destinée à augmenter la température initiale du mélange.

Les machines à pompe de compression séparée (fig. 1), ou dans le prolongement du cylindre moteur (fig. 2), donnent une explosion par tour, le moteur sans pompe (fig. 3 à 6) n'en donne que tous les deux tours.

Le cycle de ce dernier moteur est le suivant. Après avoir aspiré un mélange d'air et de gaz par la soupape $a\,g$ (fig. 3), le piston refoule ce mélange dans la chambre d'explosion H et d'allumage G, à travers la valve de refoulement B. Le mélange s'enflamme et atteint une haute pression dans cette chambre ; pendant la première partie de la course motrice, la valve j laisse cette pression pousser le piston en avant, puis elle se ferme pour la détente.

Dans les autres moteurs, la pompe accomplit deux des fonctions du cycle, la compression et l'aspiration du mélange.

On reconnaît, sur les différentes figures de la planche 27 les principaux organes de ces moteurs affectés des mêmes lettres.

Le mélange est refoulé par la pompe ou le piston moteur, à travers la soupape B, le robinet D, le tube E et le robinet F, dans la chambre d'allumage G ; les robinets D et F sont garnis de toiles métalliques, pour éviter les retours de flamme.

(*) Brevet anglais 4223, 30 septembre 1881.

L'allumage se fait une fois pour toutes, au sortir des toiles h (fig. 6), par l'ouverture a_1, que l'on ferme ensuite.

Le cylindre proprement dit est séparé de la chambre d'admission L par un joint épais à l'amiante ; la partie du piston moteur qui porte les segments est elle-même séparée de son culot par un joint analogue (fig. 3).

La circulation de l'eau s'opère au moyen d'une pompe X (fig. 4), une partie de cette eau, réglée par un flotteur b_1 (fig. 6), vient se mêler aux gaz dans la chambre d'explosion H.

Les ailettes en briques réfractaires k sont destinées à maintenir par leur incandescence l'inflammation du mélange au sortir de h.

Soupape intermédiaire. La soupape intermédiaire j est garnie d'amiante reposant (fig. 7), sur un siège de nickel u communiquant par v (fig. 3) avec la circulation d'eau ; elle est commandée par l'excentrique V, ainsi que la soupape d'échappement Q.

On peut, en donnant aux diamètres des roues d_1 et c_1 (fig. 5) le rapport de 1 à 3, faire agir pendant deux courses motrices consécutives le mélange admis en une seule aspiration.

La détente est prolongée jusqu'à la pression atmosphérique ; on y arrive en proportionnant convenablement les volumes de la pompe, du cylindre et de la chambre de combustion ; on augmente encore l'économie du système en ne faisant agir la compression que toutes les trois courses.

Variation du régime. On arrive à ne donner qu'une compression tous les deux tours en fermant, par la came $e\,d$ (fig. 2), l'admission b du gaz, en même temps qu'elle maintient ouverte l'admission d'air a. La roue e tournant deux fois moins vite que le moteur, l'admission du gaz reste fermée, et celle de l'air ouverte, pendant un tour complet du moteur : le piston moteur donne alors deux coups avec une seule cylindrée emmagasinée dans l'exploseur H.

On peut, lorsque la détente est insuffisamment prolongée, employer une partie de la chaleur de l'échappement à échauffer le mélange refoulé, par B, à travers l'axe du réchauffeur w, dont les canaux t sont traversés par les produits de l'échappement.

Le régulateur agit en paralysant l'action de la pompe par la fermeture de l'admission du gaz b (fig. 2), et l'ouverture de l'admission d'air w, reliées au levier du régulateur, ou en maintenant w sur son siège.

J. Shaw (*).

(Fig. 1 à 10, Pl. 28.)

La machine de Shaw est caractérisée, comme celle de King, par l'emploi d'une chambre de combustion garnie de terre réfractaire.

Cette chambre n'est séparée du cylindre que par un simple clapet.

A chaque aspiration du piston moteur, l'air arrive par a, et le gaz par g, au sommet de la chambre de combustion, où ce mélange ne reste qu'imparfaitement séparé des produits de l'explosion précédente.

L'échappement se fait à travers le tuyau K, par la valve rotative L L' (fig. 4), et par le clapet E, qui s'oppose aux rentrées d'air ; l'admission du gaz s'opère aussi par une valve cylindrique Q (fig. 4) ; elle est modérée par une soupape de régularisation s (fig. 3).

L'allumage se fait par injection de la flamme d'un exploseur, commandé par la came n, le levier o et la bielle p. Le piston creux u (fig. 2, 8, 9 et 10) se trouve, au moment de l'explosion, mis en rapport, par la longue rainure l, avec la flamme bleue d'un jet de gaz w ; cette flamme, se mêlant brusquement à l'air primitivement admis dans u par la lumière v et la toile a, y détermine une explosion qui se prolonge dans la chambre de combustion, en

---

(*) Brevet 5178, 26 nov. 1881.

soulevant le clapet d'allumage *j*. L'échappement des produits de la combustion des gaz dans le piston exploseur *u* se fait ensuite par la lumière *z*.

A chaque explosion le piston *u* entraîne une plaque *g* (fig. 6 et 7), qui met la flamme d'un brûleur permanent *y* au contact d'un allumeur *w*, dont le robinet *c* est ouvert par le bras *b*.

C. G. Beechey [*].
(Fig. 11 à 14, Pl. 28).

L'objet principal que s'est proposé M. Beechey, est de débarrasser complètement le cylindre moteur des produits de la combustion après chaque explosion et de régulariser la marche en déterminant, pendant la course-arrière, un vide partiel derrière le piston.

Le piston moteur A est, à cet effet, doublé d'un piston plus grand B. Au fond de course, la chambre d'explosion A' renferme, prête pour l'explosion, une charge de mélange comprimé ; l'espace nuisible *c'* de la pompe de compression (fig. 11) ainsi que le conduit X, sont également remplis de ce mélange, et séparés de la chambre d'explosion par la fermeture de la soupape d'admission P.

Pendant la course motrice, le mélange comprimé dans X s'y raréfie au point d'y occasionner un vide partiel, qui aide à ramener les pistons en arrière lorsque s'ouvre l'échappement S.

Lorsque les pistons ont accompli les 7/10 environ de leur course arrière, le mélange de X, qui commence à se recomprimer, passe, par la soupape P et le diffuseur *z*, dans la chambre d'explosion, dont il achève de chasser les produits de combustion ; ce déplacement est facilité par le trajet tortueux que le mélange doit

------

(*) Brevet 1318 (18 mars 1882).

suivre pour arriver de *z* à la valve d'échappement, le long des parois Y du piston moteur.

Les soupapes P et S se ferment au commencement de la deuxième course-avant ou d'aspiration, et le piston moteur laisse derrière lui un vide qui aide à son rappel pendant la course de compression, tandis que le piston de la pompe B aspire, à travers la soupape I, une dose de mélange déterminée par le régulateur.

Au retour, le piston B comprime cette charge jusque vers la moitié de la course, où la soupape d'admission P se lève et laisse le mélange pénétrer et achever de se comprimer derrière le piston moteur.

La capacité de l'espace nuisible c' (fig. 11), est telle que le mélange détonant remplisse exactement, à la fin de l'échappement, la chambre d'explosion A′, dont il doit balayer les produits brûlés sans se perdre dans l'atmosphère.

Allumage. Lorsque les pistons sont arrivés presque au fond de leur course de compression, la soupape P se ferme et le piston de la pompe force dans le bec d'allumage *v*, par le conduit *a* (fig. 11) du mélange comprimé à une pression supérieure à celle du cylindre moteur, afin d'empêcher que ce bec ne soit soufflé avant l'allumage de la charge.

Wordsworth et Lindley (*).

(Planche 5⁸.)

Dans la nouvelle machine de MM. Wordsworth et Lindley, représentée par les figures 6 à 8 de la planche 58 et par la figure 42, les pistons moteurs et de la pompe, C et P, se font vis-à-vis et sont reliés par un tronc commun, menant en son milieu le

---

(*) Brevet anglais 3568 (20 juillet 1882).

tourillon de la double bielle motrice P. Pendant que le piston de la pompe aspire le mélange, celui du cylindre moteur chasse les produits brûlés par la soupape d'échappement E ; l'explosion correspond, de même, à la période de compression dans la pompe.

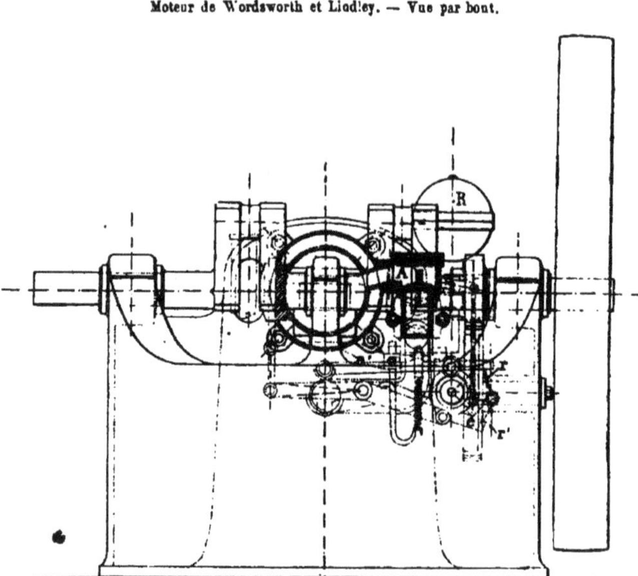

Fig. 42.

Moteur de Wordsworth et Liodley. — Vue par bout.

L'admission du mélange au cylindre moteur a lieu par la soupape A, représentée en détail sur la figure 8 ; la compression se fait en partie par la différence des volumes entre les cylindrées de la pompe et du piston moteur, puis par le retour du piston moteur. Le cycle du moteur est le suivant.

Les pistons étant au point mort-avant :

La pompe aspire le mélange, pendant sa course-arrière, par le mélangeur m, tandis que le piston moteur chasse les produits brûlés par la soupape E, puis les deux soupapes E et m se ferment.

Les deux pistons commencent leur première course-avant; la pompe refoule et comprime le mélange dans le cylindre moteur, par le tuyau p et la soupape A.

La seconde course-arrière aspire une nouvelle charge dans la pompe et la comprime à 2 ou 3 atmosphères, avec celle qui se trouve déjà au cylindre moteur, dans la chambre d'explosion. Après l'explosion, les gaz comprimés dans le tube-réservoir p aident à chasser les produits brûlés par l'échappement.

Le mélangeur reçoit le gaz par g et l'air par a (fig. 6). L'admission du gaz est réglée par le robinet g'.

La soupape d'admission est précédée (fig. 8) d'un tiroir à grille t' manœuvré par le levier a' et la came a (fig. 7). L'admission se fait quand le galet du levier a', appuyé par un ressort, passe sur le plat de la came a (fig. 44).

Quand la vitesse augmente, le régulateur R amène le levier r' (fig. 42) sous l'extrémité du levier a', de manière qu'elle ne puisse plus s'abaisser quand le plat de a se présente. Le régulateur amène en même temps le taquet r' en prise avec le levier d'échappement e', qui maintient l'échappement ouvert pendant la deuxième course-arrière de compression d'air.

La soupape d'échappement E est commandée par la came e (fig. 7).

L'allumage a lieu (fig. 9) par un tube t, porté à l'incandescence par un brûleur b. Au moment de l'allumage, le tiroir f fait communiquer le tube t d'abord avec le cylindre moteur et l'échappement, de façon que le mélange comprimé du cylindre le remplisse en entier, puis avec le cylindre seul, dont il enflamme le mélange.

Ces machines se prêtent très bien, grâce à leur grande compression, à l'emploi du système Compound, comme nous le verrons au chapitre consacré à ce genre de moteurs.

Mélangeur. Les figures 43 et 44 représentent un tiroir à disque D, adopté dans quelques moteurs pour remplacer le mélangeur automatique m : le gaz arrive par g, l'air par a; le disque D est commandé par l'arbre d.

A la première course aspirante de la pompe, l'air et le gaz sont aspirés par la lumière *m;* à la seconde course, l'air seul est aspiré par *a'*, mis en regard d'une ouverture correspondant de P, indiquée en pointillées.

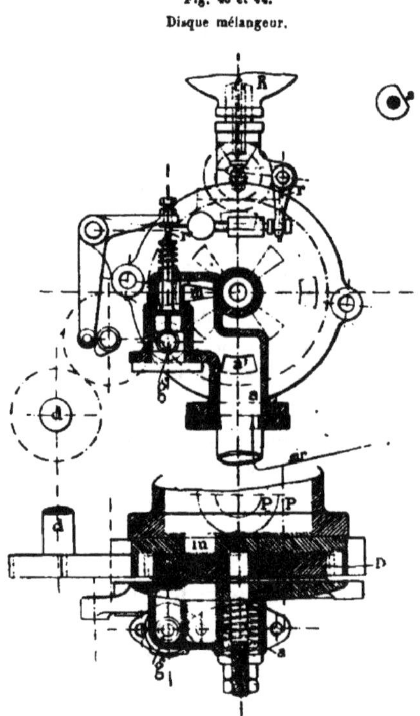

Fig. 43 et 44.
Disque mélangeur.

Le régulateur R retire, par *r*, la languette *r'*, quand la machine s'emporte, de sorte que la soupape *g* ne peut plus s'abaisser, s'ouvrir et admettre le gaz.

Dans cette dernière combinaison, l'air comprimé par la deuxième course-avant de la pompe sert à balayer le cylindre moteur pendant l'échappement.

Le cycle de ce moteur est, on le voit, caractérisé par l'introduction d'une course perdue de la pompe comprimant la charge primitivement refoulée au cylindre moteur à une très haute pression ; mais on peut utiliser cette course, en faisant le piston de la pompe deux fois plus petit que celui du cylindre moteur, et en lui faisant refouler sa première cylindrée dans un accumulateur.

Les figures 45 et 46 représentent un moteur de cette espèce : on

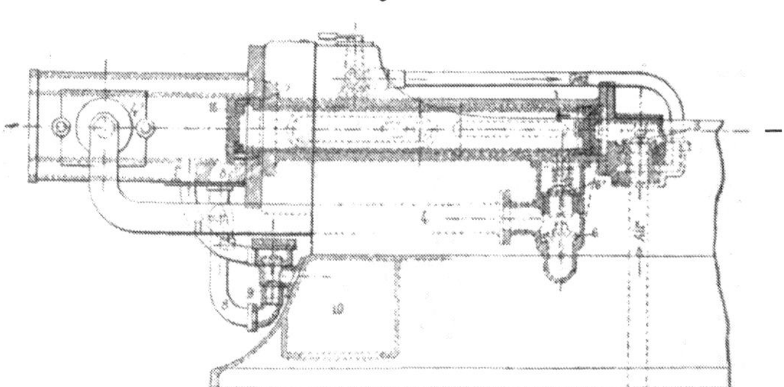

Fig. 45.

reconnaît en 1 la pompe, en 2 son piston, moitié moins gros que le piston moteur 16. Le gaz est aspiré par le tuyau 3. La première charge est refoulée au cylindre moteur par 6, 4 et 4′. Quand le piston de la pompe revient en arrière, il aspire, par 6′, sa première charge au lieu d'en aspirer une nouvelle ; le ressort de 6′ est en effet assez puissant pour ne s'ouvrir que quand la pression est supérieure à celle due à la première charge seulement, c'est-à-dire quand la machine ne travaille pas à pleine puissance.

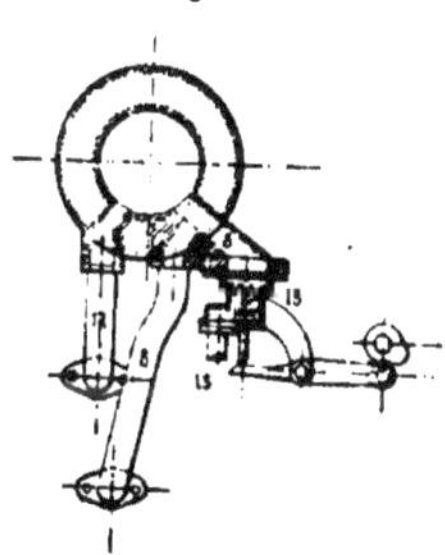

Fig. 46.

L'espace annulaire 7, ménagé entre le piston compresseur et les parois du cylindre moteur, communique, par 8 et par 9, avec le réservoir d'air 10, dans lequel l'avant du piston moteur 16 comprime de l'air aspiré par 13 (fig. 46) et qui balaye ensuite, par 11 et 12, les produits de l'explosion.

W. Watson (*).
(Planche 26.)

Le cycle du moteur de Watson est le suivant :

Pendant sa première course-avant, le piston aspire le mélange détonant à travers le mélangeur *o* et la valve de sortie ou de retenue *f*, qui se ferme immédiatement à la fin de cette première course.

Au retour (1re course-arrière) compression du mélange qui pénètre dans l'inflammateur et détone.

Vers la fin de la course motrice, l'échappement anticipé se produit par la soupape *e*, à vis de réglage.

Le piston retourne pendant sa deuxième course-arrière, attiré en partie par le vide causé par le refroidissement des gaz, puis l'échappement se termine par la soupape *h* (fig. 3 et 4).

Le régulateur R agit sur la prise de gaz *p*, en avançant plus ou moins, par $x\,y\,z\,z'$. sur le coin *s*, le levier de manœuvre *u*, qui peut glisser sur son axe de rotation *v* ; ce déplacement modifie l'amplitude de la course ou de l'ouverture de la soupape *p*. La rotation du levier *u* autour de *v* est commandée par la came *b'*, dont l'arbre tourne deux fois moins vite que celui du moteur, et par le levier *c' d'*.

L'enveloppe du cylindre est constituée, comme dans les machines à vapeur de Perkins, par un serpentin pris dans la fonte et dans lequel l'eau circule uniformément.

Les régulateurs à poches sont remplacés par une chambre à deux compartiments (fig. 5 et 6) et dont l'eau monte dans le compartiment de prise du gaz *h*, quand la pression baisse.

Les procédés employés pour l'allumage seront décrits dans un chapitre spécial.

(*) Brevet anglais 5052 (10 décembre 1879).

Martini (*).

(Pl. 29, Fig. 17 à 26.)

Le principal objet des modifications apportées par M. Martini
aux moteurs à compression est de mieux utiliser la détente du
mélange explosif; il dispose, à cet effet, le mécanisme de liaison
du piston moteur à son arbre de manière que l'aspiration et la
compression du mélange se produisent, pendant le premier tour
de l'arbre, avec une faible course du piston, tandis que la détente
et l'échappement ont lieu, au tour suivant, avec une longue
course du piston.

Transmission. Le mécanisme à courses variables de M. Martini est représenté shématiquement par la figure 23, dont on
retrouve les éléments sur les figures 17, 18 et 21. La bielle 8, du
piston, est reliée à la manivelle motrice 16 par le triangle isocèle
des manivelles 13 et 14, articulées en a' et b'; la manivelle 14 est
calée sur un arbre 15, dont l'axe est distant de celui de l'arbre 17
d'une longueur égale à celle de la petite manivelle 16.

Il résulte de cette disposition que le point d'articulation 36, de la
bielle motrice avec la manivelle coudée 13, décrit une lemniscoïde
qui, avec les proportions de la figure 23, se rapproche de deux
cercles inégaux, tangents intérieurement en f. Le grand cercle
est décrit, pendant l'explosion et la détente, de i à k, et, pendant
l'échappement, de k en i; le petit cercle correspond à la course
suivante, plus petite, donnant suivant fgh l'aspiration, et suivant hfi la compression du mélange.

La différence des diamètres des deux cercles dépend de la position du point 36 ; on peut modifier la course du piston en faisant
varier l'inclinaison de l'axe du cylindre sur l'axe 17-15. Si l'on

(*) Brevet anglais 1060 (27 février 1883).

plaçait le cylindre dans la direction B B, la course d'aspiration correspondrait à $B\beta_1$, et la compression à $\beta_1\beta_2$; la longueur $B\beta_2$ représenterait celle de la chambre de compression, et l'échappement se ferait pendant $\beta_2 B_0$. On peut ainsi faire varier dans des limites très étendues le rapport des courses de détente et de compression.

Dans la disposition actuelle, la lemniscoïde décrite par le point moteur 36 n'est pas symétrique par rapport à l'axe du cylindre, mais déviée de manière que le piston se rapproche plus du fond du cylindre pendant la compression que pendant l'échappement. L'objet de cette dissymétrie est de déterminer automatiquement l'allumage du mélange.

Allumage. Le mécanisme d'allumage est représenté par la figure 25. A la fin de la course de compression l'extrémité du tube 45, solidaire du piston moteur (fig. 23), vient frapper le levier 63 qui ouvre la soupape d'allumage 62 juste assez pour laisser le mélange comprimé dans la chambre m, pénétrer, avec une pression très réduite par le laminage, jusqu'au brûleur permanent 60. Une fois l'inflammation produite, le piston 61 (fig. 21), solidaire de la valve d'allumage, ferme la lumière 81, par laquelle son cylindre communique avec le brûleur permanent, et pousse la flamme dans m, à travers la soupape d'allumage ouverte en grand ; l'explosion se produit ainsi sans affecter le brûleur 60.

Les soupapes d'admission 51, et d'échappement 11 (fig. 17 et 21), sont commandées par le point 41 pris sur la bielle motrice et par le système des leviers 9, 10 et 10ª, 25 et 70, que l'on retrouve sur les figures 17 et 23. Les leviers 10 et 10ª, mobiles autour de l'axe 42, attaquent la soupape d'admission par l'articulation 75, et l'échappement par la butée 20 (fig. 23).

Le point 41 décrit deux ellipses inégales, de d à a pendant l'échappement et de c à d pendant la détente.

Le gaz arrive par la valve 56 (fig. 24), en 52, puis autour de 51, par des trous qui le mélangent à l'air appelé par la levée de la soupape ; l'orifice 58 est muni d'un robinet 53 (fig. 20).

La tige de commande 25, de la soupape d'admission, est rompue

(fig. 23 et 27) par un genou 26, commandé au moyen du mécanisme 22, 23, 24, par l'excentrique 21, de l'arbre 15, qui tourne
deux fois moins vite que l'arbre 17. L'admission reste ouverte
pendant que le point 41 décrit le trajet *a b*. Pendant le trajet *c d*,
correspondant à la période de la détente, le genou 26 se brise,
de manière à maintenir la soupape d'admission fermée ; le bras 25
ne reste presque droit que pendant l'aspiration.

Régularisation. La régularisation se fait au moyen d'un pendule 27 oscillant (fig. 23 et 24) autour de 29, d'un angle proportionnel à la vivacité de l'impulsion que son talon *y* reçoit du
genou 26, de sorte que ce pendule vient, en retombant, choquer
et ouvrir l'admission du gaz, par son taquet 57, d'autant plus tard
que la machine va plus vite; le pendule porte un contrepoids
de réglage 28.

La soupape d'échappement 11 est rappelée (fig. 22) par un contrepoids 12, fixé, dans le pot d'échappement 4, sur le prolongement de sa tige.

Chambre d'explosion. La chambre d'explosion, qui communique par *n* avec la chambre de mélange *m* (fig. 17), est munie
de deux tubes fixes, 48 et 49 (fig. 23), dans lesquels s'engagent
deux tubes, 45 et 46, attachés au piston. Les gaz qui pénètrent
dans la chambre d'explosion sont donc forcés de suivre, le long
des tubes, le chemin 49, 46, 47, 45, 48 et 50, avant d'arriver aux
parois du cylindre, dont l'influence refroidissante est ainsi diminuée.

Les différentes phases du cycle sont figurées par les diagrammes αβγ et δ de la figure 26.

En α, au commencement de l'aspiration, la chambre est
remplie des produits de l'explosion précédente, on y laisse
entrer d'abord un peu d'air en *a*, puis la charge détonante
(période β), cette charge déplace les produits brûlés de manière
qu'ils forment, autour des tubes 45, 48, une enveloppe qui se
maintient pendant la compression γ et jusqu'à la fin de l'explosion δ, avec la longue course du piston.

On réalise ainsi *théoriquement* une séparation complète du mélange actif et des produits brûlés et une explosion *successive*, se prolongeant le long des tubes à mesure qu'ils se développent, avec un faible refroidissement par les parois qui ne sont jamais au contact direct de l'explosion. On aura, en revanche, à combattre l'encrassement et l'oxydation des tubes, forcément très chauds.

La machine de M. Martini présente donc un certain nombre de détails ingénieux et nouveaux, mais qui attendent encore la sanction d'un essai prolongé.

Lenoir (*).

Le nouveau moteur à compression de Lenoir se distingue par les particularités suivantes :

1° Emploi d'un réchauffeur L (fig. 47 à 49), dans le prolongement de la chambre d'explosion du cylindre moteur et muni intérieurement d'ailettes rayonnantes *l*.

L'échappement se fait à travers une soupape M, commandée par *n*, *n'*, *n″* et placée au fond du réchauffeur.

Fig. 47.

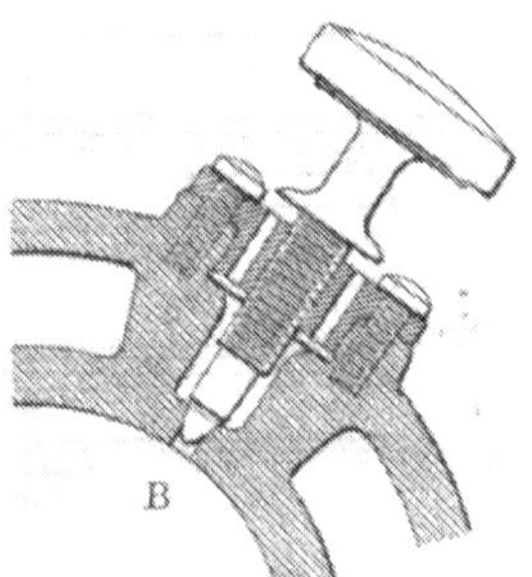

Le mélange aspiré par le tiroir, en avant du réchauffeur, y est ensuite comprimé avant l'explosion.

(*) Brevet anglais 5315 (10 novembre 1883).

2° Emploi d'un robinet à vis B, figure 47, installé au milieu environ de la course du piston et permettant de faire varier à volonté la compression du mélange.

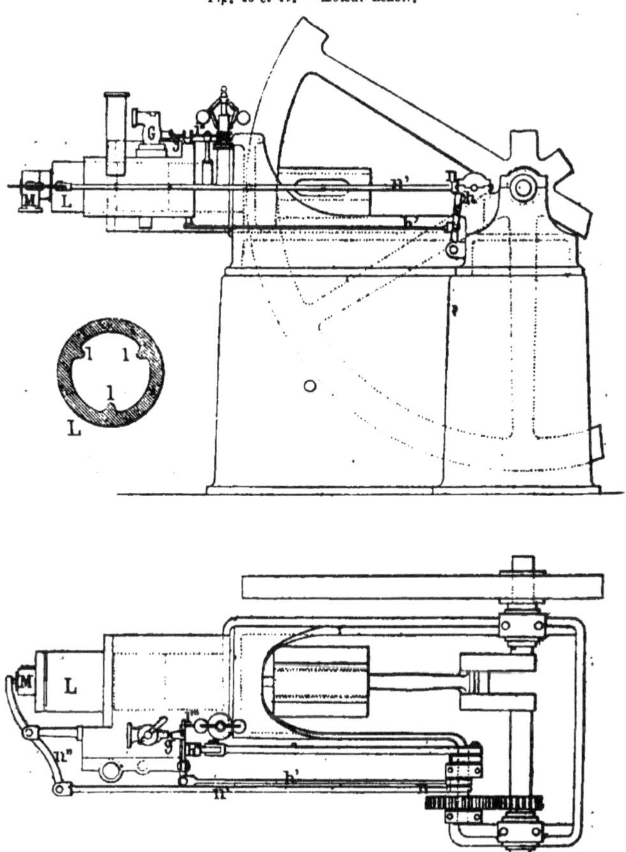

Fig. 48 et 49. — Moteur Lenoir.

Le régulateur et l'allumage seront décrits aux chapitres spéciaux.

MOTEURS DU TROISIÈME TYPE B

G. W. Weatherhogg (*).
(Pl. 56.)

Les machines de M. W. Weatherhogg sont de trois types, dont les deux premiers appartiennent à la classe des moteurs à compression la plus nombreuse aujourd'hui.

1er Type. Machine à simple effet avec tiroir d'allumage séparé (fig. 1 à 10). La marche de ce moteur est la suivante :

Le gros piston P aspire, pendant sa course-avant, dans e'', le mélange d'air et de gaz fourni par E (fig. 3) et d (fig. 4), à travers les canaux D'D' E'E' du distributeur D (fig. 1 et 9), puis il comprime ce mélange, pendant sa course-arrière, et le refoule par C'D B', dans la chambre d'explosion e''', à l'arrière du cylindre moteur.

Le petit piston p reçoit, pendant sa course motrice, l'explosion du mélange comprimé dans sa chambre d'explosion; l'échappement se fait ensuite par $B_1 D_1 A_1$.

L'échappement et la compression ont donc lieu pendant la course-arrière, l'explosion et l'aspiration pendant la course-avant. Le mélange, comprimé dans l'espace annulaire du gros piston, n'est enflammé qu'un peu après le commencement de la course-avant.

Le régulateur agit en fermant complètement l'admission du gaz, dès que le moteur dépasse sa vitesse de régime.

Le tiroir d'allumage est représenté par les figures 5, 6 et 7.

(*) Brevet 3972 (8 octobre 1878).

Pendant sa course-avant, le gros piston P détermine, par le conduit J, un vide sous le piston g' (fig. 5), qui descend en G, en aspirant du gaz par g'', g'''. Pendant la course-arrière du piston moteur, le mélange comprimé en J soulève le piston g', qui refoule alors le **gaz** par $i'''f$, dans la chambre d'allumage f du tiroir, à une haute pression, supérieure à celle du moteur. Cette chambre d'allumage se trouve déjà, avant l'explosion, remplie par t, f, f'' de gaz à une faible pression, enflammé ensuite par la flamme de la cheminée i et les orifices i' i''. Au moment de l'explosion, ces orifices sont fermés, et le mélange enflammé se trouve poussé, par le gaz du piston g', dans le cylindre moteur.

Le tiroir est appuyé sur sa glace par un ressort h''; il est double (fig. 7), c'est-à-dire, muni de deux chambres d'allumage, de sorte que son arbre fait un tour seulement pour deux tours du moteur.

2e *Type* (fig. 10 à 19). *Machine verticale à simple effet avec allumage dans le distributeur.* Le gaz de ce moteur est le même que celui du moteur précédent.

Le mélange, comprimé pendant la course montante dans [le bâti K, est admis au cylindre à travers la soupape m, dont le poids règle sa compression.

Le régulateur agit en affaiblissant le mélange par la fermeture partielle des robinets a, g, m'.

Quand le piston commence à descendre, la pression du réservoir K, plus élevée que celle du cylindre, refoule, par l', dans la chambre d'allumage du distributeur, du mélange comprimé, qui s'y enflamme et pousse, comme la machine précédente, la flamme de cette chambre dans le cylindre.

3e *Type. Machines à double effet.* Le fonctionnement de ce type de machines, représentées par les figures 18 à 20, se comprend d'après celui des moteurs précédents; ils diffèrent entre eux suivant que la distribution et l'allumage sont réglés par un (fig. 20) ou par deux distributeurs horizontaux (fig. 19), ou verticaux (fig. 21).

Mills et Haley (*).

(Fig. 1 à 16, Pl. 29.)

Le cycle de la machine est le suivant :

Pendant la course-avant et motrice du piston a, la pompe e comprime, dans le réservoir intermédiaire g, un mélange d'air et· de gaz. L'aspiration de ce mélange s'opère, pendant la course suivante, à travers le mélangeur h (fig. 2 et 3), en même temps que les produits brûlés s'échappent du cylindre moteur.

La compression s'opère donc pendant la course motrice, combinaison favorable à la régularité du moteur.

Robinet distributeur. La distribution s'effectue par un robinet j, représenté sur les figures 5 à 8. Ce robinet admet le mélange au cylindre moteur et l'enflamme. L'échappement se fait à travers la soupape x (fig. 4) soulevée par le levier α_2.

Le mélange d'air et de gaz comprimé dans le réservoir g est admis, par le conduit a_2, dans la chambre d'admission w du robinet j, qui l'amène, au moment voulu, à la lumière d'admission v du cylindre moteur.

La butée du robinet distributeur est reçue par une chambre d'équilibre à parois minces e' (fig. 5 et 8), mise en communication, par le tuyau f_1, avec le cylindre moteur ; cette chambre subit, au moment de l'explosion, une pression qui pousse vers la gauche le disque de butée a_1, relié au robinet par un écrou y, de manière à compenser la poussée exercée vers la droite, en v, et à maintenir le robinet sur son siège. Les ressorts de butée peuvent être ainsi beaucoup moins tendus, et le disque a_1 n'exercer, pendant presque toute la rotation du distributeur, qu'un frottement très faible. La chambre d'équilibre doit être remplie d'eau, pour répartir sa pression et ne pas s'échauffer au contact des gaz de l'explosion.

(*) Brevet anglais 5052 (10 décembre 1879).

Allumage. L'allumage s'opère au moyen de deux brûleurs, *n* et *q*, enfermés dans le distributeur tournant.

Le premier brûleur *n*, qui se trouve dans la cavité *m* du robinet (fig. 6), communique en temps voulu avec le mélange comprimé du réservoir, par le conduit *o* (fig. 5) qui lui amène ce gaz à travers une rainure creusée dans le robinet.

Le deuxième brûleur *q* communique constamment avec ce réservoir par le tuyau *r* et la gorge *p*; il brûle toujours, et les produits de sa combustion s'évacuent, ainsi que ceux du premier brûleur, par le tuyau *u* (fig. 7).

Le boisseau du robinet porte enfin une cavité *s* qui vient, pendant un certain temps, faire communiquer entre elles les gorges *m* et *p* des deux brûleurs. Cette communication permet au brûleur permanent *q* de rallumer *n*.

Le robinet continuant à tourner dans le sens de la flèche (fig. 6), la capacité *m* arrive à ne plus communiquer qu'avec le mélange comprimé du réservoir, dont elle acquiert la pression, puis, au moment de l'allumage, avec la lumière *v* du cylindre moteur.

Les flammes, alimentées par le mélange détonant du réservoir *g*, n'ont pas besoin de communiquer avec l'atmosphère, mais on doit craindre l'encrassement de leurs conduits et l'échauffement du distributeur entièrement enfermé.

Distribution par tiroir. Les figures 9 à 11 indiquent comment on peut appliquer le principe de la chambre de butée ou d'équilibre, et le même genre d'allumage, à une distribution par tiroir plat. On reconnaît, sur ces figures, les deux brûleurs *n* et *q*, dont l'un, *q*, est alimenté par une conduite *c* (fig. 11), en communication avec le réservoir de mélange comprimé.

Le régulateur agit, dans les deux cas, en supprimant l'admission du mélange moteur; on trouvera sa description au chapitre consacré à la régularisation.

H. Robinson (*).
(Fig. 1 a 6, Pl. 30).

———

Dans le moteur de Robinson, la face avant du piston aspire le mélange d'air et de gaz, par B, dans le corps de pompe C D, puis elle le refoule, mais à une très faible pression, à travers la soupape de retenue E, dans la chambre d'explosion E', que cette admission de mélange frais achève de purger des produits brûlés, chassés par l'échappement F, dont les ouvertures F' sont découvertes par le piston moteur.

La compression se fait au retour du piston; l'explosion et l'échappement anticipé ont lieu à la course suivante.

L'allumage s'opère par incandescence, comme nous le décrirons au chapitre spécial.

———

James Livesay (**).
(Fig. 7 a 14, Pl. 30).

———

Dans le moteur représenté par les figures 7 à 10, le mélange, aspiré par a^2d^2 et par $a'd'$ (fig. 9 et 10) pendant la course arrière du piston moteur, est ensuite refoulé, par le tuyau c_2, dans l'accumulateur c, chargé par un piston. De là il passe, par $e'\ e$ F au cylindre moteur.

L'échappement se fait, au retour du piston, par F. e. G (fig. 7).

Le moteur représenté par les fig. 11 à 13 diffère du précédent en ce que le réservoir de compression C n'a pas de piston; les organes analogues sont affectés des mêmes lettres que ceux de la machine précédente. L'admission du mélange de la chambre de

———

(*) Brevet anglais 117 (10 janvier 1880).
(**) Brevet anglais 2299 (7 juin 1880).

combustion au cylindre a lieu par le trajet $e' f$ F, à travers la soupape d'admission f, ouverte par la came h (fig. 13).

L'allumage de ces moteurs sera décrit au chapitre spécial.

J. R. Pursell (*).
(Fig. 20 à 25, Pl. 30.)

Dans ce moteur, la compression du mélange admis par w (fig. 22), s'opère par l'avancement du fond mobile b (fig. 20) calé, au moment de l'explosion par les verrous cc (fig. 21).

Chacun de ces moteurs se compose ainsi que l'indique la fig. 20 de deux cylindres bout à bout, donnant chacun un coup par tour, l'explosion dans l'un correspondant avec la compression dans l'autre.

En accouplant deux machines de ce genre, on obtient, avec manivelles à 90°, deux explosions par tour, se suivant à un demi-tour d'intervalle,

L'allumage a lieu (fig. 23 à 25) par transport de flamme, au moyen d'un robinet tournant décrit au chapitre spécial.

C. G. Beechey.
(Fig. 1 à 9, Pl. 31 et Fig. 5 à 9, Pl. 33.)

Premier moteur.

Dans son premier moteur à compression (**), M. Beechey s'est principalement occupé de régulariser la marche en proportionnant automatiquement au travail de la machine la masse d'air et de gaz dépensée à chaque explosion.

(*) Brevet anglais 3869 (21 septembre 1880).
(**) Brevet anglais 4270 (20 octobre 1880).

M. Beechey propose, à cet effet, différentes combinaisons.

La marche du moteur dont l'ensemble est représenté par la figure 1 est la suivante. En temps ordinaire, à la vitesse normale, le corps de pompe B, situé dans le prolongement du cylindre moteur, aspire, à chaque course-arrière et par le jeu de clapets D, une cylindrée de mélange détonant qu'il refoule, pendant la course-avant, dans le réservoir de pression F. Le mélange comprimé passe ensuite de ce réservoir au cylindre moteur A, s'y enflamme et s'en échappe par l'action d'un tiroir d'admission et d'allumage et d'une soupape d'échappement.

Cette soupape d'échappement est indiquée en h, sur les figures 4 et 5. Ces figures se rapportent à un moteur un peu différent du premier, dont la pompe de compression B est séparée du cylindre moteur, mais dont l'appareil de régularisation est le même.

Le régulateur agit, comme on le voit sur les figures 3, 4 et 5, par l'intermédiaire du mécanisme a, b, c, d, d, sur la came i, qu'il met en prise avec l'un ou l'autre des gradins de l'excentrique à ondes k. Cet excentrique, entraîné par l'arbre de distribution j, actionne par i g (fig. 5), la soupape d'échappement, et la laisse se refermer plus ou moins suivant la forme de l'onde en prise avec la came i.

Il en résulte qu'il reste dans le cylindre moteur, après chaque explosion, une masse de produits de la combustion plus ou moins grande, et qu'il y pénètre, pour l'explosion suivante, une dose de mélange détonant d'autant moindre que le moteur à dépassé davantage sa vitesse de régime.

Le régulateur agit de même sur la soupape E, interposée entre la pompe B et le réservoir de pression F, de manière à proportionner la dose du mélange aspiré au travail du moteur, comme on le voit clairement sur la figure 6. Toutes les fois que la soupape d'échappement se ferme trop tôt, le régulateur ouvre le clapet E, de manière à laisser le réservoir communiquer avec l'aspiration de la pompe pendant un temps suffisant pour éviter tout excès de pression par le fait de la diminution du dosage admis au cylindre.

Dans le moteur représenté par la figure 1, cette régularisation de la pression du réservoir s'opère autrement. Le piston laisse en c' un espace nuisible égal au 1/4 environ du volume de la pompe. Dès que la pression dans le réservoir dépasse une certaine limite, le gaz comprimé dans c' pendant le refoulement conserve, pendant la course-arrière, une pression supérieure à celle de l'atmosphère, de sorte que la pompe cesse d'aspirer le mélange.

La distribution, admission et allumage, est faite, dans les deux types de moteurs, par un tiroir plat.

Le tiroir du premier moteur porte une lumière d'admission j (fig. 1 et 2), deux conduits d'allumage p, venant, à chaque aller et à chaque retour du tiroir, faire communiquer la chambre d'allumage L avec la chambre d'explosion du cylindre moteur, et deux cheminées Q, pour rallumer, au contact des brûleurs N, l'allumeur principal M, éteint à chaque explosion.

Le système d'allumage du second type est représenté en détail par les figures 7, 8 et 9.

Le mélange détonant, fourni par le réservoir de compression F à la chambre a de la culasse du cylindre moteur, au moyen du tuyau b, à valve de retenue c, est amené aux brûleurs M par le trajet d, e, g, h, i, dont le conduit g, peut être étranglé par la vis f. Il n'arrive ainsi que très peu de gaz au brûleur M. Au moment même de l'allumage, le conduit i quitte la rainure h et vient se mettre, par d, en communication directe avec le gaz de a, de manière à renforcer sa flamme. Les rallumeurs se trouvent en N. C'est un allumage rationnel et fort simple.

Second moteur (Pl. 33).

Le cycle du second moteur de M. Beechey est le suivant.

Le piston de la pompe de compression A, dont la manivelle est un retard de 30° sur celle du piston moteur B′, aspire le mélange d'air et de gaz par la valve mélangeuse H_2 (fig. 10), jusqu'à ce que le régulateur ferme par H_1 (fig. 8), la valve d'admission du gaz, et n'admette plus que de l'air dans la pompe.

La pompe comprime ce mélange à la course-arrière et le refoule dans le cylindre moteur, précédé d'une masse d'air.

L'explosion se produit, au cylindre moteur, dès que son piston a parcouru le dixième de sa course-avant.

L'échappement anticipé s'effectue par soupape K, qui reste ouverte pendant les 9/10 de la course-arrière.

A partir de ce point, on admet au cylindre le mélange détonant, précédé d'une masse d'air qui ne sert qu'à modérer l'explosion.

L'admission du mélange se fait suivant le trajet a, b, c, d d'un tiroir à double orifice (fig. 10), disposition qui lui permet de donner un coup par tour, tout en marchant deux fois moins vite que le moteur.

L'allumage a lieu, comme nous le verrons au chapitre spécial, par propagation de flamme sous pression.

Moteur de Kirk Rider (*)

(Fig. 10 à 20, Pl. 31.)

1er *type*. Ce moteur comprend une pompe de compression A et un cylindre moteur B.

Le piston de la pompe aspire le mélange d'air et de gaz par le tuyau p, la soupape de retenue h' et le mélangeur h. Le dosage du gaz se règle par la vis R. Ce mélange est ensuite comprimé, par la descente du piston c, jusqu'à trois atmosphères environ, puis refoulé dans le cylindre moteur, par le tuyau E, à travers la valve d'admission F, ouverte par l'excentrique F', et le clapet de retenue E'.

Le degré de compression est déterminé par le calage des manivelles A' et B' (fig. 12) des deux pistons A et B.

L'admission du mélange se fait, au cylindre moteur B, jusqu'à

(*) **Brevet anglais 4419 (28 octobre 1880**

ce que son piston D ait découvert l'allumeur g; l'échappement a lieu ensuite par la soupape n, ouverte par l'excentrique N.

L'allumeur, représenté par les figures 14 et 15, sera décrit au chapitre consacré à l'allumage.

On peut remplacer le jeu de la pompe A par celui d'un piston mélangeur (fig. 16) aspirant de l'air dans A et du gaz dans le cylindre concentrique c, par le clapet de retenue c_2, puis refoulant, à sa course descendante, ce gaz dans l'air de A, par la soupape c_3, puis le mélange ainsi formé au cylindre moteur, par c_1.

2e *type*. Le deuxième type de Rider est à cylindres oscillants autour de tourillons en haut du bâti.

On y reconnaît (fig. 17 et 18) le cylindre moteur A, la pompe de compression B, la pompe d'allumage K.

L'air aspiré par B, puis le gaz refoulé au mélangeur E par la pompe spéciale C, sont ensuite comprimés en X (fig. 19 et 20), au-dessus du piston moteur A.

Pendant la première partie de la course ascendante de A, l'échappement F (fig. 20), manœuvré par $mnpq$, reste ouvert; la compression se fait dans X pendant la seconde moitié de cette course, puis le capuchon z, que l'oscillation même du cylindre manœuvre par ts (fig. 18), découvre (fig. 19) la spirale de platine de l'allumeur G.

La valve d'échappement F se trouve à l'extrémité d'un tube facile à démonter.

L. W. Turner (*).
(Fig. 8 à 10, Pl. 32, Fig. 1 à 5, Pl. 41.)

1er *type*. Le piston de la pompe de compression p aspire le mélange détonant, à chaque course ou toutes les deux courses, à

(*) Brevet anglais 3182 (3 août 1880).

travers le tiroir *g*, et le comprime, pour l'explosion, dans la chambre *v*; la soupape d'échappement *f*, qui remplace le second tiroir des autres moteurs, s'ouvre en conséquence.

L'allumage se fait, comme dans les moteurs sans compression, par un brûleur alimenté en *u* de mélange comprimé. Ce bec brûle dans une contre-plaque à circulation d'eau. La chambre de combustion de ce brûleur communique, par le tuyau *u*, avec le cylindre de la pompe de compression, qui en aspire les produits brûlés, expulsés ensuite par la soupape *w'*. La flamme du brûleur se trouve ainsi toujours dans d'excellentes conditions de combustion.

Les tiges des pistons moteur et compresseur sont articulées à un même croisillon *l*, à l'extrémité des leviers oscillants *l'*.

Le régulateur agit en étranglant, par *rr'*, la prise de gaz *g'*.

2ᵉ *type* (pl. 41) (*). Ces moteurs sont à deux cylindres A et A', leur cycle est le suivant :

Les mécanismes occupant les positions indiquées sur les figures 1 et 2, le piston B continue à descendre, et B' commence sa course, aspirant tous deux, par E F P et les conduits *i* et *k* du tiroir G, le mélange d'air et de gaz; puis les pistons reviennent, en comprimant le mélange, à la position de la figure 2, correspondant à la compression maxima et à l'explosion. L'échappement a lieu par *o* (fig. 1).

Après l'explosion, quand B commence sa première course descendante, F se ferme, pour empêcher les produits brûlés non expulsés de A' de pénétrer dans A.

Au moment de l'explosion, la manivelle C' est au point mort, l'explosion agit sur B', pendant une demi-course seulement, et sur B pendant toute la course, de sorte que son action est plus régulière que dans les machines ordinaires du type A, à un seul cylindre. L'irrégularité due à la compression est aussi moins sensible.

(*) Brevet anglais 362 (24 janvier 1882).

La distribution est faite par un seul tiroir G, dont l'arbre tourne (fig. 3) deux fois moins vite que celui du moteur.

On remarquera que le mouvement relatif des deux pistons B et B' est tel qu'il dispense d'ajouter aux cylindres une chambre de compression.

Machine de Dugald Clerk (*).

(Pl. 32 et 33.)

Le cycle de cette machine est le suivant, pour un tour de l'arbre moteur :

A. *Cylindre de la pompe.*

La manivelle de ce cylindre est calée sur l'arbre moteur à 90° en avant de la manivelle motrice.

Pendant la course-avant de son piston, il aspire :

    1° Le volume du mélange explosif (air et gaz) nécessaire à une course active du cylindre moteur.

    2° Un volume égal d'air seul qui est *censé* rester juxtaposé au mélange explosif sans s'y mêler *aucunement.*

Pendant la course-arrière :

Refoulement dans le cylin- { 1° de l'air juxtaposé au mélange explosif.
dre moteur. . . . . . . { 2° du mélange explosif.

B. *Cylindre moteur.*

Course-avant motrice :

    Explosion du mélange comprimé, sous volume à peu près constant.
    Détente.
    Échappement *anticipé* des produits de la combustion.

Course-arrière :

    Fin de l'échappement et nettoyage du cylindre par *l'air* du déplaceur, dont le piston se trouve au milieu de sa course-arrière quand celui du cylindre moteur est au commencement de la sienne.

(*) Brevet anglais 1089 (14 mars 1881).

Fermeture de l'échappement. Compression (dans le cylindre moteur et dans sa chambre d'explosion) du *mélange* introduit, pendant la première moitié environ de la course, par le déplaceur.

Détail de la distribution :

1° *Au cylindre de la pompe.*

Course-avant. Aspiration :

A. Du mélange. Le gaz est aspiré par le tuyau *g* (fig. 1 et 2, pl 33), la lumière *j* du tiroir, le conduit *g'*, la soupape *m* et le tuyau *p'*. L'air se mêle au gaz autour de la soupape *m*, de sorte qu'il arrive en *p'* un mélange parfait.

Le mélange entre dans le cylindre déplaceur par un orifice annulaire *p″*, de manière à amortir ses tourbillons.

B. De *l'air* justaposé au mélange.

Vers le milieu de la course-avant du piston déplaceur, au commencement de celle du piston moteur, le tiroir ferme l'orifice *g'* de l'aspiration du gaz. L'air seul est aspiré comme précédemment.

La plaque, ou le statificateur, *p″* (fig. 4) a pour objet de réaliser la juxtaposition, au mélange, de cet air aspiré pendant la deuxième moitié de la course-avant du piston de la pompe, en atténuant ses mouvements tourbillonnaires.

Course-arrière. Refoulement dans le cylindre moteur :

A. De *l'air* juxtaposé au mélange pendant la première moitié de la course-arrière du piston déplaceur et pendant la deuxième moitié de la course-avant du cylindre moteur; l'air juxtaposé au mélange est refoulé par le tuyau *p'*, la soupape A et la lumière *l*, dans la chambre de combustion du cylindre moteur. Cet air chasse devant lui, par les conduites d'échappement, les produits de la combustion.

B. *Du mélange* explosif, par la même voie que l'air, pendant la deuxième partie de la course-arrière du piston déplaceur et la première partie de la course-arrière du piston moteur.

2° *Au cylindre moteur.*

A. Course-avant :

Allumage, explosion du mélange comprimé dans la chambre d'explosion et précédé d'une petite couche d'air pur juxtaposée, ou, tout au moins, d'une couche plus pauvre en gaz et moins explosive.
Détente.
Échappement anticipé par les ouvertures *e* découvertes par le piston avant la fin de sa course.
Admission de l'air du déplaceur par A.

B. Course-arrière :

> Fin de l'échappement et du balayage des produits de la combustion par l'air du déplaceur qui s'échappe en grande partie à leur suite. Ce balayage a pour but de nettoyer le cylindre et de n'y laisser aucune matière enflammée capable de déterminer une explosion prématurée du mélange admis.
>
> Au milieu de la course, tout le mélange se trouve admis dans la chambre d'explosion et dans le cylindre.
>
> Compression du mélange, la valve A restant fermée.

Allumage. L'allumage se fait par un transport de flamme sous pression.

Le tiroir du cylindre moteur est muni, à cet effet, d'un passage l' (fig.1), dans lequel se trouve un gril ou diffuseur d (fig. 4) ; le passage l' communique avec le fond de la chambre de combustion, et en reçoit, à travers le diffuseur, le mélange explosif, par les ouvertures et conduits dont la suite se trouve indiquée sur les figures 1 et 4. L'accès du mélange au diffuseur d est réglé par la vis v (fig. 7).

Dans la position indiquée pour le tiroir sur la figure 1, le conduit d'allumage reçoit, par son diffuseur qui en ralentit la vitesse, une partie du mélange admis dans la chambre de combustion ; ce mélange s'allume au contact des brûleurs de Bunsen toujours enflammés en b, et par l'appel d'air du tube a'. Ce tube permet, en même temps, de voir la flamme.

Vers la fin de la course-arrière du piston moteur, le tiroir, remontant vivement (fig. 1), sépare la lumière l' des brûleurs b' et du tube a', tout en la laissant communiquer, par la longue rainure R et son diffuseur $d\ d'$ (fig. 4), avec le mélange comprimé du cylindre moteur. Cette compression, transmise à la flamme de l', puis augmentée par la combustion, même partielle, du mélange qui lui arrive suivant le trajet R $d'd$, lui permet de pénétrer sans s'éteindre dans la chambre de combustion, et d'y déterminer la détonation du mélange moteur, dès que le conduit d'allumage l' arrive vis-à-vis de la lumière l.

Régulateur. La valve d'admission du gaz, au conduit g' (fig. 4) est indiquée en G (fig. 2), sa tige à ressort est reliée par le levier t

(fig. 3), à un tasseau *t* appuyé sur le tiroir et guidé par sa plaque. Au moment voulu, ce tasseau s'enfonce, sous la pression du ressort de la valve G, dans une rainure du tiroir, et laisse admettre le gaz. Quand la machine va trop vite, le régulateur amène le levier *t″* au-dessus de la partie plane du levier *t* (fig. 6), de manière à l'immobiliser et à empêcher la valve d'admission de s'ouvrir.

Mise en train. Pour mettre en train, il suffit d'ouvrir le robinet M qui met l'arrière du cylindre moteur en communication avec l'échappement, de manière à diminuer la compression.

Détails divers. Piston moteur très long, à tige courte faisant glissière.

Commande du tiroir par un excentrique et un renvoi de sonnette 49, à boîtes sphériques.

Graisseurs à pistons *v*, soulevés par des taquets du piston moteur ou du tiroir, et laissant alors tomber l'huile par la soupape *v′* et la gouttière *v″*.

Résultats obtenus.

Le diagramme représenté par la figure ci-jointe, extraite du mémoire de M. Clerk, à l'institution des « Civil Engineers » de Londres, fournit, sur le fonctionnement de sa machine, des données précises.

Les lignes ponctuées figurent la détente et la compression adiabatique du mélange ; les lignes pleines définissent le diagramme réel de l'indicateur.

Il est facile de suivre, sur ce diagramme, les différentes périodes du cycle :

De *a* en *b*, explosion du mélange sous un volume sensiblement constant.
De *b* en *c*, détente du mélange, d'abord au-dessus puis au-dessous de la courbe adiabatique.
De *c* en *d*, échappement anticipé et balayage du cylindre par l'air de la pompe de déplacement.
De *d* en *e*, fin de l'échappement.
De *e* en *a*, compression du mélange presque suivant une adiabatique.

Diagramme d'une machine Clerk

d'après le mémoire de M. Clerk à l'Institution des « Civil Engineers ».

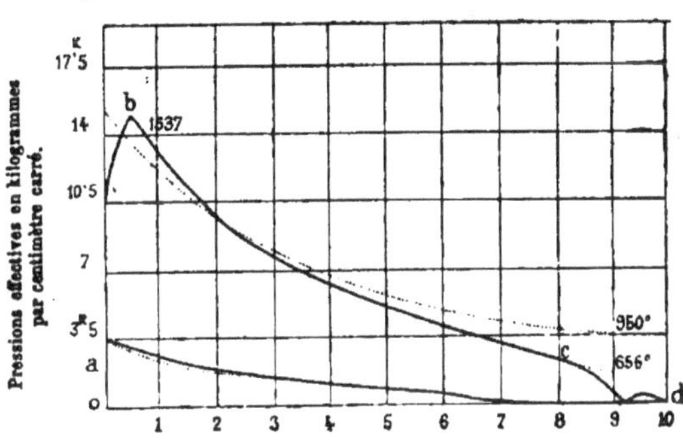

Les principales données de ce diagramme sont les suivantes :

Nombre de tours par minute. . . . . $n = 150$

Nombre de courses actives par seconde. . . . . $n' = \dfrac{n}{60} = 2,50$

Piston. . . . . . .
- Diamètre. . . . . $d = 150$ millim.
- Surface. . . . . $a = \pi\,\dfrac{d^2}{4} = 177$ cent. carr.
- Course. . . . . $l = 305$ millim.
- Vitesse moyenne. . . . . $v = \dfrac{2nl}{60} = 1^m,52$ par seconde.

Pression effective.
- Maxima. . . . . $p_1 = 15^k,4$
- Moyenne. . . . . $p_m = 4,90$
- De compression. . . . . $p'_1 = 2,9$

Températures . . .
- Maxima. . . . . $t_1 = 1537°$
- A la compression. . . . . $t'_1 = 150°$
- A l'échappement. . . . . $t_2 = 656°$
- A l'admission. . . . . $t_0 = 17°$

Travail d'une course active. . . . . $\theta = a \times l \times p_m = 264^{km},6$

Travail en chevaux indiqué. . . . . $I = \dfrac{\theta \times n'}{75} = 8^{ch},8$

Dépense de gaz par cheval *indiqué* et par heure. . . . . . . $0^{mc},620$

Cheval indiqué par mètre cube de gaz et par heure. . . . . $1,61$

Travail par mètre cube de gaz. . . . $\theta' = 75 \times 60 \times 60 \times 1,61 = 434.700$ km.

Proportion du mélange en volumes. . . .
- Gaz, 0,08. 1
- Air, 0,92. 12

Travail par mètre cube du mélange. . . . $\theta'' = \dfrac{\theta'}{13} = \dfrac{434.700}{13} = 33.440$ km.

On voit, d'après ces données, que la machine de Clerk ne fournit que 435.000 kilogrammètres environ par mètre cube de gaz au lieu des 1.400.000 kilogrammètres que devrait fournir une machine du 3ᵉ type accomplissant son cycle dans des conditions théoriques parfaites, et à peu près entre les mêmes limites absolues (V. page 70). Cette différence considérable tend à ce que, dans la machine Clerk, le mélange ne se détend que jusqu'à occuper un volume égal à celui qu'il tenait avant sa compression, et non pas jusqu'à la pression atmosphérique, et cela en se maintenant au -dessous de la courbe adiabatique, parce que les parois absorbent de la chaleur.

Dans des conditions de marche identiques à celles du moteur Clerk, la température finale du mélange de notre machine thermique serait, au bout de la détente adiabatique, de 950° environ, au lieu de 580°, et le rapport $\dfrac{\tau_1}{\tau_0}$ ne serait plus que de 1,4 (p. 78), au lieu de 2,9. Le travail de compression resterait le même, ou de

$$251,000 \text{ kilogrammètres.}$$

Le travail de refoulement contre la pression atmosphérique ne serait plus que de :

$$25^{mc} \times 10.333 = 258.000 \text{ kilogrammètres,}$$

et celui de la détente adiabatique de :

$$72 \times 32 \times 1223° (1,4 - 1) = 2.300 \times 1223 \times 0,4$$
$$= 2.812.900 \times 0,4 = 1.125.000$$

de sorte que le travail thermique disponible s'éleverait à

$$
\begin{array}{ll}
 & 1.125,000 \\
\left.\begin{array}{l} - 251.000 \\ - 258.900 \end{array}\right\} & -\quad 509,000 \\
 & \overline{} \\
 & \ldots\ldots\; 516.000 \text{ kilogrammètres.}
\end{array}
$$

$$
\begin{array}{l}
\text{La différence}\quad 516,000 \\
\qquad\quad - 435,000 = 81.009 \text{ kilogrammètres.} \\
\qquad\qquad\qquad = 15 \text{ p. } 100 \text{ du travail disponible.}
\end{array}
$$

doit être attribuée en grande partie à l'influence des parois et à l'échappement anticipé.

Le rendement absolu de la machine Clerk en question, s'élève à

$$\frac{435.000}{8.000 \times 425} = 0,12,$$

c'est-à-dire, qu'elle n'utilise que les 0.12 de la chaleur de combustion du gaz.

Le rendement thermique réel de la machine, ou le rapport du travail produit à celui qu'elle donnerait si elle utilisait complètement son cycle, est de

$$\frac{435.000}{516.000} = 0,80 \text{ environ}.$$

On peut donc dire que cette machine fonctionne dans de bonnes conditions thermiques.

D'après M. Clerk, la chaleur se distribuerait, dans sa machine, comme il suit :

Chaleur convertie en travail.	17,83 p. 100.
Chaleur perdue à l'échappement.	29,28 —
Chaleur transmise aux parois du cylindre.	52,89 —

mais on ne saurait considérer cette évaluation que comme une approximation. On remarquera l'importance considérable attribuée à l'influence des parois.

M. Clerk a fait, en outre, des expériences pour vérifier si le gaz et l'air se superposent bien en couches distinctes, par l'effet du stratificateur de la pompe. Ces expériences ont été exécutées, en présence de sir William Thomson, au moyen de l'appareil suivant, composé (fig. 14, pl. 32) d'un cylindre E, fixé sur le cylindre moteur, à 100 millimètres des ouvertures d'échappement, et muni d'un piston sollicité à monter par un ressort énergique. Dès que le piston moteur avait dépassé de 20 millimètres les ouvertures d'échappement, et ne se trouvait plus qu'à 80 millimètres de E, le déclenchement F lâchait le piston de E, qui aspirait presque instantanément une prise du mélange ; ce gaz s'est toujours montré inflammable, ce qui prouve, qu'à partir de ce point de la course, le cylindre moteur est tout entier rempli d'un mélange apte à la propagation de la flamme ; il est même à craindre que l'air nettoyeur entraîne avec lui une certaine quantité de gaz explosif, si l'on veut réellement chasser la totalité des produits de l'explosion.

Cette expérience prouve aussi que la stratification primitive des couches d'air et de mélange détonant ne se maintient pas rigoureusement, mais se transforme en une diffusion graduelle du mélange dans l'air qui le précède et même dans les produits de l'explosion.

E. Edwards (*).

(Pl. 34.)

Les moteurs de M. E. Edwards sont de deux sortes, avec compression pour les grandes puissances et sans compression pour les petites forces.

Moteurs sans compression. Le cycle des moteurs représenté par les figures 1 à 9 de la planche 34, est le suivant. Le mélange d'air et de gaz aspirés, par a et g, en proportions réglées par le tiroir B (8 d'air pour 1 de gaz) est enflammé en f, au 1/3 environ de la course du piston ; l'expulsion des produits brûlés se fait ensuite par e.

Lorsque le piston arrive au fond de course, l'air pénètre autour de lui, pour le rafraichir, par les échancrures A.

Le cylindre est lui-même entouré d'une enveloppe constituée par l'air qui alimente le mélange détonant.

Ces moteurs sont construits de la force de 1 à 4 hommes par la maison Ruston-Proctor.

Le fonctionnement du moteur construit par Cobham and C°, et représenté par la figure 10, est analogue à celui du moteur précédent ; on y reconnait les mêmes organes affectés des mêmes

(*) Brevet anglais 1765 (23 juin 1881).

lettres, mais l'échappement s'opère à travers le piston même, par une soupape *e*, ouverte par le talon de la bielle motrice. Il suffit de retourner la bielle et le piston pour changer le sens de la marche du moteur. Le cylindre porte, en plus de l'enveloppe d'air, une enveloppe d'eau, et le gaz traverse, avant d'arriver au distributeur, deux poches de régularisation *p* et *p'*.

Le mélange détonant est simplement aspiré à travers le clapet métallique *a* et la soupape de retenue *g*, enfilés sur une même tige à ressort.

Dans le moteur vertical représenté par les figures 12 à 14, le gaz amené par *b* (fig. 15 et 16) est introduit au cylindre par *o c*, (fig. 12) tant que la lumière *p* du piston fait communiquer *o* avec *b*. Le gaz admis au travers du clapet *c* traverse ensuite les trous *d*, à angle droit du courant d'air *a*, auquel il se mélange intimement.

On peut enfin fermer le clapet *c*, dès que le piston arrive au 1/3 environ de sa course, par le soulèvement d'une came à tige *f*, (fig. 13 et 14) cette came, soulevée par son ressort dès que le piston la quitte, ferme, par son taquet *c'*, la valve à gaz *c*.

L'admission du gaz est quelquefois commandée par un tiroir cylindrique *p* (fig. 18 et 19), à travers un diffuseur *d*.

Le système de transmission représenté par la figure 17 a pour objet d'allonger la course du piston sans augmenter sensiblement l'amplitude d'oscillation de la bielle, de manière qu'elle puisse encore commander l'échappement *e*.

L'allumage s'opère par une aspiration de flamme à travers un clapet. Nous le décrirons au chapitre spécial.

Moteurs à compression (fig. 20). Le gaz et l'air, aspirés par *y* et *a* dans le cylindre de combustion *m*, sont comprimés, à la descente du piston *b*, dans la tige *h*, jusqu'à ce que le conduit *j* vienne devant la rainure *k*, et fasse communiquer le mélange comprimé avec le cylindre travailleur *a*. L'échappement se fait, par *e* pendant la compression qui aide à l'origine de la course motrice.

Dans la variante représentée par la figure 21, la garniture du piston *h* se trouve au haut de son cylindre *m*.

Dans la deuxième variante (fig. 22), l'échappement s'opère directement par *e* et le refoulement à travers le clapet de retenue *c*, dans l'espace annulaire au bout de la tige *h*.

L'allumage s'opère par un transport de flamme sous pression représenté par les figures 26, 27 et 28. Le mélange d'air et de gaz est aspiré au cylindre *a* par *k l* et le diffuseur *m*, le piston *a* renferme les organes de l'allumage. La chambre d'allumage *e* communique alternativement avec la flamme *d*, puis, par *c f*, avec le fond du piston. Le gaz est amené par *g*, jusque vers la fin de la course du piston, dans la longue rainure *h*, qui, au moment de l'allumage, communique avec *i* par *e*. Au moment de l'explosion, le gaz de *h*, comprimé par *f*, renforce la flamme contenue dans *e*, actuellement isolé. Cette flamme est alors, projetée, par *f*, dans le mélange détonant du cylindre.

L. H. Lucas (*).
(Fig. 1 à 4, Pl. 36.)

Le fonctionnement de ce moteur est des plus simples.

Au moment de l'explosion, le piston moteur *p*, dont l'arbre, tourne d'un mouvement uniforme, monte plus vite que le piston auxiliaire *p'*, dont l'arbre est commandé par deux trains d'engrenages elliptiques.

Le piston *p'* remonte ensuite plus vite que *p*, pour chasser les produits de la combustion par le tiroir d'échappement.

Pendant la course descendante de *p*, le piston auxiliaire *p'* descend d'abord plus vite que *p*, pour aspirer le mélange détonant par le tiroir d'admission, puis moins vite, pour le comprimer avant l'explosion.

On peut aussi (fig. 3 et 4), réaliser les différences de vitesses des deux pistons en commandant le piston auxiliaire *p'* par une rainure du volant.

(*) Brevet anglais 3527 (13 août 1881).

J. J. Butcher (*).

(Pl. 36, 37 et 38.)

Le moteur à gaz de Butcher se distingue par quelques détails ingénieux ; son cycle est le suivant.

Le mélange aspiré (fig. 18, pl. 37), à travers la double soupape $d_1 d_2$, est refoulé, à travers la soupape d^4 et le serpentin réchauffeur d_5 (fig. 19) dans la chambre de combustion du cylindre moteur, dont il s'échappe ensuite, par la soupape j (fig. 2) autour du réchauffeur.

L'allumage a lieu par un tiroir E à doubles lumières (fig. 13 à 15), de manière qu'il puisse donner un coup par tour, tout en marchant moitié moins vite que le moteur.

Le régulateur agit, dans certains cas, en modifiant la position même du piston moteur ; il sera décrit, ainsi que le réchauffeur, le tiroir et le système de mise en train, aux chapitres spécialement consacrés à ces organes.

Dans le second moteur de Butcher, [planche 38 (**)], le cylindre de la pompe D est séparé du cylindre moteur A ; ces cylindres sont reliés par un jeu de soupape C et C' (fig. 5 et 6), s'ouvrant en sens contraires et rendus solidaires l'une de l'autre par une tige qui ne leur laisse qu'un jeu relatif égal à la levée de la plus grande des deux soupapes C.

Quand le piston moteur B_1 découvre les ouvertures d'échappement B', le gaz brûlé soulève, par B_2, la grande soupape C, et s'échappe jusqu'à ce que la pression se soit abaissée, dans le cylindre moteur, à peu près à la pression atmosphérique, ce qui se produit lorsque le piston D_2 de la pompe vient à découvrir les orifices d'aspiration D_1 (fig. 5).

L'aspiration de la pompe ferme alors la soupape C et ouvre la

---

(*) Brevet 3786 (31 août 1881).

(**) Brevet 1835 (11 avril 1883).

petite soupape C_1, à travers laquelle la pompe aspire le reste des produits de l'explosion qu'elle expulse ensuite, au retour, par la soupape de retenue C_2 (fig. 6).

L'admission du mélange au cylindre moteur a lieu par le jeu des soupapes B_4 et B_2, décrites au chapitre spécial.

James Atkinson (*).
(Fig. 7 à 13, Pl. 46 et Pl. 47.)

Le cycle des machines à compression d'Atkinson peut facilement se suivre sur les figures 7, 8 et 9 de la planche 46.

Le piston moteur aspire, par 5 et 6, un mélange d'air et d'eau, qu'il refoule, par le clapet de retenue 7, dans le réservoir d'air comprimé 8.

La pompe 20 a pour objet de refouler, à travers le distributeur 14 (fig. 10), du gaz qui se mêle, par le tuyau 18, à l'air humide comprimé dans le réservoir ; ce mélange s'opère dans la chambre de la soupape 9 (fig. 7 et 12), quand elle s'ouvre pour admettre le mélange au cylindre moteur par le tuyau 19.

Les distributeurs 4 et 9 sont actionnés par une même came 10 (fig. 9) soumise au régulateur.

On retrouve les mêmes organes, légèrement modifiés, sur les figures 1 à 4 de la planche 47.

L'eau admise dans le moteur Atkinson n'a pour objet que de diminuer la température de la compression.

Dans la *machine à trois cylindres* représentée par les figures 20 à 22 (pl. 47), la face-avant des pistons comprime le mélange détonant dans le tube-réservoir 8, assez petit pour éviter les explosions graves et rendre plus sensible l'action du régulateur.

Le mélange comprimé est distribué aux faces-arrières ou mo-

---

*) Brevets anglais 4086 (22 septembre 1881), 4378 (14 septembre 1882) et 4388 (15 septembre 1882).

trices des pistons, par le tiroir circulaire 9 (fig. 21, 23, 24). On renverse la marche du moteur en changeant le calage de l'arbre de distribution 11, ou celui des cames d'allumage 15, et d'échappement 16.

Les moteurs de M. Atkinson présentent, au point de vue de l'allumage, de la régularisation, de la mise en train et de la distribution, des particularités intéressantes, que l'on trouvera décrites aux chapitres spéciaux.

William Watson (*).
(Fig. 1 à 4, Pl. 39.)

1er *type*. La marche de ce moteur très simple est facile à suivre. Le mélange, comprimé dans la chambre d'explosion g, fait explosion ; les produits brûlés s'échappent par E E', puis E' se ferme par la pression atmosphérique, et le piston e aspire, par son mouvement et par le vide de l'explosion, le mélange nécessaire à la deuxième explosion.

On voit que trois des périodes du cycle : l'explosion, l'expulsion des produits brûlées et l'aspiration du mélange, s'effectuent, les deux premières en entier et la troisième en partie, pendant la course ascendante.

L'admission du mélange s'opère à travers un mélangeur m (fig. 3), décrit au chapitre spécial. Le régulateur agit en modifiant l'admission du mélange ; quand il ferme complètement cette admission, il ouvre, en même temps, la soupape a' (fig. 2) qui laisse l'air seul pénétrer au cylindre.

L'allumage, par incandescence, sera décrit en détail au chapitre spécial.

2e *type* (*). Dans ces moteurs, l'air, primitivement comprimé

(*) Brevet anglais 4608 (21 octobre 1881).
(**) Brevet 6214 (29 décembre 1882).

dans un réservoir, vient se réunir dans un mélangeur *k* (fig. 50
et 51) au gaz refoulé par une pompe à travers le tuyau *m*

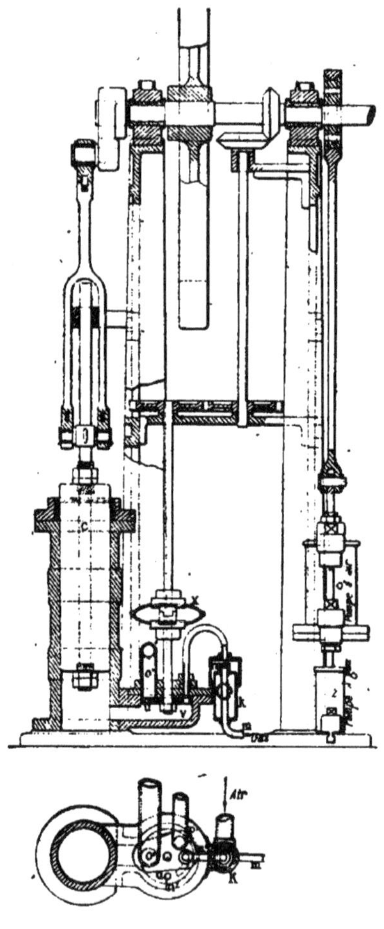

Fig. 50 et 51. — Moteur Watson.

La distribution est effectuée par un disque *u* (fig. 52) tournant
dans la chambre d'explosion *v*, et que le ressort *x* laisse s'appli-

quer librement sur son siège. Quand la lumière l' du disque u dé-

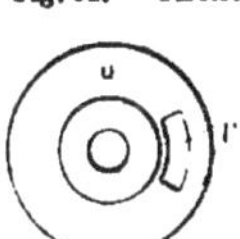

Fig. 52. — Tiroir.

couvre m' (fig. 51), l'admission a lieu à travers le clapet de retenue n, puis, immédiatement après, survient l'allumage, lorsque l' passe devant l'inflammateur n'.

Quand le piston moteur arrive vers le haut de sa course, l' découvre l'échappement anticipé o', puis, au retour, l'échappement définitif p'.

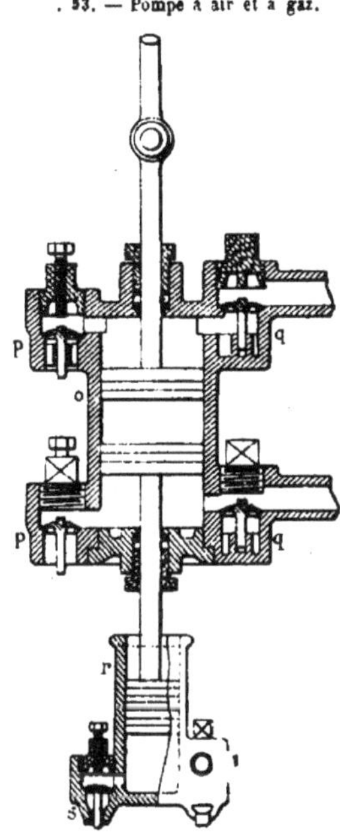

Fig. 53. — Pompe à air et à gaz.

Les pompes à air et à gaz 0 et 2 (fig. 50) sont représentées en détail par la fig. 53. La pompe à air est à double effet, aspirant par p et refoulant par q; la pompe à gaz est à simple effet, aspirant par s et refoulant par t.

Le long piston du cylindre moteur glisse dans une garniture métallique c (fig. 50).

C. W. Tonkin (*).

(Pl. 40.)

1er *type* (fig. 5 à 10). Le tiroir de ce moteur est cylindrique. Par sa face supérieure x, il aspire le mélange détonant à travers y et z (fig. 5) et le refoule, à travers le conduit a, dans le cylindre moteur A.

Une partie de ce mélange comprimé passe, par la soupape de retenue b (fig. 6) dans le réservoir c, qui l'amène, par la conduite d, au brûleur permanent P.

L'excentrique du tiroir est calé de façon que la compression du mélange en x ait lieu quand le piston moteur arrive au haut de sa course; c'est en ce moment que le tiroir, continuant à monter, découvre la lumière f (fig. 5) qui laisse le mélange comprimé en x passer, par a, dans le cylindre moteur, où il s'enflamme au contact du brûleur P. Une bifurcation du conduit a projette (fig. 8) la flamme P au droit des trous g (fig. 5), par lesquels a débouche dans le cylindre A.

Lorsque le piston arrive vers le bas de sa course motrice, le bas du tiroir v, agissant dans le corps de pompe w, lance, par le trajet $i\,i_{,}\,j\,s$, un jet d'eau qui, s'épanouissant à la partie supérieure du cylindre, y détermine un vide par le refroidissement des produits de l'explosion. Ce vide détermine en même temps, par le trajet $k\,k_{,}\,k_{,}$ E, un appel d'air, qui reste dans le haut du cylindre moteur pour alimenter le brûleur P et former, avec le mélange très riche refoulé par le tiroir, un composé détonant.

Dès que le piston moteur atteint le bas de sa course, le tiroir v, continuant à descendre, ferme l'admission d'air, puis laisse les produits brûlés s'échapper par $m\,n\,n'\,n''\,l$, mais pendant une partie seulement de la course ascendante du piston moteur, jusqu'à l'origine de la compression.

Le piston moteur porte une gorge P (fig. 5) disposée de manière à recueillir l'eau amenée par E et à l'empêcher d'être projetée par

---

(*) **Brevet 5201 (29 novembre 1881).**

le mouvement du piston ; cette eau se trouve ensuite, à la descente du piston, refoulée par *m q* dans la chambre à air *l* du tiroir, d'où elle passe dans l'enveloppe du cylindre.

Le régulateur agit sur le robinet *r* (fig. 5 et 8) qui ferme d'abord l'aspiration *t* du mélange au tiroir au point de réduire la compression dans *x* à celle du cylindre moteur, puis étrangle l'orifice de refoulement *a* en même temps que *t*.

La mise en train du moteur s'opère en laissant l'air comprimé du réservoir V_1 pénétrer par *u* au bas du cylindre moteur, puis s'échapper par *u l*. Le piston moteur remplit, en marche normale, le réservoir V_1 d'air comprimé par la soupape de retenue *x*.

On peut, ainsi que l'indique la figure 4, supprimer l'injection d'eau dans le cylindre moteur. Dans ce cas, dès que le piston arrive aux cinq huitièmes environ de sa course motrice, le conduit *z* ouvre l'échappement anticipé ; cet échappement se ferme ensuite de manière que le piston aspire par E une charge d'air. La soupape E s'ouvre, comme précédemment, sous la pression de l'eau, en R, mais cette eau se rend dans l'enveloppe du cylindre par les canaux 3.

2ᵉ *type*. La distribution de ce moteur s'effectue à l'aide d'un tiroir tournant analogue à celui de la machine sans compression du même inventeur, décrite à la page 111, et sur lequel nous reviendrons au chapitre spécial.

Le régulateur agit, comme dans le moteur précédent, au moyen d'un double robinet d'étranglement 5 (fig. 19) analogue au robinet *z* (fig. 5).

On reconnaît en V_1 (fig. 16) le réservoir d'air comprimé alimenté par le cylindre moteur à l'aide d'un distributeur 11, mû par un excentrique 20, et dont la partie supérieure sert à refouler du gaz, dans le réservoir 14, par le clapet 13.

L'air et le gaz sont amenés de ces réservoirs au distributeur par les tuyaux 4 et *j*.

Lorsque la pression du gaz dépasse, dans le réservoir 14, une certaine limite fixée par le ressort 16 (fig. 16ᴬ), le plongeur 15, en équilibre sous l'action du ressort et de cette pression, étrangle l'aspiration du gaz, ou soulève le clapet de refoulement 13.

La mise en train s'opère en admettant au haut du cylindre, par le robinet 19, de l'air comprimé dans V'. Quand le piston s'arrête au bas de sa course, on admet cet air au bas du cylindre, par le distributeur 11, en décalant l'excentrique 20 par le volant 22 (fig. 16) jusqu'à ce que 20 vienne en prise (fig. 21) avec le taquet 21. Une fois la machine en mouvement, le levier 24 déclenche 23 de 21 et remet l'excentrique 20 au calage normal.

Sir C. W. Siemens (*).
[(Pl. 35.)

La machine à gaz de sir William Siemens se distingue par l'emploi d'un régénérateur ou économiseur de chaleur, d'un piston différentiel, et d'un mode d'allumage permettant de marcher avec des gaz moins inflammables et moins riches que les mélanges détonants ordinaires.

La machine comprend (fig. 6 et 7) deux pistons moteurs, dont les manivelles sont à 180°; la distribution est commandée par un seul tiroir creux G, tournant synchroniquement avec l'arbre moteur.

Le cycle de chacun de ces cylindres est le suivant :

Pendant la course ascendante, le piston aspire le mélange détonant, gaz et air, par g et a, à travers la lumière p_s en même temps qu'il refoule, par sa face supérieure, les produits de l'explosion précédente, à travers le régénérateur R, la lumière p_4 et l'échappement d.

Pendant la course descendante ou motrice, le piston refoule, par sa face inférieure, le mélange aspiré à la course précédente dans le tiroir G, à travers les trous t, dont sa surface est criblée; de là, ce mélange comprimé passe, par H (fig. 7) au réservoir de

---

(*) Brevet anglais 5350 (7 décembre 1881).

compression R′. En même temps, la face supérieure du piston reçoit, par la lumière p_2 qui a tourné de 180°, et à travers son régénérateur, le mélange comprimé qui s'enflamme à son passage devant l'allumeur l' et exerce un effort moteur proportionnel à la différence des deux faces du piston.

Chacun des pistons donne donc un coup par tour.

L'allumage s'opère par l'action d'une étincelle électrique sur un mélange très inflammable.

A cet effet, la chaîne sans fin c actionne deux robinets à gouttes l, en communication avec un réservoir à pétrole P. Au commencement de chaque course motrice, une goutte arrive, par l, en l', sous le régénérateur, devant deux fils rompus qui donnent une étincelle, ou devant un fil continu rougi par le passage du courant, distribué par un commutateur Q, reliée à une pile ou à une dynamo.

Comme détails de construction, on remarquera la suspension de l'arbre de distribution sur une crapaudine à galets g', le graissage g'' des petites têtes de bielle, la faiblesse du couvercle du réservoir de compression R′, lui permettant de céder en cas d'excès de pression.

Les figures 1 à 5 représentent une machine de ce genre jumelle ou double, c'est-à-dire à quatre cylindres disposés symétriquement de part et d'autre de l'arbre moteur. On y reconnait, affectés des mêmes lettres, les principaux organes du moteur précédent.

Chacun des cylindres est, en outre, muni d'une petite pompe S, destinée au service de son allumage. Le bas de cette pompe communique par un tuyau avec une cavité s, creusée en forme de gorge autour du tiroir de distribution. Cette cavité communique par s_1 (fig. 3) avec un réservoir à gaz, et par s_2 avec un piston T (fig. 2). A chaque montée du piston S, le gaz est aspiré dans s par ss_1, pour être ensuite refoulé et comprimé dans $s_2 s_3$ (fig. 4) quand ce piston descend. La jonction s_3 constitue, entre les tubes de refoulement s_2, s_3, un petit réservoir de gaz comprimé. A chaque compression du mélange détonant moteur au-dessus du régénérateur R, une partie de ce gaz pénètre par t (fig. 1) sous le piston T, qu'il soulève, malgré l'antagonisme de son ressort. Ce piston laisse alors pénétrer autour du fil de platine P le gaz riche de s_{1}, qui constitue, avec le mélange qui sort du générateur, un dosage suffisamment inflammable pour assurer l'allumage.

Dans le type de machines représenté par la figure 8, le gaz est employé à échauffer directement l'air moteur, concurremment avec un régénérateur en toiles métalliques R. Le haut du cylindre porte, à cet effet, un chapeau en fonte H, dans lequel brûle constamment une grosse flamme alimentée de gaz par K et d'air par L; les produits de la combustion s'échappent par M, N.

Le cycle de ce moteur est des plus simples; l'air aspiré dans l'espace annulaire A du piston, maintenu froid par une circulation d'eau, est refoulé, par la course descendante, à travers le tiroir G, dans le régénérateur R, et tout autour du chapeau H. Son expansion, par la chaleur qu'il emprunte à ces deux organes, constitue la puissance motrice.

L'échappement a lieu, pendant la course ascendante, à travers le régénérateur et le tuyau P', dont le jet assure le tirage en M N.

Cette machine, très rationnelle, est d'une très grande simplicité.

Les figures 10 et 11 indiquent, avec l'application des mêmes lettres, l'emploi de trois réchauffeurs H à becs de Bunsen, munis d'ailettes v, destinées à communiquer à l'air de P une partie de la chaleur des produits de la combustion montant par M.

Hugh Williams (*).
(Fig. 5 à 25, Pl 39.)

Dans ce moteur, les produits de la combustion sont aspirés par une pompe ou cylindre à vide. Le mélange détonant pénètre en

---

(*) Brevet anglais 5456 (14 décembre 1881).

même temps, grâce à cette aspiration, dans le cylindre moteur, où il est comprimé, puis allumé. Le cylindre à vide accomplit donc l'admission du mélange et l'échappement des produits brûlés.

Le cycle de ce moteur est le suivant (figure 26) :

Pendant la course-avant : de 1 à 2, explosion dans le cylindre moteur A; de 2 à 3, échappement par les orifices I' et le tiroir J (fig. 5) dans le réservoir à vide F; à partir du point 3, le cylindre moteur communique, par le tiroir auxiliaire J et le conduit I_2 (fig. 5 et 15) avec l'espace annulaire B', par où le piston B aspire, à travers le clapet E, les produits de la combustion.

Pendant la course-arrière, l'aspiration se prolonge jusqu'au point 4, faisant suivre les produits brûlés d'une charge fraîche admise par le tiroir principal L, puis comprimée dans la chambre d'explosion c.

Le tiroir L, qui opère l'admission et l'allumage du mélange au cylindre moteur, est représenté en détail par les figures 8 à 13. Certaines de ses parties sont en double, afin qu'il puisse donner un allumage par tour, tout en marchant deux fois moins vite que le moteur.

L'air arrive au tiroir par le tuyau b, dans la chambre de mélange a; le gaz arrive par le tuyau c, à travers un diffuseur a, analogue à celui d'Otto.

Les lumières d'allumage e communiquent, par les conduits e^2, avec les rainures R de la contreplaque M, qui reçoivent le gaz des tuyaux e^3 (fig. 10 et 12). Le gaz arrive ainsi à la partie supérieure des chambres d'allumage, dont la partie inférieure communique, par ff', avec l'air atmosphérique et les flammes des brûleurs f_2, (fig. 13). La chambre h de la contreplaque se trouve alimentée (fig. 9, 10 et 11) par la lumière h' du tiroir de mélange détonant ramené à la pression atmosphérique par h_2.

Un peu avant l'explosion, l'une des poches d'allumage e vient au contact de la chambre h, dont elle fait détoner le mélange. Immédiatement après, le tiroir met h en communication, par e, avec la lumière d'allumage d, où la pression de l'explosion de h projette la flamme avec assez de puissance pour déterminer l'allumage au cylindre moteur. Après chaque explosion, le cylindre à vide aspire, par h_2' (fig. 11) les produits brûlés de h. Les tôles *g* (fig. 12) servent à empêcher les flammes *f*, d'être soufflées par l'explosion dans *h* et *e*.

La coulisse ondulée *n* (fig. 7), commandée par le bouton *n'* (fig. 12), accélère le mouvement du tiroir au moment de l'allumage, de manière à transporter très rapidement les lumières d'allumage en *d*. L'aspiration du mélange au cylindre moteur, par *a d*, a lieu quand le bouton *n'* est vertical, et l'allumage quand il est au point mort.

Le tiroir auxiliaire *j* marche aussi moitié moins vite que le moteur; sa lumière longitudinale *j*, communique (fig. 14, 15 et 16) toujours avec l'échappement I' du cylindre moteur et avec les lumières transversales *j'* (fig. 16), qui mettent ainsi le cylindre moteur en communication, par *f'*, avec la chambre d'échappement F, ou, par F² (fig. 15) avec l'espace annulaire B'. Les gaz aspirés en B sont ensuite refoulés, par EE' dans F.

Le régulateur agit, comme nous le verrons au chapitre spécial, sur l'admission du gaz.

Ch. Emmet (*).
(Fig. 6 à 20, Pl. 41.)

Machine horizontale. Dans ce moteur, la face-avant du piston ne fait qu'aspirer l'air puis le refouler, par un double jeu de clapets (fig. 10), dans le réservoir de compression *f*; le gaz est refoulé, par une pompe spéciale *s* et la boite à clapet *i*, dans le diffuseur *x y'* du cylindre moteur (fig. 9). L'air est refoulé au cylindre à travers la soupape K (fig. 8). Le gaz s'y diffuse à travers les perforations de la plaque X X.

Dès que, l'échappement *g* étant ouvert (fig. 10), la pression au cylindre moteur baisse assez pour permettre à la soupape *k* de s'ouvrir sous la pression de l'air en *f* cet air, admis en *j'*, achève

---

(*) Brevet anglais 397 (26 janvier 1882).

de balayer, par *hg*, les produits brûlés hors du cylindre moteur,
L'échappement *g* ne s'ouvre qu'au bout de la course.

L'allumage se fait par propagation de flamme au moyen d'un robinet tournant.

La pompe *s*, dont on peut faire varier la course, refoule le gaz dans un réservoir *w*, muni d'une soupape de sûreté qui laisse le gaz retourner à la pompe dès qu'il dépasse une certaine pression.

Le régulateur agit en fermant la prise de gaz *i*.

Enfin, le moteur est muni d'une mise en train qui sera décrite, comme les mécanismes d'allumage et de régularisation, aux chapitres spéciaux.

Haigh et Nuttal (*).
(Fig. 20 à 22, Pl. 42, et 1 à 9, Pl. 43.)

Le premier moteur de MM. Haigh et Nuttall présente la particularité que le gaz se détend simultanément dans deux cylindres de même diamètre, mis en rapport, au moment de l'explosion, par un conduit *g*. L'échappement s'opère par la cavité *e* du tiroir *t* et par les ouvertures *e'*, à l'extrémité de la course du piston d'arrière.

L'admission du mélange a lieu par une valve à papillon *m n*, le tiroir *j* (fig. 22) ne servant qu'à l'allumage, qui se fait par un transport de flamme sous pression.

La seconde machine de MM. Haigh et Nuttal (fig. 1 à 9, pl. 43), fonctionne d'une manière analogue à celle de Clerk. Le gros piston *d* aspire, par *h i* et *k* (fig. 2), un mélange d'air et de gaz, puis de l'air seul, qu'il refoule ensuite dans le cylindre moteur *a*. par *t u*, en chassant les produits brûlés par l'échappement *v*, situé au tiers de la course. Le piston moteur comprime ensuite le mélange, dès qu'il dépasse *v*.

(*) Brevets anglais 614 (8 février 1882), et 2517 (21 mai 1183).

Le régulateur agit, comme nous le verrons au chapitre spécial, sur la prise de gaz.

L'allumage a lieu par propagation de flamme sous pression.

Wordsworth et Lindley (*).

(Fig. 1 à 19, Pl. 42.)

Les moteurs à compression de MM. Wordsworth et Lindley se recommandent par quelques détails de construction ingénieux.

1er *type* (fig. 1 à 9). Le premier type de ces moteurs est représenté par les figures 1 à 9 de la planche 42.

Le cycle est le suivant : le piston b', de la pompe de compression b, aspire, à travers le clapet i, le mélange détonant d'air et de gaz; au retour, il comprime ce mélange qu'il refoule dans la chambre d'explosion c, à travers le conduit 2 et le clapet de retenue 5 (fig. 1 à 5).

Lorsque le piston de la pompe arrive au fond de course-arrière, le bord 4 de la cavité 5 du tiroir e (fig. 5), sépare la pompe de la chambre de combustion c.

Le tiroir e ouvre la communication entre la pompe de compression et la chambre de combustion c quand la soupape d'échappement f est encore levée, pour chasser les produits brûlés de l'explosion précédente. La soupape d'échappement ne se ferme qu'un peu après l'ouverture de la soupape d'admission d, de manière que tous les produits brûlés soient balayés par la charge fraîche, et chassés du cylindre.

Les diverses opérations du cycle sont représentées sur le diagramme de la figure 9, dans lequel les chiffres 1, 1', 2, 2', 3, 3'... indiquent les positions correspondantes des boutons des mani-

----

(*) **Brevet anglais 703 (14 février 1882).**

velles des cylindres moteurs et comprimeurs, sur leurs cercles respectifs.

En 1 et 1', la charge est admise dans la chambre *c* ;
En 2 et 2', ouverture de l'échappement *f* ;
En 3 et 3', la charge pénètre dans la chambre d'explosion, la soupape
           d'admission *d* se ferme ;
En 4 et 4', le tiroir *e* fait communiquer la pompe avec la chambre *c*.
En 5 et 5', ouverture de la soupape d'admission *d*.

Le tiroir *e* détermine l'allumage par un transport de flamme sous pression qui ne présente rien de bien particulier.

La soupape d'admission *d* est équilibrée (fig. 4) par un piston 14. Tant qu'elle demeure fermée, la pression du mélange comprimé en *c* s'équilibre sur la soupape et ce piston ; dès que la soupape s'ouvre, la pression sur le piston agit seule et achève de soulever la soupape, de manière à dégager largement l'orifice d'admission. L'air admis en 15, au-dessus du piston, fait ressort, et amortit la brusque levée de la soupape.

Le tuyau 22 sert à balayer les produits de l'explosion renfermés dans la chambre *c*, en y envoyant, à l'échappement, une chasse d'air comprimé par la face-avant du piston de la pompe.

2ᵉ *type* (fig. 9 à 20). Dans ce moteur, représenté par les figures 9 à 20, la soupape d'admission *d* est supprimée et la chambre de compression *c* se trouve dans le prolongement du cylindre moteur ; on est alors obligé d'admettre le mélange comprimé de la pompe dans le cylindre moteur avant que le piston n'ait complètement terminé sa course-arrière, sous peine d'exagérer la compression.

Le piston moteur expulse lui-même la moitié environ des produits de la combustion ; l'autre moitié est chassée par la charge fraiche, qui pénètre en même temps par l'arrière du cylindre.

Après l'expulsion complète des produits brûlés, la soupape d'échappement *f* se ferme, les deux pistons, moteur et compresseur, achèvent leur course-arrière et compriment le mélange. Le piston compresseur est en avant de l'autre, de sorte qu'il a déjà commencé une nouvelle course-avant, ou d'aspiration, quand le piston moteur arrive au fond de sa course-arrière.

On suivra facilement les opérations de ce cycle sur les figures 10 et 11 et sur le diagramme de la figure 13, où l'on on a représenté : de 1 à 2, la période d'explosion et de détente, de 2 à 3, l'échappement, de 3 à 4, la compression.

Pendant sa course-avant, le piston compresseur aspire un mélange d'air et de gaz à travers le mélangeur 20, représenté en détail par les figures 17 et 18. Au retour, il refoule ce mélange à travers le tuyau 7 et les soupapes de retenue 8 et 9, placées dans le couvercle du tiroir *e* (fig. 15) ; cette dernière soupape, chargée par la pression du cylindre moteur, se lève dès que la pression au cylindre s'abaisse, par l'ouverture de l'échappement *f*, au-dessous de la pression de la pompe.

Dès que la soupape 9 s'ouvre, la charge comprimée par la pompe pénètre dans le cylindre moteur, dont elle chasse, par l'échappement *f*, les produits brûlés, concurremment avec l'action du piston moteur qui accomplit alors sa course-arrière ; puis le cycle continue, comme on l'a exposé plus haut.

Le tiroir *e* sert à admettre le mélange de la soupape 9 à la chambre d'explosion *c*, et à l'allumage : son mouvement s'accélère lorsqu'il s'approche du bas de sa course, de façon à ménager, entre la fermeture de l'admission et l'allumage, le temps nécessaire pour laisser le piston moteur arriver au fond de course.

Le régulateur agit, comme nous le verrons au chapitre spécial, sur la prise de gaz.

Le piston moteur *a* porte un prolongement *a'*, de diamètre un peu plus faible, de façon à faire couvrir et découvrir l'orifice de l'échappement *f* par ce plongeur, à éviter en partie, aux garnitures du piston proprement dit, le contact des gaz brûlés, et à réduire leur usure.

John Fielding (*).
(Fig. 1 à 17 et Pl. 44 et 45.)

1er *type*. La machine de Fielding, que nous allons décrire, diffère de la machine du même inventeur, décrite à la page 171, par quelques détails de construction et par l'addition d'une pompe de compression permettant au moteur de donner une explosion par tour.

Le piston E, de la pompe de compression aspire, pendant sa course-arrière et par le trajet S R R, (fig. 2 et 3) de l'air dans l'espace annulaire O. Cet air, en arrivant au contact du diffuseur T′, se mélange intimement au gaz admis par la soupape T. Le mélange détonant ainsi formé passe par M N (fig. 1, 4 et 5) dans le cylindre D de la pompe de compression.

Lorsque les pistons, moteur c et compresseur E, sont arrivés au fond de leur course-arrière, la partie du réservoir annulaire O située entre le robinet d'admission d'air P et le diffuseur T ne renferme que de l'air, tandis que le reste de ce réservoir, et le cylindre de la pompe P, sont remplis de gaz et d'air intimement mélangés.

Un peu avant la fin de la course-arrière, le piston C découvre la lumière B (fig. 1) et laisse s'échapper dans le réservoir O l'air aspiré entre les pistons C et E, pendant la course-avant précédente; cet air sort par la valve P et les conduits QS (fig. 3), la conduite B se trouve ainsi purgée des produits de la combustion, et l'air qui s'échappe par B vient s'ajouter à celui qui se trouve déjà dans la première partie du réservoir O, pour assurer l'inocuité contre les explosions prématurées.

Le volume du mélange aspiré à chaque course excède le volume du cylindre moteur du double de la différence des cylindrées de C et de E. Ce volume est formé d'un mélange détonant de

---

(*) Brevets anglais 994 (1er mars 1882) et 3070 (23 juin 1883).

volume égal à celui du cylindre moteur et d'une masse d'air pur qui sépare le mélange des produits de la combustion et balaye, en s'échappant, la chambre d'explosion.

L'avant du cylindre est fermée par un couvercle mobile H, cylindrique et faisant tiroir pour distribuer le mélange, de la pompe de compression au réservoir, par les conduites M et N. Cette disposition, qui a pour principal objet de réduire la longueur de la machine, paraît très difficile à réaliser et à entretenir.

Moteurs à pompe séparée (fig. 6 et 7). Dans ce moteur, la manivelle H de la pompe de compression est à 120° environ en avant de la manivelle motrice.

La lumière IJ est découverte par le piston B pendant un tiers de révolution, à chaque fond de course : le gaz arrive, comme dans la machine précédente, par un diffuseur K, soumis à l'action d'un régulateur. L'échappement se fait par L.

Le cycle d'une révolution du moteur est représenté par les figures 9 à 14. L'air, aspiré par la face-avant du piston moteur B, pénètre par I dans le cylindre de la pompe de compression, en se mêlant, autour du diffuseur J, au gaz admis pour constituer le mélange détonant. L'examen des figures 9-14 indiquent comment le piston moteur B agit, à la manière d'un tiroir, pour distribuer l'air au cylindre de la pompe et le mélange au cylindre moteur.

La figure 14 représente une machine de ce type à deux cylindres, avec une seule pompe de compression E, à double effet, à manivelle H disposée comme l'indique la figure 15 par rapport aux manivelles D des cylindres moteurs.

Allumage par l'électricité (fig. 16 et 17). Le courant passe, pendant presque toute la durée d'une révolution de la came G, de I à J, par les contacts A et C. Au moment de l'explosion, la came K (fig. 16) échappe G sous la poussée du ressort H, et sépare les contacts ; une étincelle jaillit et enflamme le mélange dans lequel se trouvent plongés les contacts. La came K sert à empêcher tout accident au cas où la machine tournerait en contresens.

Type de 1883 (*). Les nouveaux moteurs de Fielding, représentés par les figures de la planche 45, présentent un grand nombre de particularités.

Le cylindre moteur B porte (fig. 9), dans son prolongement, au lieu d'une chambre de combustion, un cylindre auxiliaire A, pouvant communiquer avec lui par les ouvertures C. Le petit piston A découvre ces ouvertures à l'extrémité de sa course, avant que le piston moteur B′ ne découvre les ouvertures d'admission D. Les produits de la combustion s'échappent alors, par les ouvertures C, au travers du tube A_1, en partie chassés par la charge fraîche admise par D. Les ouvertures C sont ensuite repassées par le piston auxiliaire A_1, et le mélange détonant est comprimé par le piston B′, jusqu'à la fin de la course-arrière.

L'allumage a lieu par incandescence, comme nous le décrirons au chapitre spécial, au moyen d'un mécanisme placé en E E′.

La *transmission* du mouvement du piston moteur B à celui de la pompe N est originale ; elle est représentée shématiquement par le diagramme de la figure 12, dont les traits pleins indiquent la position des mécanismes correspondant à celle du piston moteur quand il va découvrir les ouvertures d'admission D. Le piston N′ de la pompe se trouve alors au bout de sa course ascendante ou d'aspiration. Pendant que la manivelle motrice passe de la position M à la position pointillée, le piston de la pompe décrit la totalité de sa course foulante, et le piston moteur ouvre puis ferme les admissions D. La course foulante du piston de la pompe s'accomplit ainsi tout entière pendant que la manivelle motrice décrit le tiers d'un tour.

On reconnait facilement, sur les figures 9 et 13, les éléments du diagramme 12, affectés des mêmes lettres.

Le gaz pénètre dans la pompe par la crépine perforée N_2, après avoir traversé la valve à gaz O.

Le mélange est refoulé vers les ouvertures d'admission D à travers le long tuyau Q. La prise de gaz N_3 étant placée tout

---

auprès de la pompe, le tuyau Q se trouve, au commencement de
l'aspiration, rempli d'air presque pur, qui sert à séparer le mélange admis dans la pompe des produits brûlés provenant de
l'explosion au cylindre moteur.

Moteur à trois cylindres. Les figures 1 à 8 représentent un moteur de ce genre à trois cylindres. On y reconnaît les cylindres moteur B, et auxiliaire A_1; les conduits d'admission b; les pompes de
compression se trouvent en C, dans le prolongement des cylindres.
Ces pompes C, C_2, C_3 sont reliées respectivement aux cylindres B,
B_2, B_3, par les tuyaux h, h_2, h_3 et par le distributeur E.

Dans la position indiquée par la figure 1, la pompe C charge l
cylindre B_3; C_2 le cylindre B, et C_3 le cylindre B_2.

Quand les manivelles motrices tournent en sens inverse, C
charge B_2, C_2 charge B_3, et C_3, B.

Ce renversement des communications entre les pompes et les
cylindres s'opère au moyen de la *valve de renversement* ou de
changement de marche E, ainsi que l'indiquent les figures 4 à 6.
La valve de renversement est représentée par les coupes 3 à 6
dans sa position neutre, fermant à la fois les conduits F_1, F_2, F_3
qui aboutissent aux cylindres et les tuyaux H, H_2, H_3, qui aboutissent aux pompes. Quand le robinet de renversement occupe
cette position, la machine ne peut fonctionner comme moteur,
mais comme machine à air comprimé, les pompes servant de cylindres de mise en train.

Les rayons 1, 2, 3, — 4, 5, 6 (fig. 4) indiquent les positions à
donner au robinet pour qu'ils mettent en rapport avec leurs pompes
une, deux, ou trois paires de cylindres, en marche-avant ou en
marche-arrière.

Lorsque E se trouve dans la position 3, les lumières F et H_3
font communiquer la pompe C avec B_3, par le conduit central G
du robinet E. En 5, C' et B_3 communiquent par F_2 et H_2, en même
temps que C reste en rapport avec B_3. En 6, la communication
s'établit, de plus, entre C' et B. Si l'on tourne E en 3, 2 et 1, la
rotation du moteur change de sens, les communications s'établissant successivement entre C et B_2, C_2 et B, C' et B_3.

Le robinet I sert de distributeur aux pompes, quand elles fonctionnent comme *mises en train* (fig. 3 et 7).

Les lumières J et K de ce robinet communiquent avec le réservoir d'air T; J_1 et K_1 avec l'atmosphère. Les lumières f_1, f_2, f_3 aboutissent respectivement aux pompes C, C_1, C_2. Le robinet peut tourner et glisser autour de son axe, prenant les positions indiquées par les traces 7, 8, 9, 10, 11 et 12 (fig. 7); il est actionné par le train $L L_1 L_2 M M_1$ (fig. 2) et les leviers $N N_1$ (fig. 1), qui en déterminent la position le long de son axe.

Le robinet P (fig. 3 et 8), conduit par les roues $Q Q_1$ (fig. 2), distribue le gaz aux trois lumières $f f_1 f_2$, par les conduits à gaz $s s_1 s_2$; il reçoit le gaz de la boîte P_2 et le distribue successivement à $s s_2 s_2$, par les lumières R et R_1, suivant le sens de la rotation de la machine. Les conduits s, s_2, s_3 aboutissent (fig. 3) à des rainures v, creusées dans les fontes du cylindre et du distributeur, et percés de petits trous, de manière à diffuser le **gaz** à angle droit dans l'air de $f f_2$ et f_3.

Lorsque le robinet P occupe sa position moyenne, tous les conduits s, s_1, s_2 sont fermés, la machine cesse de fonctionner comme moteur à gaz.

On peut ne faire fonctionner que deux cylindres comme moteurs, le troisième agissant comme pompe de compression, de façon à obtenir au réservoir d'air une pression très élevée. Il faut pour cela, la machine tournant dans le sens de la flèche, (fig. 1), orienter E dans la position 4, glisser la valve à air I dans la position 9 (fig. 7), et le robinet de gaz P dans la position 15 (fig. 8). Dans ce cas, C et B_2 agissent comme un moteur à gaz, C_2 et C_3 comme pompes de compression au réservoir T. Si l'on ne veut employer qu'une seule pompe comme compresseur, il faut donner, aux robinets E, I, P, les positions 5, 8 et 14. C_3 fonctionne alors comme compresseur, C et B_3, C_2 et B_2 comme moteurs. Si la machine tourne en sens inverse, on obtient le premier résultat avec les positions 3, 10 et 16 (C^2 et C^3 compresseurs), et 2, 11 et 17 (C^1 compresseur, $C^2 — B^2$ et $C^3 — B$ moteurs).

Lorsque tous les cylindres fonctionnent comme moteurs, et que la machine tourne dans le sens de la flèche, les robinets E, I et P occupent respectivement leurs positions 6, neutre et 13; ils occupent les positions 1, neutre et 18, quand la machine tourne en sens contraire.

Pour la mise en train dans le sens de la flèche, il faut mettre E et P au point mort, I au point 7. La machine une fois en train, on met E au point 6 et P au point 13. Pour la mise en train en sens contraire, on met E et P au point neutre et I au point 12, puis, une fois le moteur parti, I au point mort, E et P aux points 1 et 18.

On peut, ainsi que l'indiquent les figures 16 à 19, adapter ce mode de renversement aux moteurs ordinaires à deux cylindres A et A', de M. Fielding, décrits à la page 228, en y ajoutant le distributeur représenté par les figures 17 à 19, mu par les engrenages D, D_1, et relié à la pompe par les lumières E, E_1. Les robinets F et F_1 permettent d'isoler la pompe B des orifices d'admission H ou H_1 des cylindres AA.

Les lumières I, I_1 du distributeur communiquent, par I_2 et I_3, avec un réservoir d'air comprimé; J et J_1 communiquent toujours avec l'atmosphère.

Sur la figure 17, l'enveloppe mobile C_1 et sa manivelle C_2 sont au point neutre; C_3 ne communique avec aucun des passages E, E_1, E_2.

Sur la figure 18, le conduit K s'ouvre en E_2. Lorsque le distributeur occupe cette position, et que le robinet F_1 ferme le tuyau G_1 (fig. 16), l'extrémité de la pompe B en communication avec les passages E, E_1 commence à agir comme un compresseur, aspirant l'air par JJ_1, et le refoulant au réservoir par I, I^1, I^2 et I^3. Le robinet de gaz relié à cette extrémité de la pompe est alors fermé.

Pour la mise en train, le distributeur occupe la position indiquée sur la figure 19; K et K_1 communiquent respectivement avec E et E_1, reliés aux extrémités de la pompe. Les robinets F et F_1 sont fermés, et l'air comprimé, admis au centre de C_3, est distribué par ce robinet aux extrémités de la pompe B, qui agit alors comme une machine motrice à air comprimé. Le moteur une fois en train, le distributeur est remis dans la position de la figure 17, et l'on ouvre les robinets F et F_1.

Le régulateur agit, dans ces machines, sur la quantité de mélange admise; on en trouvera la description au chapitre spécialement consacré à la régularisation.

Drake et Muirhead (*).

(Fig. 8 à 39, Pl. 44.)

La machine de Drake et Muirhead est à deux pistons, l'un moteur, 21, l'autre auxiliaire, 22, pour expulser les produits de la combustion et aspirer en même temps une charge de mélange frais.

Lorsque les deux pistons sont au fond de course-arrière, l'espace compris entre eux est rempli de mélange comprimé.

Vers la fin de sa course-avant, le piston moteur 21 découvre l'échappement 23-24 (fig. 39).

En ce moment, le piston auxiliaire 22, commandé par les engrenages elliptiques 41 et par le renvoi 42 43... 49 commence sa course-avant, lentement d'abord, puis d'un mouvement accéléré, en refoulant par 23 les produits brûlés.

Les deux pistons se rapprochent ainsi jusqu'à presque se toucher. Pendant ce temps, le tiroir 25 fait communiquer, par 26, la lumière 27 avec le conduit 28 (fig. 18), par où le piston auxiliaire aspire une charge fraîche dans le cylindre moteur.

Dès que le piston auxiliaire recule, il ouvre (fig. 20) sa soupape 30, de manière à laisser le mélange passer devant lui, ainsi que l'indique la flèche. Ce mélange se trouve alors comprimé, par le recul du piston moteur, entre sa face-arrière et le fond du cylindre, qui supporte seul la poussée de la compression et le choc de l'explosion.

Le jeu des soupapes du piston auxiliaire s'opère, ainsi que l'indiquent les figures 20 et 19, par le détachement des segments 32

(*) Brevet anglais 1717 (11 avril 1882).

dès que le piston recule. On peut remplacer ces segments par d'autres, 35 et 36 (fig. 21 à 24), entourrant complètement la soupape 34.

Dans le tiroir d'admission et d'allumage 25, la contre-plaque est remplacée (fig. 25, 26 et 39) par un jeu d'osselets 53, pressés sur le dos 54 du tiroir par un ressort 52, qui atteint sa plus grande compression à l'allumage, et qui n'exerce que très peu de pression avant et après la compression du mélange.

La chambre d'admission, ou le mélangeur 55, située (fig. 39) derrière le tiroir, communique avec les amenées d'air et de gaz 57 et 58 (fig. 27 à 30), par un clapet qui se ferme quand la machine s'arrête, ou sous l'action du régulateur, quand elle s'emporte. L'explosion et la compression ferment automatiquement ce clapet, qui ne s'ouvre que sous l'aspiration du piston auxiliaire.

Le régulateur agit en maintenant ouverte la soupape 71 (fig. 27 et 28), qui laisse la chambre de mélange 55 toujours en rapport avec l'atmosphère (fig. 28). Dès que les boules se lèvent, le levier 74 revient frapper le taquet 76 du tiroir 21 ; ce choc ouvre la valve de rentrée d'air 71, qui reste ouverte ensuite, par l'enclenchement de 77 avec 75, jusqu'à ce que l'abaissement des boules du régulateur le déclenche de nouveau (fig. 27).

On peut aussi faire agir le régulateur sur le piston auxiliaire, en lui faisant déclencher l'encoche 66, ce qui ne peut avoir lieu, grâce au taquet 68 (fig. 38), que si le piston auxiliaire est au fond de course-arrière. Ce piston reste alors immobile jusqu'à ce que le moteur ait repris sa vitesse de régime. Le contrepoids 69 (fig. 18) permet de varier la sensibilité du régulateur.

S. Worsam (*).
(Fig. 1 à 6, Pl. 46.)

La marche de ce moteur est facile à suivre sur les figures.

Après l'explosion, pendant la course motrice, le piston de la

(*) Brevet anglais 2126 (5 mai 1882).

pompe N aspire, par les soupapes *a* et *g* (fig. 4) le mélange d'air
et de gaz. La soupape *a* se lève automatiquement, par la pression
atmosphérique ; la soupape *g* se lève sous l'action de la came
d'admission de gaz G. Elle laisse le gaz amené par le tuyau *g'*
(fig. 2) se mêler, par les jets des ouvertures T, à l'air admis par *a*.
Vers le milieu de la course, l'admission du gaz se ferme, et il
n'entre plus, dans le cylindre de la pompe, que de l'air pur.

Lorsque le piston moteur arrive à la fin de sa course-avant,
l'échappement anticipé s'opère par les ouvertures E (fig. 3) ; cet
échappement est complété, au retour, par le refoulement du
mélange de la pompe précédé de sa masse d'air.

Dès que le piston moteur recouvre les orifices E, la compression commence.

L'admission du mélange refoulé par la pompe au cylindre moteur, et sona spiration, se font à travers le disque-tiroir J, oscillant (fig. 5) et appuyé sur son siège par un ressort R.

Ce tiroir sert aussi à l'allumage par le transport, dans N, d'une
flamme W, alimentée par le tuyau flexible X, et rallumée par le
brûleur V (fig. 6).

Le régulateur ferme l'admission du gaz, en faisant glisser le
manchon de la came G (fig. 4) sur l'arbre de distribution.

Carl Beissel (*).
(Fig. 31 à 37, Pl. 44.)

Le cycle de ce moteur est le suivant :

Après l'explosion, le piston moteur commençant sa course-arrière et l'échappement 6 étant encore ouvert, la pompe refoule
dans le cylindre moteur, par 10, 11, 9 et 5 (fig. 33), un mélange
d'air et de gaz, qui achève de chasser les produits de la com-

---

(*) Brevet anglais 3435 (19 juillet 1882).

bustion. Ce mélange est ensuite comprimé par le piston moteur, dès qu'il a recouvert l'échappement.

Vers la fin de la course motrice, il se produit, par la lumière 6, un échappement anticipé, complété par une chasse d'air comprimé admise, du réservoir 4, par le conduit 7 et la soupape 8.

Le retour de flammes du cylindre moteur à la pompe est empêché par un amas de billes 22 prises (fig. 33) entre deux boites métalliques.

Le tiroir ne sert qu'à l'allumage. Dans la position indiquée sur les figures 31, 32 et 34, la partie supérieure 13 de la cavité centrale du tiroir communique (fig. 34) avec l'atmosphère; la partie inférieure 15 reçoit le gaz du brûleur 17$_a$, qui s'allume au bec permanent 16. La cloison 14 permet au gaz de 17$_a$ de se maintenir allumé pendant que le tiroir marche vers la lumière d'allumage 18.

La cavité 17 (fig. 32) est toujours maintenue par 19 (fig. 31), pleine de gaz à la pression du cylindre moteur, de sorte que, la chambre d'allumage 13-15 se trouve, dès qu'elle fait communiquer la flamme de 17 avec le brûleur 18, entourée, en avant et en arrière, par du gaz à cette pression.

On peut munir le tiroir (fig. 35 et 36) de deux chambres d'allumage et de deux flammes 20 et 21, de manière qu'il allume une explosion à chaque course et marche deux fois moins vite que le moteur.

J. R. Woodhead (*).
(Fig. 1. à 8, Pl. 48.)

La machine comprend deux cylindres moteurs, b, b_1, et une pompe de mélange et de compression g. Son cycle est le suivant :

(*) Brevet anglais 21 (1er janvier 1883).

Pendant sa première course ascendante, le piston de la pompe aspire, à travers le mélangeur M N (fig. 3), de l'air et du gaz qu'il comprime et refoule, dans sa course descendante, jusqu'à ce que la valve d'admission w du cylindre b, par exemple (fig. 4), s'ouvre et laisse le mélange y pénétrer à travers la soupape de retenue z. Quand la pompe a terminé sa première course descendante, le piston c du cylindre b n'a pas encore fini la sienne, qu'il achève, la soupape d'admission w étant fermée, en comprimant encore plus le mélange dans la chambre d'explosion $w_{_2}$. Après l'explosion et la détente dans le cylindre b, les produits brûlés s'en échappent par la soupape d'échappement E (fig. 2), pendant la seconde course descendante.

Le cylindre $b_{_1}$ fonctionne comme le cylindre b, mais avec un retard de 180°, de sorte que sa période d'aspiration coïncide avec la période motrice de b.

Chacun des cylindres ne donne donc qu'un coup tous les deux tours, mais la combinaison des deux cylindres fait que le moteur fournit, en réalité, une course motrice par tour.

La distribution est commandée par trois cames p, q, r (fig. 1), montées sur l'arbre o, qui tourne deux fois moins vite que le moteur.

Les soupapes d'admission sont commandées par la came p (fig. 4) et le levier l, t, u, dont le quatrième bras v actionne, par l'articulation y, les deux tiroirs d'allumage $y_{_2}$ et $y_{_4}$ (fig. 6, 7 et 8).

Les soupapes d'échappement E, $E_{_1}$, sont commandées par la came g et les leviers A et B.

La soupape L (fig. 2) admet le gaz au distributeur M N de la pompe de compression; elle est commandée par la troisième came r, qui la ramène à droite ou à gauche par le levier H, mobile comme les autres autour de C (fig. 5), et dont l'extrémité J attaque la tige de la soupape par le bout incliné de la dent K.

Le régulateur soulève plus ou moins, par QR (fig. 3), l'extrémité J, de manière à faire varier, par la durée de sa prise avec le déclic K, le dosage du mélange admis à la pompe de compression.

L'allumage s'opère (fig. 7 et 8) à l'aide d'un inflammateur à incandescence de Watson, décrit au chapitre de l'allumage.

Le moteur de M. Woodhead pèche par une complication inutile, la pompe, qui n'a pas, comme dans les moteurs à un seul cylindre, l'avantage de multiplier les explosions; c'est payer cher la faculté de balayer le cylindre moteur par un appel d'air froid admis, par z, à la course ascendante qui suit l'échappement, puis rejeté en partie, pendant la course de compression, à travers la soupape d'échappement, ouverte pendant à peu près les 2/3 de cette course.

Maxim (*).
(Fig. 9 à 17, Pl. 48.)

Le cycle de ce moteur, qui présente quelques particularités remarquables, est le suivant :

On fait faire, pour la mise en train, un tour au volant : la pompe a aspire le mélange détonant d'air et de gaz par O et P (fig. 14) et le refoule dans la chambre d'explosion u, à une pression d'environ 4 atmosphères.

C'est à cette compression élevée qu'a lieu l'explosion. Pendant sa course motrice, l'avant du piston comprime de l'air dans la chambre S. Lorsque le piston se trouve à 25 millimètres environ du fond de course-avant, sa crosse vient heurter le levier G et ouvrir à l'échappement anticipé la soupape D; le piston découvre ensuite les ouvertures T, par lesquelles l'air comprimé dans S refoule et chasse, par D, les produits de la combustion. La détente de cet air par la chaleur du cylindre suffirait pour lui faire expulser complètement ces produits, et laisser le cylindre rempli d'air pur.

Au retour, le piston, aspire de l'air par les clapets R. L'échappement D se ferme dès que le piston recouvre les trous T; en ce

---

*) Brevet anglais, n° 132 (9 janvier 1883).

moment la pompe refoule *très vivement*, par l'impulsion de la
came *w* (fig. 11) du mélange détonant dans le cylindre.

La machine donne donc régulièrement un coup par tour.

Régulateur. Le régulateur agit en diminuant le nombre des
explosions ; pour cela, dès que le moteur s'emporte, l'action de
la force centrifuge sur le poids *j*, relié au volant par une lame
flexible (fig. 17), et appuyé par sa tige *k* sur le levier *l*, amène
ce levier dans la position indiquée sur la figure 9, malgré l'antagonisme du ressort *i*. Le pivotement du levier *l* autour de
ses axes *n* rapproche, par *p*, la came W du volant et la déclenche du galet *x*, de sorte que la pompe ne marche plus. Quand
la vitesse diminue, le ressort *i*, ramenant le levier *l* à sa position primitive, renclenche la came W et son galet.

Mélangeur. Le mélange d'air et de gaz est aspiré à la pompe
par les tuyaux O et P, à travers le jeu de soupapes 6 et 7
(fig. 14), la soupape 7 ne s'ouvrant que si le conduit du gaz est
suffisamment étranglé et l'aspiration par la pompe suffisamment
rapide. On peut faire varier la rapidité et l'étendue de cette aspiration en remplaçant la came plate W par une came à ondes
manœuvrée par le régulateur.

Graduation du mélange. Les gaz qui arrivent dans le cylindre
par le refoulement de la pompe de compression n'ont pas le
temps de se mélanger complètement, avant l'explosion, à l'air
comprimé par le piston dès qu'il dépasse les ouvertures T ; la
richesse du mélange va donc en décroissant de la culasse au piston
comme avec le moteur Otto.

Les trous T suffisent pour laisser l'air expulser en $\frac{1}{14}$ de la
course les gaz brûlés du cylindre.

Bielle courte. La bielle est faite à dessin très courte, pour
augmenter la durée de la course-arrière du piston — celle de
l'échappement et de l'admission d'air — et diminuer, en même
temps que la durée de la course-avant, l'influence du refroidissement des parois sur le rendement de l'explosion.

Les dimensions de la chambre à air S sont telles que la pression n'y dépasse pas $0^k,350$ par centimètre carré.

Enveloppe. L'enveloppe d'eau n'est pas venue de fonte avec le cylindre, mais assemblée par des joints légèrement coniques.

Allumage. L'allumage se fait par propagation de flamme sous pression, à l'aide d'un tiroir spécial L (fig. 13). La chambre d'allumage m de ce tiroir est d'abord remplie d'air aspiré à travers la lumière f par le tirage de la cheminée du brûleur g, puis, en remontant et en étranglant peu à peu l'admission d'air f, m se remplit de gaz enflammé fourni par g. En d, se trouve une chambre à gaz percée d'un petit trou d', par lequel elle se met, à travers le conduit c, en équilibre de pression avec le gaz comprimé dans la chambre d'explosion u du cylindre. Le tiroir, montant toujours c, se sépare de d', qui vient ensuite, par le conduit oblique e, mettre la chambre m en équilibre de pression avec d et u, de sorte que sa flamme s'élance d'elle-même dans le cylindre, dès que m arrive en face de k.

On peut achever d'assurer l'allumage en traçant sur le tiroir une petite rainure, laissant un peu de gaz du cylindre pénétrer dans m lorsque cette chambre communique avec la cheminée et f.

Admission. Le fonctionnement de la soupape d'admission l est automatique (fig. 13); elle s'ouvre dès que la pression effective de la pompe est suffisante, et sert aussi à introduire de l'huile dans la pompe et au cylindre.

Soupape de sûreté. La soupape de sûreté c (fig. 10), chargée à $6^k,30$, a pour objet de parer aux explosions qui pourraient se produire à contre-sens, pendant la course-arrière du piston.

Diagramme. La figure 16, qui donne le diagramme théorique du moteur Maxim, permet de s'en représenter le cycle. La compression y atteindrait le chiffre très élevé de 5 atmosphères environ; la pression, de 14 atmosphères à l'explosion, s'abaisserait, par la détente seule, en m, jusqu'à 1 atmosphère seulement, mais il semble douteux que cette machine arrive, malgré l'ingéniosité de sa distribution, à une pareille perfection.

W. E. Hale (*).
(Pl. 49.)

1er *type*. Le cycle du moteur de Hale représenté par les figures 1 et 2 de la planche 49 est le suivant :

L'air, aspiré par la face-avant du piston moteur à travers le clapet v (fig. 2) et le conduit z', est refoulé par w dans la chambre a, dont la soupape c' est alors maintenue par la pression de l'explosion.

Vers la fin de sa course motrice, le piston découvre l'orifice d'échappement, dont la soupape x est alors ouverte; l'abaissement de pression déterminé par cette ouverture laisse l'air comprimé en a soulever le clapet c', et chasser les produits de l'explosion.

La compression se fait, au retour du piston moteur, en même temps que l'introduction du gaz, à l'aide d'un dispositif spécial représenté en détail par la figure 3.

Ce dispositif consiste essentiellement en un piston j, aspirant le gaz par t, entre sa face-avant et la soupape h, puis le refoulant dans le cylindre moteur par g, pendant sa course-avant. La soupape h, pressée par un ressort sur le piston j, en suit tous les mouvements, de sorte que la totalité du gaz aspiré est toujours rejetée du cylindre D, quelle que soit la pression dans le cylindre moteur. Le dosage du gaz reste ainsi parfaitement déterminé par la course du piston j; on peut le régler en faisant varier l'orientation de l'excentrique G (fig. 2), dont la tige commande aussi, par t'' H, l'ouverture de la soupape x, qui règle l'échappement et l'admission d'air.

(*) Brevet anglais, n° 2192 (1er mai 1883).

Le piston j sert aussi pour l'allumage, comme nous le verrons au chapitre spécial.

2° *type*. Le deuxième type des moteurs de Hall est représenté par les figures 4, 5 et 6.

Les pistons sont au nombre de trois : le piston moteur B, le compresseur B_2, et le fourreau B_1, muni de soupapes v.

B_2 glisse sur la tige a, ses deux tiges dd traversent B_1 et sont articulées au croisillon d_1 de la bielle d_2 qui attaque, en d_3, la contre-manivelle d_4.

La bielle b du fourreau B_1 porte une coulisse qui laisse passer librement le croisillon d_1.

L'échappement se fait par e_1 (fig. 5), le gaz arrive par s, l'allumage a lieu par q à travers les canaux hh; l'admission de l'air a lieu par les lumière i et t, reliées par un canal f, dont la soupape est en f_1.

La soupape d'échappement e_1 est manœuvrée par f_2 et l'excentrique E (fig. 6).

La prise de gaz est commandée par le levier G et l'excentrique G_2, dont la tige G_1 est soulevée par le régulateur, de manière à échapper G, dès que la vitesse augmente.

Lorsque les mécanismes occupent les positions indiquées sur les figures 4 et 5 et sur le diagramme (1) de la figure 8, l'arrière du cylindre A renferme le mélange détonant.

Après l'explosion, pendant la détente, B_2 s'écarte de B, en comprimant de l'air entre B_2 et B_1; quand B_1 découvre la lumière i, et B_2 la lumière t, l'air s'écoule, par f, dans l'espace compris entre B et B_2.

Quand B découvre t [diagramme (2)], l'air comprimé passe de B_1B_2 à l'arrière du cylindre, dont il chasse, par e_1, les produits brûlés. B et B_1 se trouvent alors au bout de leur course-avant.

B_2 continue d'avancer, au contraire, jusqu'à ce qu'il découvre l'admission du gaz S, qui se mêle [diag. (3)] à l'air compris entre B et B_2.

Au retour [diag. (4)] B chasse l'air renfermé à l'arrière du

16

cylindre, B_2 se détache brusquement de B_1 et comprime la charge entre B_2 et D [diag. (5)].

Après la compression [diag. (6)], B s'approche de B_2, la charge passe, par h, à l'arrière de B, qui finit par arriver au contact de B_2.

En ce point a lieu l'explosion [diag. (7)], la manivelle c étant dans une position favorable pour recevoir l'impulsion motrice.

La charge se trouve ainsi comprimée et enflammée sans détente préalable, quand la manivelle motrice est dans la meilleure position, par des mécanismes dont les mouvements sont rigoureusement reliés les uns aux autres.

Les autres figures de la planche représentent une machine à double effet, des mécanismes d'arrêt et de mise en train, qui seront décrits aux chapitres spéciaux.

Fig. 54 et 55. — Moteur de Hale, 3ᵉ pe

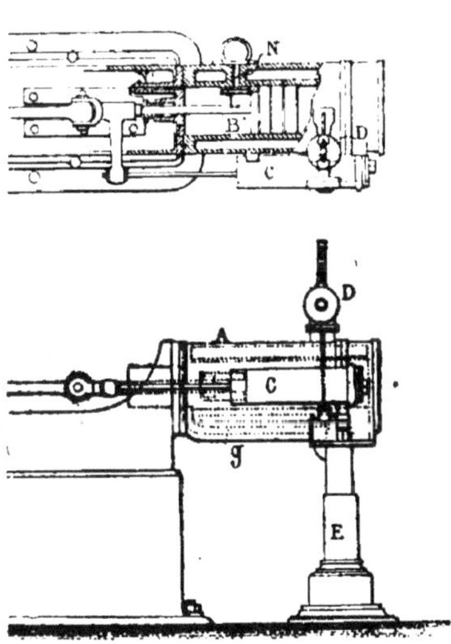

3e *type.* Le troisième type des moteurs de Hale est caractérisé par l'emploi d'une pompe spéciale C (fig. 54 et 55) destinée principalement à déterminer exactement le dosage du mélange.

C'est au piston moteur B' qu'incombe la fonction d'aspirer l'air par le conduit *g* et les clapets *h h'* (fig. 56) de la chambre à air E, puis de le refouler, au retour, par *j*, dans l'arrière du cylindre moteur, où il se mêle au mélange très riche refoulé en même temps par la pompe C.

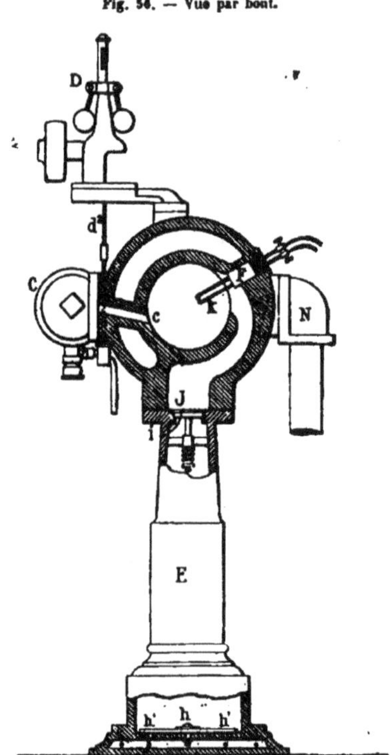

Fig. 56. — Vue par bout.

Après l'explosion, le piston moteur B' découvre, un peu avant la fin de sa course, l'échappement N, par lequel les produits brûlés sont expulsés par la chasse d'air que l'avant du piston refoule, par *g* E*j*, à l'arrière du cylindre.

Afin d'empêcher toute aspiration d'air par l'échappement N, le piston moteur porte une languette L (fig. 54) qui recouvre N au retour du piston et s'engage, au bout de la course-avant, dans la cavité N' du couvercle du cylindre.

La pompe de réglage est représentée en détail par la figure 57.

Le gaz y arrive par d autour du cône d'', manœuvré par le régulateur.

L'air arrive par le clapet b.

Le mélange est aspiré par a.

Le fond du cylindre de la pompe porte un plateau e poussé par un ressort sur le piston pendant une très faible partie de sa course aspirante, puis repoussé au fond de la course foulante de

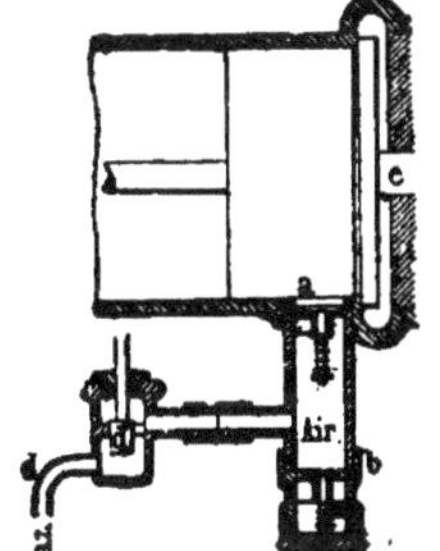

manière à presque annuler l'espace nuisible.

Les entrées au cylindre moteur, de l'air par j (fig. 56) et du mélange riche de la pompe par c, sont diposées de façon qu'ils forment par leur rencontre un mélange détonant homogène.

L'allumage par l'électricité a lieu en k, comme nous le décrirons au chapitre spécial. La richesse en gaz du mélange explosif refoulé par la pompe prévient tout danger d'explosion intempestive ou de propagation de la flamme du cylindre moteur à celui de la pompe.

Leo Funk.

(Fig. 13, Pl. 50.)

La machine de Leo Funk se distingue par l'emploi de deux pistons moteurs D, reliés à l'arbre par les systèmes HJn.

La pompe aspire le mélange à travers le diffuseur m, et le refoule, par A, au cylindre, entre les deux pistons D, qui achèvent de le comprimer avant l'explosion.

Le régulateur agit en dégageant du levier d'admission / la tige *g* du robinet à gaz.

Robson (*).
(Fig. 1 à 11, Pl. 50.)

Le fonctionnement de ce moteur est très simple.

Le piston moteur 2 aspire une charge d'air qu'il refoule, par la soupape de retenue 6, dans le réservoir 7; dès que le piston moteur dépasse l'ouverture d'échappement 8, cet air passe du réservoir 7 au fond du cylindre, par le conduit 14 et l'éjecteur 12, dont la soupape 10 est soulevée par le levier 15 (fig. 2). Le vide créé par cet éjecteur aspire de l'air et du gaz par les clapets 13. Au retour, le mélange est comprimé par le piston moteur, puis allumé par le tiroir 9, comme nous le verrons au chapitre spécial.

Dans la modification représentée par la figure 4, l'air est refoulé au réservoir 3 par une pompe spéciale 2. Le gaz, aspiré par 6 dans la petite pompe 4, est refoulé par le tuyaux 9. L'échappement a lieu par la lumière 10. Le piston 5 de la pompe à gaz est actionné par la pression et le vide qui se succèdent au réservoir 3.

Les autres figures de la planche se rapportent à des dispositifs particuliers décrits aux chapitres qui les concernent.

(*) Brevet anglais, n° 645 (6 février 1883).

N. de Kabath (*).

(Pl. 51.)

Les machines à gaz de M. de Kabath sont principalement destinées à fournir de très grandes vitesses de rotation; leur construction est relativement simple et robuste.

Leur fonctionnement est le suivant.

Le piston A aspire, dans sa course ascendante, de l'air, par la soupape P, dans la chambre d'explosion, puis cette chambre est mise, avant la fin de sa course, en communication, par U, avec l'espace V, au-dessous du gros piston B, de sorte que le vide s'égalise en T et en V.

Quand les pistons descendent, U se ferme; la soupape O admet du gaz dans la chambre T, puis se ferme, et le piston A comprime le mélange d'air et de gaz en T.

Lorsque A est parvenu au fond de sa première course descendante, l'allumage et l'explosion se produisent. Vers le haut de la course motrice, les gaz de l'explosion sont aspirés, par U, dans la chambre à vide V, en même temps que P laisse entrer, au bas de T, une chasse d'air pur achevant l'échappement par UV.

Le cylindre de A se trouve donc, à la descente du piston, en partie rempli d'air raréfié, qui se mêle ensuite au gaz de O, pour former le mélange explosif.

La machine donne, en marche normale, un coup par tour, le piston B servant à l'aspiration du mélange et à l'échappement. Les deux autres périodes du cycle, allumage et compression, s'effectuent par le jeu des distributeurs et du piston A.

La régularisation s'opère par la suppression de l'admission du gaz quand la machine s'emporte : le poids H maintient alors contre le volant le galet J, qui ne vient plus ouvrir, en appuyant sur L l'admission du gaz O.

(*) **Brevet anglais, n° 999 (23 février 1883).**

Le dosage normal de chaque admission est réglé par la tension du ressort R qui détermine le débit de l'aspiration à travers la soupape P.

L'allumage se fait par un transport de flamme sous pression, à l'aide d'un tiroir d'allumage E; le mélange, enflammé en w lorsque cette chambre vient en g, se trouve quand le tiroir descend et que w s'isole de g, porté, par le conduit d'équilibre d, à la pression du cylindre en T; l'ouverture de d est réglée par une vis b.

Le cylindre A est muni d'une soupape de sûreté z.

Le cycle des moteurs représenté par les figures 11 à 14 est le même que celui de la machine précédente, mais l'aspiration et le refoulement du mélange se font, en grande partie, par une pompe séparée D.

La machine tournant dans le sens de la flèche, la came J soulève, par le galet L, le piston de la pompe qui aspire, par a et g, le mélange détonant, qu'il refoule ensuite, par son poids et par la détente du ressort R, à travers la soupape O, dans la chambre d'explosion T, où se trouve déjà de l'air admis, comme dans la machine précédente, par P.

L'explosion a lieu quand le piston arrive au bas de sa course, puis l'échappement s'opère, de A dans la chambre à vide V, par les orifices U. Le piston B aspire les produits brûlés de V à travers le clapet V' dans le grand cylindre, d'où ils s'échappent par E'; il entre en même temps dans A une chasse d'air, par la soupape P.

Le volume de la pompe D est égal au sixième de celui de cylindre A.

Le régulateur HH agit (fig. 13) en écartant, par les leviers h, la came J de L, de sorte que la pompe cesse de fonctionner dès que la machine s'emporte.

On reconnait en E le tiroir d'allumage, en z (fig. 14) la soupape de sûreté.

Le moteur représenté par les figures 15 à 19 engendre lui-même le gaz nécessaire à sa marche par la volatilisation, dans la chambre m chauffée par la lampe Q, de l'huile volatile amenée par M.

A chaque retour du piston A, la soupape g s'ouvre par JLL' (fig. 19) laissant pénétrer derrière lui du mélange détonant formé en m, et qui s'allie ensuite avec l'air aspiré par a.

Quand le levier L', brusquement poussé par L, arrive en r, il lâche le déclic p du poids o, que le ressort F frappe contre l'écrou c ; ce choc ouvre un instant l'injection f du pétrole en m. L'air est admis en m par D, en même temps que se fait l'ouverture de g.

L'allumage a lieu par un tiroir N (fig. 16) muni d'une mèche rallumée par b'. Le brûleur permanent est en b.

On reconnaîtra, affectés des mêmes lettres, les principaux organes des deux machines précédemment décrites et sur lesquels il n'y a donc pas lieu d'insister.

Kœrting et Lieckfield (*).
(Fig. 10 à 18, Pl. 43.)

Dans le moteur de MM. Kœrting et Lieckfield, le mélange admis au cylindre moteur reste précédé d'une partie des produits brûlés faisant matelas sous le piston.

Le gaz et l'air composant le mélange détonant sont aspirés par la pompe b, puis refoulés, à travers le mélangeur d et le tuyau x, dans la chambre d'explosion c.

Après l'explosion, l'échappement a lieu, au retour du piston moteur, par les trous g g' et la soupape h, jusqu'au milieu de la course descendante, puis le reste des produits brûlés est comprimé au-dessus du mélange frais *localisé* en c. Cette chambre, de forme sphérique pour présenter une grande surface refroidis-

---

(*) Brevet anglais, n° 2702 (31 mai 1883).

sante, est en partie séparée du cylindre par une cloison déviatrice y qui réfléchit le mélange détonant admis par x, de sorte qu'il se localise en c par sa plus grande densité, sans se mêler sensiblement aux gaz brûlés. La compression s'opère par la descente simultanée des pistons moteur et de la pompe.

La figure 13 représente une modification de l'introduction du gaz en c par un prolongement du tuyau X.

Le mécanisme de régularisation est représenté par les figures 16 et 17. Quand la machine tourne trop vite, la manivelle A, reliée au régulateur, fait basculer, dans la chambre K (fig. 12), le levier B, de manière à fermer D et à ouvrir C; la pompe refoule alors, par $b'\ c'$, le mélange dans le réservoir accumulateur z. Quand la vitesse se ralentit, D s'ouvre et C se ferme, de sorte que la pompe refoule tout son mélange, par d_1, au cylindre moteur.

L'allumage de ce moteur sera décrit au chapitre spécial.

———

C. H. Andrew (*).

(Fig. 5 à 14, Pl. 52.)

———

La machine à compression de M. C. Andrew est ingénieuse; sa marche est la suivante :

Le piston b_1 de la pompe aspire, à travers le mélangeur f (fig. 5), une charge d'air et de gaz, par la cavité h_1 du tiroir h et la lumière i, depuis c' jusqu'en d (fig. 14), puis il refoule cette charge par $i\ h_2\ i'$ et j. La compression de la charge, dans la pompe et dans le réservoir j, dure de a' en b' (fig. 14). De b' en c', la compression cesse, le mélange étant admis au cylindre moteur a, suivant le diagramme de la figure 13.

Cette admission commence au point c; le mélange comprimé

<hr>

(*) Brevet anglais, n° 3066 (20 juin 1883).

admis à travers le tiroir k (fig. 6 et 12) par le trajet $jk^2l_1k_2a_1$ dans la chambre de compression a_2, en chasse les produits brûlés par l'échappement a_3 déjà ouvert depuis·le point b (fig. 13). En c, le piston moteur ferme l'échappement, puis la compression s'opère, au cylindre moteur, depuis e jusqu'en a.

En ce point a lieu l'allumage. La poche n du tiroir k vient communiquer par n' (fig. 12) avec la rainure o' de la contre-plaque (fig. 10 et 11) qui reçoit le gaz en o; la poche n se trouve ainsi pleine de gaz quand elle arrive devant le brûleur m et s'y enflamme, grâce à l'appel d'air par m_2. La flamme, emprisonnée dans n, allume, quand le tiroir revient vers la droite, le mélange sous pression enfermé dans l_1, un peu avant de communiquer par a_1, avec le cylindre, et y détermine une explosion préliminaire qui projette sa flamme dans a_1.

L'explosion et la détente agissent depuis a (fig. 13) jusqu'à l'échappement anticipé, qui commence en b.

Le gaz passe, avant d'arriver au mélangeur f, à travers la soupape e (fig. 8), soumise au régulateur, par le tuyau e_1 et les deux poches de réglage c_2 e_2 (fig. 6); la soupape f ne lui ouvre passage que par l'abaissement du diaphragme c^3 (fig. 5). Cet abaissement est provoqué par une dérivation de l'air comprimé par la pompe b dans le réservoir, amenée sur le diaphragme par le petit tuyau j (fig. 7).

La figure 8 représente le détail de la commande du tiroir de la pompe h, par h_4 h_5 h_6 h_7 à l'aide du même excentrique qui fait marcher le tiroir K du cylindre moteur.

P. Niel (*).

Fig. 1 à 4, Pl. 52.)

La marche de ce moteur est la suivante :

Dans sa course-avant, le gros piston D aspire d'abord, par O,

---

(*) Brevet anglais, n° 3135 25 juin 1883 .

du mélange détonant renfermé dans le réservoir M, jusqu'à ce que, l'échancrure N étant franchie, la tige ou le fourreau C vienne fermer O. A partir de ce point, D aspire : par R et Q de l'air, par R 1 2 et la soupape *s*, du gaz qui se mélange à l'air à travers le diffuseur *d*, puis enfin, quand le tiroir I ferme la lumière 1, de l'air seul par Q.

Au commencement de la course-arrière, cet air chasse, par R, 10, 11, 12, K et L, une partie des produits de l'explosion en A, à travers l'échappement 3, ouvert par 5 et 4 (fig. 3); puis l'échappement se ferme, le piston moteur comprime dans L le mélange admis, et le piston D refoule, par N O, l'autre partie du mélange dans le réservoir M.

Quand la machine s'emporte, le régulateur amène la came V en présence du taquet U du tiroir de détente T, entraîné par le tiroir principal. Cette butée, faisant reculer plus ou moins le tiroir T, arrive à faire communiquer, par son canal 7, les lumières 6 et 8 du tiroir de distribution, de sorte, qu'au moment de la compression, une partie du mélange admis au cylindre moteur retourne par 5, 4, 6, 7, 8 et 9 (fig. 4) au réservoir M. La vitesse de la machine est donc réglée par l'admission du mélange, dont le dosage reste invariable. Lorsque le tiroir principal retourne en avant, le tiroir auxiliaire vient buter sur la pièce 10 et fermer les lumières de réglage 6 et 8.

Le régulateur fonctionne, comme nous le verrons au chapitre spécial, par l'air même comprimé en R. Il peut aussi, quand le travail de la machine devient très faible, fermer la soupape du gaz S.

On obtient, avec ce moteur, une détente plus étendue que dans la plupart des machines de la même classe.

H. C. Bull (*).

L'ensemble du moteur de M. H. C. Bull est représenté par les figures 58, 59 et 60.

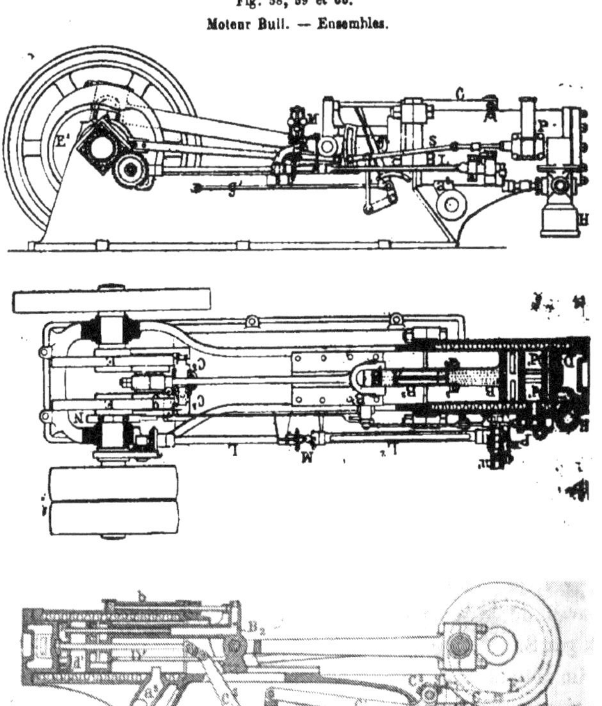

Fig. 58, 59 et 60.
Moteur Bull. — Ensembles.

Le fonctionnement de ce moteur est fondé sur le jeu de deux pistons, l'un moteur B, l'autre auxiliaire D, représentés en détail par les figures 61 et 62.

(*) Brevet anglais 5113 (29 octobre 1883).

Le piston B, se trouvant au bout de sa course-avant, découvre l'échappement a_2 et le piston auxiliaire le rattrape, achevant ainsi l'expulsion des produits de l'explosion, en même temps qu'il aspire derrière lui une charge de mélange détonant.

Les deux pistons retournent ensuite d'accord, en comprimant le mélange jusqu'à ce que, vers la fin de la course-arrière, le piston auxiliaire, se détachant de nouveau du piston moteur, laisse le mélange comprimé pénétrer entre les deux pistons par les soupapes d' (fig. 61 et 62).

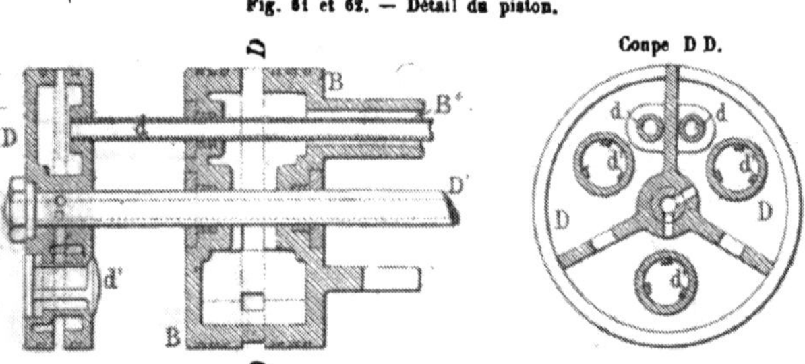

Fig. 61 et 62. — Détail du piston.

L'explosion se produit alors et repousse le piston B.

Le piston auxiliaire D reçoit les mouvements nécessaires à l'accomplissement des fonctions que nous venons de décrire de sa tige D', commandée par les rainures des disques-manivelles E ou E', à l'aide du jeu des leviers C, C_1 C_2 (fig. 58 et 59).

Les rainures des disques E et E_1 sont tracées de manière qu'il suffise, pour renverser la marche du moteur, d'enclencher, par g, g_1 et l'embrayage C_2, le levier C avec l'une ou l'autre de ces rainures.

Le mécanisme d'allumage P, qui sera décrit au chapitre spécial est conduit par un excentrique N et une coulisse T, dont la tige I est manœuvrée par le même levier de changement de marche g_2.

On remarquera, comme détail de construction, le rafraîchissage des pistons par une circulation d'eau fournie par une pompe bB_2 (fig. 61) à travers les tubes d. Le cylindre moteur est constitué par un fourreau forcé dans une enveloppe à circulation d'eau A.

L'admission du mélange a lieu par la lumière a_2, à travers le clapet de retenue J (fig. 63 et 64), l'air arrive directement par H

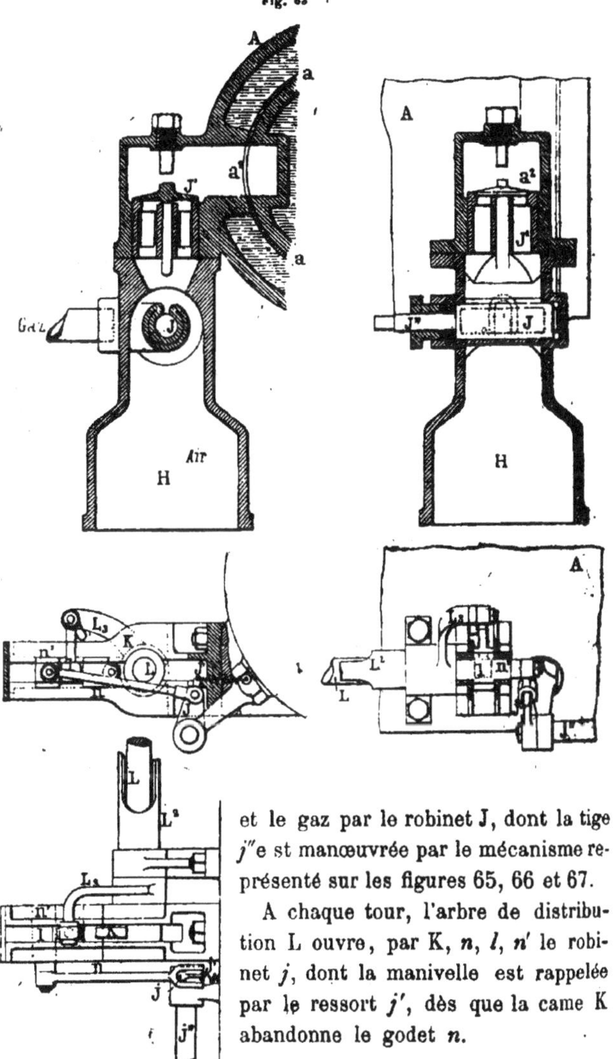

Fig. 63

et le gaz par le robinet J, dont la tige j'' est manœuvrée par le mécanisme représenté sur les figures 65, 66 et 67.

A chaque tour, l'arbre de distribution L ouvre, par K, n, l, n' le robinet j, dont la manivelle est rappelée par le ressort j', dès que la came K abandonne le godet n.

Le régulateur M agit par la fermeture de l'admission du gaz en faisant pivoter l'arbre creux L₂ autour de L, de manière à soulever par L₂ le bloc *l* et à séparer ainsi *n* de *n′*.

Seraine.

Le fonctionnement du petit moteur de Seraine est très simple.

Lorsque le piston moteur descend, il aspire dans A (fig. 68) un mélange d'air et de gaz, qu'il refoule ensuite dans la chambre de

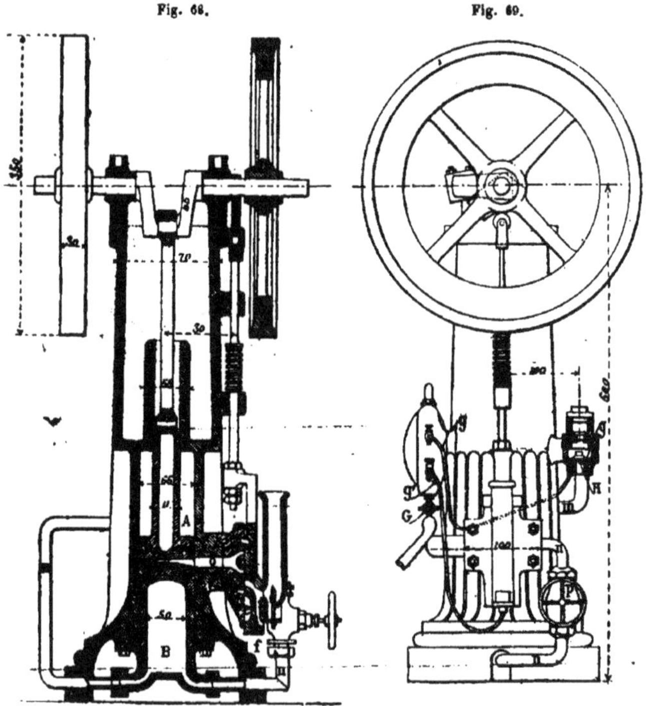

Fig. 68.　　　　　　　　　　Fig. 69.

compression B, d'où il passe au tiroir d'allumage et de distribution par le tuyau *n* et le robinet d'admission *p*.

Le gaz arrive par G (fig. 69) dans une bouteille qui le distribue,
par *gg*, autour du clapet d'aspiration d'air. Le mélange est refoulé
de A dans B par le clapet H et le tuyau *m*.

L'admission du mélange comprimé sous le piston moteur se
fait par *a a′o*, et l'échappement par *oe′e*.

Les dimensions des figures 68 et 69 se rapportent à un moteur
de 6 kilogrammètres.

Picking et Hopkins (*).

La machine à simple effet de MM. Picking et Hopkins est,
comme celle de Hale, munie de deux pistons B et G, commandés

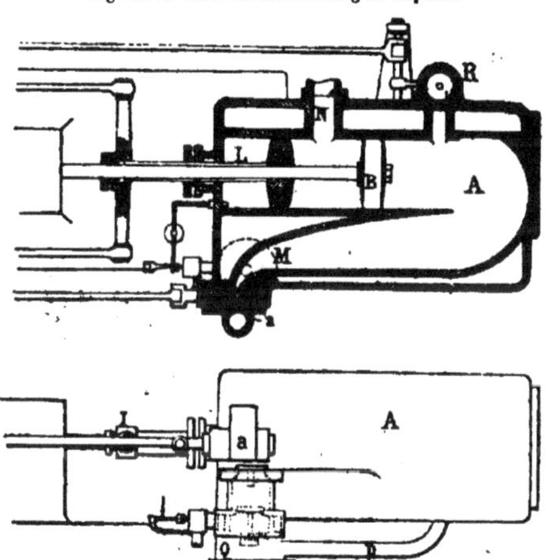

Fig. 70 et 71. — Moteur Picking et Hopkins.

par des manivelles à 90°, de sorte que G se trouve au fond de sa

---

(*) Brevet 5406 (16 novembre 1883).

course-avant quand le piston moteur B arrive au milieu de sa course-arrière.

Le piston auxiliaire G aspire le mélange détonant en L, puis le refoule dans la chambre d'explosion M et dans le cylindre A, dont il chasse en même temps les produits brûlés, par N d'abord, puis par R, pendant le retour du piston moteur B.

Le peu de mélange détonant qui pourrait s'échapper en même temps par R est aspiré, par pQ, dans l'espace L.

La compression commence à partir du moment où le piston moteur recouvre R.

L'allumage se fait par le tiroir a. La soupape R se ferme automatiquement à l'explosion.

Le piston moteur B ne commence donc la compression qu'après avoir accompli une partie de sa course-arrière, un cinquième environ. Il opère sur un volume de mélange plus petit qu'une cylindrée, ce qui permet d'en prolonger la détente.

Moteur Griffin (*).

Le cycle du moteur Griffin est particulier, il ne donne que deux explosions tous les trois tours du moteur.

La distribution est, à cet effet, commandée (fig. 72 et 73) par un pignon n, tournant trois fois moins vite que l'arbre du moteur.

Pendant sa première course-avant, le piston moteur aspire, par sa face-arrière, du mélange explosif, puis une charge d'air pur ; au retour, il expulse cet air et, avec lui, les produits brûlés qui resteraient dans la chambre d'explosion l (fig. 74). Pendant la seconde course-avant tout entière, le piston aspire une nouvelle charge de mélange détonant, qu'il comprime au retour, et l'explosion n'a lieu ensuite qu'à la troisième course-avant.

(*) Brevet 4080 (23 août 1883 .

Les mêmes phénomènes se produisent, mais dans un ordre inverse, à l'avant du piston, dont chacune des faces reçoit ainsi *une explosion tous les trois tours.*

Fig. 72 et 73. — Moteur Griffin.

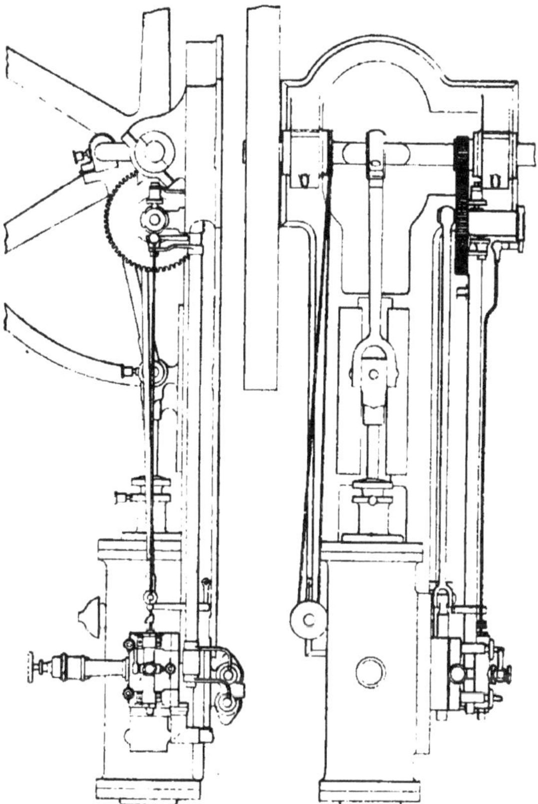

L'*échappement* se fait par deux soupapes $a'\,a'$ (fig. 74), commandées par deux cames $h'\,h'$ (fig. 79), qui les ouvrent tous les tours et demi du moteur, puisque leur plateau n fait un tour pour trois du moteur.

L'*admission* de l'air et du gaz au cylindre, ainsi que l'*allumage*, se font par un tiroir commandé par une bielle du plateau *n*.

Fig. 74 et 77. — Détail du cylindre.

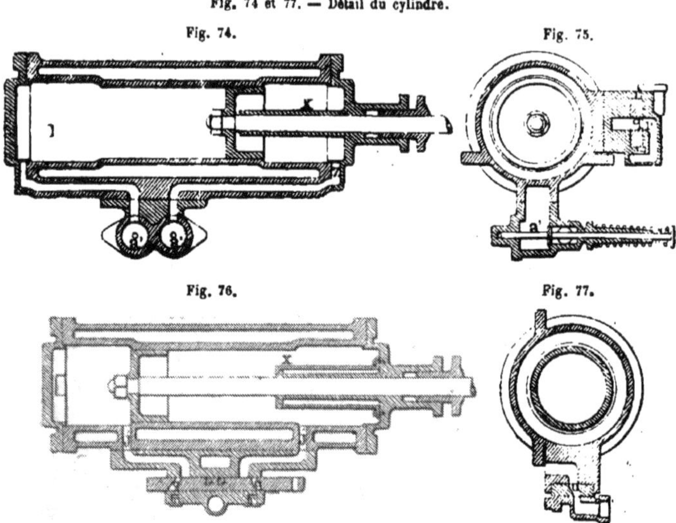

Fig. 74.

Fig. 75.

Fig. 76.

Fig. 77.

Les lumières d'allumage sont indiquées en *u u* (fig. 76 et 77), et les orifices d'admission du gaz en *q*. Ces lumières mettent le

Fig. 78, 79 et 80.— Distribution et régularisation.

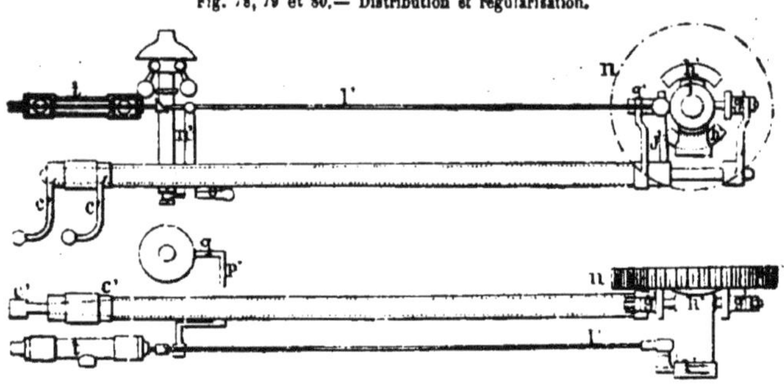

cylindre en communication, par les canaux *r* (fig. 75), tantôt avec l'atmosphère seul, tantôt avec l'atmosphère et la distribution du gaz *t* (fig. 78), suivant l'ordre du cycle.

La valve à gaz est ouverte pendant un temps plus ou moins long, à chaque tour et demi, par l'une des cames *i* (fig. 78 et 79), qui repoussent sa tige *l*.

Le *régulateur* soulève ou abaisse l'extrémité libre de cette tige, par le renvoi de mouvements *q′ p′ o′ n′*, de manière à avancer ou à reculer sa butée sur le taquet triangulaire qui termine la tige des valves *t*, et à ouvrir ainsi plus ou moins l'admission du gaz.

Les moteurs à gaz à compression que nous venons de décrire, et dont nous discuterons les principaux organes dans les chapitres suivants, présentent, avec les machines à vapeur, une différence radicale, en ce qu'elles doivent aspirer et comprimer elles-mêmes le mélange détonant, tandis que la chaudière fournit directement sa vapeur.

De là nécessité soit d'ajouter au moteur à gaz des organes spéciaux pour l'aspiration et la compression du mélange, soit de consacrer une partie des mouvements des organes moteurs proprement dits à l'accomplissement de ces fonctions. Le moteur à gaz est donc ou plus compliqué d'organes ou moins actif que le moteur à vapeur.

De plus, l'emploi de la compression sous sa forme la plus simple, c'est-à-dire dans le cylindre moteur même et par le piston moteur seul, n'est guère possible que si l'on se résout à ne pas chasser complètement, à chaque explosion, les produits de cette combustion, qui restent alors en partie dans la chambre de compression. C'est à **M.** Otto que l'on doit la solution du problème capital de l'allumage assuré et de la combustion presque complète d'un mélange détonant dans une chambre d'explosion, en présence des produits brûlés de l'explosion précédente. Nous insisterons plus tard sur ce point très important, nous contentant, pour le moment, de rappeler à quelles complications il faut s'assujettir, si l'on veut chasser les pro-

duits brûlés, soit par l'emploi d'une pompe ou d'un piston auxiliaire, par une chasse ou par un appel d'air, en risquant le plus
souvent de perdre une partie du mélange actif entrainé dans ce
balayage énergique.

On achèvera d'apprécier toute l'importance de ce principe, en
notant que les produits de la combustion constituent, à l'avant
du mélange explosif proprement dit, un matelas de gaz, dont
l'élasticité atténue notablement, et sans aucune complication,
le choc de l'explosion.

C'est parmi les moteurs du troisième type B, à pompes iso-
lées du cylindre moteur ou dans son prolongement, que l'on
rencontre le plus grand nombre de dispositions, parfois fort
ingénieuses, consacrées en très grande partie à l'expulsion des
produits de l'explosion. Ces moteurs ont, comme on le sait,
l'avantage de donner une explosion par tour, mais au prix de
complications souvent équivalentes à l'accouplement de deux
moteurs à quart d'effet. On peut, entre autres complications de
ce genre, mentionner l'emploi de nombreuses garnitures. Il n'y
a donc pas à s'étonner de ce que ces machines, séduisantes à
première vue, n'aient pas encore répondu, malgré leur très
grande variété, aux espérances qu'elles promettaient.

Le mode d'*allumage* le plus employé de beaucoup, pour les
machines à compression, est le transport d'une flamme sous
pression. C'est encore à M. Otto que l'on doit la première réalisation de ce principe. On peut considérer ce mode d'allumage
comme satisfaisant le mieux aux conditions de simplicité, d'économie et de sûreté, indispensables dans l'industrie.

Les organes de distribution, qui règlent l'admission du mélange
et l'échappement des produits brûlés, ne diffèrent pas, en principe, des organes correspondants des machines à vapeur. On
remarquera la tendance générale, et parfaitement justifiée pour
les grandes machines, à remplacer les tiroirs et les robinets
par des soupapes ayant chacune une fonction distincte, et à
séparer les organes de l'allumage de ceux de la distribution
proprement dite. Ces organes comprennent, en général, un
mécanisme diffuseur ou mélangeur, destiné à assurer le mélange

intime du gaz et de l'air suivant les proportions voulues, constantes ou variables le long d'une cylindrée. L'étude de ces organes fera l'objet d'un paragraphe spécial.

Il en sera de même des organes de régularisation, analogues, en général, à ceux des machines à vapeur, avec cette exception toutefois qu'il convient, dans l'intérêt d'une marche économique, d'agir en fermant ou en ouvrant complètement l'admission du gaz plutôt qu'en l'étranglant, ce qui donnerait lieu à des ratés ou à des explosions imparfaites.

CHAPITRE V

MOTEURS DIVERS

MOTEURS A DOUBLE EFFET

Les moteurs à double effet peuvent appartenir à chacune des classes de machines précédemment décrites, dont ils dérivent par duplication.

Les moteurs à double effet présentent l'inconvénient d'un échauffement considérable, que l'on ne peut atténuer qu'à grande perte, et l'obligation d'employer des garnitures pour la tige du piston.

On peut se faire une idée de l'extrême puissance de l'action des parois dans les machines à double effet en remarquant, sur le diagramme d'une machine Lenoir sans compression (fig. 25, p. 53), de combien la courbe de l'indicateur, rectifiée en oz s'abaisse au-dessous des courbes de détente adiabatique et isothermique, my et mn. Dans une expérience de Tresca, les parois emportaient jusqu'à 85 p. 100 de la chaleur de combustion du gaz, évaluée à 6,000 calories.

Dans la machine Hugon, la tension du gaz, moins élevée que dans le moteur Lenoir, sans doute à cause de l'injection d'eau, s'abaisse aussi très brusquement, ainsi que l'indique la figure 23, de la planche 53.

Le contraste de ces diagrammes avec celui de la machine à

grande détente d'Otto-Langen (fig. 24) explique suffisamment l'infériorité du rendement des types de Lenoir et de Hugon, dont la dépense de gaz, pratiquement équivalente, ne s'est guère abaissée au-dessous de 2 1/2 à 3 mètres cubes par cheval-heure.

Ce faible rendement, joint à la grande fatigue de leurs organes, a fait presque renoncer aux machines à gaz à double effet sans compression, malgré leurs avantages de simplicité cinématique, de compacité et de régularité.

Les machines à double effet à compression, dérivées du 3ᵉ type B, échappent sans doute en partie au reproche d'un mauvais rendement, mais elles exigent des organes compliqués, d'un entretien difficile, et très éprouvés ; elles ne se sont donc pas répandues, et il n'y a guère lieu d'encourager les inventeurs à les perfectionner en s'attachant trop exclusivement au reproche d'encombrement que l'on adresse aux autres moteurs.

Hugon (*)

(Fig. 1 à 19, Pl. 53.)

Le fonctionnement du moteur Hugon est le suivant :

Quand le piston s'abaisse, il aspire le mélange détonant fourni par la pompe ou le soufflet de caoutchouc M, à travers le tube mélangeur U, en même temps qu'il expulse de la partie inférieure du cylindre, par $b\,c\,d$, les produits de l'explosion précédente.

Lorsque le piston arrive aux 0,4 environ de sa course, le tiroir principal K descend et ferme la communication $a_1 a_2 a_3 a_4$ de l'orifice d'admission a avec le tube mélangeur U ; en même temps, la flamme de l'allumeur l', projetée dans a, détermine l'explosion.

(*) Brevet français, n° 66.807 (29 mars 1865).

Les mêmes opérations se reproduisent en sens inverse, à la montée du piston.

La machine est, de plus, pourvue d'une pompe S, qui injecte, à chaque coup, dans le cylindre, une petite quantité d'eau, au moment de l'explosion, de manière à en atténuer la violence et à rafraichir lé cylindre.

On voit que la distribution est effectuée par deux tiroirs, l'un K servant à l'admission, à l'échappement et à l'allumage, l'autre, L, servant à la fermeture de l'admission et à l'aspiration du mélange dans le tube U.

Dans le moteur horizontal de Hugon (*) (fig. 15 et 16), le tiroir K sert à l'admission du mélange et à l'allumage ; le tiroir j ne sert qu'à l'échappement.

On retrouve, d'autre part, sur ce moteur, les principaux organes du précédent, affectés des mêmes lettres.

Les figures 17 à 19 représentent une modification du tiroir, que l'on trouvera décrite au chapitre de la distribution.

Lenoir.

(Fig. 20 à 25, Pl. 53.)

Le fonctionnement de la machine Lenoir est des plus simples.

Le gaz, amené par LHI (fig. 21) au diffuseur K, s'y mélange à l'air pour être distribué par le tiroir d'admission J (fig. 22). L'échappement a lieu en M, par le tiroir N, comme dans une machine à vapeur.

L'allumage s'opère par les deux bornes V et V', à l'extrémité desquelles un commutateur commandé par le moteur fait jaillir, à la fin de l'admission, une étincelle entre les fils x et y (fig. 22), reliés aux pôles d'une bobine de Runkorf.

(*) Brevet français, n° 117.390 (7 mars 1877).

Le cylindre est rafraîchi par une circulation d'eau très active en OP (fig. 21).

Rhodes Goodbrand et Holland (*).

(Fig. 1 à 7, Pl. 54.)

La machine à double effet de MM. Rhodes Goodbrand et Holland comporte deux pistons, d et c, l'un moteur et l'autre compresseur, et deux distributeurs équilibrés f.

Ces distributeurs peuvent communiquer, par les conduits c_{i}. avec le compresseur; par les lumières d_{z} (fig. 5) avec le cylindre moteur, et par f_{i}, avec les flammes d'allumage i_{i} (fig. 3).

Le fonctionnement du moteur est le suivant, le piston compresseur marchant en sens contraire du piston moteur :

Dans la position indiquée sur la figure 2, le mélange d'air et de gaz admis au cylindre compresseur passe, par l'un des trajets $c_{i}c_{i}c_{i}$ (fig. 4) dans le distributeur f situé à l'avant du cylindre moteur.

Dès que le piston compresseur recule, il ferme l'orifice c_{i} du conduit d'avant c_{z} (fig. 3), puis le distributeur ferme, en se levant, l'autre extrémité de ce conduit, et amène (fig. 5) la lumière f_{6} de sa chambre d'allumage en communication, par d_{z}, avec le cylindre moteur ; la lumière inférieure f_{z} communique en même temps, par la rainure c^{a} (fig. 3), avec le mélange comprimé resté dans le conduit c^{z}, de manière que la flamme, maintenant renfermée dans la chambre d'allumage, puisse être projetée dans le cylindre moteur et y détermine r l'explosion.

Quand l'un des distributeurs se trouve dans sa position la plus basse (fig. 3), f_{z} laisse le mélange comprimé passer du compresseur c au cylindre d; la chambre d'allumage se remplit d'air et de gaz par f_{z} et par f_{i}, en communication avec le gaz par i. Lorsque le distributeur se relève, ces ouvertures se ferment; f_{i}

---

fait communiquer un instant la chambre d'allumage avec le brûleur i_s, puis l'inflammation se produit au cylindre, après l'équilibre de la pression par f_s.

Pendant la course-arrière du piston moteur, l'échappement se fait par d_s et d_s ; le compresseur aspire le mélange par c_i (fig. 4), à travers un double clapet o, manœuvré par le régulateur.

Les deux distributeurs sont commandés par un même arbre h, à cames disposées de manière que l'un s'abaisse quand l'autre monte ; les orifices d'échappement sont réglés par des tiroirs.

Ce moteur est, de plus, muni d'une mise en train décrite au chapitre des détails de construction.

Samuel Clayton (*).
(Fig. 7 à 14, Pl. 54.)

La marche du moteur à double effet de Clayton est facile à suivre.

La pompe P aspire le mélange de gaz et d'air par les jeux de clapets RSS, et le comprime dans les chambres d'explosion H, à travers les soupapes U.

Ce mélange comprimé se trouve ensuite enflammé par l'action des tiroirs M (fig. 13 et 14), qui le mettent en rapport avec les tubes d'allumage V. Au moment de l'explosion, le mélange communique, par la soupape Y, avec le cylindre moteur A (fig. 10).

L'échappement se fait par WX (fig. 8); une partie des produits brûlés non échappés par WX se retrouve dans les chambres d'explosion H, dont ils élèvent la compression.

Le piston de la pompe est en avance de 90° sur celui du cylindre moteur.

Les chambres d'explosion H sont garnies de matières non conductrices.

(*) Brevet anglais, n° 2202 (10 mai 1882).

Picking et Hopkins.

(Pl. 55.)

Dans le moteur à double effet de MM. Picking et Hopkins, le piston H de la pompe de compression est relié au piston moteur B par un système de leviers, LMKJ, disposé de manière qu'il accomplisse deux courses pour une du piston moteur, et puisse ainsi fournir du mélange comprimé aux deux extrémités du cylindre A, par une seule extrémité du cylindre G.

L'autre extrémité G_1 du cylindre de la pompe peut servir à envoyer dans le cylindre moteur une chasse d'air, pour balayer les produits de la combustion.

Le régulateur agit sur l'admission du gaz O. En temps ordinaire, la tige S, pivotant autour de T (fig. 4), ouvre la soupape d'admission du gaz P_1 à chaque course, au commencement de l'aspiration de la pompe. Quand la vitesse augmente, le régulateur soulève, par R, le doigt V qui maintient la soupape P fermée.

L'air arrive, par les soupapes X du mélangeur, au droit du courant de gaz Y ; la plaque perforée Z achève de mélanger le gaz et l'air.

Pendant que ce mélange pénètre par A′ dans l'extrémité G du cylindre de la pompe, l'air préalablement aspiré, par B′, dans l'autre extrémité G′, est refoulé, par le tiroir et les trous c, (fig. 6), dans le cylindre moteur, dont il chasse, par l'échappement e, les produits de la combustion. Dès que le piston H revient, le mélange est refoulé par ce même trajet dans le cylindre moteur, en chassant devant lui, dans la chambre à air A, par les orifices 2 et le tuyau 3 (fig. 7), l'air de balayage qui resterait encore au cylindre. De cette manière, le mélange qui s'échapperait avec cet air, serait toujours aspiré par la course suivante de la pompe.

Au retour du piston moteur B, le mélange comprimé est refoulé, à travers les trous c, jusqu'à la chambre d'allumage N ou

N$_1$, de sorte qu'il est parfaitement homogène au moment de l'explosion.

Le mélange des pompes est dirigé sur les chambres d'allumage N ou N′ par un robinet D, à travers les soupapes de retenue de la chambre E′.

Après chaque explosion, le trou I′ du tiroir (fig. 1) met la lumière d'allumage H′ en rapport avec un échappement auxiliaire e′ et l'une des chambres d'explosion N, de manière à purifier la lumière d'allumage. En même temps, un fil de platine, logé dans H′, s'échauffe, par l'aspiration de la flamme J, suffisamment pour enflammer ensuite le mélange du cylindre moteur. On peut munir, si on le veut, le tiroir de deux lumières d'allumage, ainsi que l'indique la figure 2.

C. A. Bullock (*).|

Le fonctionnement de la machine de Bullock est théoriquement des plus simples (fig. 81 et 82).

Après l'explosion, à partir de la moitié de sa course, le piston moteur laisse échapper les produits brûlés du cylindre A, par *aaa* et par DE ; au retour il comprime, à partir de ce même point, l'air entré par *a* après l'échappement. Le gaz pénètre en même temps, refoulé en l_1 par une pompe spéciale.

Le cylindre peut être entouré d'un tiroir annulaire et à trous *g*, laissant l'échappement se produire seulement quand ils coïncident avec les ouvertures *aa*. C'est une construction presque irréalisable.

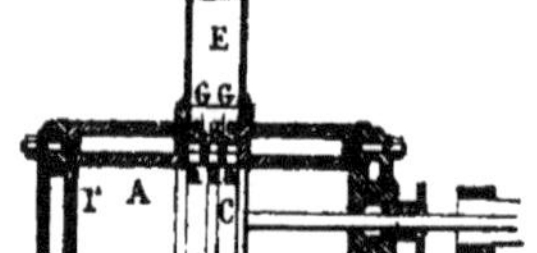

Fig. 81 et 82. — Machine Bullock.

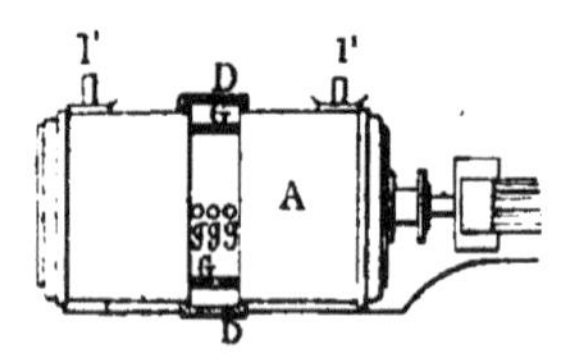

(*) Brevet **3085** (25 octobre 1883).

MOTEURS COMPOUND

L'application du principe des détentes successives aux machines à vapeur présente les avantages d'une plus grande économie, d'une moindre fatigue des organes et d'une marche plus régulière.

Ces avantages se retrouvent théoriquement dans l'application du système compound aux moteurs à gaz, mais avec moins d'économie peut-être, parce que la perte par le rayonnement vers l'atmosphère y est relativement moindre que celle due à l'influence du condenseur, tandis que l'action des parois y est relativement plus puissante.

Avec les pressions et les détentes actuellement employées dans les bonnes machines à gaz, il paraît difficile d'obtenir, en pratique, un grand profit de la marche en compound ; c'est du moins ce qui semble résulter des essais exécutés par M. Otto sur le moteur que nous décrirons plus bas.

Ce moteur dérive presque directement de la transformation d'une machine à simple effet, le piston de détente travaillant lui-même à simple effet. Dans les compound de Clerk, de Niel, de Livesey et de Wordsworth et Lindley, ce piston fonctionne, au contraire, à double effet, ce qui entraîne, comme nous l'avons dit, quelques difficultés de construction. On ne peut d'ailleurs porter aucun jugement définitif sur ces appareils, encore dans leur période d'essai, et qui présentent quelques particularités ingénieuses.

Nous ferons seulement remarquer qu'il faut, pour retirer quelque économie du système compound, réduire la détente au cylindre de haute pression, de manière que le cylindre de détente accomplisse une partie notable, près de la moitié, du travail total, sinon l'on s'expose à perdre, par les frottements et les influences refroidis-

santes du mécanisme additionnel, la majeure partie du travail
gagné par le prolongement de la détente.

Otto (*).

Le moteur Otto compound dérive immédiatement du moteur
décrit à la page 139, par l'addition d'un cylindre de détente A,
entre les deux cylindres à haute pression, A_1 et A_2.

Fig. 83 et 84. — Moteur Otto compound. Ensemble.

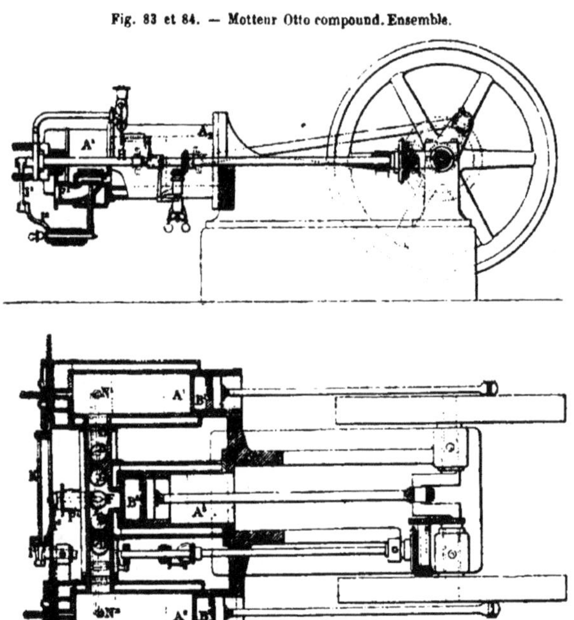

Le piston B_2 est conjugué aux deux autres, de façon qu'il accomplisse sa première course motrice pendant que B_1 refoule dans

---

(*) Brevet 3245 (12 août 1879).

A_2 les produits de l'explosion A, et que B_2 comprime son mélange; la seconde course motrice de B_2 a lieu par l'échappement de A_2, pendant la compression de A_1.

Le moteur donne ainsi, à chaque tour, un coup de A_1 ou de A_2 et un coup de A_3.

Les produits brûlés sont admis de A_1 dans A_3 par le conduit E_1 (fig. 85 et 86), à travers les soupapes de détente D_1 et de retenue G_1. L'échappement de A_3 se fait par la soupape F ouverte par I I, I_2.

Fig. 85 et 86. — Moteur Otto compound. Distribution.

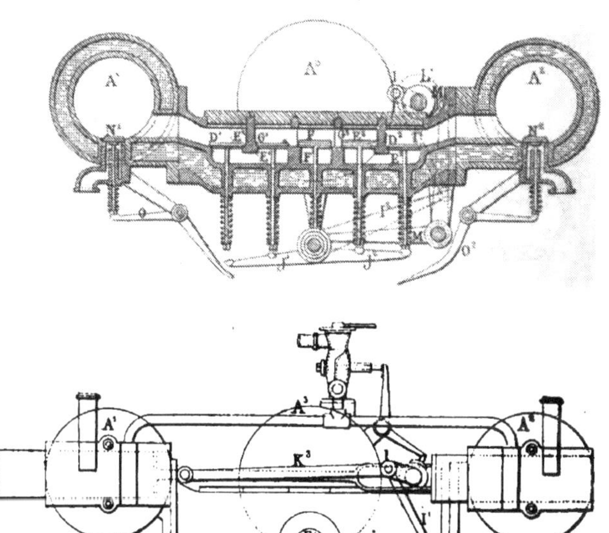

Les soupapes de détente et de retenue, $D_1 G_1$, D_2 et G_2, sont manœuvrées par la came L′ et le jeu de leviers $MJ_1 J_2$. Les soupapes de retenue s'ouvrent un peu avant les soupapes de détente, immédiatement après la fermeture anticipée de F, de manière que la pression du gaz de l'échappement sous les soupapes de détente les équilibre et facilite ainsi leur levée.

Les leviers $O O_2$, qui peuvent glisser sur leurs axes, servent à la mise en train ; il suffit de les pousser pour qu'ils viennent en prise avec $J_1 J_2$, de façon à empêcher la compression par l'ouverture des soupapes N_1 et N_2. On peut, de même, maintenir la soupape F ouverte, pour empêcher la formation d'un vide pendant la première course-avant de B_2.

Le gaz et l'air sont distribués aux cylindres à haute pression par des tiroirs semblables à ceux des machines Otto ordinaires, commandés par la manivelle I et la bielle K_2.

D. Clerk (*).
(Fig. 1 à 11, Pl. 57.)

Les moteurs compound de M. D. Clerk sont de deux types.

1er *type* (fig. 1 à 7). Dans le moteur du premier genre, les deux cylindres, à haute pression A et de détente B, sont placés bout à bout.

Le mélange d'air et de gaz, aspiré par la face-arrière du gros piston *p*, puis refoulé dans le réservoir de pression R, est admis et enflammé dans le cylindre A, d'où il s'échappe, pour achever de se détendre sur la face-avant du piston *p*. Les produits de l'explosion s'échappent enfin de B dans l'atmosphère, par la soupape E.

La distribution s'effectue à l'aide d'un mécanisme de tiroirs à pistons (fig. 3 et 4) logé entre les deux cylindres A et B.

L'admission et l'allumage au cylindre A ont lieu par le tiroir A', à l'aide d'une disposition analogue à celle du moteur à simple effet, décrit à la page 202. L'allumage a lieu vers le milieu de la course.

(*) Brevet anglais, n° 4948 (18 octobre 1882).

L'admission du cylindre A au cylindre B a lieu par le distributeur B′, qui reçoit le gaz de A par *n*, et le conduit à B par *p* et E.

Le régulateur agit sur la valve d'admission *m* (fig. 3).

Le reniflard *r* empêche le vide de se produire dans le cylindre de détente.

2ᶜ *type* (fig. 7 à 9). Le deuxième moteur compound de M. Clerk dérive immédiatement de sa machine à simple effet (page 200).

Le cylindre de la pompe *p*, rendu à double effet, sert par sa partie avant B, de cylindre de détente au cylindre de haute pression A, dont il reçoit les produits brûlés par *tc*.

Au retour du piston moteur, pendant la course-avant de *p*, l'échappement se fait, de B, par *ct*E.

Le matelas d'air du moteur à simple effet n'a plus sa raison d'être, les produits de l'explosion étant chassés dans le cylindre de détente.

Le régulateur agit en soulevant par *ab* la butée *u*, par laquelle le tiroir actionne la tige *d* de la soupape qui fait communiquer la pompe avec le cylindre A. Cette soupape reste alors fermée, et le mélange aspiré se comprime dans l'espace nuisible de la pompe, prêt à agir, et diminuant par sa compression la vitesse de la machine. Quand la pression dépasse en *p* une certaine limite, le mélange est refoulé dans un réservoir de mise en train.

James Livesay.

(Fig. 12 à 16, Pl. 57.)

La marche de ce moteur compound à double effet est ingénieuse.

Le mélange, après s'être enflammé et détendu en C, sur le petit piston C′, passe, par K′ M K$_2$, en A, où il achève de se détendre pendant la course-arrière motrice du gros piston A′, les produits de la combustion s'échappent ensuite par K$_2$ N L.

Le mélange frais, aspiré par les soupapes D et D' (fig. 14) dans l'espace annulaire B, s'y trouve comprimé jusqu'au dernier quart environ de la course-arrière, puis mis en communication, par le conduit f_1, avec l'orifice F du tiroir E (fig. 15), et, par C_2. avec la chambre d'explosion G, de sorte qu'il chasse, par K' dans A, les produits de l'explosion précédente.

Vers le milieu de la course-arrière, le piston C' ferme K', et comprime en C le mélange admis.

L'allumage se fait par un brûleur I, formé d'un amas de fils de cuivre traversé par le mélange comprimé venant de F (fig. 15); cette sorte de mèche métallique vient s'allumer à la flamme H sans la souffler, et se trouve ensuite portée en présence du mélange comprimé en C^2.

Paul Niel (*).

(Fig. 17 et 18, Pl. 57.)

M. Niel s'est principalement proposé, dans les deux types de machines à gaz compound que nous allons décrire, de mieux utiliser, à l'aide d'un réchauffeur, la chaleur de l'échappement.

1er type à deux cylindres. Dans ce premier type de moteurs, les produits de l'explosion du mélange détonant, qui a lieu dans le petit cylindre A, sont refoulés, pendant la course ascendante de son piston, sur la face supérieure du gros piston B, où ils achèvent de se détendre. Ce refoulement se fait à travers le régénérateur c, auxquels ces gaz cèdent une partie de leur chaleur, puis à travers le tiroir cylindrique E, par $b_1 b_2$, ainsi que l'indique la figure 17; l'échappement du gros cylindre B se fait ensuite par $b_3 b_4 e$.

Pendant sa course ascendante, le gros piston B aspire, par I, de l'air, qu'il refoule ensuite, par K K', dans le cylindre A. Cet air, mélangé aux produits de la combustion du cylindre A, traverse son régénérateur, se réchauffe et se détend sur la face supérieure du piston de A.

La communication entre les deux cylindres A et B se ferme un peu avant la fin de la course ascendante du petit piston, de sorte qu'une partie de l'air se comprime dans A. Le mélange d'air et de gaz admis ensuite en A se trouve donc en présence d'une masse d'air portée à une température élevée.

2e *type*. Les parties des mécanisnes de ce deuxième type de moteurs correspondant à celles du premier type sont affectées des mêmes lettres.

L'explosion se produit dans les espaces annulaires A de chacun des deux cylindres, pendant que les pistons refoulent, par leurs faces supérieures, de l'air qui traverse leurs régénérateurs, s'échauffe, et va se détendre dans le haut du cylindre conjugué B.

L'aspiration de l'air se fait, par les longues tiges à fourreaux des pistons, à travers des soupapes, dont les tiges c laissent entrer un peu d'huile à chaque aspiration.

Distribution. Le mécanisme de la distribution est à peu près le même pour les deux types de machines.

L'admission du mélange se fait par a. Les conduits b_1, b_2, b_3, b_4 le distribuent, comme nous l'avons vu, au gros cylindre puis à l'échappement.

La dose de mélange admise à chaque explosion est réglée par le jeu d'un piston E', entrainé dans le mouvement du tiroir vers la droite, par le ressort R, tant que le coin X ne vient pas l'arrêter. E' se sépare alors du tiroir et lui laisse aspirer, dans l'espace EE', le volume de mélange destiné à l'explosion.

Régularisation. C'est l'action du régulateur sur le coin X qui détermine ainsi le volume de ce mélange.

Wordsworth et Lindley (*).

(Fig. 1 à 4, Pl. 58.)

La machine compound de Wordsworth et Lindley comprend quatre cylindres : deux de haute pression C et C', un de détente D, et une pompe P.

Les pistons de ces quatre cylindres sont conjugués sur un même croisillon i.

La pompe aspire le mélange détonant par p et le refoule alternativement, par les soupapes d'admission A et A', dans les cylindres de haute pression, de sorte que le cycle du moteur est le suivant, pour deux révolutions ·

1er tour. Explosion en C.
       Première course motrice de D, poussé en arrière par les produits brûlés de C'.
2e tour. Explosion en C'.
       Deuxième course motrice de D, poussé en arrière par les produits brûlés de C.

Il se produit donc une explosion, puis une détente, à chaque tour.

Les soupapes d'admission A et A' sont commandées par les leviers a et a', en prise avec une came de l'arbre de distribution d, qui tourne deux fois moins vite que le moteur. Ces soupapes sont munies de guides cylindriques dans lesquels les pistons a'' compriment, à leur descente, de l'air qui amortit les chocs et forme garniture.

Les soupapes d'échappement E, E' des cylindres de haute pression sont commandées de même par des leviers e, e' ; elles débouchent alternativement dans un réservoir intermédiaire d'échap-

---

(*) Brevet anglais, n° 3568 (20 juillet 1883).

pement *i* (fig. 4) d'où les produits brûlés se rendent par *i'* (fig. 2) à l'avant du cylindre détendeur D.

Quand le piston D arrive près du fond de sa course-avant, la soupape d'échappement E″ s'ouvre, par le levier *e″*, en même temps que le piston D découvre l'orifice B, qui laisse entrer une chasse d'air légèrement comprimée pour balayer les produits de la combustion. La soupape E″ se ferme ensuite, un peu avant la fin de la course-arrière de D, de sorte que l'air s'y comprime à une pression peu différente de celle de l'échappement des cylindres de haute pression.

Le régulateur agit en interrompant, à l'aide du renvoi *rr′r″r‴* (fig. 4), les tiges des soupapes d'admission.

L'allumage a lieu au moyen du tube *t*, porté à l'incandescence par un brûleur de Bunsen *b*, et mis alternativement en rapport, par un tiroir d'allumage *f*, avec les cylindres de haute pression.

Ces cylindres de haute pression agissent, comme nous l'avons vu, en donnant une explosion seulement tous les deux tours, tandis que le cylindre de détente agit à chaque tour, comme dans le moteur Otto, de là une grande régularité dans la marche du moteur sans échauffement exagéré des mécanismes. La pompe P n'a pas d'autre objet que de permettre de marcher à une compression très élevée, ainsi que l'indiquent les diagrammes des figures 87 et 88.

Fig. 87 et 88.
Diagramme des cylindres de haute et de basse pression.

Le reniflard R (fig. 1) empêche toute formation d'un vide dans les cylindres de compression.

MOTEURS A GAZ ET VAPEUR D'EAU

Les machines à gaz et à vapeur d'eau ont pour principal objet d'utiliser la chaleur perdue par les parois et par l'échappement à la production d'une certaine quantité de vapeur d'eau motrice, dans le cylindre même où se produit l'explosion ou dans un cylindre séparé.

Il est facile de se rendre compte que, pour les petites forces du moins, le frottement des organes nécessaires pour l'utilisation de cette vapeur absorberait à peu près sa puissance ; dans ces moteurs, ce serait plutôt comme atténuateur des chocs de l'explosion que la vapeur d'eau pourrait présenter quelques avantages, malgré l'abaissement corrélatif de la température initiale ; mais une longue pratique a démontré que cette atténuation est loin d'être nécessaire au bon fonctionnement des moteurs du troisième type à compression : la présence d'un matelas de produits brûlés dans un espace mort assez volumineux, suffit pour assurer à leurs mécanismes les ménagements nécessaires.

Le moteur *Simon*, assurément très logique, fort simple, et que l'on doit considérer comme le meilleur des moteurs à gaz et eau, n'a guère donné, ni comme entretien ni comme rendement, des résultats supérieurs à ceux des bons moteurs à compression. Le moteur très ingénieux de *M. Laurent* serait sans doute dans le même cas, pour les forces moyennes du moins.

Dans le moteur de *Northcott*, la vapeur engendrée par la chaleur d'échappement ou par un brûleur à gaz particulier, dans une chaudière séparée, joue, comme force motrice, soit un rôle très secondaire et douteux, soit le rôle principal. On retomberait, en suivant cette voie, sur les aéro-vapeurs analogues à ceux de *Warsop*, avec cette circonstance aggravante que l'on brûle, au lieu de charbon, du gaz plus coûteux.

Simon.

(Fig. 1 à 3, Pl. 50.)

Marche au gaz seul. Lors de la *mise en train*, le moteur Simon marche d'abord, pendant un certain temps, au gaz seul.

Le petit piston B, au haut de sa course, aspire, en descendant, le mélange d'air et de gaz dans le cylindre de compression A. L'air arrive par F et le gaz par K, dans la chambre du clapet M, puis dans A. Le piston B refoule, en remontant, ce mélange, en R et dans l'enveloppe Q.

De R, le mélange comprimé passe au tiroir d'admission S, qui l'amène, par F, au-dessus du piston moteur W, à travers les toiles métalliques T, vis-à-vis desquelles il rencontre le bec d'allumage dont la flamme est alimentée, à travers le tuyau *z*, par une partie du mélange comprimé en Q. La toile métallique empêche le retour de la flamme vers la pompe de compression.

L'échappement a lieu, à la montée du piston W, par le tiroir spécial *e*, après avoir traversé un serpentin entouré en *h* par l'eau qui a rafraîchi les cylindres, ou de circulation.

Marche à gaz et vapeur. Quand la pression de la vapeur atteint. en *h*, 3 ou 4 atmosphères, le robinet *p* laisse admettre à chaque course, par le tiroir *s* et V, une certaine quantité de vapeur dans le conduit *r* du cylindre moteur. Cette vapeur agit comme force motrice par sa détente, comme lubréfiant, et pour refroidir le cylindre moteur.

Le régulateur agit, par la came-manchon D et le tiroir auxiliaire E, sur le dosage et sur la durée de l'admission du mélange au cylindre de compression A.

Pour mettre le moteur en train, il suffit d'enflammer le mélange par T, après quelques tours du volant. L'arrêt s'effectue en fermant la soupape de refoulement N, au moyen du volant P.

Les diagrammes représentés par la figure 3 ont été obtenus dans les circonstances suivantes :

Force nominale du moteur . . . .   5 chevaux.
Vitesse. . . . .   146 tours.
Cylindre moteur : diamètre. . . . .   235 millim.
    —   course   400
    —   section . . . .   434 cent. carrés.
Pression moyenne effective. . . . . $1^k,55$ par cent. carré.
Cylindre de compression : diamètre. . . . .   180 millim.
    —   course.   250
    —   section . . . . .   254 cent. carrés.
Pression moyenne . . . . $1^k,12$ par cent. carré.

Travail du cylindre moteur
$$\frac{434 \times 0^m,40 \times 1^k,55 \times 136}{4.500} = 7^{ch},70.$$

Travail résistant de la pompe
$$\frac{254 \times 0^m,25 \times 1^k,12 \times 136}{4.500} = 2^{ch},10.$$

Travail moteur net indiqué $7,70 - 2,10 = 5^{ch},60$

Travail mesuré au frein $4^{ch},20.$

Rendement organique
$$\rho^o = \frac{4,20}{5,60} = 0,75.$$

Composition du mélange   1 vol. de gaz pour 10 d'air.

Consommation de gaz par cheval effectif et par heure $1^{m3},42.$

La figure 2 représente, affectée des mêmes lettres, l'application du système Simon à un moteur à balancier.

W. H. Northcott [*].

(Fig. 4 à 9, Pl. 59 et 60.)

Dans la machine de Northcott, représentée par les figures 4 à 6 de la planche 59, la vapeur produite dans l'enveloppe du cylindre n'agit que sur une seule des faces du piston, au retour, pendant que l'autre refoule dans l'atmosphère les produits de la combustion ; la vapeur d'eau ne se trouve ainsi jamais en présence du mélange détonant dont elle pourrait gêner l'explosion.

Le mélange détonant est aspiré au cylindre moteur derrière le

---

[*] Brevet anglais, n° 3176 (29 janvier 1882).

piston A, à travers le mélangeur *a* (fig. 6) et le tiroir *b*, puis ce tiroir se ferme, et l'explosion se produit à l'aide d'un allumage par aspiration de flamme, en *f* (fig. 4 et 7). L'échappement a lieu au retour du piston, par *e*, en même temps que la vapeur, admise par *g* au distributeur *h*, agit, par *cv*, sur la face-avant du piston, pour s'échapper ensuite par *e'*.

La machine que nous venons de décrire est donc un moteur à double effet, dont la course-arrière s'effectue sous l'action de la vapeur produite dans l'enveloppe *e* du cylindre munie, en *f* (fig. 6), d'une soupape de sûreté.

La circulation de l'eau dans l'enveloppe est entretenue par une pompe qui peut, lorsque l'eau est rare, la remplacer par une injection d'air et d'eau en pluie fine.

Dans certains cas, on peut admettre une partie de ce mélange dans le cylindre moteur après l'explosion, par une soupape *g* (fig. 4, pl. 60). L'avant du cylindre agit alors comme une pompe aspirant par *h* le mélange d'air et d'eau, ou même de l'air pur, refoulé ensuite, par *i*, dans l'enveloppe du cylindre.

Dans le type de machines représenté par la figure 5, planche 60, l'air aspiré dans l'enveloppe par *a* et refoulé par *b* ne sert qu'à rafraîchir le cylindre. L'allumage s'opère par une aspiration de flamme en *c* avec rallumeur *d* (fig. 6). Le bec d'allumage est mû par une came *e* (fig. 7), dont l'orientation est variée par le régulateur qui commande aussi l'allumage du mélange.

On peut aussi employer directement un mélange d'air et de gaz injecté et brûlé sous pression dans le foyer A d'une chaudière B remplie d'air et d'eau par *e* (fig. 8). Cet air se mêle avec la vapeur aux produits de la combustion en *d*, d'où le mélange passe au moteur.

La figure 9 représente une disposition par laquelle le mélange d'air et de gaz, injecté par *ab*, est brûlé sous pression dans le foyer A. La vapeur produite en B travaille dans un cylindre et les gaz brûlés dans un autre. Dans l'appareil représenté par la figure 10, le mélange combustible, admis dans A par *aaaa*, se mélange en *b*B à de l'air diluant amené par *c*.

On peut, ainsi que l'indiquent les figures 11 et 12, injecter ce mélange par *abc*, sous une très haute pression au cylindre moteur.

Dans le dispositif de la figure 13, la chaudière tubulée B, est chauffée par un bec de Bunsen *a*, qui reçoit une partie de l'air nécessaire à sa combustion par *d*, à travers une valve réglable à volonté; cet air arrive autour de la flamme en *f* après s'être échauffé. L'eau, portée à une grande pression dans la chaudière, s'échappe à chaque coup de pompe à travers la soupape *g*, qui l'injecte, par *h*, avec l'air et les produits brûlés, dans la chambre *i*, d'où ce mélange se rend à la machine à travers un séparateur.

Le séparateur est représenté par la figure 14; le mélange de vapeur de gaz et d'eau y pénètre par *a* et en sort par *b*, après s'être débarrassé en *e* de l'eau non vaporisée.

Julien Laurent (*).

(Pl. 61.)

Le principe de ce moteur consiste dans l'accomplissement du cycle suivant.

Aspiration, dans un cylindre froid A, d'un mélange d'air de gaz et d'eau.

Compression et refoulement de ce mélange, à travers un régénérateur ou réchauffeur Y, dans le cylindre chaud ou travailleur B; explosion et détente de ce mélange.

Échappement des gaz brûlés à travers le régénérateur, à une température de 300° environ.

Le mélange ne renferme que la quantité de gaz rigoureusement nécessaire pour son ignition; l'inflammation doit être terminée à la fermeture de l'admission au cylindre moteur, et non pas commencer seulement à la fin de cette période, comme avec les moteurs à gaz riche.

(*) Brevet anglais, n° 6130 (22 décembre 1882).

Distribution du compresseur. La chambre de distribution E, divisée en deux compartiments par une cloison indiquée en pointillés sur la figure 4, reçoit à droite le mélange de gaz et d'air aspiré par le piston D et conduit, par le compartiment de gauche. ce même mélange saturé d'eau et refoulé au réchauffeur; ces fonctions s'accomplissent automatiquement, par le jeu des clapets M et N. L'eau qui doit saturer le mélange avant son refoulement au réchauffeur arrive au bas du cylindre A par h'', à des trous o (fig. 5) de 1 millimètre environ de diamètre, percés autour de la tige du piston. Cette eau rencontre à sa sortie de petits jets du mélange gazeux qui la pulvérisent, et la diffusent en brouillard dans le cylindre A. L'eau en excès s'échappe par un tuyau n' (fig. 1) au bas du réchauffeur muni d'un purgeur automatique.

L'air arrive à droite du distributeur E par la valve f'', et le gaz par g'', en proportions réglées, et achèvent de former dans le cylindre un mélange homogène, condition essentielle à cause de sa faible proportion de gaz.

Réchauffeur. Les figures 9 et 10 représentent le détail du régénérateur. Le mélange refoulé par la descente du piston D y pénètre au bas, par la chambre i', et traverse, ainsi que l'indiquent les flèches non barbées, les tubes t, de la partie supérieure desquels il sort pour se rendre, par la chambre 1 et le tuyau g', au cylindre travailleur A.

Les produits de la combustion, chassés par la course montante du plongeur D, traversent au contraire le régénérateur de haut en bas, autour des tubes, ainsi que l'indiquent les flèches barbées, par les chambres 2 et 2'.

Les tubes sont pourvus d'hélices en fer destinées à les renforcer et à en augmenter la puissance calorifique. Les chambres 1 et 1' sont garnies de déflecteurs 3 3', pour répartir uniformément les gaz sur tous les tubes, dont on évite les dilatations inégales en réglant le courant qui les traverse au moyen d'une petite valve 8 (fig. 10); leurs dilatations n'a plus alors d'autre effet que de faire un peu jouer, sans y déterminer de fuite, les joints à recouvrement qui réunissent l'enveloppe en tôle du réchauffeur à ses chambres de fonte. Ces chambres sont reliées au cylindre A et B par des tuyaux à joints sphériques, serrés par de longs boulons (fig. 3).

Soupapes du cylindre moteur. La distribution du réchauffeur au cylindre moteur se fait dans la boîte F, par deux soupapes G et H, en fer émaillé, avec fourrure d'amiante appliquée sur l'émail encore chaud ; elles sont articulées à leurs tiges de manière à pouvoir s'appliquer exactement sur leurs sièges ; la garniture d'amiante des stuffing-box est coupé par un anneau métallique *t* à circulation *o'p'*.

Le disque perforé Q sert à protéger les soupapes du rayonnement de la flamme du cylindre, et à distribuer le gaz en moindre quantité à la circonférence que dans l'axe du cylindre ; on peut donner à ce diffuseur une forme héliçoïdale *h* (fig. 15) imprimant aux gaz un mouvement de rotation.

Allumage électrique. L'allumage s'opère par l'incandescence d'un fil de platine (fig. 2) enroulé en spirale (fig. 12), la section du fil est irrégulière et contractée en certains points qui fournissent comme des amorces d'allumage, dispersées où l'on veut, et dont on peut intensifier l'action en les disposant vis-à-vis de petits brûleurs alimentés par du gaz sous pression.

Cylindre moteur. Pour diminuer la conductibilité du cylindre travailleur, dont le plongeur D ne touche pas les parois, on le recouvre à l'intérieur d'un enduit d'amiante silicaté, appliqué à chaud. On peut rafraîchir le cylindre en faisant circuler dans son enveloppe *b* (fig. 13 et 14) un courant d'air appelé par un ventilateur *c*, qui le rejette ensuite dans l'atmosphère par *d*, avec les produits brûlés qui sortent du régénérateur ; le cylindre est muni d'anneaux de rayonnement *a*.

Le plongeur D est en tôle remplie de matière non conductrice.

Réglage du moteur. La boîte de distribution E renferme des espaces nuisibles considérables K (fig. 5) dont les gaz, alternativement comprimés puis détendus, diminuent d'autant le volume admis et déchargé par les clapets MN, et contribue à la régularisation du moteur en lui restituant, pendant la montée du piston, le travail absorbé pendant sa descente. Il faut, pour que ces travaux absorbés et restitués soient égaux, que la température de l'espace K reste constante, on y arrive par une injection d'eau qui tempère les variations de température du gaz. On peut, en outre, faire varier le volume de l'espace nuisible K, et par conséquent la consommation et la puissance du moteur, en le remplissant plus ou moins d'eau par un robinet à trois voies L, relié au réservoir X.

Soupape de sûreté. — Le régénérateur est muni à sa partie inférieure d'une soupape de sûreté, pour le cas où la flamme du cylindre travailleur viendrait à s'y propager. La figure 20 représente l'installation d'une de ces soupapes *h* au bas d'un réchauffeur un peu différent du premier, en ce que le conduit *a*, qui amène le mélange froid, débouche radialement dans la chambre *g* où les tubes ne pénètrent pas, mais ne font qu'affleurer, en *b*. La soupape *h*, à double siège, est percée de petits trous *o*, établissant en temps normal l'équilibre au-dessus et au-dessous de la soupape, mais ne laissant pas passer les gaz assez vite en cas d'une brusque augmentation de pression au réchauffeur.

Distribution hydraulique du cylindre moteur. — La tête du piston est guidée par un parallélogramme d'Evans *ed* (fig. 2 et 8), dont une des bielles commande la pompe *w*, aspirant, par le tuyau *k* et le reniflard *i*, un mélange d'eau et d'air qu'elle refoule dans le réservoir X, qui alimente le cylindre A. Le haut de ce réservoir rempli d'eau à une pression limitée par la soupape *j* est en communication constante, par *q*, *r*, *r*, avec les pistons J (fig. 2) de manière à toujours tendre à ouvrir les soupapes H et G ; ces soupapes obéissent à cette tendance toutes les fois que le distributeur V V₁, placé au bas du bâti, met par *m* ou *n*, l'autre face des pistons, J en rapport avec l'atmosphère ; elles restent fermées, au contraire, tant que leur distributeur, V ou V₁, laisse la grande face de leurs pistons J en rapport, comme la petite, avec l'eau de X.

L'un des distributeurs VV, est représenté par les figures 6 et 7 ; l'intérieur des tiroirs tournants c_1 et d_1 de V_1 est toujours en rapport, par n, avec la grande face de J ; chacun d'eux est percé de deux ouvertures qui mettent, deux fois par tour de son arbre, cette face en rapport avec l'eau comprimée de X, suivant $kb'd'n$, ou avec l'échappement l (fig. 1), par $nd'c'V_1l$. L'arbre de ces distributeurs tourne deux fois moins vite que l'arbre moteur : on peut en déplaçant l'un par rapport à l'autre les tiroirs c' et d', faire varier à volonté le jeu des soupapes H et G.

Les figures 16 à 19 représentent l'application de l'un de ces distributeurs au droit du piston A ou J de l'une des soupapes H ou G. Dans la position représentée, la face droite de A, toujours en rapport par Ek avec la pression du réservoir X, va pousser le piston vers la gauche, ainsi que l'indiquent les flèches simples, parce que sa grande face est mise, par $a\,b\,g\,h$, en rapport avec l'échappement F. Ce piston reculera au contraire vers la droite, quand sa face gauche sera mise, par E. $e.\,f\,b.\,a$, ainsi que l'indiquent les flèches doubles, en rapport avec la pression de X. Les retraits B et C constituent des freins d'eau, pour amortir les chocs des soupapes.

CHAPITRE VI

LA DISTRIBUTION

Le distributeur le plus répandu pour les moteurs à gaz est, comme pour les machines à vapeur, le *tiroir plat* à mouvement alternatif; il est, en général, plus compliqué que celui des machines à vapeur, car s'il n'agit presque toujours qu'à simple effet, il doit, en revanche, distribuer le gaz, l'air, ou ces deux fluides à la fois, et même en allumer le mélange. Il est rare, d'ailleurs, que le tiroir accomplisse à lui seul toutes les fonctions de la distribution : *admission*, *échappement* et *allumage* des deux fluides, car on est ainsi conduit à des mécanismes trop condensés, sujets à s'encrasser et à se brûler par la chaleur des produits de l'échappement qui, venant s'ajouter à celle de l'explosion et de l'allumage, empêche le tiroir de se refroidir suffisamment.

L'échappement s'opère presque toujours à part, au moyen d'une soupape. Le tiroir ne distribue parfois qu'un seul des deux fluides, ou le mélange déjà préparé par un organe mélangeur spécial. Souvent même, pour les grandes machines, le tiroir ne reste plus qu'un simple mécanisme d'allumage; il se réduit alors à de très faibles dimensions.

. Les principaux avantages du tiroir sont : sa facilité de construction, la permanence de son étanchéité, la faculté de présenter, à chaque course, des surfaces de refroidissement considérables à à l'air libre. Les huiles peuvent s'y épanouir largement, et il est facile d'en éviter l'encrassement.

Les *tiroirs cylindriques ou à piston* présentent l'avantage de pouvoir facilement s'équilibrer, et de se prêter, par leur guidage et leur symétrie, à des combinaisons d'organes distributeurs multiples et compactes; mais il sont d'un ajustement plus difficile et moins stable que les tiroirs plans, moins accessibles et plus sujets à s'encrasser. On ne les rencontre guère dans la pratique.

Beaucoup d'inventeurs, séduits par l'extrême simplicité du mouvement de rotation permanent, ont cherché à adapter aux moteurs à gaz les *distributeurs tournants*, cylindriques ou coniques; mais ces distributeurs présentent des inconvénients assez graves pour contrebalancer leur simplicité cinématique, la facilité de les équilibrer et de leur faire accomplir sous un faible volume toutes les fonctions nécessaires à la marche d'un moteur. Ces inconvénients sont la difficulté de les maintenir étanches sans un serrage exagéré — difficulté qui les a souvent fait abandonner pour les machines à vapeur où les organes de distribution sont naturellement graissés par le fluide moteur, et bien moins échauffés que dans les machines à gaz — et leur tendance à s'échauffer, parce qu'ils sont presque entièrement renfermés dans une enveloppe à peine raîraichie par un courant d'eau. En outre, leur graissage est difficile, et ils sont sujets à s'encrasser.

Les *soupapes* ne méritent pas ce dernier reproche : elles sont. dans une certaine limite, moins sensibles que les dispositifs précédents aux inconvénients inévitables des températures élevées, qui caractérisent les moteurs à gaz. On peut les rendre facilement accessibles. Au point de vue de la simplicité cinématique, elles atteignent la perfection même, puisqu'elles permettent, comme nous le verrons, de réaliser des distributions entièrement automatiques, c'est-à-dire mises en mouvement sans autres organes de transmission que les fluides mêmes qu'elles distribuent. Leurs principaux inconvénients sont : un ajustage difficile, et leur inertie même, qui oppose, au fonctionnement de leur automaticité et pour la conservation de leur portées, des limites de vitesses inadmissibles avec les moteurs de petites forces. Pour de fortes machines, à marche lente, il y aurait lieu de préférer ce genre de distribution. Nous verrons, en outre, dans le chapitre consacré à la régularisation, que les soupapes se prêtent au mieux à une action prompte et rationnelle du régulateur.

Les *organes de transmission ou de commande* des distributeurs sont, dans les machines à gaz, les mêmes que ceux des machines à vapeur : l'*excentrique*, les *cames*, les *déclics*. L'excentrique est, de tous les organes, le plus répandu, sous sa forme habituelle ou en bielle et manivelle, comme dans le moteur Otto. Le plus souvent, l'arbre de l'excentrique marche deux fois moins vite que le moteur, soit parce que le distributeur ne donne qu'une admission tous les deux tours, soit pour diminuer l'amplitude des mouvements du tiroir, et augmenter, en le doublant, ses surfaces refroidissantes.

La *coulisse* se rencontre rarement comme organe de distribution proprement dite. Je citerai le moteur de Ravel, pour lequel elle se trouvait naturellement indiquée à cause de son cylindre oscillant, et le moteur pour tramway de Crossley, dans lequel elle sert à imprimer, au point moteur, une rotation elliptique, analogue à celles des distributions de Marcel Deprez.

Les *déclics* se rencontrent rarement dans les moteurs à gaz; ils ne conviennent qu'aux machines à marche lente, et ne procureraient, en réduisant un peu le laminage des gaz, qu'un avantage inappréciable.

DISTRIBUTIONS PAR TIROIRS PLATS

Les tiroirs de distribution des moteurs à gaz sont presque toujours plus compliqués que ceux des machines à vapeur, parce qu'ils comprennent ordinairement les organes de l'allumage.

Il est rare pourtant que le tiroir accomplisse à la fois l'allumage et toutes les fonctions de la distribution : admission de l'air et du gaz, échappement des produits de la combustion. L'échappement se fait presque toujours par un organe séparé du tiroir, et il en est quelquefois de même de l'admission de l'air.

Machines du premier type.

Les tiroirs des moteurs sans compression sont, pour la plupart, extrêmement simples, surtout lorsque l'allumage est accompli par un organe spécial, comme dans les moteurs de *Sombart* (p. 98) et de *Shweiser* (p. 119). L'adjonction de l'allumage ne complique d'ailleurs que très peu ce tiroir, soit que l'on emploie, comme dans la machine de *Turner*, un clapet d'allumage, ou, comme dans les moteurs de *Bénier*, de *Withers*, de *Forest* (p. 114), de *Gilles* (p. 101), de *Tonkin* (p. 111), un transport direct de la flamme.

F.-W. Turner (pl. 3). Dans les petits moteurs de *Turner*, la glace du tiroir d porte trois orifices b_1 b_2 et b_3; les deux premiers communiquent avec le cylindre et le troisième avec le conduit d'échappement. La lumière supérieure b' sert pour l'admission et l'allumage ; le conduit du milieu, b_2, sert à admettre le gaz dans la première partie de la course du piston, et pour l'échappement, quand on la met, par la cavité du tiroir, en communication avec le conduit d'échappement J.

La cavité d_1 du tiroir communique (fig. 4 et 5), par d^2, avec les conduits $e\ e_1$ d'admission de l'air (fig. 2 et 6). Au-dessus de d_1, se trouve la lumière d'allumage d_3 (fig. 5) dont le brûleur e (fig. 2) se trouve à l'extérieur du tiroir.

En temps ordinaire, d^3 est fermé par le clapet d'allumage k; lorsque d^3 vient passer devant la lumière d'admission b', la pression atmosphérique ouvre le clapet k, et pousse la flamme d'allumage dans le cylindre.

Bénier et Lamart (fig. 12 à 15, pl. 3). Le tiroir de la machine Bénier qui donne, comme la précédente, un coup par course-avant du piston, est des plus simples : l'admission du gaz et de l'air s'y fait (fig. 15) par les conduits $o\ n$ et N, l'échappement par J. L'allumage a lieu, comme nous l'expliquerons au chapitre suivant, par transport de flamme à la pression atmosphérique, à l'aide du tiroir.

Withers (pl. 6). La distribution de la machine plus récente de Withers est plus difficile à suivre.

Lorsque le piston est au bas de sa course (fig. 1), l'espace A^2, réservé au bas du cylindre, est rempli d'air seulement; le mélangeur H est rempli d'air, qui lui arrive par son clapet H_2, et de gaz amené par le conduit M^2.

Au commencement, et pendant le tiers de la course ascendante, le conduit d'admission F (fig. 6) fait communiquer, par H_1C, le mélangeur avec le cylindre moteur.

L'admission est ensuite brusquement fermée, et l'allumage détermine dans le cylindre une explosion atténuée par le matelas d'air en A^2.

L'échappement se fait en deux temps; il se produit d'abord, à la fin de la course-avant, un échappement anticipé des produits brûlés par D (fig. 2) découvert par le piston; puis, pendant la course descendante, un échappement de l'air renfermé dans A^2 déterminant, par H_1CBD, un appel d'air qui rafraîchit le cylindre; cet air s'échappe ensuite directement, par CGD' (fig. 6). Pendant que le tiroir est dans cette position, le gaz arrive, ainsi que

l'indique la figure 7, du tuyau M², par J, J J, M₄, dans la poche
Q, actuellement séparée du cylindre.

Au commencement de la course montante du piston, le tiroir
amène, en même temps qu'il ouvre en grand l'admission au cylindre (fig. 7) *j* à coïncider avec *j*² et R : le gaz de la poche Q
vient alors se mélanger à l'air de H.

Le tuyau d'admission du gaz M₃ alimente donc la poche Q, qui
se vide pendant la période d'admission dans le mélangeur H.
Cette disposition a pour objet d'éviter tout excès de gaz au
cylindre, et toute fuite de gaz pendant l'arrêt de la machine.

Machines à compression.

Les tiroirs que nous venons d'examiner appartiennent tous à
des machines sans compression donnant une explosion par tour:
les tiroirs des moteurs à compression peuvent se diviser en
deux classes, suivant qu'ils donnent une explosion par tour ou
tous les deux tours.

Cette distinction n'a d'ailleurs d'à-propos que comme classification pratique, les tiroirs des machines du second genre déri-
vant de ceux des moteurs du premier genre par des modifications
élémentaires, se bornant le plus souvent, comme l'ont fait Beechey.
Butcher et Williams, à une simple duplication des organes d'allumage. Le tiroir peut ainsi donner une explosion par tour, tout
en continuant à marcher deux fois moins vite que le moteur, et
sans augmenter ses frottements.

Quelques inventeurs, notamment *Serrell* et *Andrew*, ont proposé d'abriter le tiroir des explosions en l'isolant du cylindre par
un clapet de retenue ; mais il vaut mieux, dès que les dimensions
du moteur l'exigent, réduire les dimensions du tiroir en faisant
accomplir l'admission du mélange tout entière, comme dans les
grands moteurs *Otto*, ou en majeure partie comme dans la variante de *Daimler*, par une soupape spéciale.

Une explosion par deux tours.

Otto (pl. 12). Le type le plus répandu des machines du troisième genre, celui d'Otto, appartient, comme on le sait, à la classe des moteurs à quart d'effet, ou qui ne donnent qu'une explosion par tour. On peut considérer le tiroir de ce moteur comme un type auquel il sera facile de rattacher les autres dispositifs du même genre proposés depuis.

Dans le moteur Otto, comme dans la majorité des machines du troisième type, le tiroir ne fait qu'admettre et enflammer le mélange ; l'échappement des produits brûlés s'opère par une soupape séparée du tiroir.

Ainsi que l'indiquent les figures 1 à 4 de la planche 12, le **gaz** arrive au tiroir par le tuyau g et l'air par a, pendant la période d'aspiration, au commencement de la première course-avant. Les orifices j et a, d et g sont alors en regard ; le gaz se mélange à l'air par les trous du diffuseur d, mais inégalement, ainsi que nous le verrons en parlant de l'allumage, et ce mélange hétérogène pénètre dans le cylindre par l'orifice d'admission l, qui se trouve vis-à-vis de l'autre lumière j du conduit jj'.

L'échappement se fait (fig. 9 et 10, pl. 11) par une soupape e latérale au cylindre, actionnée par la came d'échappement e' (fig. 1) placée sur l'arbre de distribution. Cette soupape, le plus souvent en fer, est construite comme une soupape de sûreté à bords inclinés ; elle a besoin d'être parfaitement ajustée et rodée pour résister à la haute température des gaz de l'échappement. Sa boite est rafraîchie, dans les grands moteurs, par une circulation d'eau.

R. Hallevell (pl. 18). Dans la machine à compression d'Hallevell, le tiroir ne sert aussi qu'à l'allumage et à l'admission du gaz : l'air est admis d'abord par le conduit z (fig. 7), pendant que le gaz est aspiré, par *nmol* (fig. 9) dans la pompe G.

Quand le piston remonte, il comprime l'air précédemment admis dans la chambre d'explosion E, puis le tiroir, avançant vers la droite, laisse le gaz refoulé par la pompe G pénétrer dans l'air par *ov*, à travers le diffuseur T.

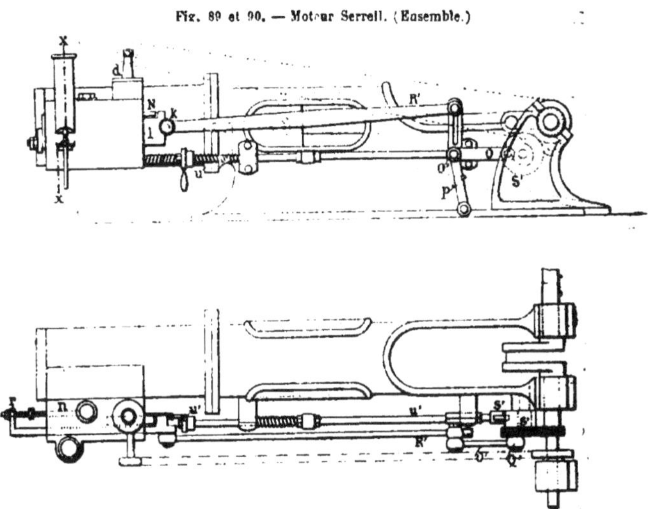

Fig. 89 et 90. — Moteur Serrell. (Ensemble.)

L'allumage se produit alors par le transport de la flamme intermittente $g'\,u$, vis-à-vis des deux ouvertures *v v*.

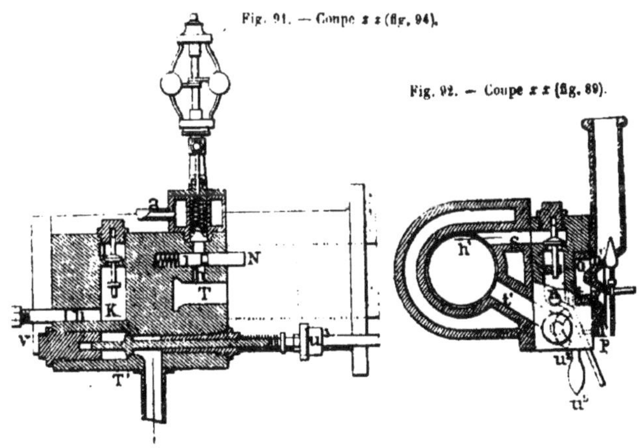

Fig. 91. — Coupe *z z* (fig. 94).

Fig. 92. — Coupe *x x* (fig. 89).

L'échappement se fait par la soupape latérale a', commandée par le levier b' et la came c', dont l'arbre tourne deux fois moins vite que la machine.

Serrell. Cette distribution (*) est représentée par les fig. 89 à 101 : nous en décrirons en même temps, pour éviter les redites, l'allumage par injection de flamme sous pression.

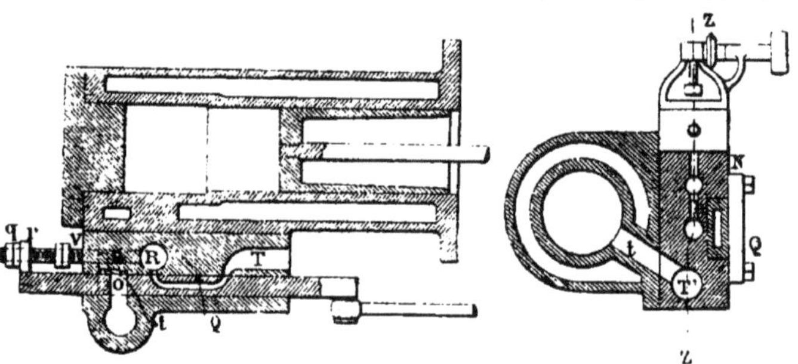

Fig. 93. — Coupe horizontale.

Fig. 94. — Coupe par k (fig. 94).

Le gaz admis par a (fig. 91) à travers la valve régulatrice, ne vient se mélanger à l'air aspiré directement par T que si le piston N ouvre, par l. la lumière h. Cette ouverture a lieu, ainsi que l'indique la figure 93, par la butée du talon k du tiroir l (fig. 96). Le mélange est aspiré de T au cylindre par le canal Q. l'orifice m, la chambre R, le

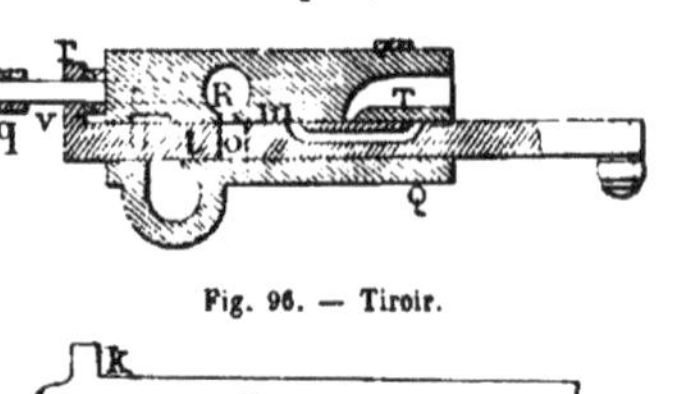

Fig. 95.

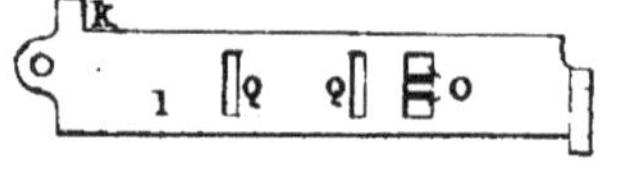

Fig. 96. — Tiroir.

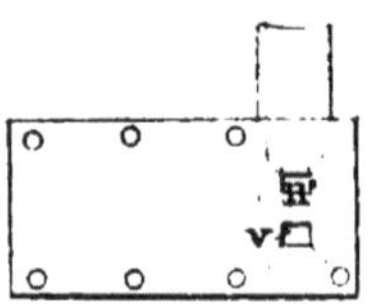

Fig. 97. — Couvercle.

clapet de retenue k (fig. 91) et la lumière s.

Au moment de l'explosion, le tiroir occupe la position indiquée sur la figure 95. La chambre R communique avec la chambre d'allumage o, fermée de tout autre côté, pleine de mélange à la pression

<hr>

(*) Brevet n° 1242 (3 septembre 1883).

de l'atmosphère. Afin d'enrichir ce mélange suffisamment pour assurer l'allumage, le piston n, poussé par sa butée vr (fig. 91), injecte, par t (fig. 92), une charge de gaz dans R et dans o, alimenté d'air par v (fig. 97). Ce mélange riche s'allume, en passant devant la flamme n', avec assez de vivacité pour déterminer, par le transport de o en R, une explosion qui soulève la soupape k, et fait détoner le gaz du cylindre. L'aspiration du gaz en n, par le tuyau p (fig. 92), est réglée au moyen d'une vis l'.

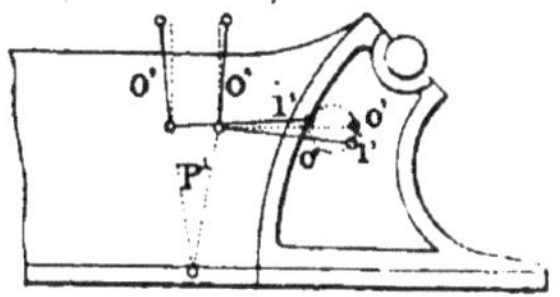
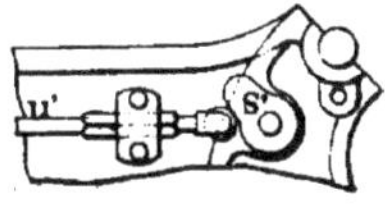

Fig. 98 et 99.

L'échappement a lieu (fig. 91) par une soupape ouvrant le conduit T', sous la butée du taquet u', u' mû par la came s' (fig. 99).

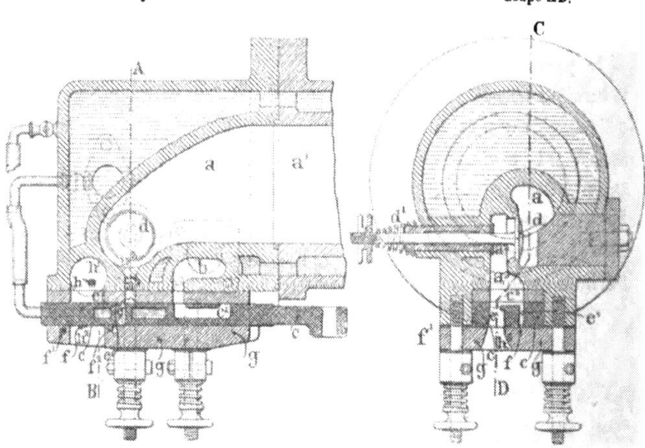

Fig. 101 et 102. — Moteur Andrew. (Distribution.)
Coupe CD.   Coupe AB.

Le tiroir est mû par un jeu de parallélogramme Q, o' P' (fig. 89) à coulisse R'. La manivelle Q' occupe, aux fonds de course du tiroir

les positions i et i' (fig. 98). En ces points le tiroir va très lentement ; il marche, au contraire, très vite de i' en o', au moment
du transport de la flamme.

Fig. 103.

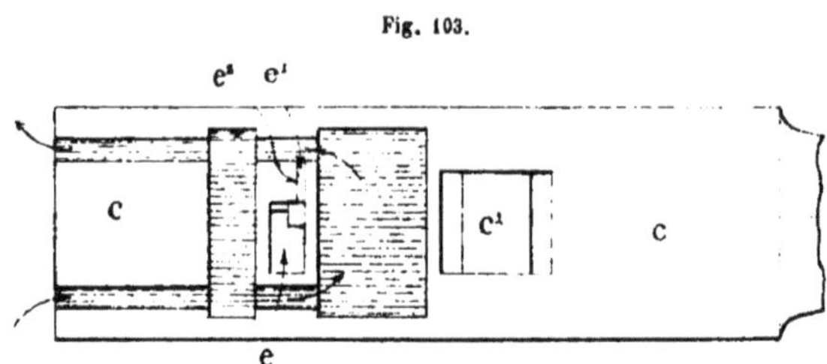

L'admission tangentielle du mélange, en h' (fig. 92), a pour objet
de le mêler aussi intimement que possible aux produits brûlés qui
restent dans la chambre d'explosion.

Fig. 104.

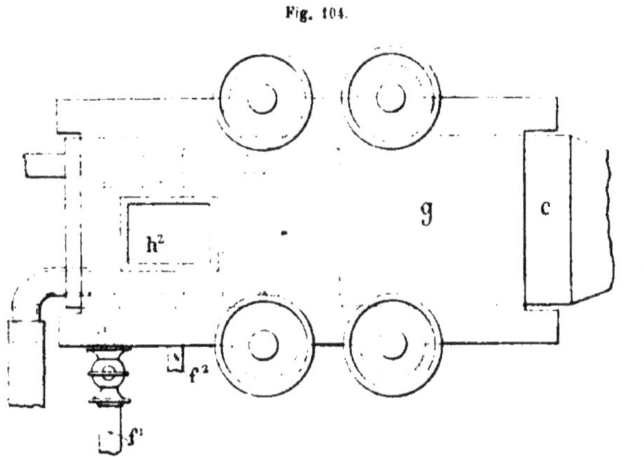

Andrew. Le mécanisme plus récent d'*Andrew*, représenté
par les figures 101 à 105, présente beaucoup d'analogie avec
celui de Serrell.

Le mélange aspiré dans le cylindre $a_1\, a_1$ y pénètre par $b\, c_1\, a_2$,
en ouvrant, malgré son ressort d_1, la soupape de retenue d.

Dès que le piston retourne, cette soupape se referme, laissant en a_2 du mélange à la pression atmosphérique.

Pendant la compression, le trou e_1, du tiroir c (fig. 103), vient devant la rainure f du couvercle g (fig. 105), qui laisse ainsi le gaz de f_1 passer, par $f e_1 e_2$, dans la poche d'allumage e, où il s'allume, par le brûleur h et le courant d'air amené par h_2 (fig. 104).

La flamme de e vient ensuite allumer le mélange de a_2, dont l'explosion soulève le clapet d, et se propage dans le cylindre.

La fermeture de la soupape d, immédiatement après l'allumage, soulage le tiroir de la chaleur et de la secousse de l'explosion.

Fig. 105.

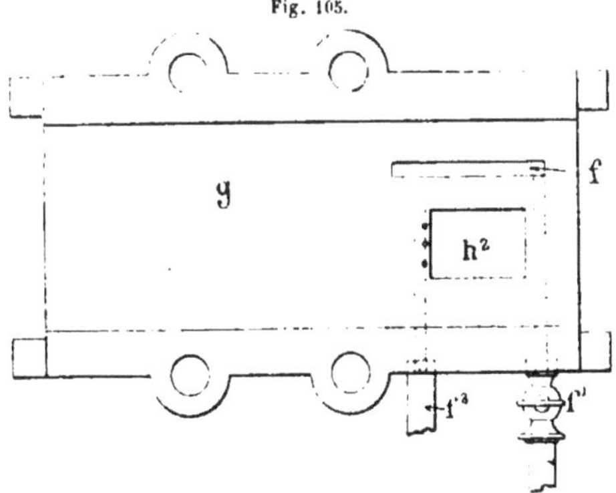

Au retour du tiroir, les produits brûlés de e s'échappent par f_1 (fig. 105).

Une explosion par tour.

Holt et Crossley (pl. 16). La description de la modification du moteur Otto proposée par MM. Holt et Crossley fera comprendre combien il est facile de transformer la distribution d'un moteur du troisième type ne donnant qu'une explosion par deux tours, de manière à lui en faire donner une à tous les tours, et à doubler ainsi la puissance de son cylindre.

La modification consiste essentiellement, comme on le sait, à munir la machine d'une pompe D^2, faisant le vide dans une chambre que la distribution met en rapport avec le cylindre moteur vers la fin de sa course motrice, en même temps que l'on admet du mélange frais en arrière des produits de la combustion ainsi expulsés. Cette charge, comprimée par le retour du piston, est allumée à la course suivante.

Le cycle du moteur est alors le suivant (fig. 4) : A partir du point C de sa course motrice, le long piston A_2 (fig. 1) découvre la lumière A_4, qui laisse les produits brûlés s'échapper d'abord dans l'atmosphère par e_4 F$_4$ F (fig. 3). Arrivé en C, le tiroir fait communiquer le cylindre moteur :

D'une part, à l'avant, suivant A e_2 D_4, avec le réservoir à vide D.

D'autre part, à l'arrière, avec l'admission du mélange frais.

Les produits de la combustion sont efficacement chassés du cylindre à cause de la lenteur du mouvement du piston pendant que la manivelle décrit l'arc C C_4 C_2, correspondant à l'ouverture des deux échappements successifs.

A partir du point C_2, l'échappement et l'admission sont fermés, le mélange est comprimé dans le cylindre, et la pompe D_2 chasse, par D_4 D_5, les gaz primitivement aspirés.

D. Clerk (pl. 33). Ce cycle de la machine Clerk est analogue à celui du moteur précédent, mais la pompe communique directement avec le cylindre, moteur sans interposition de réservoir à vide.

La machine Clerk a été décrite aux pages 200 à 207 ; je n'examinerai ici que le fonctionnement du distributeur.

Le distributeur est un tiroir plat, analogue à celui d'Otto ; il renferme, comme ce dernier, un dispositif d'allumage par transport de flamme.

Le tiroir de la machine Clerk ne fait qu'allumer le mélange explosif dans le cylindre et distribuer, à la pompe de compression, le gaz et l'air qui constituent ce mélange.

Le tuyau d'amenée du gaz est indiqué en g' (fig. 4). Au commencement de la course-avant du piston compresseur p, le tiroir occupe la position indiquée sur la figure 1. Son canal j

laisse le piston p aspirer à la fois du gaz par g' et de l'air par p' et le contours de la soupape m; mais vers le milieu de la course-avant de la pompe le tiroir recule et ferme g', de sorte que le piston n'aspire plus que de l'air seul.

Cet air, puis le mélange, sont ensuite refoulés au cylindre moteur, en dehors du tiroir, par le tuyau p', la soupape A et la lumière d'admission l.

L'air qui précède le mélange chasse devant lui les produits de la combustion, par les ouvertures e, que le piston démasque vers la fin de sa course-avant, et ferme au commencement de sa course-arrière, alors qu'il ne reste plus, dans le cylindre, que du mélange à comprimer pour la prochaine explosion.

La simplicité cinématique de la distribution de Clerk est remarquable, et il ne paraît pas avoir à craindre qu'il se produise des explosions dans la pompe de compression, malgré sa mise en rapport directe avec le cylindre moteur, du moins tant que l'allure de la machine reste dans les limites ordinaires de vitesse, à 200 tours environ. La course et les dimensions du tiroir sont très réduites.

J. Livesay (pl. 30). Le tiroir proposé par M. Livesay accomplit. toutes les fonctions de la distribution; il admet au cylindre moteur, par le tuyau c' la chambre e' et la lumière F, du mélange comprimé dans un accumulateur C; l'échappement s'opère ensuite par F e G. L'allumage a lieu par la flamme e^2. Cette distribution est très simple, mais il y a lieu de redouter l'échauffement du tiroir par les produits de l'échappement.

J. G. Beechey (pl. 31). Dans cette machine, le tiroir n'accomplit que l'allumage et l'admission du mélange comprimé au cylindre par le conduit j (fig. 2); l'échappement a lieu, comme dans le moteur Otto, par une soupape latérale h (fig. 5).

La deuxième machine de Beechey (pl. 33) est munie d'une pompe de compression à simple effet A (fig. 6), dont la manivelle est en retard de 30° sur celle du cylindre moteur.

Cette pompe aspire par la valve H_1 (fig. 10) d'abord un

mélange d'air et de gaz, puis de l'air seul, dès que le régulateur a fermé la valve d'admission du gaz *l*.

Ce mélange d'air suivi de gaz détonant est refoulé dans le cylindre moteur B par le trajet *a b d d'* (fig. 9) du tiroir à double orifice *d* et *d'*.

L'échappement s'effectue par une soupape latérale E (fig. 5) et se ferme dès que le piston a accompli les 9/10 de sa course-arrière.

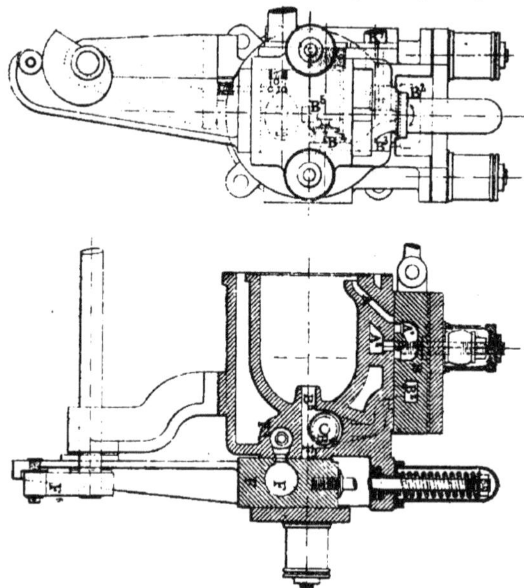

Fig. 106 et 107. — Tiroir Butcher. (Plan, coupe et vue par bout.)

Cette distribution présente une grande analogie avec celle de Clerk, mais elle ne laisse pas l'air de la pompe s'échapper en partie par l'échappement anticipé du cylindre ; cet air ne sert qu'à atténuer l'explosion.

Butcher (pl. 37). Le tiroir de Butcher ne donne, comme ceux que nous venons de décrire, qu'une course par tour du moteur ; il

porte, comme celui de Beechey (fig. 15), une seule lumière d'admission E_4, centrale entre deux lumière d'allumage c ; cette
lumière passe devant le conduit d'admission à chaque course-
avant du piston moteur, de manière à donner par $E_4 E_4 E_4$ une admission par tour. L'échappement se fait par une soupape latérale J
(fig. 2). Ce système a l'avantage de donner, avec une faible
course du tiroir, des ouvertures d'admission promptes et larges.

Le troisième tiroir de M. *Butcher*, représenté par les figures
106 à 108, accomplit, comme celui d'une machine à vapeur,
l'admission du mélange refoulé par la pompe suivant le trajet $B_2 B_3$, à travers la soupape de retenue B_4 et le tube central B_1.

Fig. 108. — Tiroir Butcher. (Coupe longitudinale.)

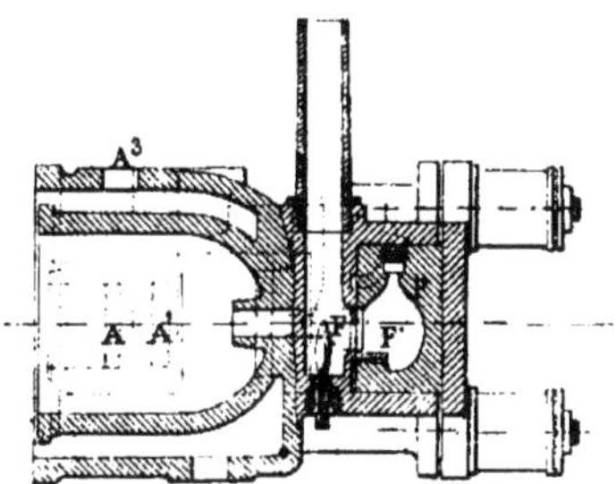

L'échappement a lieu par $A A_1 A_2 A_3$. L'allumage s'opère à l'aide
d'un tiroir spécial F, mû par une came F_1 et transportant, par F',
la flamme de F_2 en F_3 (*).

Daimler (pl. 64, fig. 24 à 27). Le système de M. Daimler
a pour principal objet de diminuer les dimensions des tiroirs
dans les grandes machines, en ne leur faisant plus admettre
que la quantité de mélange nécessaire pour assurer l'allumage.

Le gaz qui arrive au tiroir par le tuyau c suit le chemin indiqué par les flèches et passe, de f, à travers un diffuseur g
dans la chambre h_2, où il se mélange à l'air amené par h.

(*) Brevet n° 4377 (11 octobre 1879).

Ce mélange se divise alors en deux parties :

Une petite partie passe, par $h\,h'$, au conduit d'allumage n.

Le reste passe directement au cylindre par h, et la soupape i, solidaire du tiroir par le mouvement $k\,l$.

Les figures représentent le tiroir pendant la période d'admission.

Drake (pl. 44). Dans cette machine, la contre-plaque du tiroir est remplacée (fig. 39) par un osselet 53, appuyé par un ressort 52, qui atteint sa plus grande compression au moment de l'allumage et qui n'exerce qu'une faible pression après l'explosion, de manière à réduire le plus possible les frottements du tiroir sur sa glace (fig. 25 et 26).

Le mélange de gaz et d'air s'opère (fig. 27) dans le mélangeur 55, dont le clapet ferme l'admission quand la machine s'arrête ou, sous l'action du régulateur quand elle s'emporte ; le mélange passe de la chambre 55, par 28, au tiroir qui l'admet au cylindre par 26 et 27 (fig. 39).

L'échappement anticipé a lieu par 24, dès que son orifice 23 est découvert par le piston moteur 21 ; l'échappement s'achève, dès le commencement de la course-arrière, par le refoulement du piston compresseur 22.

Nous terminerons cette monographie en signalant les distributeurs de *Blass*, à circulation d'eau suivant $a\,b\,c$ (fig. 9 à 18, pl. 62). Les figures de la planche 62 indiquent suffisamment l'application de ce système à des tiroirs A, et à des robinets divers.

Distribution à deux tiroirs.

Les distributions à deux tiroirs sont encore peu répandues pour les moteurs à gaz. Nous avons déjà décrit (p. 209 et 251) celles de *Niel*, d'*Andrew* et de *Lucas*, qui ne démontrent guère l'utilité de cette complication.

Le dispositif à deux tiroirs de *Hugon* (fig. 18 et 19, pl. 53) fonctionne comme il suit. Le tiroir principal B admet le gaz et l'air par m et p, détermine l'allumage par les becs n, à rallumeurs x, et l'échappement par o. Le tiroir auxiliaire c ne fait qu'ouvrir les admissions du mélange r, au moment de l'aspiration, et les fermer à l'explosion (*).

Turner (pl. 32). Les deux tiroirs de Turner sont juxtaposés ; l'un g, à circulation d'eau, sert à l'admission et à l'allumage du mélange. Le tiroir f ne sert qu'à l'échappement, il est mené directement par l'excentrique l. Le tiroir g est aussi conduit par cet excentrique, mais indirectement, au moyen d'un déclic à « dash pot » i analogue à celui des machines Corliss. Le gaz moteur arrive au cylindre par le tuyau 13 et le diffuseur 10 (fig. 3, 4 et 5), l'échappement se fait par 11 (fig. 7), vers la pompe d'aspiration. Au moment de l'allumage, le tiroir g tombe, lâché par son déclic, ferme toutes les ouvertures de la culasse h' et met la chambre d'allumage 2 en communication, par la lumière 1 du tiroir d'échappement, avec le conduit d'admission 7.

La chambre d'allumage 2 est, après chaque explosion, balayée par un courant d'air aspiré au cylindre par le chemin o g, 2, 4, 5 et 6.

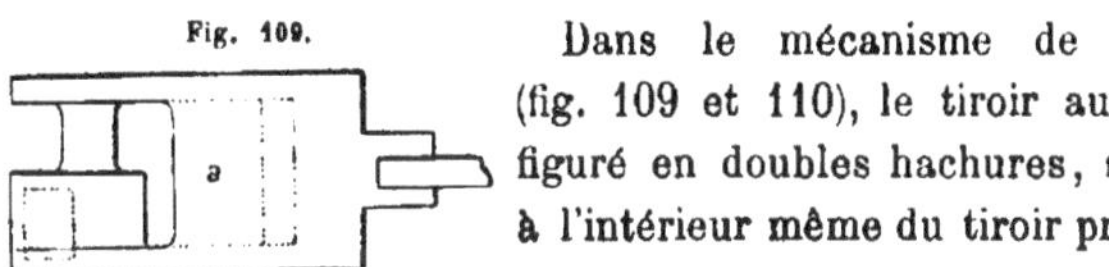

Fig. 109.

Dans le mécanisme de *Dougill* (fig. 109 et 110), le tiroir auxiliaire, figuré en doubles hachures, se meut à l'intérieur même du tiroir principal.

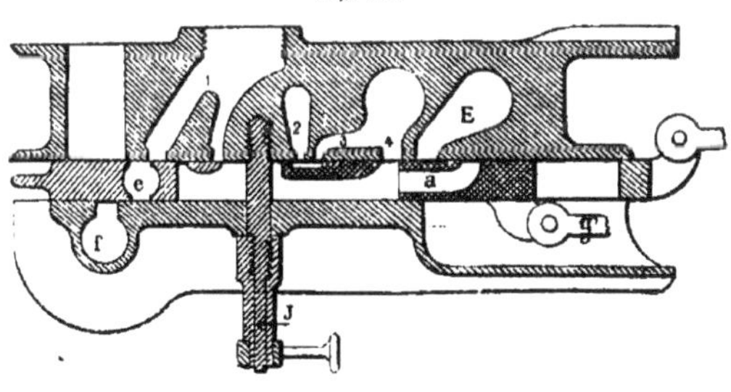

Fig. 110.

Au moment de l'admission, le tiroir principal ouvre les lumières 1, et le tiroir auxiliaire fait communiquer, ainsi que l'indique la figure, les lumières 2, 3 et 4; le gaz amené par 2, se mêle alors, par 3, à l'air de 4, et le mélange est admis par 1 au cylindre moteur.

Quand le piston arrive au tiers de sa course, l'allumage a lieu par fe.

L'échappement se produit ensuite par E, à travers la cavité a du tiroir auxiliaire.

Nous décrivons, en même temps que sa transmission, la distribution à deux tiroirs de *Nash*.

DISTRIBUTION PAR TIROIRS CYLINDRIQUES

Les tiroirs cylindriques ont l'avantage d'être facilement équilibrés, très bien guidés, et de mieux se prêter au groupement, sous un faible volume, des organes nécessaires aux fonctions multiples d'une distribution.

R. Hutchinson. Le tiroir de la machine à compression de Hutchinson est représenté par la figure 9 de la planche 23.

Au commencement de la course ascendante du piston moteur 7, le tiroir 17 monte, laissant le mélange d'air et de gaz arriver au cylindre par les conduits 22, 23, 19 et 20.

Lorsque le piston moteur descend pour la première fois, le tiroir, continuant toujours à monter, ferme l'admission du mélange et amène le conduit 25 en présence de la rainure d'allumage 26, par où arrive le gaz d'ignition; ce gaz se mélange avec l'air qui arrive par le tuyau 29 dans la chambre d'allumage 24. Cette chambre vient ensuite allumer son mélange au bec perma-

nent 28, puis, le tiroir continuant à monter, 25 se sépare de 26, et
le mélange comprimé par la course descendante du piston transmet graduellement sa pression, par la petite ouverture 30, au
mélange enflammé dans 24.

Au fond de la course du piston moteur, et la pression se trouvant
égalisée entre le cylindre et la chambre d'allumage 24, celle-ci
est mise en large communication, par le conduit 20, avec le cylindre moteur, où sa flamme se propage et détermine l'explosion ;
le piston 7 remonte, accomplissant sa course motrice.

L'échappement s'opère, à la seconde course descendante du
piston, par l'ouverture de la valve 39 (fig. 4), sous l'action du
taquet ajustable 38 ; les produits brûlés s'échappent par le chemin 20 19 39 et 41.

Le tiroir de Hutchinson accomplit donc toutes les fonctions de
la distribution ; il est commandé à la vitesse d'une course par
tour par un bouton de manivelle fixé à la roue 16 (fig. 2), d'un
diamètre double de celui du pignon moteur.

Le tiroir a pu être simplifié pour les machines *sans compression*.
Le mélange est, dans ce cas (fig. 10), aspiré au cylindre par les
conduits 67, 68, 69 et 54 ; l'échappement se fait par 71. L'allumage a lieu par l'aspiration de la flamme 58, quand le clapet 57
se soulève.

Simon et Wertenbruch (pl. 21). Le tiroir de la machine de
Simon et Wertenbruch est creux et donne aussi une explosion
seulement tous les deux tours ; la marche de la machine est la
suivante :

Le long piston F aspire, pendant sa première course-avant, du
mélange, admis par le robinet régulateur R, dans la chambre L
du tiroir (fig. 2 et 4) puis, par T, dans l'espace annulaire réservé
entre le corps du piston F et son cylindre. Pendant la première
course-arrière du piston, le tiroir, avançant vers la droite, ferme
la communication du cylindre avec P et laisse le mélange, comprimé par le piston H, passer par T dans le réservoir S (fig. 4),
autour du tiroir.

Pendant la deuxième course-avant ou motrice, le mélange

comprimé dans W est admis derrière le piston F, par X, à travers l'allumeur à toiles métalliques R', qui le fait s'enflammer à mesure qu'il pénètre au cylindre. Au milieu environ de la course motrice, X se ferme, le mélange enflammé se détend dans le cylindre moteur, le tiroir fait communiquer, par N P, les fonds arrière et avant du cylindre.

Les produits de la combustion sont alors aspirés dans l'espace Y par le retour des pistons, puis expulsés par le clapet M; cette aspiration débarrasse le cylindre moteur proprement dit, F, des produits de la combustion, mais n'ajoute rien à la puissance du moteur.

Les distributeurs très simples de *Bischop*, de l'*Economic Motor C.*, et de *Northcott* ont été suffisamment décrits aux pages 93, 120 et 280.

Tonkin (pl. 40). Quelques inventeurs, notamment M. Tonkin, se sont ingéniés à réaliser au moyen du tiroir cylindrique non seulement les fonctions ordinaires de la distribution et de l'allumage du mélange, mais en outre d'autres fonctions d'une utilité contestable et qui ont, tout au moins, l'inconvénient de compliquer le distributeur.

La partie inférieure du tiroir V (fig. 5) sert de pompe d'injection d'eau; la partie inférieure sert à refouler du mélange dans le cylindre moteur par le tuyau a.

Quand le piston moteur commence sa course descendante ou motrice, le tiroir monte et comprime, dans sa partie supérieure X, du mélange aspiré par y et la valve d'étranglement z, et le refoule dans le conduit a, qui aboutit au cylindre moteur. Le conduit a se bifurque, par un clapet de retenue b (fig. 6), dans un petit réservoir c qui communique, par un passage d, indiqué au pointillé sur les figures 5 et 6, avec les trous du brûleur permanent P (fig. 8), toujours allumé dans le cylindre A. L'extrémité y du conduit a débouche dans le cylindre par un grand nombre d'ouvertures et par un petit trou a', tout à côté du brûleur P (fig. 8), afin de l'empêcher de s'éteindre et de transporter sa flamme au mélange admis par le haut du cylindre.

Lorsque le piston moteur arrive vers le bas de sa course, le bas du tiroir refoule de l'eau (fig. 6) par $i\,i'$, la chambre j au haut du cylindre, et par sa valve à ressort s; ce jet d'eau rafraîchit le cylindre et y détermine, par la contraction du gaz, un vide partiel qui appelle, par le trajet $k\,k_1\,k_2$, un courant d'air froid. Cet air pénètre à la partie supérieure du cylindre par la valve E, et y séjourne, de manière à alimenter la flamme du brûleur permanent P et la combustion du mélange trop riche en gaz injectée par le tiroir V.

Au fond de course du piston, l'admission d'air par k_1 est fermé. L'échappement se fait par $m\,n\,n_1\,n_2\,l$, jusque vers le milieu de la course, où commence la compression.

L'eau non vaporisée est recueillie à la partie supérieure du piston, en p, d'où elle passe, par $m\,n\,q$ et sous l'influence de la pression du cylindre, dans la chambre l et dans l'enveloppe du cylindre.

Le tiroir de Tonkin remplit donc à la fois le rôle d'un distributeur complet et celui de la pompe de compression, que l'on rencontre dans presque tous les moteurs du 3° type B.

Rhodes Goodbrand et Holland (pl. 54). Dans la machine à double effet de Rhodes, la distribution est effectuée par le piston même de la pompe de compression c et par deux tiroirs cylindriques équilibrés ff (fig. 3).

L'air et le gaz, admis (fig. 4) par une double valve régulatrice équilibrée e, se mêlent et viennent se présenter devant l'une des deux lumières c_1 (fig. 1) de la pompe de compression.

Le long piston de cette pompe est muni de deux canaux c_2 (fig. 1 et 4) qui viennent alternativement déboucher, aux fonds de course, dans l'un ou l'autre des canaux $c_4\,c_3$ (fig. 3), aboutissant chacun à l'un des distributeurs f.

Chacun des distributeurs f est divisé en deux chambres : une de distribution à la partie supérieure et une d'allumage au bas.

La chambre de distribution est munie d'une ouverture f_2 pour recevoir le mélange comprimé venant de l'un des canaux c_4, et d'une lumière f_4 pour l'admettre au cylindre moteur.

La chambre d'allumage porte trois ouvertures :

f_1 pour y admettre du gaz amené par i (fig. 2);

f_4 vis-à-vis de la flamme d'allumage i_2;

f_5 pour admettre de l'air pur dans la cavité d'allumage.

Au moment de l'explosion, la chambre d'allumage se présente devant une rainure c^8 (fig. 3), en communication avec c_3 qui y envoie du mélange comprimé; ce mélange pousse la flamme de la chambre d'allumage, par f_2, dans le cylindre moteur d.

Sur la figure 2 les pistons c_2 et d sont représentés aux fonds de leur course; l'air et le gaz, comprimés par la pompe c, passent, par $c_3 c_4$, sur la face-avant du piston moteur. Dès que ce piston recule, celui de la pompe avance, ferme la communication avec le cylindre c, et le tiroir d'avant vient se placer, comme l'indique la figure 5, de façon à fermer l'admission c_1, puis à mettre f_4 en présence de d_2, en même temps qu'il amène f_4 en présence de la rainure d'équilibre c_6. Le mélange comprimé emmagasiné dans c_3 renforce et pousse la flamme dans le cylindre moteur d.

Quand les tiroirs sont (fig. 3) au bas de course, f_2 laisse le mélange comprimé passer du cylindre de compression au cylindre moteur. La chambre d'allumage reçoit son mélange lorsque le tiroir monte très vite; f_4 ouvre pendant un temps très court l'accès de la flamme à la chambre d'allumage.

L'échappement se fait par les tiroirs plats d_5.

L'arbre h des tiroirs f tourne de paire avec celui du moteur; quand un tiroir se lève, l'autre baisse, de sorte qu'il y a deux explosions par tour.

Ce mécanisme est ingénieux, mais sujet à s'échauffer. Il est d'ailleurs douteux que les garnitures du cylindre moteur puissent se maintenir aux hautes pressions et aux températures élevées qu'il comporte.

DISTRIBUTEURS TOURNANTS

Quelques inventeurs ont songé à profiter, pour simplifier le
mécanisme de conduite ou l'appareil de distributeur lui-même,
de la propriété que présentent les pièces coniques ou cylindriques
de pouvoir tourner dans leurs enveloppes. On peut distinguer
trois variétés de ce genre de distributeurs : les robinets, les
cylindres et les disques plans tournant sur leur face.

Hugon. Le distributeur tournant de *Hugon* (fig. 5 et 7, pl. 53)
reçoit le mélange en E et l'admet alternativement, par o et o', sur
chacune des faces du piston. Dans la position des figures, l'admission se fait en o' et l'échappement en o, par $o f$ G. L'allumage
a lieu par le transport des flammes i et i' en o et o'.

Mills et Haley (pl. 29). Parmi les distributeurs à robinet, l'un
des mieux étudiés est celui de Mills et Haley ; le fonctionnement
de cet appareil, appliqué à un moteur du troisième type donnant
une explosion par tour, est facile à saisir d'après les figures de la
planche 26.

Le mélange d'air et de gaz, comprimé dans un accumulateur,
arrive au robinet de distribution j (fig. 4 et 5) par le conduit a' ;
il est admis au cylindre par $w v$; les produits de la combustion
s'échappent ensuite par la soupape x (fig. 4). L'allumage s'opère
par un dispositif très simple, logé dans le robinet, et décrit au
chapitre spécial.

Le robinet est équilibré contre la poussée de l'explosion par
une butée, dont le principe consiste à recevoir cette poussée sur
une chambre e, en métal très mince, mise en communication
avec le cylindre au moment de l'explosion, et qui réagit sur le
robinet en appuyant sur le disque a_{ι}.

Le robinet est entraîné par un toc l (fig. 5) que l'on peut débrayer à volonté.

On peut, ainsi que l'indique la figure 10, appliquer ce principe de butée aux tiroirs plats.

Siemens (pl. 35). Le distributeur tournant de la machine de Siemens est cylindrique et creux, de sorte qu'il s'équilibre de lui-même. Je prendrai, pour en exposer le principe, l'exemple représenté par les figures 1 à 5.

Chacun des pistons de la machine motrice actionne le plongeur d'une petite pompe S, qui communique avec l'espace s ménagé autour du tiroir G (fig. 4, 5 et 6). Cette cavité communique tantôt. par t' (fig. 5) avec l'aspiration du gaz dans la pompe s, tantôt par s_1, avec le refoulement de cette pompe ; le tube s_2 forme réservoir pour ce gaz sous pression. Ce gaz se rend ensuite, par t, sous la soupape T, qu'il soulève quand sa compression est suffisante ; le gaz de s_2 se réunit alors au mélange détonant qu'il enrichit, et s'enflamme en passant devant un fil de platine P, forcé au rouge par un courant électrique.

Le fonctionnement du moteur est le suivant : quand le piston moteur monte, il aspire le mélange par g a p_1 (fig. 2) pendant que sa face supérieure refoule les produits brûlés dans l'échappement d, par le conduit p_1 et le régénérateur R. Pendant sa course descendante, le piston refoule dans l'intérieur du tiroir le mélange précédemment aspiré. Ce mélange se rend, par les nombreux trous dont est percé le tiroir, dans la partie médiane de son enveloppe, qui communique avec un réservoir de compression. La face supérieure du piston reçoit, ainsi qu'on le voit à droite de la figure 3, le mélange comprimé par G p_2 et le régénérateur R, au-dessous duquel il s'enflamme par l'incandescence d'un fil de platine. Chacun des cylindres donne ainsi, au moyen d'un seul tiroir, une explosion par tour. Le distributeur de Siemens, d'une simplicité des plus remarquables, peut être facilement abrité contre la chaleur des cylindres ; celle de l'échappement ne saurait nuire à sa marche, si les régénérateurs fonctionnent convenablement.

Tonkin (pl. 40). M. Tonkin a appliqué aux distributeurs tournants les principes qui l'ont guidé dans l'invention de sa distribution à tiroir plat, décrite à la page 111. Les figures 2
à 20, affectées des mêmes lettres que celles du tiroir plat, s'expliquent d'elles-mêmes, en se reportant à la description de cette
dernière distribution. Dans le distributeur pour machine à compression (fig. 16-20), il faut remarquer que le conduit K se trouve
complètement séparé de l'atmosphère avant que son autre extrémité ne débouche sur le cylindre moteur ; l'air comprimé du réservoir y arrive alors (fig. 20), par N N_1, renforce et comprime la
flamme suivant une direction tangente au bec K_1, de manière à
ne pas le souffler. Lorsque le conduit d'allumage K_1 s'ouvre au
cylindre, la flamme qui s'y trouve est poussée dans le cylindre
par l'excès de pression de l'air dans le réservoir ; le conduit *j*
(fig. 19), alimenté par les ouvertures *o* (fig. 17), amène, au débou-
ché de K_1, un mélange d'air et de gaz comprimés.

Ces tiroirs, complètement emprisonnés dans la culasse du cylindre, paraissent sujets à s'échauffer.

Le distributeur de *Linford et Cooke* a été suffisamment décrit à
la page 146.

Disques tournants.

Les disques tournants sont presque abandonnés aujourd'hui
comme distributeurs. Leurs inconvénients sont de présenter des
surfaces de frottement considérables, inégalement fatiguées et
d'une usure irrégulière, d'être sujets à s'encrasser et à s'échauffer.

La distribution de l'ancienne machine atmosphérique de
R. Hallewell s'opère au moyen d'un disque tournant, dont les différentes phases sont figurées sur la planche 4.

La machine d'Hallewell se compose, comme nous le savons, de
deux cylindres ; un cylindre *à vide* A (pl. 1) et un cylindre atmosphérique ou moteur G.

L'explosion du mélange détonant se fait dans le cylindre à

vide, sous le piston libre B, qui détermine, en retombant, un vide dans la partie supérieure de son cylindre fermé par un clapet C. Ce vide est mis en rapport avec l'échappement H, du cylindre moteur, à tiroir G, dont les lumières d'admission H communiquent alternativement avec l'atmosphère et avec cet échappement, de sorte qu'il distribue à ce cylindre la pression atmosphérique.

Ceci posé, il est facile de suivre, sur les figures 6 à 11, les phases de la distribution du disque F, qui marche par quart de tours dans l'ordre suivant, le piston du cylindre à vide étant supposé, dès l'origine, au bas de sa course.

1er *quart de tour*. Le disque passe à la position différente de celle de la figure 7 de 90° dans le sens de la flèche ⤺; l'air et le **gaz** pénètrent dans la chambre de mélange j' (fig. 11).

2e *quart*. Le tiroir passe à la position 9-10. La chambre j_1 se remplit de gaz enflammé par les brûleurs. La chambre de mélange j_2 communique avec le cylindre à vide, dont le piston est alors soulevé. Le bas de ce cylindre se remplit de mélange explosif.

3e *quart*. Allumage du mélange par j_2 (fig. 8). Le piston projeté comprime en retombant les produits de la combustion.

4e *quart*. Échappement.

Le disque reçoit son mouvement intermittent d'un cliquet dont la dent P (fig. 2) lâche et reprend successivement ses taquets, de manière à produire un arrêt du disque pendant environ un tour de l'arbre a, ou une cylindrée du piston atmosphérique G, pour laisser les produits de la combustion s'échapper.

DISTRIBUTIONS PAR SOUPAPES

Les distributions par soupapes ont été, dans ces derniers temps, étudiées par un grand nombre d'inventeurs : elles présentent, pour les moteurs à gaz, la faculté précieuse de pouvoir conserver facilement, aux températures élevées, une étanchéité suffisante, et de se prêter naturellement aux fonctionnements automatiques, permettant de simplifier les organes mécaniques de la distribution.

Nous avons déjà décrit les distributions de *Linford* (p. 165). de *Simon* et *Wertenbruch* (p. 167), de *Fiddes* (p. 169), de *King* (p. 174), de *Wordsworth* et *Lindley* (p. 179 et 224), de *Watson* (p. 212), de *Martini* (p. 185), de *Woodhead* (p. 236). de *Maxim* (p. 237), de *Hale* (p. 240), de *Kabath* (p. 246) et de *Griffin*.

W. Foulis (pl. 9). La distribution de la machine de Foulis se fait par deux soupapes : l'une automatique (fig. 7), l'autre, celle de l'échappement I (fig. 5) conduite par un mécanisme dépendant du régulateur, et que nous décrivons au chapitre consacré à la réglementation des moteurs.

La soupape d'admission (fig. 7) laisse pénétrer le mélange d'air et de gaz comprimé par la pompe c dans le cylindre moteur par le tuyau c_1 (fig. 2). La surface z_2, présentée par cette valve au mélange comprimé par la pompe, étant plus petite que la face z_1 qu'elle oppose au fluide comprimé dans le cylindre moteur, la valve se lève quand la pression de la pompe est suffisante, le mélange pénètre dans le cylindre moteur et s'y enflamme sous pression constante. La soupape se ferme d'elle-même quand le mélange atteint, dans le cylindre, une pression égale à celle qu'elle avait dans la pompe, dès l'admission au cylindre moteur.

Fielding (pl. 24). La machine de Fielding ne donne qu'un coup tous les deux tours. Sa distribution se fait, comme il suit, entièrement par des soupapes.

Lorsque le piston accomplit sa première course ascendante, il aspire le mélange d'air et de gaz par les soupapes G et I, soulevées par les cames G' I', et par la soupape automatique H. A un certain point de sa course, les soupapes I et G se ferment et il n'entre plus, dans l'enveloppe J, que de l'air aspiré par H. L'échappement vers la face supérieure du piston se fait par la soupape

M. Dans sa course descendante, le mélange, comprimé par la face inférieure du piston est refoulée de E dans la partie supérieure B du cylindre, par I, J, et l'ouverture L. Ce mélange arrive dans B précédé de la masse d'air précédemment aspirée dans J, qui se rend dans la partie supérieure du cylindre, pour éviter les explosions intempestives et atténuer les détonations. Ce système de distribution présente un ensemble compacte et simple.

Robinson (pl. 30). La distribution de la machine Robinson est également remarquable par sa grande simplicité. Le long piston moteur F aspire, dans sa course-arrière, le mélange d'air et de gaz, par la soupape B ; ce mélange est ensuite refoulé, par la face-avant du piston, dans la chambre de compression CD, sous une faible pression, puis dans la chambre de combustion, par la soupape E, dès que le piston a dépassé l'ouverture d'échappement F'. Pendant la seconde course-arrière, le mélange, retenu par le clapet E, est fortement comprimé dans la chambre de combustion, puis allumé. L'échappement anticipé a lieu par les ouvertures F', dès qu'elles sont découvertes par le piston.

Rider (pl. 31). Le cycle de la machine Rider est le suivant. Le mélange, aspiré dans la pompe de compression C par les tuyaux P h', la valve à vis R et le mélangeur h, est comprimé par la course descendante du piston de cette pompe jusqu'à trois atmosphères environ, puis refoulé dans le cylindre moteur B, par le tuyau E et la valve F, ouverte par l'excentrique F_1. Quand toute la charge est passée dans ce cylindre, le piston D découvre la lumière d'allumage g, et l'explosion se produit. L'échappement a lieu par la soupape n, que manœuvre l'excentrique N.

Edwards (pl. 34). La distribution proposée par Edwards est, en théorie, des plus simples, mais il est douteux qu'il en soit de même en pratique. Dans cette machine, l'admission du gaz se fait par le tuyau g (fig. 12, 13 et 14), qui l'amène au droit de l'arrivée d'air a; le tuyau g se termine par un clapet c, muni d'un taquet c' (fig. 14). Lors de l'explosion, la poussée du gaz

ferme le clapet qui laisse la soupape f se lever sous l'impulsion
de son ressort et maintient le clapet fermé, par sa butée c' contre
la soupape, jusqu'à ce que le piston moteur vienne, en frappant
sa tige, l'abaisser (fig. 14), de manière à permettre au clapet de se
rouvrir. On peut encore assurer la fermeture de l'admission du
gaz en faisant déboucher le tuyau d'admission o seulement pendant le temps que l'on veut admettre le gaz.

L'échappement se fait par une soupape g, actionnée par un
talon m, fixé à la petite tête de bielle.

Dans une des variétés de machines proposées par Edwards
(fig. 20), l'air aspiré par m et le gaz venu s'y mélanger par n
pendant la course ascendante du piston sont ensuite refoulés
en h, jusqu'à ce que le conduit j vienne devant la rainure k;
le mélange passe alors dans le cylindre moteur, en poussant
devant lui les produits brûlés de l'explosion. L'échappement a
lieu de la même manière que dans la machine précédente.

Watson (pl. 39). La distribution de Watson est complètement
automatique. Le mélange, admis par la valve à mélangeur annulaire l représentée sur la figure 3, fait explosion, puis s'échappe par
la soupape E (fig. 2), dès que le piston la découvre. Le piston continuant toujours à monter, cette soupape se ferme sous la pression atmosphérique, et la soupape d'admission laisse rentrer du
mélange frais qui se comprime à la descente du piston. Le jeu de
cette distribution est d'une extrême simplicité ; mais on peut
craindre une évacuation trop imparfaite des produits de la combustion.

Emmet (pl. 41). L'échappement des produits brûlés, et le nettoyage du cylindre après chaque explosion, sont, au contraire,
assurés dans la machine nouvelle de Charles Emmet.

La machine étant supposée mise en train, l'échappement anticipé a lieu par les ouvertures h et le clapet g (fig. 9) ; en même
temps, la valve à air k (fig. 8), soulevée par la pression de l'air
renfermé dans le réservoir de compression f, laisse admettre, au
cylindre, par y' (fig. 9), une chasse d'air qui balaye les produits

de la combustion. Au retour du piston, l'échappement se ferme ainsi que l'admission d'air, la pompe de compression refoule du gaz dans le cylindre, par le petit réservoir w (fig. 7), la valve i (fig. 8) et le diffuseur z : ce gaz forme alors, avec l'air précédemment admis, un mélange comprimé que l'on allume par un mécanisme de propagation de flamme à robinet tournant, décrit au chapitre de l'allumage.

Summer (pl. 19). L'admission du mélange se fait par la soupape B, l'air arrivant par A et le gaz par le diffuseur A' ; l'échappement a lieu par la soupape N.

Les leviers de ces soupapes sont commandés par un plateau H, à cames cc, que l'on peut retourner en dévissant l'écrou H', de manière à renverser le sens de la marche du moteur.

L'allumage se fait au moyen d'un tiroir Otto vertical M.

Beechey (pl. 28). La distribution du moteur de Beechey se fait par trois soupapes: l pour l'admission du mélange à la pompe de compression c', dont le piston B est solidaire du piston moteur A; s pour l'échappement des produits de la combustion; P pour l'admission des mélanges au cylindre moteur à travers le diffuseur z.

Pendant la course *motrice*, le mélange confiné dans l'espace $c'x$, derrière les pistons de la pompe, se détend, en y créant un vide qui aide à ramener ce piston pendant la course-arrière, et régularise ainsi le mouvement du moteur.

Vers la fin de la course-arrière, le mélange, recomprimé par le piston de la pompe dans l'espace $c\,x$, passe dans la chambre de combustion par la soupape P et le diffuseur z, et en chasse, par l'échappement s, ce qui reste encore de produits brûlés.

Pendant sa seconde course-avant, le piston de la pompe aspire, par la soupape l, une dose de mélange fixée par le régulateur, qu'il refoule ensuite et comprime, pendant la seconde course-arrière, dans la chambre d'allumage.

La pompe de compression ne sert donc, dans ce moteur, qu'au nettoyage du cylindre et à la régularisation de la marche par la pression atmosphérique.

Mills. La soupape d'admission *b* (fig. 111) des moteurs de
Mills est sollicitée à s'ouvrir par la pression du mélange en *g* et

Fig. 111.

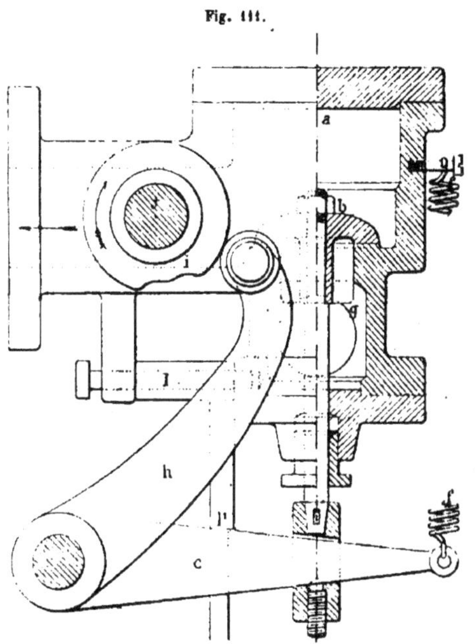

par la traction du ressort *f*, mais elle ne peut y obéir, et admettre
le mélange en *a*, qu'au passage du creux *i* de la came *j* devant le
galet du levier *he*. Quand la machine s'emporte, le régulateur
immobilise le levier *h* et ferme l'admission, en amenant le levier *l*₁,
mobile autour de *l*, en prise avec *e*. L'explosion ferme automatiquement la soupape *b*.

Butcher. Il en est de même de la soupape A de *Butcher*, représentée par la figure 112, qui se soulève sous la pression du mélange, dès que la came E repousse le ressort D. Ce ressort est
disposé, autour de la tige de A, de manière à lui laisser la liberté
de se refermer automatiquement, dès qu'il se produit une
augmentation de pression notable en F.

Fig. 112. — Soupape d'admission de Butcher.

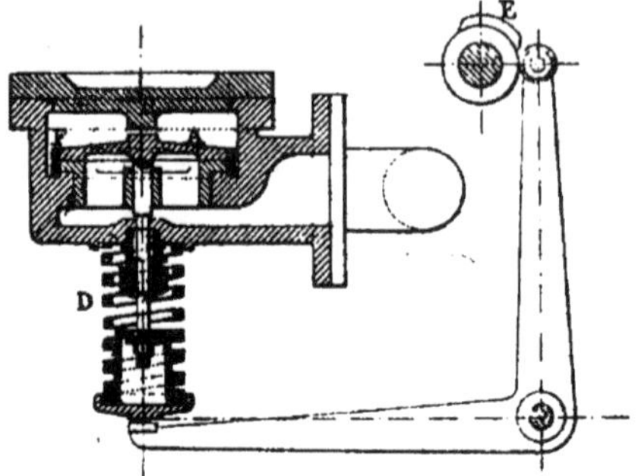

Williamson. Il est nécessaire de fermer très rapidement les

Fig. 113. — Soupape à vide de Williamson.

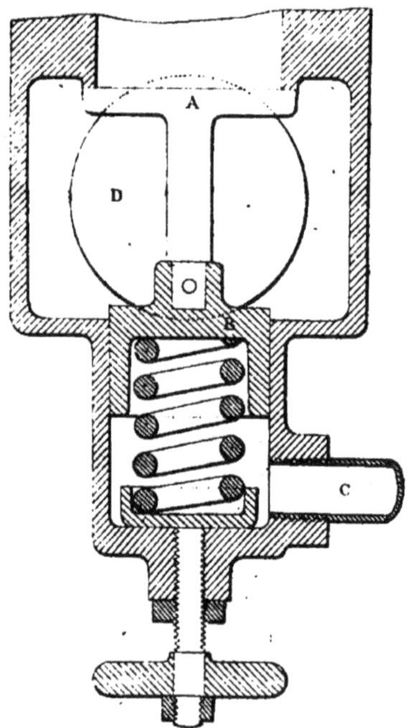

soupapes d'échappement des moteurs dont on laisse les produits
brûlés s'échapper jusqu'à la pression atmosphérique avant de
mettre leur cylindre moteur en communication avec le cylindre à
vide. M. Williamson a proposé d'obtenir ce résultat en munissant
les soupapes d'échappement A (fig. 113) d'une tige à piston B,
mis en rapport par C avec le réservoir à vide pendant toute la
durée de l'échappement, puis avec le cylindre moteur, de sorte
que le ressort de B les repousse immédiatement et ferme l'échappement D.

Fig. 114 et 115. — Soupapes Williamson à garniture d'amiante.

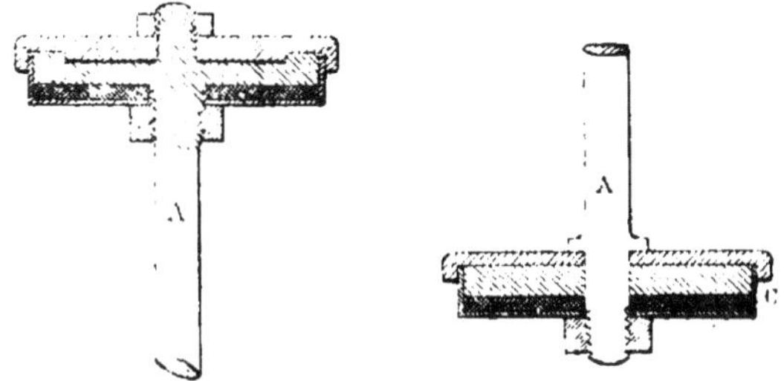

Les soupapes de M. Williamson sont en général, comme celles
de King (p. 174), garnies en C (fig. 114 et 115) d'amiante protégé
par une capsule métallique très mince.

CHANGEMENTS DE MARCHE

Les moteurs à gaz à changement de marche sont encore très
rares ; on préfère, en général, conserver à la rotation du moteur
une direction constante, et changer celle de l'outil par un embrayage approprié.

Les mécanismes distributeurs à renversement sont, en effet,
délicats, coûteux et compliqués : témoins ceux de *Fielding* (p. 229),
de *Bull* (p. 253) et d'*Atkinson* (p. 212).

Dans la machine de *Butcher* (fig. 116 et 117) les valves d'admission B B₁ et d'échappement B₂ B₂ sont actionnées, à l'aide des
renvois A₂, par une coulisse A.

Butcher. — Fig. 116 et 117.

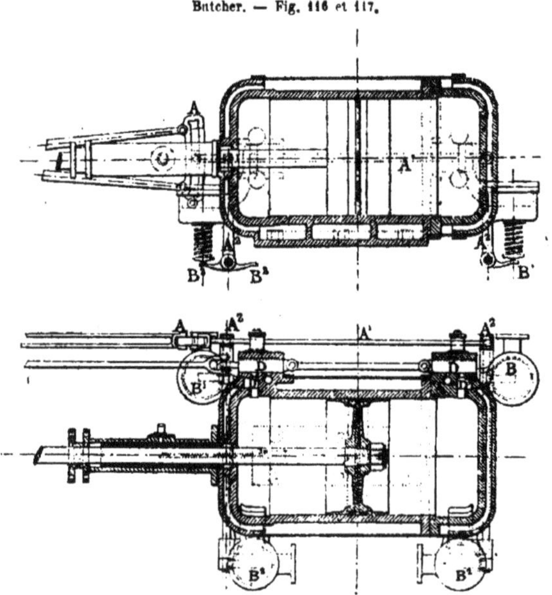

Les tiroirs d'allumage D, vis-à-vis des orifices d'admission D′,
sont menés par un excentrique fou sur l'arbre A (fig. 118 et 119)
et dont le toc B est conduit par le toc B′ du collet C, calé sur A.
Il suffit, à la mise en train, de déclencher la barre D et de caler
l'excentrique en prise à droite ou à gauche de B.

La distribution, représentée par les figures 120 à 122, s'effectue
par quatre tiroirs : deux de renversement A, un à chaque extrémité du cylindre, deux de distribution C, et par deux soupapes
d'échappement B.

Les tiroirs sont conjugués par des tôles flexibles telles que A_2. Les tiroirs de renversement A sont actionnés par une coulisse, et

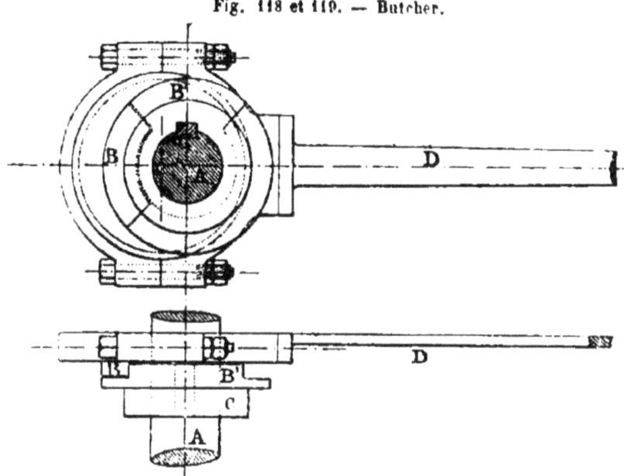

Fig. 118 et 119. — Butcher.

ceux de distribution par un excentrique à tocs, comme celui des figures 118 et 119.

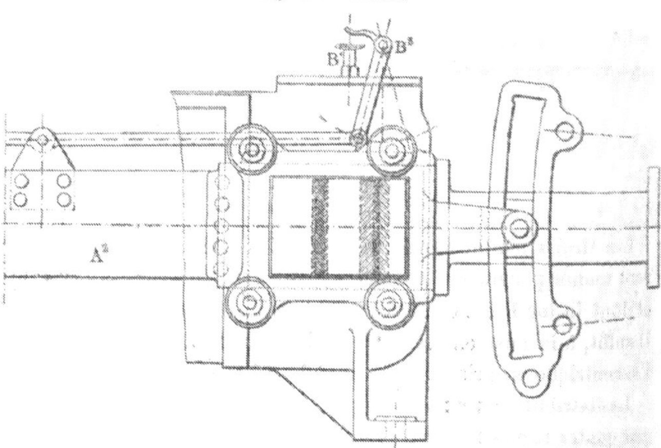

Fig. 120. — Butcher.

Le mélange admis par Pc' D (fig. 122) s'allume au contact de la flamme F transportée par E.

Les soupapes d'échappement B, maintenues par des membranes élastiques (fig. 22), sont actionnées par des touches B_s.

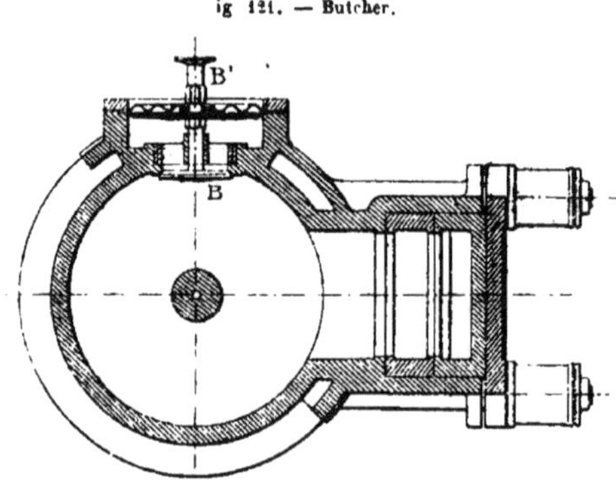

Fig. 121. — Butcher.

La figure 123 indique comment on peut, à la mise en train‘ déplacer la tige B du tiroir C par rapport à la bielle A de son

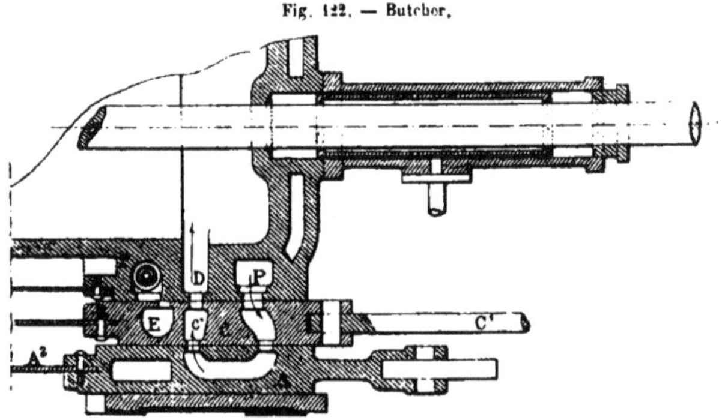

Fig. 122. — Butcher.

excentrique à l'aide d'un levier E E', qu'il suffit d'enclencher dans la rainure de A pour rendre A et B solidaires.

Le système représenté par la figure 124 a pour objet de permettre de conserver à l'arbre de distribution Z une rotation

de sens invariable indépendant de celle de l'arbre moteur A.
Lorsque A tourne dans le sens de sa flèche, le manchon B, calé

Fig. 123.

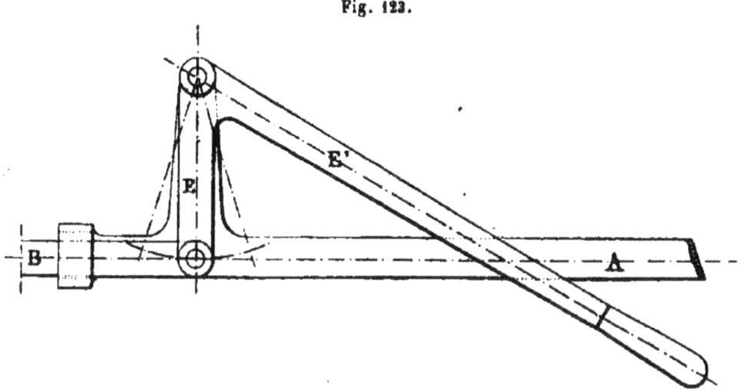

à rainure de languette, glisse sur *d'* vers A, pour venir s'enclencher automatiquement avec C par *c'*, et Z est mené par C. Si

Fig. 124.

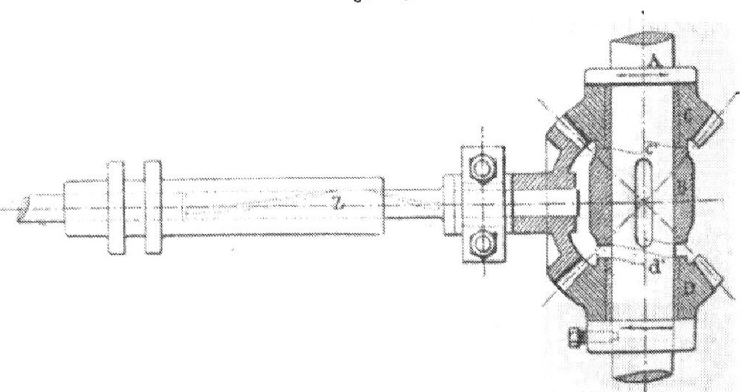

la rotation de A change de sens, l'inverse a lieu, Z est mené
par D, et conserve, par conséquent, son mouvement.

CHAPITRE VII

ALLUMAGE

L'allumage est la fonction caractéristique des moteurs à gaz.

On est arrivé à ne plus employer, pour enflammer le mélange moteur de gaz et d'air dans le cylindre de la machine, que la flamme d'un bec de gaz ou même d'une partie convenablement dérivée de ce mélange : le problème présente, dans ce cas, des difficultés très graves, surtout avec les machines à compression, où il faut lancer la flamme d'allumage au sein d'un mélange porté à une pression de plusieurs atmosphères.

Dans le cas des machines sans compression, réservées aux petites forces, le problème est plus simple. La solution la plus fréquemment adoptée consiste à profiter de la pression atmosphérique pour pousser la flamme dans le mélange détonant, vers la fin de son admission au cylindre ; c'est l'allumage par *aspiration de flamme*. La flamme d'allumage peut n'être jamais éteinte, parce qu'elle est protégée contre l'explosion par un clapet de retenue ou par la pression même de son bec, comme dans le système à flamme renversée de W. Edwards ; mais ce système, très simple en principe, est difficile à réaliser pratiquement, aussi préfère-t-on, en général, compliquer l'appareil et dépenser un peu plus de gaz, par l'addition d'un second bec ou brûleur permanent, destiné à rallumer le bec d'allumage proprement dit, éteint à chaque explosion.

La flamme d'allumage peut être, dans ce cas, à bec fixe, mis directement en rapport avec le mélange du cylindre, ou à bec et à poche mobiles, transportés par le distributeur vis-à-vis de la lumière d'admission du cylindre. C'est à cette dernière solution que l'on s'arrête le plus souvent aujourd'hui.

C'est à un mécanisme analogue que l'on a presque toujours recours pour l'allumage du mélange dans le cylindre des moteurs à compression. Le principe de ce mode d'allumage, *par transport de flamme sous pression*, consiste à enflammer un volume de gaz et d'air, puis à l'isoler complètement, dans une capacité mobile ou poche d'allumage, que l'on met ensuite *graduellement*, et par un petit conduit d'*équilibre*, en communication avec le mélange comprimé du cylindre; ce mélange communique ainsi, sans s'enflammer, à la capacité pleine de flamme ou de gaz très chaud, une pression égale à la sienne. Dès que cette pression est acquise, la poche d'allumage est transportée devant la lumière d'admission du cylindre et n'a aucune peine à communiquer sa flamme au mélange comprimé qu'elle y rencontre. Il se produit en même temps, dans la poche d'allumage portée à la même pression que le cylindre, et dès qu'elle communique *en grand* avec lui, une inflammation partielle du gaz ambiant non brûlé, augmentant la pression de la flamme et l'*injectant* dans la chambre d'explosion du cylindre.

C'est dans la machine *Otto* que l'on rencontre la première application pratique de ce principe. L'allumage se fait par le tiroir de distribution même, qui renferme, à la fois, le bec mobile ou brûleur intermittent, la poche à flamme comprimée, et le conduit destiné à mettre cette flamme en équilibre de pression avec le mélange du cylindre.

Le dispositif d'Otto a servi, comme nous le verrons, de point de départ à presque tous les mécanismes proposés pour l'allumage des moteurs à compression; les variations ont porté principalement sur des modifications destinées à donner un allumage par tour, à nettoyer plus complètement les orifices et les conduits d'allumage, par un courant d'air ou de mélange frais injecté après chaque explosion.

Quelques inventeurs se sont attachés à renforcer l'allumage par transport de flamme, en augmentant l'impulsion de cette flamme pour la projeter au cœur même du cylindre, par un jet de mélange comprimé au moyen d'une pompe ou par l'explosion d'une charge de mélange séparée, dont la puissance s'ajoute, à l'instant de l'ignition, à la compression et à l'accroissement de la flamme. Ces dispositifs ont, en général, l'inconvénient de présenter une complication hors de proportion avec les avantages qu'ils prétendent procurer. L'allumage sans injection spéciale suffit, du moins lorsqu'on ne veut pas donner au moteur une vitesse exagérée, compromettante par l'échauffement du cylindre.

À côté de ces procédés d'allumage classiques, il convient de citer les dispositifs fondés sur l'utilisation des métaux ou des corps réfractaires portés à une très haute température en présence du mélange moteur, et que l'on peut diviser en deux classes, suivant que l'allumeur fonctionne directement *par son incandescence même*, en se transportant au rouge au contact du mélange, ou en transmettant par *conductibilité* la chaleur d'une flamme permanente.

On peut enfin profiter des lois de la propagation de la flamme dans les tubes évasés pour enflammer, par un contact direct avec l'allumage, le mélange comprimé du cylindre. *Koerting* a proposé, d'après ce principe, un dispositif d'allumage d'une extrème simplicité.

Les principaux mécanismes proposés pour réaliser l'allumage sont les tiroirs alternatifs plans ou cylindriques, les robinets et les disques; ces derniers n'ont pas, malgré la simplicité de leur mouvement continu, remplacé les tiroirs, plus étanches, moins sujets à s'échauffer ou à s'encrasser.

Quant à la nature du métal à employer pour ces organes, le meilleur parait être, avec un gaz purifié, une bonne fonte, dure et très homogène. Le bronze, beaucoup plus coûteux, ne dure suffisamment que s'il est fabriqué avec des soins exceptionnels; l'acier donne des frottements trop durs. Il faut, en tout cas, toujours employer, pour le graissage des distributeurs, de bonnes huiles animales, neutres, et se brûlant presque sans encrasser.

ALLUMAGE PAR ASPIRATION DE LA FLAMME

Il est facile de profiter, dans les moteurs sans compression, de l'aspiration du mélange, pour y faire refouler par la pression atmosphérique la flamme de l'allumage.

Le dispositif le plus simple qui permette d'appliquer ce principe est le clapet d'allumage, dont nous avons déjà décrit plusieurs exemples avec les moteurs de *Bischop*, de *Hutchinson* de *Turner*, où le clapet fait partie du tiroir de distribution, et d'*Edwards*, dans laquelle la flamme du brûleur est renversée par l'aspiration.

On a, dans quelques moteurs, remplacé ce clapet par des soupapes, comme dans la machine de *Haigh* et *Nuttall* (p. 100), par une fermeture à piston, comme dans ceux de *Robson* (p. 106) et de *Shaw* (p. 177), ou à languette, comme dans la machine d'*Atkinson* (p. 111).

Dans la machine de *Barker* (fig. 125) l'aspiration de la flamme

Fig. 125. — Machine Barker.

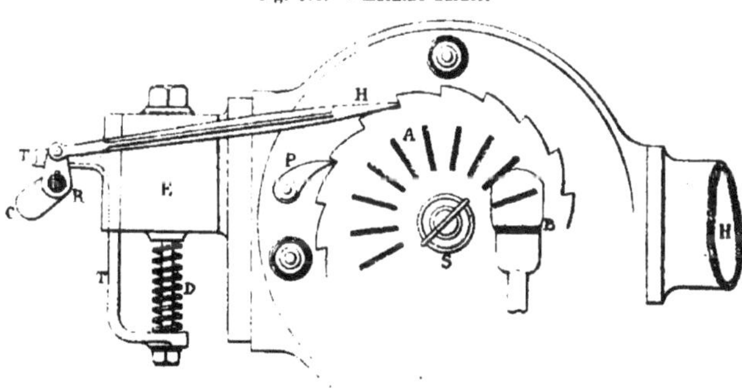

de Bunsen B s'opère sans occlusion, à travers les fentes A d'un disque à cliquet mû par C R H, et qui viennent se présenter successivement devant la lumière d'allumage du cylindre.

Les fentes A sont très minces : $1^{mm}5$ environ.

Le disque, pressé par un ressort s, est maintenu par la dent P.

L'admission a lieu par un jeu de soupapes en H, et l'échappement, en E, par une soupape manœuvrée par T D.

King et *Cliff* (pl. 65). Dans ce dispositif l'excentrique LK (fig. 31 et 32) amène d'abord l'une des chambres z en présence de v, de sorte que le mélange comprimé du cylindre, laminé par la vis q, vient, par o, s'allumer en W au brûleur R ; puis, K s'abaissant, la flamme de W, enfermée dans N, est transportée par z au contact de v.

Whittaker (pl. 65). Le disque d'allumage E de M. Whittaker tourne autour d'un axe f. La double lumière $b\,c\,c$, alimentée de gaz par $lm\,l'$, passe devant la flamme d, en g, et reçoit en même temps de l'air par h. Elle transporte ensuite sa flamme devant le conduit d'allumage j, qui sert aussi à l'admission du gaz par $n\,g$.

Sombart. Le brûleur de Sombart est constitué par une sorte

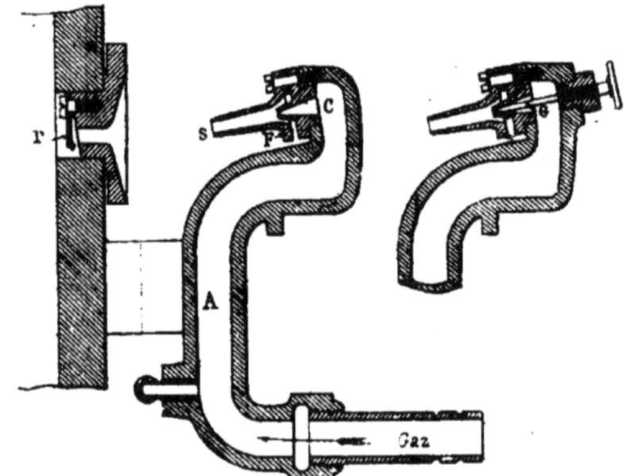

Fig. 126 et 127. — Brûleur Sombart.

de chalumeau à gaz A (fig. 126 et 127). Le gaz aspiré en c entraîne par F une gaine d'air et projette, par s, sur le clapet r, une flamme bleue très chaude, permettant d'enflammer le mélange sans qu'il faille échauffer le cylindre. La flamme peut être réglée par une aiguille d'injecteur G.

Edwards (pl. 34). M. Edwards a proposé, afin de diminuer la quantité d'air entrainée par la flamme d'allumage, de renverser cette flamme f (fig. 23) par son aspiration au cylindre, lorsque le clapet x se soulève ; cette flamme ne doit alors s'éteindre que par accident, auquel cas elle se trouve rallumée par le brûleur permanent x'.

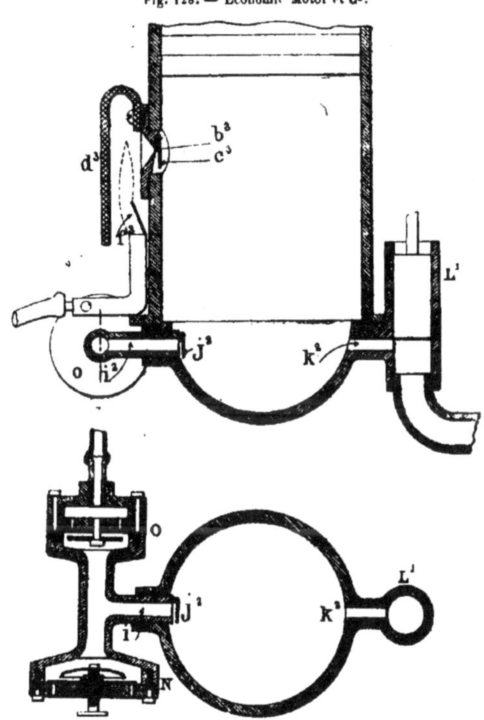
Fig. 128. — Economic Motor et Cᵉ.

Economic Motor C°. La flamme de l'allumeur de l'Economic

Motor C° est protégée par un abri d' (fig. 128) en toile métallique qui la maintient dans une atmosphère très chaude puis étalée par un déflecteur f, qui l'empêche d'être soufflée. La paroi du tiroir d'allumage b_2 est, de plus, inclinée sur le clapet c, de manière qu'il soit normalement ouvert.

Turner (pl. 3). L'allumage se produit, dans le moteur de Turner, dès que le trou d'allumage d' (fig. 4) vient communiquer, à la fois, par b' (fig. 2), avec l'intérieur du cylindre où le mélange se trouve à une pression inférieure à celle de l'atmosphère et avec l'air extérieur ; il en résulte que la pression atmosphérique pousse dans le cylindre la flamme du brûleur e, en même temps qu'elle soulève le clapet de retenue k (fig. 5), destiné à empêcher l'explosion de souffler le brûleur.

Hutchinson (pl. 8). Dans le moteur Hutchinson, quand le piston 19 monte (fig. 21), il aspire du mélange, par 22 et le tiroir. Lorsque ce tiroir amène en présence les orifices 24-24, la flamme 23, renforcée par du gaz de 25, allume le mélange qui s'y trouve enfermé dans 20. Le clapet 26 empêche la flamme d'être mouchée par l'explosion.

On peut évidemment transporter, au lieu du clapet, le bec d'allumage même que le tiroir présente à l'allumeur permanent, isole de l'atmosphère, puis met en présence du mélange du cylindre. Telle est la solution des allumages de *Hugon* (p. 265), de *Forest* (115), d'*Hallewell*, (101) et de *Linford* (116).

Ravel (pl. 3). Dans le moteur de Ravel, la flamme du brûleur permanent c (fig. 17) vient communiquer en temps voulu, par l'ouverture b du tiroir (fig. 16, 19 et 21) avec le gaz du brûleur intermittent d ; cette communication se fait à travers de nombreux petits trous a et r (fig. 20) percés à la partie supérieure de la cavité b, et disposés de manière que l'explosion ne puisse pas souffler l'allumeur permanent. Quand le tiroir remonte, entraînant avec lui l'allumeur intermittent d, il amène, au moment de l'explosion, l'ouverture x (fig. 21) en présence de la lumière d'admission du gaz dans la contre-plaque.

Bénier et Lamart (pl. 3). L'allumage se fait de même, dans les petits moteurs de Bénier et Lamart, au moyen d'un brûleur intermittent M' (fig. 15) alimenté de gaz par M et la rainure *a*, puis transporté en N, soufflé par l'explosion, et rallumé par le bec permanent M''.

Withers (pl. 6). Dans ce type de machine, le bec intermittent B (fig. 6) est alimenté de gaz légèrement comprimé par les conduits M_2 M_1 M (fig. 5), et les produits de sa combustion s'échappent par M N. Le bec B se trouve, après chaque explosion, rallumé par le brûleur permanent *k* (fig. 2), au contact duquel il reste pendant toute la course ascendante du piston.

Tonkin (pl. 40). L'allumage s'effectue, dans la machine sans compression de Tonkin, au moyen d'une flamme transportée par un robinet tournant, comme nous l'avons vu à la page 112, ou par un tiroir plat. Le conduit K (fig. 11) de ce tiroir M reçoit à cet effet du gaz, par *j' j;* ce gaz vient s'allumer en L au brûleur permanent K', puis se trouve transporté, par le tiroir, au conduit C du cylindre moteur et aspiré par lui. En ce moment, le conduit d'allumage K, séparé de l'atmosphère et de la prise de gaz *j'*, ne communique plus qu'avec le cylindre moteur, dont l'explosion n'affecte pas le brûleur permanent L.

Emmet (pl. 41). Le fonctionnement du mécanisme d'allumage d'Emmet est le suivant. Le robinet d'allumage b_1 (fig. 12 et 13) porte un allumeur d_1 qui reçoit son gaz par le conduit c_1, son air par la soupape *k* (fig. 8) et vient s'allumer, par g_1, au brûleur permanent f_1. Une fois ce mélange allumé dans le boisseau, le robinet transporte sa flamme, par g_1, dans la lumière d'allumage h_1. Le boisseau reste alimenté de gaz par i_1, jusqu'au moment même de l'allumage.

Le boisseau se trouve mis, au moment de l'aspiration d'air (p. 221) en communication avec le cylindre, de façon à être débarrassé des produits brûlés.

Le trop plein k_1 (fig. 15) met pendant un instant le conduit e_1

en rapport avec l'atmosphère, de sorte que les gaz de l'explosion, qui se seraient accumulés en c_1 par suite d'un défaut d'ajustage, puissent s'en échapper.

L'admission du gaz au conduit c_1 et au brûleur f est réglée par les robinets l et m, branchés sur le robinet maître n_1.

Le pignon q_1, fou sur son axe, mène le robinet d'allumage par un taquet butant sur la queue p_1, de sorte que l'on peut, au démarrage, manœuvrer ce robinet à la main.

Ce système d'allumage peut s'adapter à volonté aux moteurs avec ou sans compression, comme on en voit un exemple sur les figures 17 à 19, où q'' représente le robinet d'allumage, p'' son brûleur permanent, r'' sa conduite de gaz, s'' son trop-plein ou robinet de purge, organes analogues à ceux du dispositif précédent.

Pursell (pl. 30). Dans le système d'allumage de Pursell, le bec allumeur q (fig. 23, 24 et 25) reçoit son gaz d'abord directement par le tuyau s (il se trouve alors en face du brûleur permanent t qui l'allume) puis par la rainure r, qui l'alimente du gaz s, jusqu'à ce qu'il arrive (fig. 25) en présence du conduit d'allumage au cylindre, démasqué par la lumière m. Le brûleur q, éteint à chaque explosion, se rallume ensuite en t, par la rotation du robinet d'allumage, après que les produits de sa combustion précédente ont été expulsés par échappement dans le cylindre moteur.

L'allumeur de *Mills* et *Haley* fonctionne (p. 192) d'une manière analogue.

ALLUMAGE PAR TRANSPORT DE FLAMME SOUS PRESSION

Tiroirs alternatifs.

Otto. Le fonctionnement du dispositif remarquable adopté pour l'allumage sous pression dans le moteur Otto est facile à suivre sur les figures 1 à 4 de la planche 12.

Cet allumage s'opère par le jeu du tiroir de distribution et de deux brûleurs ; l'un b, permanent et brûlant à l'air libre, l'autre intermittent, b', rallumé après chaque explosion par le brûleur fixe.

Le tiroir marchant vers la gauche, la lumière l' vient apporter, au brûleur permanent b, du mélange inflammable pris au cylindre moteur ; ce mélange s'enflamme et rallume, par la rainure R, le brûleur intermittent b', éteint par la précédente explosion.

Ce rallumage une fois opéré, le tiroir revient vers la droite.

Un peu avant l'explosion, l'ouverture t, tracée dans le fond du cylindre en avant de l', découvre peu à peu le bord du trou d'équilibre t', de façon à établir graduellement, dans l', la pression du mélange comprimé dans le cylindre moteur, et à renforcer sa flamme alors isolée, séparée de la rainure R et du brûleur b.

Cette flamme amenée, par la combustion partielle du mélange qui la renforce, à une pression légèrement supérieure à celle du cylindre, plonge, par le conduit t'', dans le mélange comprimé du cylindre, dont elle détermine ainsi l'explosion.

Nous avons vu (p. 137) que l'admission de l'air et du gaz au cylindre moteur est réglée de façon que le mélange n'y soit pas homogène au moment de l'explosion, mais hétérogène, riche en gaz auprès du tiroir, pauvre et mélangé aux produits de la combustion près du piston. La richesse du mélange qui reçoit la flamme d'allumage, la propage et la continue pendant une partie de la course motrice, est essentielle pour assurer l'allumage et la combustion suffisamment complète du gaz, malgré la présence, des produits brûlés.

La formation de ce mélange hétérogène et la persistance de sa stratification, malgré les mouvements du piston, ont été démontrées par de nombreuses expériences exécutées au moyen de cylindres en verre, dans lesquels on remplaçait le gaz ou l'air par une vapeur visible. Son influence sur le rendement du moteur a été démontrée par des expériences faites en transportant le tiroir sur le côté du cylindre, de façon à faire plonger la flamme d'allumage, non plus au fond du cylindre et dans un milieu riche, mais au 1/3 environ de la course du piston, et dans la partie moyenne du mélange. L'allumage ratait souvent, et le rendement baissait de près de moitié.

Linford. Le tiroir de la première machine de Linford présente (fig. 129 et 130) une grande analogie avec celui d'Otto. L'air arrive par p', le gaz par q', et le mélange est admis au cylindre par $v\,b$. Le gaz arrive au brûleur permanent k' par h'', et à la flamme d'allumage j', par h' et la rainure i.

Dans la position indiquée sur les figures, j' est en communi-

Fig. 129 et 130. — Linford.

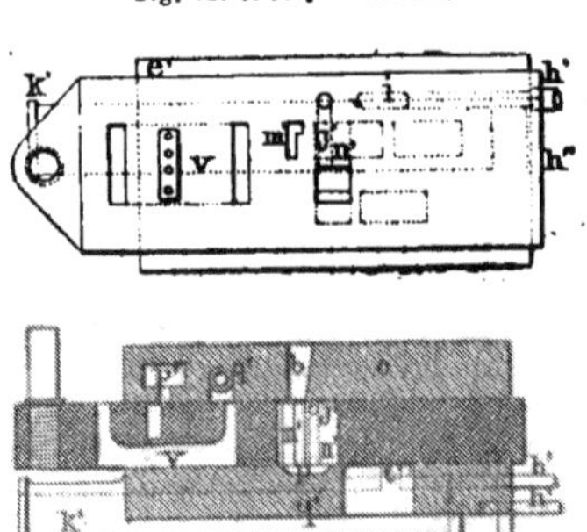

cation, par $m'\,p$, avec le mélange b du cylindre; puis $m'\,b$ se ferme graduellement, et la chambre n', pleine de mélange enflammé et comprimé, détermine l'allumage par *b*, après que l'ouverture *m'* s'en est complètement séparée.

Dans la seconde machine de *Linford* (pl. 25) l'allumage se fait par transport et injection de flamme sous pression, au moyen d'un tiroir spécial Q (fig. 12), représenté en détail par les figures 13 et 14.

Supposons les conduites $B^3 B^6$ du tiroir remplies de mélange enflammé par la rainure B^5 du couvercle, et séparées d'elle; le tiroir continuant d'avancer, le trou d'équilibre B_9, en avance de $1^{mm} 1/2$ sur la lumière, fait communiquer graduellement B^6 avec le mélange comprimé du cylindre, suivant la flèche B_1 (fig. 14). Ce mélange pénètre en partie dans B_3, en partie dans B_6, en chassant devant lui, en B_2, le gaz enflammé, transporté dans $B_3 B_6$: il en renforce en même temps la flamme et la pression, de sorte qu'elle s'élance dans le cylindre, par C_1, dès que B_2 arrive devant ce conduit.

Pour maintenir la flamme intérieure, le gaz arrive à B_3 et à B_6 par le conduit B_8; l'air arrive suivant B_7.

Le brûleur permanent se trouve en *b'*.

L'échappement des produits brûlés pour l'allumage se fait par B_5 et C.

Les lumières B_4 et B_8 sont fermées aussitôt après B_1; B_2 est fermé avant que B_9 ne communique avec la chambre d'explosion C_1.

Lenoir. Le tiroir de la nouvelle machine de Lenoir est représenté par les figures 131 et 132. On reconnaît, affectés des mêmes

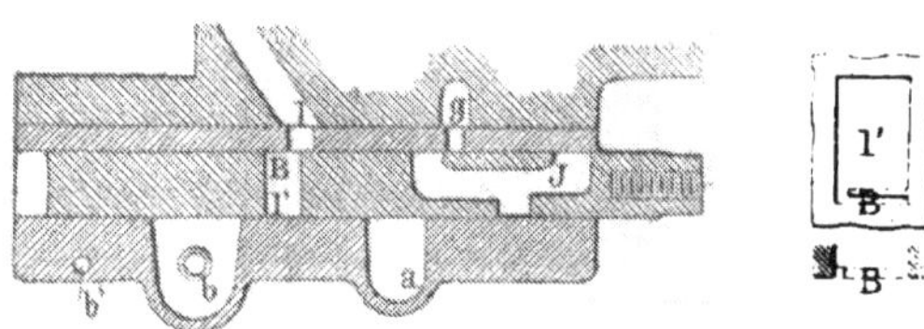

Fig. 131 et 132. — Lenoir.

lettres, les organes correspondants du tiroir Otto: en *g* l'admission du gaz, en *a* celle de l'air, en *j* la chambre de mélange, en *b b'* les brûleurs, en *l* et *l'* les lumières d'admission et d'allumage. Cet allumage s'opère, comme celui d'Otto, dans la partie la plus riche du mélange, mais les produits brûlés se trouvent accumulés vers le fond du cylindre, dans un réchauffeur, par où a lieu l'échappement. La lumière d'allumage porte une petite rainure B (fig. 132), dans laquelle le mélange du cylindre pénètre d'abord en s'infléchissant sur les parois de *l'* de manière à pousser sa flamme vers *l*. On retrouve une disposition analogue dans les dispositifs de *Beissel* (p. 235) et de *Butcher* (p. 304).

Le fonctionnement de l'allumage de *Bull* (fig. 133 à 135)

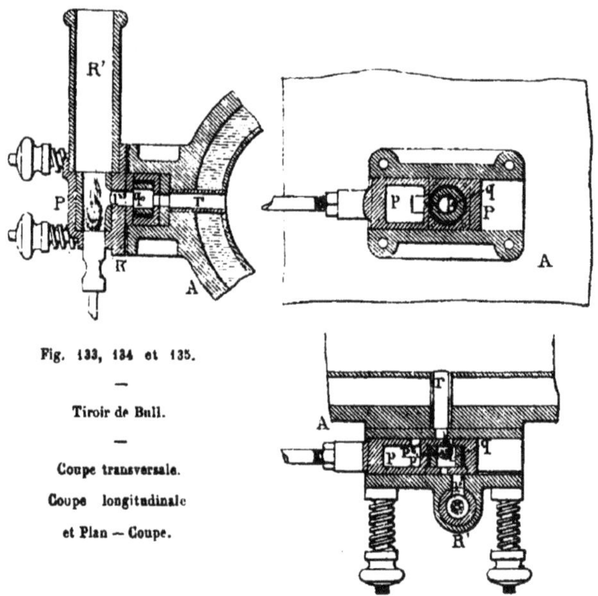

Fig. 133, 134 et 135.

—

Tiroir de Bull.

—

Coupe transversale.

Coupe longitudinale

et Plan — Coupe.

est fort simple. Le tiroir P marchant vers la gauche, les chambres *p* et *q* se remplissent du mélange comprimé au cylindre A, par *r p₂ p₁*, puis, *p₁* s'étant séparé de *r*, la chambre *q* communique d'abord avec le brûleur R' par *r'*, puis avec *r*. En ce moment le piston moteur se trouve à 25 millimètres environ de son fond de course, de sorte que la pression en A est un peu inférieure à la pression de compression maxima, quand r communique avec p_2. La flamme de q s'échappe donc facilement en r. La chambre q est garnie de terre réfractaire, pour en augmenter la chaleur.

On peut évidemment remplacer, sans modifier en rien le principe de ces allumages, les tiroirs plats par des tiroirs cylindriques équilibrés, — tel est le cas des dispositifs de *Simon* (p. 167), de *Fiddes* (169), de *Hutchinson* (170), de *Bickerton* (174), de *Maxim* (239) et de *de Kabath* (248) — ou se servir, pour transporter la flamme, du piston moteur même, comme dans la machine de *Williams* (p. 209).

Les allumages de *Summer* (p. 159) et d'*Andrew* (p. 250) présentent aussi beaucoup d'analogie avec celui d'Otto.

Haigh et *Nuttal* (pl. 43. fig. 6). Le tiroir w de la machine de Haigh et Nuttal ne sert qu'à l'allumage. Le mélange comprimé du cylindre u vient, par 8 et 4, se détendre autour de la tige 2, dans la gaine en bronze 3, percée de trous, puis s'allume 2 en 1, au brûleur G, sous une faible pression. Le tiroir recule ensuite, sépare graduellement 1 de 6, puis l'équilibre s'établit par 4 et 3 autour de la tige 2, et dans 1, dont la flamme renforcée pénètre dans le cylindre, dès que la communication s'établit entre 1 et la lumière 8.

L'étranglement de 4 peut se régler à l'aide du pas de vis 5.

Les figures 7, affectées des mêmes lettres, indiquent suffisamment l'application de ce système à un allumage par robinet E.

Clerk (pl. 33). Le tiroir de Clerk porte (fig. 1) un conduit l'. qui le traverse de part en part, et dans lequel se trouve logé un diffuseur d (fig. 4). Dans la position indiquée sur la figure 1, le conduit l communique avec l'atmosphère par le tuyau d'appel d'air a' ; avec les brûleurs de Bunsen b, par son autre face ; puis enfin, avec la chambre de combustion du cylindre moteur, par les ouvertures et conduits dont la suite est indiquée sur la figure 4, amenant le mélange inflammable et comprimé du cylindre au diffuseur de d, qui en diminue la vitesse d'écoulement et la pression.

Ce mélange s'allume au contact des brûleurs permanents b et de l'air du tube a', qui permet en même temps de voir la flamme.

L'accès du mélange au diffuseur est réglé par la vis v (fig. 4).

Vers la fin de la course-arrière du piston moteur, le tiroir se déplace vivement vers le haut de la figure 1, sépare la lumière l', pleine de gaz enflammé, des brûleurs b et du tube a', tout en la laissant communiquer, — par l, la longue rainure R, le conduit d' et son diffuseur d, — avec le mélange comprimé du cylindre. Cette compression, transmise à la flamme qui se trouve renfermée dans le conduit l', puis augmentée par la combustion même du mélange qui lui arrive suivant le trajet $l\,\mathrm{R}\,d\,d'$, permet à cette flamme de pénétrer sans s'éteindre dans la chambre de combustion et d'y déterminer la détonation du mélange moteur, dès que le conduit l' passe devant la lumière l.

Beechey (pl. 31 et 33). Dans la première machine de *Beechey*, l'allumage est entretenu par deux brûleurs, dont l'un, M, alimenté (fig. 1) de mélange comprimé, s'éteint à chaque explosion et se trouve ensuite rallumé par le brûleur N, permanent et à l'air libre. Le tiroir porte deux poches Q Q (fig. 2) qui passent, à chaque course du tiroir, devant la chambre d'allumage L, dans laquelle se trouve le brûleur M, et le mettent en communication avec la cheminée du brûleur N. Au moment de l'explosion, l'un des conduits P met le cylindre en communication avec la chambre d'allumage L.

2° *Disposition.* Dans ce système (fig 4 et 7) le mécanisme d'allumage se double et comporte deux brûleurs M et deux rallumeurs N, disposés symétriquement de chaque côté de l'axe du tiroir, de manière à donner une explosion par tour du moteur ; mais il suffira, pour en comprendre le jeu, d'examiner le fonctionnement de l'une des deux parties de l'appareil.

La chambre *a* de la culasse (fig. 7 à 9) reçoit du mélange comprimé par le tube *b*, muni d'un clapet de retenue *c* (fig. 8); le mélange passe de la chambre *a* aux brûleurs M par le conduit *d e*, étranglé par une vis *f* (fig. 7), la lumière *g*, la rainure *h* et le conduit *i*, creusé dans le tiroir. Au moment de l'explosion, le conduit *d*, arrivant en face de *i*, met le brûleur M en communication directe avec le mélange comprimé dans *a*, de manière à renforcer sa flamme et à assurer l'allumage ; le reste du temps, cette flamme est faible, et n'échauffe pas beaucoup le tiroir.

Dans son deuxième type de moteur à pompe de compression, M. Beechey fait passer le mélange comprimé en *a* par cette pompe (fig. 6 et 9, pl. 33), à travers la lumière *i* et le tracé noir, au brûleur *f*, d'abord en petite quantité par la vis d'étranglement *m*, puis en plein, lors de l'explosion, quand le brûleur *f* arrive en *d*, devant le mélange du cylindre. Le mélange arrive alors au brûleur à pleine pression, par *o n*. En ce moment, les cylindres moteur et de compression cessent de communiquer, et la pompe refoule, par *i*, *o*, *n*, du mélange enflammé à une pression légèrement supérieure à celle du cylindre. Les brûleurs *f* sont, après l'explosion, rallumés par le brûleur permanent *g* (fig. 3). L'explosion se fait à chaque tour du moteur, alternativement par *d* ou *d'*, le tiroir ne donnant qu'une course par tour.

Jenner (pl. 30). Dans l'appareil de Jenner, l'inflammation du mélange comprimé dans la chambre d'explosion *e* (fig. 16) se fait en l'amenant à communiquer avec la flamme renfermée dans la cavité *h* du tiroir *f* (fig. 17 à 19). Cette cavité contient un brûleur *i* qui reçoit, par les conduits *t* et *l*, le mélange de la chambre *e*. Le mouvement du tiroir ouvre d'abord une communication entre la flamme du brûleur extérieur *k* et le mélange explosif renfermé dans la cavité *h*, puis, retournant vers la droite, il sépare *h* de la flamme *k*, et la met, par *m*, en communication avec le mélange de la chambre d'explosion *e*. La flamme de *h*, ainsi transportée de *k* en *m*, détermine l'explosion du mélange dans le cylindre moteur.

Aussitôt avant l'explosion, le passage l est fermé, de manière à ne pas exposer le brûleur à l'explosion.

Après l'explosion, une partie du mélange frais comprimé en h (fig. 16), qui arrive au cylindre par le conduit d'admission p, balaye, par $n\ m\ t\ l$, les produits de la combustion du brûleur i, et remplit h de gaz combustible.

Le gaz arrive au brûleur i (fig. 17) par un étroit espace annulaire s, autour du bouchon r, et se répand, après s'être enflammé, en se diffusant autour de la spirale s', sur laquelle vient s'étaler le mélange admis en h.

Butcher (pl. 37). Le tiroir de Butcher est double, comme celui de Beechey.

L'allumage se fait par un transport de flammes au moyen des poches c (fig. 1 et 16) qui viennent, après la fermeture de l'admission par la lumière E_4 du tiroir (fig. 17), communiquer, par E_1 (fig. 3 et 6), avec le mélange comprimé dans le fond du cylindre moteur.

Les poches $c\ c$ sont alimentées d'air directement par l'atmosphère, en $E_6\ E_7$ (fig. 3 et 13) et de gaz par les tubes e_3 (fig. 4) et les canaux $e_8\ e_4$ (fig. 6 et 7).

Le mélange d'air et de gaz des poches c s'enflamme d'abord en passant devant le brûleur permanent b (fig. 4); puis e_4, au moment de l'explosion, se sépare de la rainure e_3 (fig. 7) de manière que la flamme puisse être transportée au cylindre par l'une des poches c, fermée de tout autre côté.

Après l'explosion, les poches c passent devant la lumière E_5 pendant la période d'échappement du cylindre moteur, de manière à ne plus renfermer, quand elles reviennent devant les brûleurs permanents, que des gaz non inflammables, et à la pression atmosphérique.

Les produits brûlés des poches $c\ c$ s'échappent par E_6 et les cheminées des brûleurs.

Atkinson (pl. 47). — Le tiroir représenté par les figures 10 à 13 ne sert qu'à l'allumage. La flamme du brûleur 20 (fig. 13) allume le gaz fourni à la chambre de transport 87 (fig. 11) par la rainure 91 et le bec 15 (fig. 10), réglé par la vis 17-86 (fig. 12). L'air arrive en 87 par 88-16 (fig. 13). Ce mélange enflammé en 87 est transporté dans la chambre d'allumage 14, en communication par 86 avec le brûleur 15, puis, au moment de l'explosion, avec la lumière d'allumage 13 et la chambre d'équilibre 18, pleine de mélange comprimé, de sorte que la flamme de 14 se trouve, au moment de l'allumage, soumise de toute part à la pression du cylindre.

Le tiroir représenté par les figures 14 à 17 accomplit l'admission en même temps que l'allumage. L'admission du mélange a lieu par 26 (fig. 14 et 15). Au moment de l'explosion, la chambre d'allumage 27, que vient de quitter la chambre de transport 28, est mise en rapport avec le cylindre par la lumière d'allumage 25 ; la chambre 27 est mise en équilibre de pression par la rainure 29 (fig. 16) à vis de réglage 31. La lumière 25 détermine donc à la fois l'admission et l'allumage.

La contre-plaque porte les lumières les plus importantes ; il n'y en a qu'une dans la culasse même du moteur. Le tiroir, très mince (13 millimètres), est serré à fond, sans ressorts de pression.

Wordsworth, Bowett et Lindley (pl. 64). Le dispositif d'allumage de MM. Wordsworth, Bowett et Lindley ne diffère pas, en principe, de celui d'Otto.

Les bords de la lumière d'allumage du tiroir (fig. 3) sont courbés, afin de neutraliser ou d'atténuer les tourbillons du mélange qui pénètre dans la chambre d'allumage, et d'empêcher qu'ils en éteignent la flamme.

Le brûleur permanent se trouve en 3 (fig. 4) dans la cheminée 16.

Le gaz arrive au couvercle du tiroir par le tuyau 5.

Dans le cas des *machines à compression*, le tiroir porte une cavité 6, qui vient, lorsqu'il monte, ainsi que l'indique la flèche, communiquer avec la lumière d'admission 2. Le mélange gazeux arrive alors au cylindre : le gaz par 5, 6 et 2, et l'air par la prise à l'atmosphère 7, 6 et 2.

Quand le tiroir descend, la lumière d'allumage 1, qui renferme une petite flamme, arrive en présence de l'admission 2, et fait détoner le mélange moteur.

Pour assurer l'allumage au moyen de cette flamme intérieure, le tiroir porte (fig. 6) une cavité 9, qui, lorsque le tiroir est dans sa position la plus haute, communique, par le trou 10 et la rainure 11 (fig. 5), avec un tuyau à gaz 12 (fig. 6), et, par 13, avec la lumière 2. Le gaz qui arrive par 12 chasse alors, par 13 et 2, dans l'échappement du cylindre moteur actuellement ouvert, les produits brûlés du précédent allumage, et la cavité 9 reste remplie de gaz presque pur.

Lorsque le tiroir descend, le mélange du cylindre pénètre, par le trou 14 (fig. 7), dans la cavité 3, dont il comprime le mélange. Le trou d'équilibre 14 se ferme ensuite, puis, le tiroir, continuant à descendre, amène la lumière d'allumage 1 devant le conduit d'admission 2; en même temps, le trou 12, qui fournit le gaz à la flamme d'allumage, se sépare de la lumière 11 (fig. 5) et communique avec la lumière 15 et le trou 10. La flamme comprimée dans la chambre d'allumage 1, accrue par le gaz de la cavité 9, se trouve ainsi mise à même de pénétrer dans le mélange comprimé du cylindre moteur.

A la remontée du tiroir, le trou 12 est balayé par le tirage de la cheminée 16.

Les tiroirs représentés par les figures 8 à 21 sont disposés de manière à allumer pendant leur montée; la cheminée se trouve sur leur couvercle.

On retrouve, sur les figures 8 à 15, la cavité 9 du tiroir précédent, le trou 12 (fig. 9), qui fournit le gaz à la lumière d'allumage en glissant sur la rainure 11. La cavité 9 est, comme précédemment, alimentée de gaz par le conduit 10, qui le reçoit lui-même de la conduite principale 5 (fig. 13). Pour cela, la rainure 8 porte (fig. 10) un branchement 17, qui vient, dans la position la plus basse du tiroir, en communication avec la rainure 13 (fig. 11) taillée dans le couvercle du tiroir. Le trou 10 se trouvant alors en présence de la rainure 19, les produits renfermés dans la chambre 9 sont rejetés, par 21, dans la chambre d'allumage : ces produits sont du gaz presque pur, qui s'enflamme au contact du bec d'allumage et l'empêche de s'éteindre quand la lumière d'allumage 1 (fig. 9) arrive en présence de la lumière d'admission 2 (fig. 11).

On remarquera que le gaz de la cavité 9 pénètre dans la chambre 1 par un conduit séparé, tandis que, dans le tiroir précédent, ce gaz lui arrivait par le même conduit 12 que le gaz alimentant la flamme d'allumage.

La chambre d'allumage est balayée par le tirage de la cheminée 16, qui aspire de l'air, par 4 et 20 (fig. 9 et 11).

Dans la troisième variété, représentée par les figures 15 à 21, les deux trous 13 et 14 de la figure 8 ne forment plus qu'une lumière 13 (fig. 19). La lumière de balayage 20 porte deux trous d'air 23 (fig. 16). Le gaz est comprimé dans la cavité 9 par le mélange du cylindre qui y parvient par 13 (fig. 19) et 2 (fig. 16), le trou 10 (fig. 19) communiquant avec 19 (fig. 16), puis cette rainure avec la flamme 21 (fig. 20). Le mélange du cylindre moteur pénètre dans la chambre d'allumage par le trou 10, la rainure 19 et le trou 21.

Griffin (pl. 64). Dans le dispositif proposé par Griffin pour simplifier l'allumage des machines à compression, l'air nécessaire à la flamme d'allumage est admis par une ouverture g, qui dispense de la fourche ordinairement employée.

Lorsque le tiroir occupe la position représentée par la figure 2, l'air passe, par l'ouverture g, dans la chambre d'ignition d, puis dans la cheminée h de la flamme permanente i. La rainure j laisse, en même temps, le mélange du cylindre pénétrer, par le canal e et par les trous ff, dans le conduit d, où il se mêle à l'air et s'enflamme au contact du brûleur.

Le tiroir est ensuite amené dans la position de la figure 1. La chambre d, séparée de l'arrivée d'air g et de la cheminée h, ne communique plus qu'avec le cylindre moteur en k; la rainure j est aussi séparée du canal e. La flamme, transportée par d, fait alors détoner le mélange du cylindre.

Robinson (pl. 30). L'artifice imaginé par Robinson pour assurer la propagation de la flamme d'allumage mérite d'être signalé ; il consiste (fig. 3 à 4) à faire enflammer, par le brûleur permanent k, un jet de gaz et d'air renfermé dans un cône en toile métallique H, comprimé dans la chambre d'ignition E', et qui arrive au cône par la conduite i (fig. 4). Au moment de l'ignition, le cône incandescent et le gaz enflammé qu'il renferme arrivent, ainsi que l'indique le tracé pointillé de la figure 4, en présence du mélange explosif comprimé dans le cylindre moteur. On utilise ainsi pour l'allumage, le transport de la flamme même et la conductibilité du cône en toile métallique, mais on peut craindre l'encrassement du cône.

M. Robinson a aussi proposé de recourir à l'incandescence seule. Je décrirai plus bas la disposition très simple qu'il a imaginée pour l'application de cette méthode d'allumage.

Skène. L'allumage de *Skène* (fig. 30 et 31, pl. 63) fonctionne à l'aide d'un robinet oscillant muni de deux brûleurs G et G'. Dans la position indiquée G reçoit, par o, du mélange détonant comprimé dans le cylindre c, qu'il allume en H, tandis que G' a transporté au cylindre C' sa flamme mise en équilibre de pression par o'.

ALLUMAGE PAR INJECTION DE FLAMME.

Foulis (pl. 9). L'un des types les plus simples d'allumage par injection de flamme sous pression à l'intérieur du mélange d'air et de gaz comprimé dans le cylindre moteur, est celui de M. W. Foulis.

Le mélange destiné à produire l'allumage arrive par un tuyau g (fig. 6), en communication avec la pompe de compression C (fig. 2) et s'enflamme au contact de la capsule de platine h'

(fig. 6) portée au rouge par le brûleur permanent h. A mesure que la pression de la pompe C augmente, la flamme g^i s'allonge dans la chambre de combustion A (fig. 4), jusqu'à pouvoir enflammer à coup sûr le mélange moteur qui s'y trouve admis par F.

Dans la chambre de combustion A, se trouve un disque ou bouton R (fig. 4), en platine ou en terre réfractaire, qui s'échauffe bientôt assez pour suffire à lui seul à l'allumage du mélange; l'explosion se fait donc, en marche normale, *par incandescence*, tandis qu'il s'opère à l'origine de la marche, par incandescence (action du platine h) et par injection de flamme sous pression au moyen de la pompe C.

R. Ord (pl. 5). Dans le moteur sans compression de Robert Ord, le gaz est injecté par la pompe L dans le brûleur d'allumage i du tiroir f (fig. 14) tandis que la pompe K envoie de l'air dans le cône n (fig. 9) sur la flamme du brûleur permanent m, de manière à la projeter dans la chambre i, quand elle se présente devant cette flamme. Le gaz enflammé en i est ensuite transporté, par le mouvement ascendant du tiroir, en présence du mélange du cylindre moteur en w.

D. Samuel Clayton (pl. 20). L'allumage est déterminé par le jeu des soupapes K et x, représentées en détail sur les figures 9 et 10. La soupape K, actionnée par le mécanisme P N M (fig. 1), met la chambre d'allumage lj (fig. 9 et 3) en communication avec la flamme du brûleur permanent L (fig. 10).

La soupape x (fig. 9), qui s'ouvre sur la chambre d'explosion du cylindre D (fig. 2) est mise continuellement en rapport par l'étranglement à vis A′ (fig. 9) avec cette chambre et le mélange comprimé dans le cylindre. Ce mélange, pénétrant dans l'espace annulaire c_s, forme, lorsque la soupape K s'ouvre et laisse la flamme L pénétrer en j, une sorte de brûleur circulaire, qui assure la propagation de la flamme dans la chambre J d'abord, puis dans le cylindre moteur, par c, lorsque K se ferme et que la soupape X s'ouvre, permettant au mélange enflammé et confiné dans J de s'élancer dans le cylindre moteur.

C'est donc un allumage par injection de flamme sous la pression déterminée par l'inflammation du mélange allumeur, dans l'espace fermé J de la chambre d'allumage.

Shaw (pl. 28). L'injection de la flamme se fait, dans la machine de Shaw, par l'action d'un piston d'allumage spécial, représenté en u sur les figures 1, 5 et 10. Ce piston est creux, il reçoit, en temps voulu, du gaz enflammé par w (fig. 9) alimenté d'air par v, puis il pousse ce mélange dans la chambre d'explosion, à travers le diffuseur a et le clapet j (fig. 4 et 6).

Le brûleur intermittent w est rallumé à chaque explosion par le brûleur permanent y (fig. 6 et 7). Pour opérer ce rallumage, le mouvement du piston u entraine la plaque g, qui met (fig. 7) la flamme de y en présence de w, en même temps que le bras b, ouvrant par d le robinet c (fig. 7), laisse le gaz arriver à w. L'échappement des produits de la combustion des gaz brûlés dans le piston u se fait par z (fig. 9).

James Livesay (pl. 30). M. Livesay a proposé, deux modes d'allumage, l'un par simple transport de flamme, et l'autre par injection de flamme dans le mélange du cylindre.

Le premier système est représenté par les figures 7 et 8 de la planche 30. Au commencement de la course motrice du piston, la cavité e_1 du tiroir fait communiquer le mélange comprimé dans le réservoir C avec le fond du cylindre par le trajet c, e, F (fig. 7) : le cylindre se remplit de mélange comprimé. Le tiroir continuant d'avancer, la cavité e_1, pleine encore du mélange, est mise en communication avec le brûleur permanent installé en e_2, dans le couvercle du tiroir, d'où elle transporte en F son mélange enflammé.

Dans la seconde disposition, représentée par les figures 11 et 12, l'allumage est, de plus, assuré par l'action d'un cylindre J, dont le piston aspire d'abord, par j', de l'air ou du mélange frais, puis le refoule, par le conduit l, au moment de l'explosion, quand la cavité e', remplie comme précédemment de mélange allumé, se présente entre F et l. La flamme de ce mélange se trouve ainsi injectée dans le cylindre moteur.

Williams (pl. 39). Le tiroir de la machine de M. Williams porte deux lumières d'allumage, $c\ c$ (fig. 8, 9 et 10), disposées de manière à enflammer le mélange renfermé dans la chambre d'explosion C du cylindre moteur à chaque course du tiroir, ou à chaque tour du moteur. Ces lumières reçoivent le gaz d'allumage par leurs embouchures $e_2\ e_2$ (fig. 9), et les conduits à gaz e_3 (fig. 10 et 12). La flamme des brûleurs permanents $f_2 f_2$ (fig. 12) arrive à ce gaz par les rainures $f f$, du couvercle M (fig. 10).

Le gaz moteur arrive, par le diffuseur c' (fig. 11 et 12) dans la poche $a\ a$ (fig. 9) où il se mélange avec l'air qui vient en b (fig. 8). Ce mélange est admis en temps voulu, par $a\ d$ (fig. 11), dans le cylindre moteur.

Le couvercle du tiroir porte, en outre, une poche h (fig. 8 et 10) remplie d'air et de gaz par le conduit h_1 (fig. 9 et 11) ; cette poche se trouve (fig. 8) vis-à-vis de la lumière d'admission d (fig. 11).

Au moment de l'explosion, l'une des lumières d'allumage $e\ e_1$, pleine de gaz enflammé, vient s'interposer entre h et d ; le mélange renfermé dans h fait explosion et projette, par d, la flamme de e dans le cylindre moteur (fig. 13).

Après chaque explosion, le cylindre B (fig. 5) aspire par h (fig. 9) les produits de la combustion, avant que h ne soit en communication avec la poche a.

Les écrans $g\ g$ (fig. 12) empêchent l'explosion du mélange en $h\ e$ de souffler les brûleurs f_2.

Weatherhoog (pl. 56). Le système adopté pour le premier type de machine compound de M. Weatherhoog est compliqué. L'allumage se fait au moyen d'un tiroir équilibré F (fig. 5 à 8) et d'un piston g', compresseur et injecteur de la flamme d'allumage.

Le piston du cylindre moteur A, marchant en avant, détermine d'abord, par le tuyau J, un vide sous le piston g', qui descend et aspire du gaz par g''. A la course-arrière du piston moteur, g' remonte, refoule le gaz dans i'' et dans la chambre de combustion f' du tiroir F, à une pression plus grande que celle du cylindre moteur. Or, le tiroir h se trouve déjà rempli, par f'' et g'', d'un mélange d'air et de gaz à basse pression, enflammé par le brûleur de la cheminée i, à travers les orifices $i''\,i'''$.

Au moment de l'explosion, ces orifices sont fermés, et le mélange enflammé se trouve poussé, par le gaz du piston g', dans le cylindre moteur A.

Le tiroir, maintenu par un ressort h'', est double, de sorte qu'il donne une explosion par tour, tout en ne faisant qu'une course par tour du moteur.

Dans les compound à simple effet du deuxième type de M. Weatherhoog, la flamme de l'allumage est poussée dans le cylindre moteur par du gaz comprimé, dans le bâti K du moteur, à une pression plus considérable que celle du cylindre au moment de l'explosion. Ce gaz arrive par le tuyau l' (fig. 11) au tiroir tournant allumeur et distributeur D (fig. 10 et 14), lorsque le piston moteur commence à descendre, et que la pression s'y trouve un peu plus basse que dans le réservoir K.

Bischopp (pl. 2). C'est aussi par une injection de flamme projetée dans le cylindre moteur au moyen de l'explosion d'une partie du mélange que se fait l'allumage dans la machine à compression de Bischopp.

Le mélange destiné à l'allumage se trouve (fig. 8) introduit par F dans une capacité fermée H, puis enflammé par le brûleur D : son explosion pousse sa flamme, par C S, dans le cylindre moteur A.

Crossley (pl. 18). Dans ce dispositif, le mélange est admis au cylindre par D A C (fig. 1 et 3). Après la compression, au moment de l'allumage, le piston G refoule, par F, une partie de ce mélange à travers le tube K M, porté au rouge par le brûleur o, et qui débouche en L dans le cylindre.

Dans la variante de la figure 4, l'injection de flamme suit le trajet Q K L P C, à travers le tube K M L (fig. 5).

On retrouve une disposition analogue sur les moteurs de *Wordsworth* et *Lindley* (p. 180).

ALLUMAGE PAR PROPAGATION DE LA FLAMME DANS UN TUBE ÉVASÉ.

Kœrting (pl. 65). M. Kœrting, bien connu pour ses travaux sur les injecteurs et les souffleries à cônes étagés, a proposé — en 1881 — d'appliquer à l'allumage des moteurs à gaz un dispositif fondé sur la perte de pression qu'éprouve un gaz s'écoulant par le gros bout d'un tube évasé.

Le tube d'allumage de M. Kœrting plonge (fig. 4) par sa pointe r, dans le mélange comprimé qu'il faut faire détoner ; sa partie la plus évasée débouche près de la flamme f d'un brûleur permanent. La pression du mélange comprimé qui s'échappe par r diminue à mesure qu'il monte et se dilate dans le tube, jusqu'au point où sa vitesse d'écoulement devient assez faible pour que la flamme puisse s'y maintenir ; d'autre part. la flamme, ou la tranche de gaz allumé en f, se propage en descendant dans le tube, jusqu'à ce qu'elle ait atteint ce point d'équilibre,

La position de ce point varie avec la nature et la pression du mélange : plus cette pression est élevée, plus il faut évaser le tube.

Si l'on ferme le tube au-dessus de la tranche d'équilibre, par exemple au moyen d'un robinet (fig. 4), cette tranche, séparée de l'atmosphère extérieur, ne s'éteint pas, et achève de se propager en descendant jusqu'au mélange du cylindre, mais ce mode d'inflammation par un tube seul ne peut s'appliquer qu'aux faibles pressions, sous peine d'exiger un évasement trop considérable.

Pour les hautes pressions, il faut interposer, entre le tube
et le mélange comprimé, un certain nombre de chambres
de propagation *l m* (fig. 6, 7 et 9), communiquant entre elles
par de petites ouvertures à diamètres croissant vers le tube d'allumage ; une fois le tube graduellement fermé, sa flamme se propage jusqu'à la première chambre, puis d'une chambre à l'autre,
par explosions successives, jusqu'au cylindre moteur.

Les figures indiquent comment on peut fermer les tubes d'allumage par une soupape conique *h*.

On peut aussi transporter la tranche enflammée dans le
cylindre en rendant le tube d'allumage mobile ; c'est ainsi que
la tranche enflammée par *s* (fig. 10) se trouve transportée en *g*
(fig. 11) au sein du mélange comprimé dans le cylindre, par la
descente du tube d'allumage *h*.

Les figures 12, 13 et 14 représentent, avec les mêmes notations, des systèmes dans lesquels ce transport se fait par la
rotation du tube d'allumage *h*, qui prend son gaz en *i*.

Dans les dispositions représentées par les figures 15 à 17, le
tube d'allumage proprement dit, *h*, reste immobile, et c'est le
tube *b* qui transporte la flamme au cylindre, par translation
ou par rotation.

La figure 18 indique comment on pourrait commander le mouvement du tube d'allumage au moyen d'un déclic à ressort *s, c, b*
avec « dashpot » *e*, pour en amortir les secousses. Avec ce
système, le temps nécessaire pour déterminer l'explosion, c'est-
à-dire celui qui s'écoule entre la prise de *b c* et l'explosion, ne
dépasserait pas 1/50 de seconde. On ne peut donc perdre, par
l'ouverture du tube d'allumage, que très peu de gaz.

Les dispositions proposées par M. Kœrting sont ingénieuses
et nouvelles. Les appareils à tube fixe (fig. 7) sont très simples.

Les figures 10 à 15 de la planche 43 représentent une application plus récente (1883) de ce mode d'allumage.

Sur la figure 14, le tube K, poussé en *o'* par le gaz comprimé,
ferme la lumière d'allumage *r s*, et le mélange détendu vient s'allumer en *p q*. Au moment de l'allumage, le piston *m* descend brus-

quement en n', ferme le tube, le repousse, et amène par rs le gaz enflammé du tube en présence du cylindre.

Le mouvement du piston m dans sa gaine i s'obtient (fig. 10 et 11) par la poussée de la came t, oscillant autour de f, et maintenant n' fermé tant que son encoche u ne laisse le piston m libre de remonter sous le rappel des ressorts t et de la poussée en o'. La montée de m est limitée par la butée ll' (fig. 15).

Pinkney (pl. 65). Le dispositif moins simple de *Pinkney* (1881), antérieur à celui de Korting, présente avec ce dernier quelques analogies.

Au moment de la compression, l'extrémité du piston d'allumage p, mis en rapport avec le cylindre moteur par m, reçoit, par les orifices étranglés de la vis v (fig. 35) du mélange qui vient, en perdant graduellement sa pression dans la chambre l, s'allumer par h au brûleur permanent f. Le piston p recule alors brusquement vers la droite, isole la flamme l de f et la transporte en o, où elle détermine l'explosion du mélange. La chambre l est garnie en t d'une toile métallique.

La pression du mélange du cylindre s'abaisse de même, dans le dispositif de *Robson* (fig. 7, pl. 50) par son passage à travers le détenteur 5, à vis d'étranglement 8, avant d'arriver, par 1. 4. 6. en présence de l'allumeur 7. Le tiroir 2. ramène ensuite la chambre 6 pleine de gaz enflammé, devant la lumière d'allumage 1.

ALLUMAGE PAR INCANDESCENCE

Le principe de ce mode d'allumage consiste à porter un corps à l'incandescence, par une flamme spéciale ou par l'électricité, puis à le transporter à l'état incandescent en présence du mélange explosif, dans le cylindre moteur.

Ce mode d'allumage a le bénéfice d'une grande simplicité théorique ; mais, en pratique, l'incandescence produite au moyen de la flamme est à la fois coûteuse, parce que cette flamme doit être puissante, et d'un entretien difficile, parce que les organes de l'allumage sont très chauds et sujets à s'encrasser. L'incandescence par l'électricité a l'inconvénient d'exiger des piles ou des dynamos.

Fig. 136, 137 et 138. — Otto.

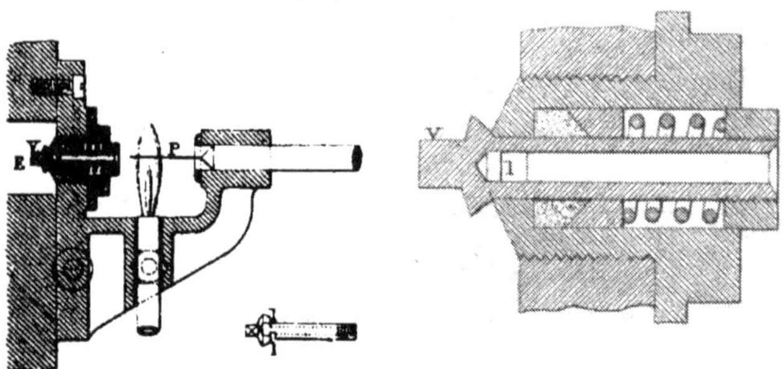

L'allumage à incandescence breveté par Otto en 1878 s'opère (fig. 136 à 138) en plongeant la tige de platine p, portée au rouge, dans le corps de la soupape v, dont le ressort cède et laisse le mélange du cylindre pénétrer, par E l, autour de la tige p.

Robinson (pl. 30). Le mode d'allumage proposé par M. Robinson appartient au premier type d'allumage par incandescence et consiste (fig. 5 et 6) à porter au rouge, au moyen d'une flamme permanente M, un grain de porcelaine pris dans un bloc de terre réfractaire, que le tiroir G transporte, au moment voulu, dans le mélange du cylindre moteur, ainsi que l'indique le tracé pointillé de la figure 6.

Rider (pl. 31). L'allumeur de Rider consiste en un tube de platine b (fig. 14 et 15) percé de trous, entouré d'un fil de platine g, et qui reçoit, par l'orifice étranglé de a, un mélange de gaz et d'air refoulé par la pompe d'ignition K (fig. 10). Le fil de platine g se trouve ainsi, une fois son mélange allumé, maintenu à l'incandescence, et cette incandescence, jointe à la chaleur de la flamme, suffit pour conserver, à l'enveloppe métallique b' de

l'allumeur (fig. 14) une température assez élevée pour enflammer le mélange du cylindre toutes les fois qu'il est mis en contact avec lui par la montée du piston D (fig. 10). L'allumage
Rider fonctionne donc à la fois par incandescence et par conductibilité.

Fig. 139. — Foulis. Ensemble de l'allumage.

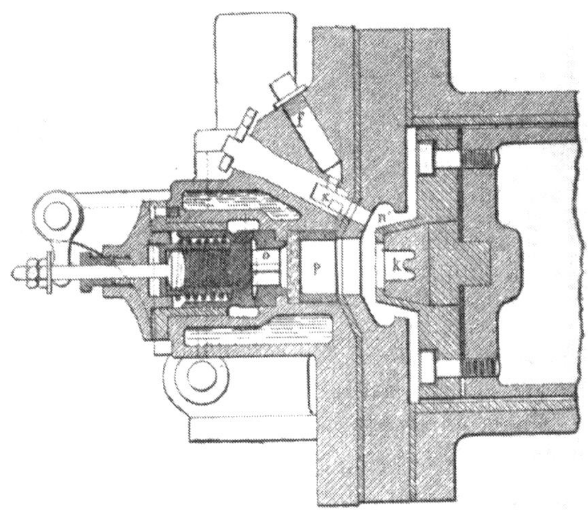

Foulis (pl. 9). On peut aussi, comme l'a proposé Foulis, n'employer l'incandescence qu'accessoirement, une fois la machine

Fig. 140. — Foulis. Détail de l'allumage.

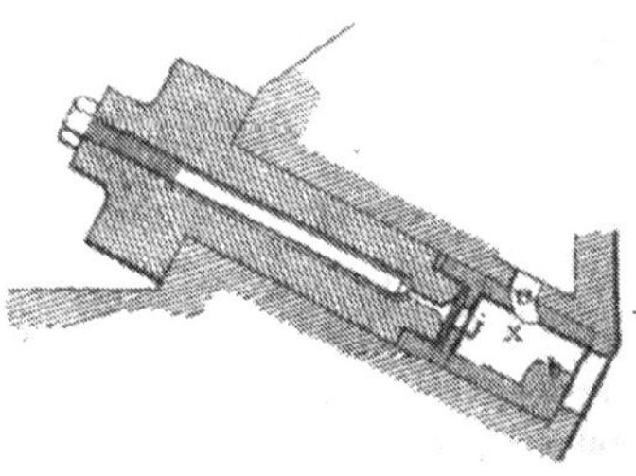

bien en train, en se servant, pour le démarrage, d'un allumage
par injection de flamme.

Les figures 139 et 140 représentent une modification récente (1883) de l'appareil décrit à la page 129.

Le mélange d'allumage comprimé arrive par un orifice étranglé qui réduit sa pression, et à travers les toiles métalliques *j*, dans la chambre *x* d'un tube en brique réfractaire, d'où il se projette en *n'*, sur le culot *k* du piston moteur. La brique *b* fait tourbillonner la flamme du mélange et en assure la conservation par sa chaleur. L'allumage initial se fait en *e*, après avoir dévissé *f*. L'admission du mélange moteur a lieu par *o*, à travers une toile métallique *p*. Le culot *k* a pour objet de maintenir, concurremment avec *b*, la flamme de *x*, comme le faisait le bouton R (fig. 4, pl. 9) de la première disposition.

Watson (pl. 26). Dans ce système, le mélange du cylindre est allumé soit directement par le contact (fig 7) d'une plaque chauffée par une flamme *f*, soit indirectement, par une partie du mélange qui s'enflamme en traversant un réservoir *i* (fig. 8) ou un tube *p* (fig. 9) chauffés par une flamme, et se rend ensuite au cylindre, dès que le permet le tiroir p_{2}. Les tubes peuvent être munis de sphères *s* ou *b* (fig. 10 et 11) pour recevoir les produits de la combustion du gaz allumeur. Le tube

Fig. 141. — Watson.

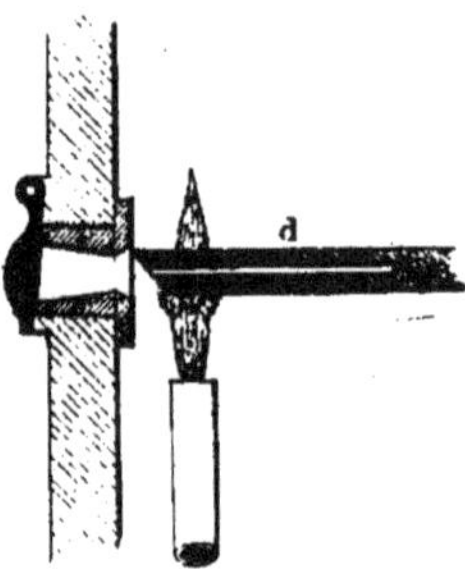

peut lui-même servir de tiroir (fig. 12), et rien n'empêche d'injecter le mélange dans le tube et dans le cylindre au moyen d'une pompe (fig. 3).

Le diamètre des tubes, à la section d'ignition r (fig. 9) doit être de $0^m,003$ environ; ils peuvent être en platine ou en terre. On doit toujours les munir d'une capacité, pour laisser un libre

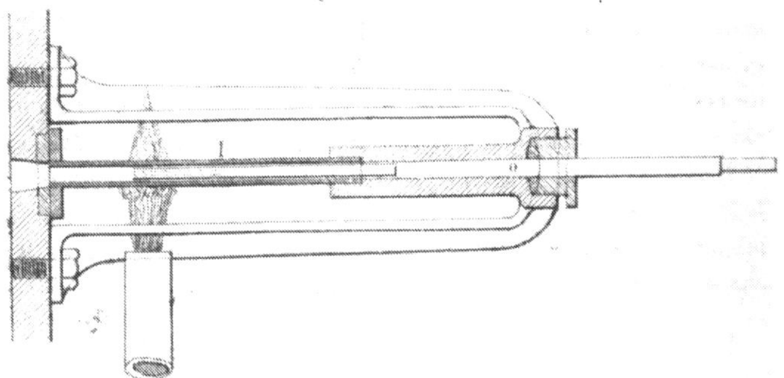

Fig. 142. — Watson.

dégagement aux produits de la combustion derrière la tranche enflammée.

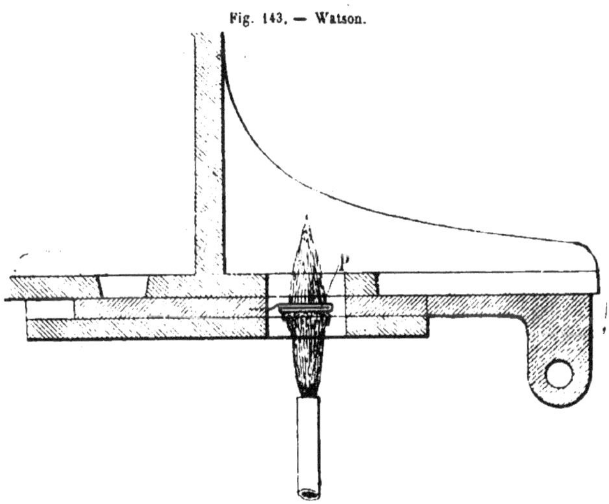

Fig. 143. — Watson.

Les figures 141 à 145 représentent quelques variantes de l'allumage Watson. On détermine l'allumage soit par l'introduction

d'une tige en porcelaine fendue *d* (fig. 141) porté [à l'incandescence à l'air libre, ou échauffé dans un tube *l* (fig. 142), ou par une
spirale de platine (p. 143) transportée soit par un tiroir (fig. 143),
soit par un disque en porcelaine (fig. 144 et 145), animé d'un
mouvement d'oscillation amenant alternativement l'une des deux
spirales devant l'un des deux brûleurs *p'*, puis devant la lumière
d'allumage.

Fig. 144. — Watson.

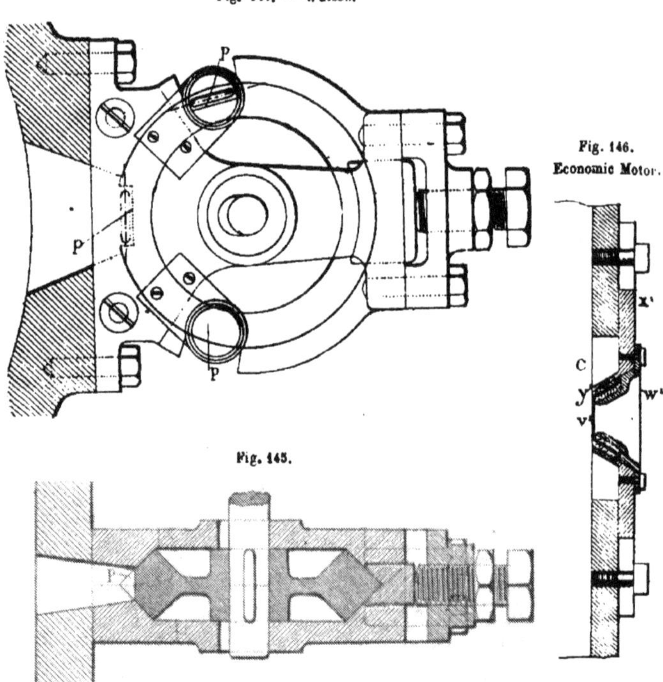

Fig. 146.
Economic Motor.

Fig. 145.

Economic Motor C°. L'allumage de la machine de l'Economic
Motor C° a lieu (fig. 146) par l'incandescence d'une plaque de platine v_1 enchâssée dans la lumière *c*, au fond d'un cône à parois non
conductrices y_1, et chauffé, en w_1, par une flamme de chalumeau.

King (pl. 27). Dans la machine de King, c'est la chaleur même de la chambre de combustion garnie de briques réfractaires qui détermine l'explosion. Le mélange, une fois allumé par le trou *a* (fig. 6), est refoulé dans la chambre de com-

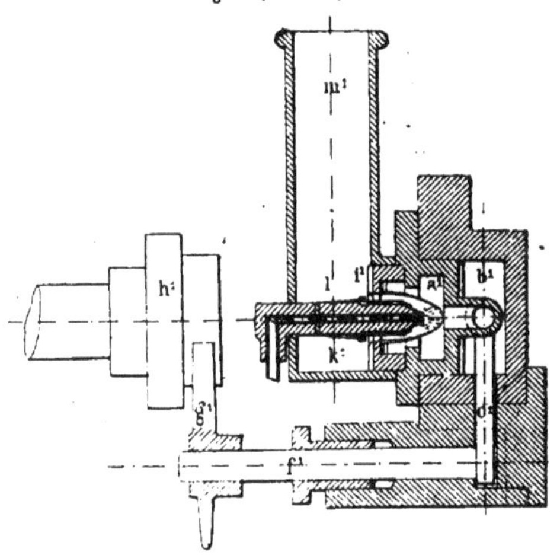

Fig. 147. — Mills.

bustion H, à travers les toiles métalliques D (fig 5) qui empêchent le retour de la flamme.

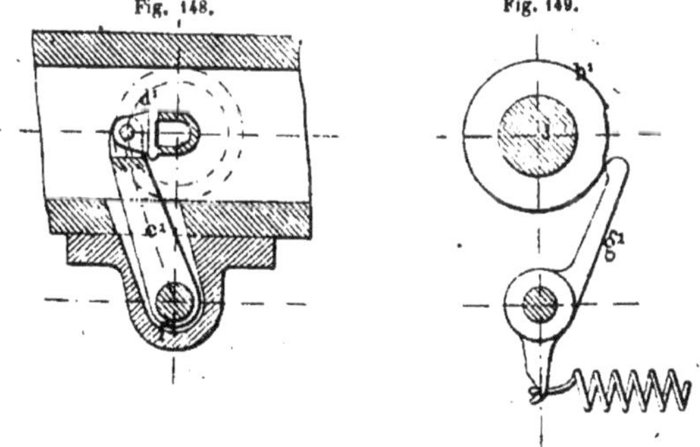

Fig. 148.   Fig. 149.

Ce mode d'allumage a été perfectionné depuis (en 1883), par MM. *King* et *Cliff* (pl. 65). Une fois les fils de platine *n* (fig. 26) portés au rouge, le mélange comprimé dans le cylindre arrive s'enflammer, par l, dans la chambre à briques réfractaires, et sa flamme s'échappe par la petite ouverture $o\,p$, de manière à ne pas retourner en l. Au moment de l'allumage, p se ferme, et la flamme se communique, par l, au mélange du cylindre. Il suffit de dévisser q pour accéder aux fils n et les porter au rouge lors de la mise en train.

Dans le dispositif représenté par les figures 27 et 28, la chambre d'allumage est renfermée dans un robinet à clef t, qu'il suffit de tourner dans la position de la figure 27 pour mettre, par Rr, les fils n au contact d'une flamme s.

On peut aussi employer à cet effet un tube u (fig. 29) ou l (fig. 30), en communication avec le cylindre, et que l'on échauffe, à l'origine, par s.

Mills. L'allumage de Mills est mixte, comme celui de Foulis, le chalumeau de cuivre k (fig. 147), platiné en l, porte au rouge la capsule de platine l_1, qui enflamme dans a_1 le mélange d'allumage qu'y laisse pénétrer, par b_1, la soupape d_1 (fig. 148) qui s'ouvre par $f_1 c_1$ quand le levier g_1 tombe sur le plat de la came h_1 (fig. 149).

Le chalumeau se termine par une toile de platine ; il doit être très épais pour ne pas la fondre.

Anderson et Crossley (pl. 17. fig. 10). L'incandescence du fil de platine F ne joue, dans ce dispositif, qu'un rôle auxiliaire. Avant l'allumage, la chambre d'allumage du tiroir c se présente, comme l'indique la figure, devant la flamme A, elle reçoit de l'air par c_2, du gaz par EdD, et ce mélange va s'enflammer en c_2A$_1$, autour du fil F. Le tiroir ferme alors les ouvertures $c_2\,c_2$ et d et transporte c, avec sa flamme et son fil incandescent, en présence de la lumière d'allumage du cylindre.

Allumage par l'électricité.

L'allumage par l'électricité, adopté, dès l'origine, par *Lenoir*

(p. 265), est presque abandonné aujourd'hui pour les allumages au gaz, plus simples en pratique et plus certains.

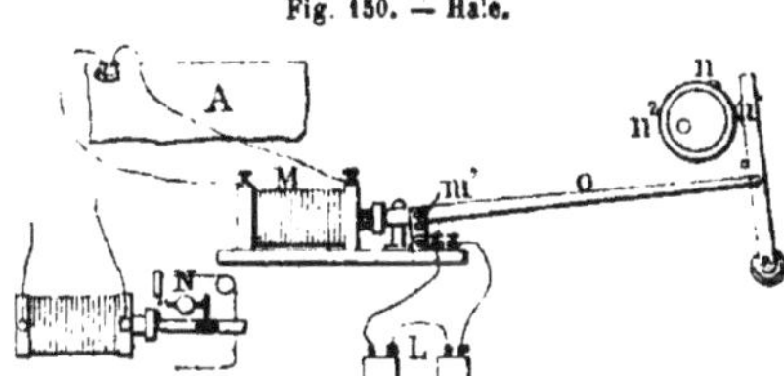

Fig. 150. — Hale.

C'est aussi à l'étincelle d'une bobine d'induction M (fig. 150) que M. *Hale* a recours pour produire l'allumage en A. L'interrup-

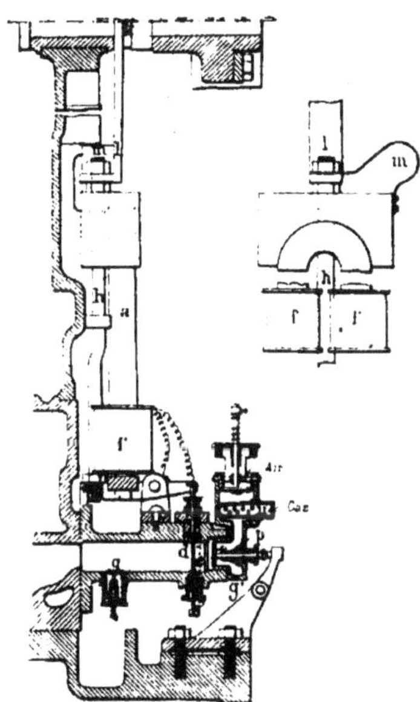

Fig. 151 et 152. — D· Kabath.

teur N est actionné par le mécanisme $nn'm'$, dont on peut varier la période en déplaçant l'anneau n_2.

Dans la machine de *de Kabath* (1883) l'étincelle est, au contraire, produite par la manœuvre d'un « coup de poing » analogue à celui de Bréguet.

La came k (fig. 151 et 152) sépare brusquement, par lh, l'armature d'un aimant a, ce qui engendre dans les bobines f un courant de rupture, faisant jaillir une étincelle entre les pointes d et e. Le mélange arrive à ces pointes par aspiration en n et p, très riche. avec un supplément d'air en q.

L'armature est rappelée sur a par le ressort m.

L'allumage de *Fielding* s'opère aussi, comme nous l'avons vu (p. 227) au moyen d'une étincelle.

Sir *W. Siemens* avait adopté, pour l'allumage de sa nouvelle machine, l'incandescence par l'électricité. Dans ce système (pl. 35), l'électricité, distribuée par un commutateur Q relié à une pile ou à une dynamo (fig. 6 et 7), fait rougir, au moment de l'explosion, un fil de platine devant lequel tombe, goutte à goutte, un hydrocarbure très inflammable. Ces gouttes sont distribuées, au commencement de chaque course ascendante, par un robinet L, au conduit l', de façon à enrichir le mélange au moment de son allumage.

CHAPITRE VIII

LA RÉGULARISATION

La régularisation des moteurs à gaz s'opère en agissant sur la quantité ou sur le dosage du mélange admis au cylindre moteur, comme on agit, dans les machines à vapeur, sur la détente ou sur la pression initiale de la vapeur.

Les mécanismes de régularisation proprement dits sont des plus variés, sans présenter, pour la plupart, rien de spécial aux moteurs à gaz. On remarquera, dans les inventions les plus récentes, une tendance générale à se servir de déclics, ou de mouvements discontinus et à ressorts, inspirés des machines Corliss et de leurs innombrables variétés. Ces mouvements ont l'avantage de se prêter facilement à une commande rapide et puissante des organes de régularisation, même par un régulateur très faible, et de ne présenter que des difficultés d'adaptation peu importantes ; ils ont le défaut d'être plus compliqués et plus difficiles à entretenir que les mécanismes continus.

Régulateurs agissant sur l'admission du gaz.

Ce mode d'action du régulateur est le plus fréquemment employé. Le régulateur agit, dans ce cas, soit en supprimant *complètement* l'admission pendant tout le temps que la machine va trop vite, soit en réduisant le nombre des admissions par tour, soit enfin en étranglant plus ou moins l'admission du gaz ou en faisant varier la puissance du mélange détonant : ces variations ne peuvent être, dans les machines à compression surtout, que très faibles, sous peine de provoquer des ratés ou des explosions intempestives.

Régulateurs agissant par la fermeture complète de l'admission du gaz.

C'est à ce genre de régulateurs, les plus économiques s'ils ne sont pas les plus sensibles, qu'appartient celui des machines *Otto* (p. 138), très efficace et fort simple, mais un peu alourdi par le frottement et l'inertie du manchon qu'il entraine sur l'arbre de distribution. Il suffit de donner aux cames g et g' (pl. 13, fig. 14) un profil transversal incliné, pour faire agir le régulateur, entre certaines limites, sur le dosage même du mélange avant de supprimer complètement l'admission du gaz. Le régulateur de *Worsam* (p. 234) agit d'une manière analogue. Celui de *Williams* (planche 39) agit (fig. 12 et 17) en maintenant, par R, le galet R', sur l'une ou l'autre des cames droites T T, T_s (fig. 20 à 22, montées sur le tiroir, et qui font plus ou moins tourner, ou laissent fermé, le robinet de gaz c', au moyen du levier s, à rotule p (fig. 18 et 19).

On peut, comme nous l'avons vu par l'exemple des machines *Bischopp* (p. 96) et de *Kabath* (p. 246), utiliser la force centrifuge développée sur le volant même pour le déplacement de la came ou du galet d'admission du gaz, mais il est à craindre que ces régulateurs ne se ressentent un peu des secousses de l'explosion.

Il n'est pas nécessaire de déplacer la came d'admission même pour fermer l'arrivée du gaz ; il suffit de rompre momentanément la liaison entre la valve à gaz et son organe moteur, soit par le retrait d'une palette, comme dans les moteurs de *Clerk* (p. 103), par l'enlèvement d'une butée, comme dans la machine de *Bull* (p. 255), par le déplacement d'un déclic ou d'un petit galet ; l'effort du régulateur extrêmement réduit permet alors l'emploi d'appareils à grande vitesse, légers et très sensibles.

Tel est le cas du régulateur de *Crossley*, représenté par les

figures 5 à 8 de la planche 16, qui abaisse ou soulève L de manière
à faire varier, le long de la came d'admission H, la position de la
butée K_1, du levier K, dont l'enfourchement $K^2 M'$ actionne la
tige M de la valve à gaz.

Le régulateur de *Lenoir* abaisse ou soulève de même, par l'''
(fig. 153 et 154), autour de son articulation $R'' R'$, le levier h'', mu
par h' (fig. 49, p. 188), dont la butée R g actionne ou échappe la
tige de la prise de gaz G.

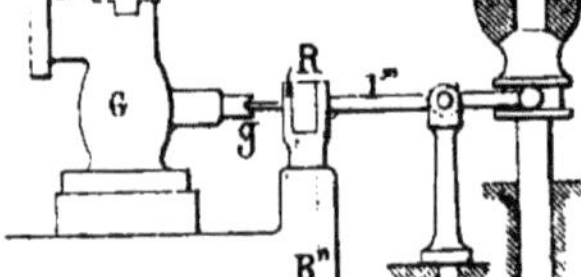

Fig. 153 et 154. — Régulateur Lenoir.

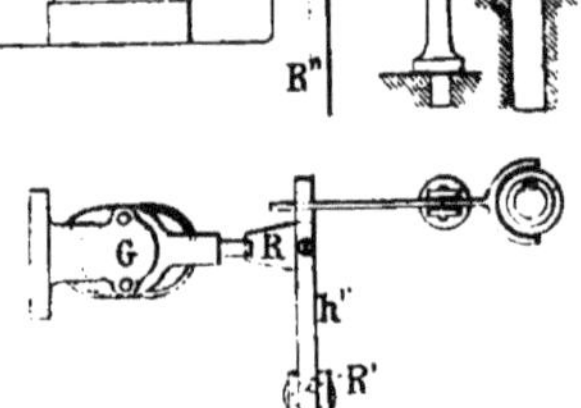

Le dispositif analogue de *Wordsworth* et *Lindley* consiste (fig. 17
et 18, pl. 42) à faire agir le régulateur sur le levier 33, mobile
autour de 35, et qui actionne en temps ordinaire la soupape de
prise du gaz 26 par la poussée du déclic 31-32 sur son étrier 34.
Lorsque la machine s'emporte, le régulateur soulève le levier 33,
et dégage 32 de 31 ; la valve à gaz reste fermée, et le cylindre
moteur n'aspire plus que de l'air, par le clapet d'admission et de
mélange 21.

Nous avons déjà décrit (p. 181) le régulateur à languette des
mêmes inventeurs.

Les régulateurs plus anciens (1881), représentés par les figures 22 et 23 de la planche 64, agissent soit (fig. 22) comme celui
de Lenoir, en dégageant, lorsque la machine s'emporte, l'extrémité l' du levier l, du taquet A du tiroir, de sorte qu'il ne puisse
plus ouvrir par sa butée la soupape d'admission du gaz G, soit

(fig. 23) en déclenchant de même le cliquet *c*, ainsi que l'indique le tracé pointillé, de façon que le tiroir ne puisse plus ouvrir, par A B *c* D, la soupape G.

Dans le dispositif de *Butcher*, représenté par la figure 7 de la planche 38, la tige B, qui commande par D et E les tiroirs de distribution et d'allumage, ouvre, par la butée KL, la valve à gaz H, au moyen du levier L'P', articulé par la charnière Q au levier PN, et pivotant comme lui, mais librement, autour de l'axe M. Quand la machine s'emporte, le régulateur soulève l'extrémité L', et fait échapper L de K.

M. Linford a proposé plusieurs types de réglementation pour ses machines à gaz.

Dans la disposition représentée par les fig. 6 et 7 de la pl. 25, le régulateur agit sur la valve à gaz par l'intermédiaire d'un mécanisme à déclic. La tige de la valve à gaz est actionnée par le levier *a*, mobile autour de l'axe fixe *e*, et mu par la poussée du déclic *jf* : ce déclic peut se déplacer, par H, dans une glissière *j*, à l'extrémité du levier *a*, mobile autour du même axe *e*, et conduit par une came *b* fixée sur l'arbre de distribution *h*. Quand la machine va trop vite, le manchon du régulateur soulève le déclic *j*, qui n'entre plus en prise avec le bout *f* du levier, de sorte que la valve à gaz *reste fermée* tant que le moteur marche au-dessus de sa vitesse limite.

Le régulateur présente une forme particulière (fig. 8). Sa boule *c* agit directement sur *d'*, en glissant sur D.

Le mécanisme régulateur du second type est actionné par un embrayage (fig. 19 et 20); le levier $k_2 k_4$, qui commande (fig. 12) la valve à gaz *g'*, reçoit son mouvement de la came d'admission k^2, par l'intermédiaire du levier à galet k_9, dont l'extrémité k^9 appuie sur le bouton k^7. Ce bouton peut glisser, à l'extrémité du levier k_4, sous l'action de la tige du régulateur k_8, de manière à se dégager du levier de commande, et à laisser la soupape d'admission fermée par son ressort de rappel, tant que la machine tourne au delà de sa vitesse de régime.

Le régulateur *n* (fig. 155 et 156) de la première machine de *Linford*

agit en faisant glisser, par pq, le marteau s (fig. 40, p. 163) qui
ouvre l'admission du gaz, de manière à lui faire échapper sa came
de manœuvre t, à l'extrémité l' de l'arbre de distribution l.

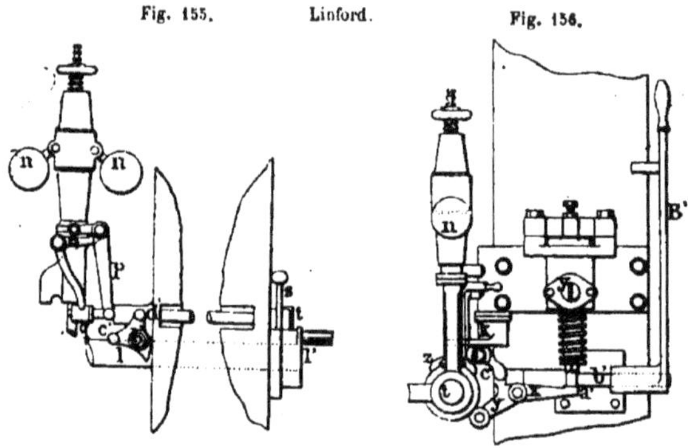

Fig. 155.   Linford.   Fig. 156.

On voit en Y la soupape d'échappement manœuvrée par zxy
et maintenue ouverte, lors de la mise en train, par $B'b'c'$, pour
éviter la compression.

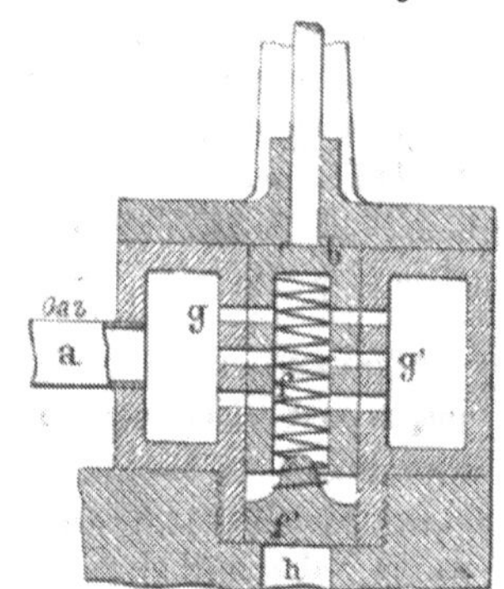

Fig. 157. — Serrell. Valve du régulateur.

M. *Serrell* remplace (fig. 157) la soupape d'étranglement du gaz
par une valve cylindrique équilibrée b, admettant le gaz venu de
a au cylindre h par les nombreux trous gg', de sorte qu'il suffit

que le régulateur l'abaisse de très peu, malgré l'antagonisme du ressort f, appuyé sur f'.

Le régulateur-pendule de *Crossley* est remarquable par son extrême simplicité, il se réduit (fig. 8 à 10, pl. 15) à un pendule C, dont l'axe d'oscillation est relié par B, au tiroir A. Dès que le tiroir va trop vite, l'inertie du pendule le fait osciller vers la droite de la figure, le taquet o l'empêchant de pencher vers la gauche : cette oscillation soulève la tige D et la déclenche du système M. E. H., par lequel elle commande la valve d'admission G. Cette valve, dès lors mise en liberté, se ferme sous la pression du ressort F, et reste fermée jusqu'à ce que le pendule laisse le déclic EM retomber en prise.

Dans la disposition représentée par les figures 9 et 10 de la planche 15, le pendule C, monté sur la crosse du piston, soulève, en oscillant à droite, le taquet S, et déclenche, par Tw, le taquet u d'avec la tige X de la valve à gaz.

Dans la machine de *Rider* (pl. 31), le régulateur agit sur la valve à gaz I (fig. 10), en plaçant l'extrémité de sa tige de commande H$_2$ dans l'une ou l'autre des rainures T ou t_2 du disque T (fig. 13). Si la machine marche trop vite, n pénètre dans la rainure t_2 pendant toute la montée du piston moteur D, et maintient l'admission du gaz I ouverte pendant toute cette course. L'inverse a lieu si la vitesse augmente, et si n pénètre dans la rainure t.

Le régulateur de la machine de *Hale* agit, comme nous l'avons vu, d'une manière analogue (p. 241).

Dans la modification proposée par *Crossley* pour le moteur Otto, modification qui a pour objet, comme nous l'avons vu au chapitre de la distribution, de faire donner à ce moteur un coup par course-avant du piston ou par tour de l'arbre de couche, le régulateur agit sur la valve d'admission en déplaçant, au moyen du levier E' (fig. 7, pl. 17) manœuvré par son manchon, la came à ondes Q (fig 1 et 7) calée à rainure et languette sur l'arbre d'admission P. Cette came commande, par le système R, r, S (fig. 7) la valve d'admission, et fait 1/16° de tour par tour

du moteur ; elle porte une série d'anneaux munis de projections
en nombre variable (fig. 6 à 9), de manière à faire donner au
moteur une admission par tour, ou moins, suivant que le régulateur amène l'un ou l'autre de ces cercles en prise avec le levier
d'admission R.

On peut, en outre, faire varier, ou régler une fois pour toutes,
et à la main, la durée et les périodes de l'admission et de l'é-
chappement, en agissant sur les vis N′ et O′ (fig. 1) dont la butée
ouvre et laisse ensuite retomber les soupapes d'admission et
d'échappement, rappelées par les ressorts n et o.

Régulateur agissant par l'étranglement de l'admission du gaz.

Ces régulateurs dérivent immédiatement, pour la plupart, de
ceux que nous venons de décrire. Ils agissent directement comme
ceux de *Sombart* (p. 97), de *Tonkin* (p. 216) et de *Hale* (p. 244);
par l'intermédiaire d'un organe changeant la course du levier
de la prise de gaz, comme le coin du moteur de *Watson* (p. 183),
ou la bande du ressort de cette valve, comme dans le moteur de
Summer (p. 160); par déclic, comme dans l'appareil de *Woodhead* (p. 236), ou par un pendule, comme celui de *Martini* (p. 186);
en un mot, par l'intermédiaire des mêmes organes que les régulateurs d'interruption.

L'action du ressort du régulateur de Summer peut être remplacé, comme dans l'appareil de l'*Economic-Motor C°* (p. 122), par
celle d'une masse d'air comprimé, utilisée en partie pour l'allumage. C'est, comme le régulateur de *Niel* (p. 251), une heureuse
adaptation du modérateur bien connu de Molinié.

Le régulateur de *Robson* est particulièrement original; son
fonctionnement repose sur l'emploi d'une cataracte 7 (fig. 8,
pl. 50) dont le piston, mu par 14-15 et rappelé par le ressort 13,
aspire le fluide modérateur par l'orifice 10, et le refoule par 9.
Quand la machine s'emporte, le ressort 13 ne rappelle pas le
piston 8 assez vite pour que le taquet 12 vienne, par la butée 2,
maintenir la soupape de prise de gaz 1 ouverte pendant l'aspi-

ration, malgré la pression qu'exerce l'atmosphère sur le diaphragme 3.

On voit, sur la figure, comment on peut remplacer le système de la cataracte par le jeu d'un crochet 19, actionné par un régulateur centrifuge et maintenant la soupape 1 plus ou moins ouverte, par son embrayage avec la dent 2.

Le régulateur d'*Atkinson* agit (fig. 7 et 8, pl. 47) en faisant pivoter autour de l'axe 71 les cames 72 et 74, qui ouvrent et ferment, par 76 et 77, le robinet du gaz 78. Ce pivotement a lieu par l'action de la force centrifuge du poids 73, entrainé dans la rotation du disque qui porte l'axe 71, en antagonisme avec le ressort 75.

Dans une autre combinaison, le régulateur agit en déplaçant une came à ondes 10 (fig. 1, 18 et 19) qui actionne le tiroir 33 de distribution du gaz 36 au cylindre 38. La poche 37 modère, comme nous le verrons, les variations de la pression de gaz.

Régulateur agissant en fermant ou en réduisant l'admission du mélange.

Lorsqu'on applique ce genre de régulateur aux machines à pompes de compression, on les accompagne presque toujours d'un dispositif paralysant le fonctionnement de cette pompe, en même temps que le régulateur ferme l'admission du mélange.

Tel est, par exemple, le cas du moteur de MM. *Mills* et *Haley*. La pompe de ce moteur refoule, comme nous le savons (p. 191) le mélange comprimé dans un réservoir accumulateur g (fig. 1, pl. 29), et les deux systèmes de régulateurs proposés ont pour objet de séparer, en cas d'emportement de la machine, ce réservoir du cylindre moteur, en même temps qu'ils établissent. entre la pompe et ce réservoir, une communication *libre*, de manière qu'elle cesse d'y refouler le mélange.

Le premier type de régulateur est représenté par les figures 12 et 13. Le manchon du régulateur soulève ou abaisse la came t, qui, en agissant sur v_1 ou sur v_2, suivant que la vitesse de la machine est trop forte ou trop faible, déplace, par l'engrenage r_2

u_1, le robinet J_1 à droite ou à gauche de sa position moyenne, correspondant à la marche normale.

Lorsque la marche de la machine est trop lente, le robinet J_1 ferme le conduit z_1 (fig. 3), et laisse le mélange d'air et de gaz comprimé dans le réservoir accumulateur passer librement au distributeur.

Quand la machine s'emporte, le robinet J_1 ferme le conduit a^2, sépare le cylindre moteur du réservoir g, et met le réservoir en libre communication avec la pompe, de façon à empêcher l'action du clapet d'aspiration h (fig. 2); la pompe n'aspire plus de mélange, la pression n'augmente pas dans le réservoir, et le cylindre moteur tourne à vide.

Dans le second dispositif (fig. 15 et 16), la valve régulatrice du mécanisme précédent est remplacée par un tiroir auxiliaire b_2. Le manchon du régulateur fait osciller la fourche l_2, qui commande par engrènement la fourche $e^2 e^2$, reliée au tiroir principal w. Quand la machine tourne à sa vitesse de régime, les choses sont disposées comme l'indique la figure 15 ; le bras b commande, par les tocs $f_2 f_3$, le tiroir auxiliaire b_2 qui distribue, à chaque course, la dose voulue du mélange comprimé du réservoir du cylindre moteur, par la lumière $h_1 w$ du tiroir principal. Si la vitesse augmente, b s'abaisse de façon à passer sous le toc f_2, sans rouvrir le tiroir auxiliaire b_2, dès qu'il a été fermé par sa rencontre avec le toc f_3 Dans cette position, le bras b rencontre à son retour le levier g_2 (fig. 14 et 16) dont la coulisse ouvre, par $h_2 i_2$, la valve f, établissant ainsi entre t, le réservoir et la pompe, une libre communication. Quand la vitesse diminue, b se lève au-dessus de g^2 et ouvre b_2 en frappant f_3 ; un taquet placé sous f_2 vient ensuite frapper le levier g_2 et fermer la soupape f.

Ce mécanisme de régularisation est l'un des plus rationnels que l'on ait proposé pour les moteurs à pompe de compression.

Les régulateurs de *King* (p. 176), de *Drake* et *Muirhead* (p. 233), de *Kœrting* (p. 249) et de *Niel* (p. 250) agissent d'une manière analogue ; celui de *Maxim* (p. 208) arrête le mouvement même de la pompe.

Le régulateur de *Niel* présente (fig. 2, 3 et 4, pl. 52) la particularité d'être actionné par l'air comprimé de la pompe B qui pénètre (fig. 1) par le trajet X 13. 14. 15. 16. en *z*, sous le piston *y* du régulateur. L'air s'échappe de *z* par un orifice 17, à vis de réglage 13, et soulève *y* dès que la vitesse augmente, de manière à réduire, comme nous l'avons expliqué à la page 251, l'admission du mélange. Si la machine s'emporte au delà d'une certaine limite, le taquet 20 du régulateur vient immobiliser, par le système 21. 22. 23, la valve d'admission du gaz *s*, dont la levée est déterminée par les écrous 24.

La valve régularisatrice proposée récemment par *Niel* se trouve interposée en S (fig. 158) entre le conduit *m*, par lequel la

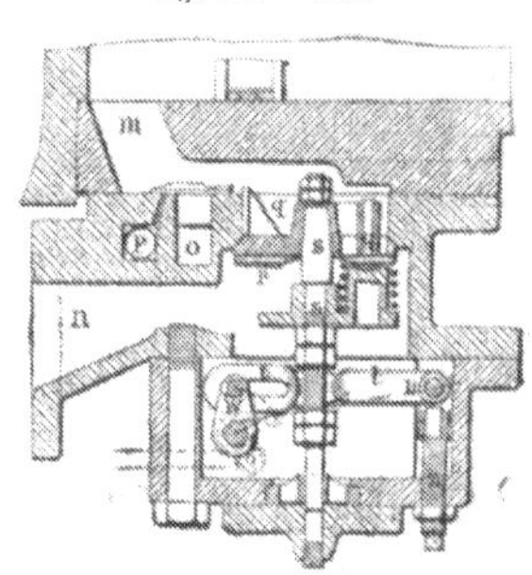

Fig. 158. — Niel.

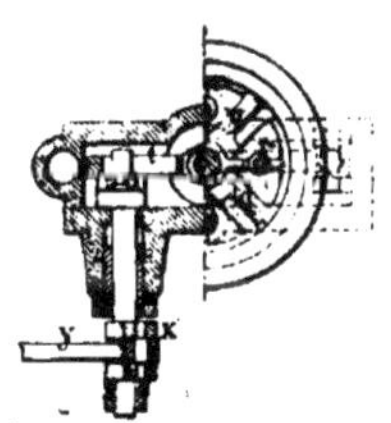

pompe de compression reçoit le gaz et l'air à travers le mélangeur *op*, et le conduit *u*, par où elle refoule, en temps normal, ce mélange, à travers les clapets *r*, ramenés par les ressorts *q*.

Lorsque la vitesse augmente, le régulateur abaisse, par *yxwt*, la soupape *s*, de manière à mettre en libre communication les conduits *w* et *n*.

La vis z permet de faire varier la sensibilité du régulateur, en changeant la position du pivot u du levier t.

M. *Niel* a aussi proposé l'emploi d'une poche de régularisation

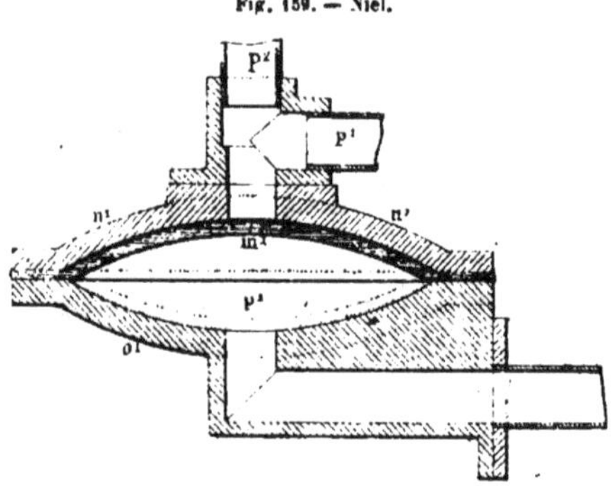

Fig. 159. — Niel.

constituée (fig. 159) par une membrane m_1, enfermée dans une coquille n_1, o_1, et communiquant, par $p_1\,p_2$, avec la pompe de com-

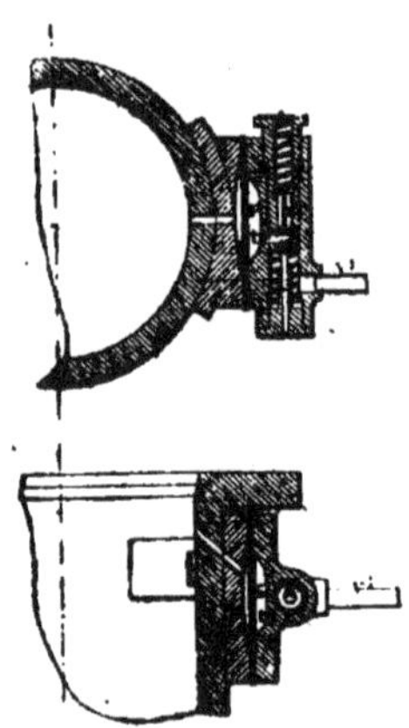

Fig. 160 — Niel. Pompe auxiliaire.

pression et le cylindre moteur, et, par r_1, avec un réservoir d'air comprimé à la pression normale de la charge dans le cylindre. Le diaphragme cède sous l'impulsion de la pompe, et refoule ensuite le gaz du cylindre à la pression normale maintenue en r_1.

Cette pression normale est maintenue en r_1 par un diaphragme auxiliaire s_1 (fig. 160) en communication, par la gauche avec la pompe, et par la droite, en t, avec un jeu de clapets aspirant l'air en u_2, quand s_1 vient vers la gauche, puis le refoulant en z_2, par $u_1 v_1$, quand la pompe comprime. Il est évident que cette pompe auxiliaire fonctionne jusqu'à ce que la pression ait atteint, en v_1, la compression normale de la pompe principale.

Les anciennes machines de **Butcher** (1879) comportent plusieurs modes de régularisation.

Dans l'un de ces dispositifs, la tige de soupape de refoulement A (fig. 161) est chargée par un ressort appuyant sur une membrane

Fig. 161. — Butcher.

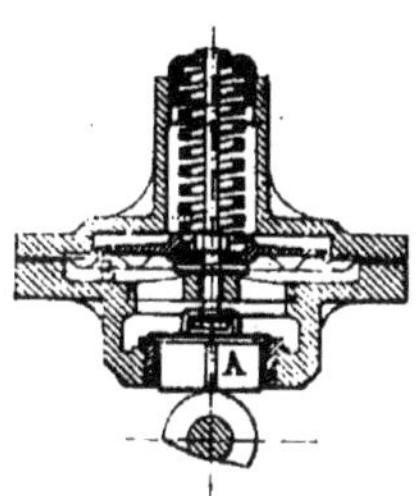

élastique étanche E. Quand la pression de l'air refoulé en A, sous cette membrane, dépasse la pression réglementaire fixée par le ressort, cette pression comprime le ressort et soulève, par l'étrier de sa tige, la soupape A, qui reste ouverte, et paralyse momentanément le jeu de la pompe.

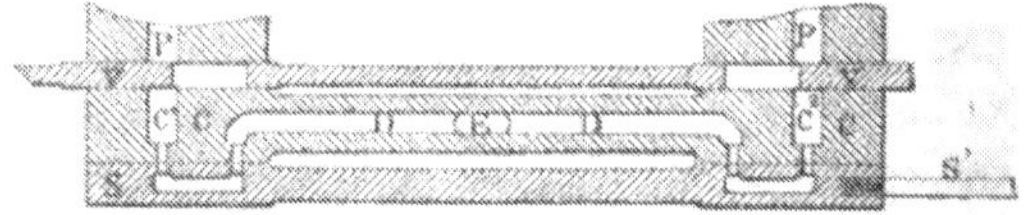

Fig. 162. — Butcher. Tiroir de réglage.

Dans la disposition représentée par les figures 162 et 163, la pompe de compression reçoit son gaz par les orifices P et P′, suivant

le trajet ED, C′ ou C², à travers la plaque C, le tiroir distributeur V
et le tiroir régulateur S, qu'il suffit de déplacer de très peu pour
étrangler l'admission du gaz. La tige S′ du tiroir S est, à cet effet,
reliée (fig. 163) à celle du plateau D appuyé par G²G sur la mem-

Fig. 163. — Butcher. Membrane du régulateur.

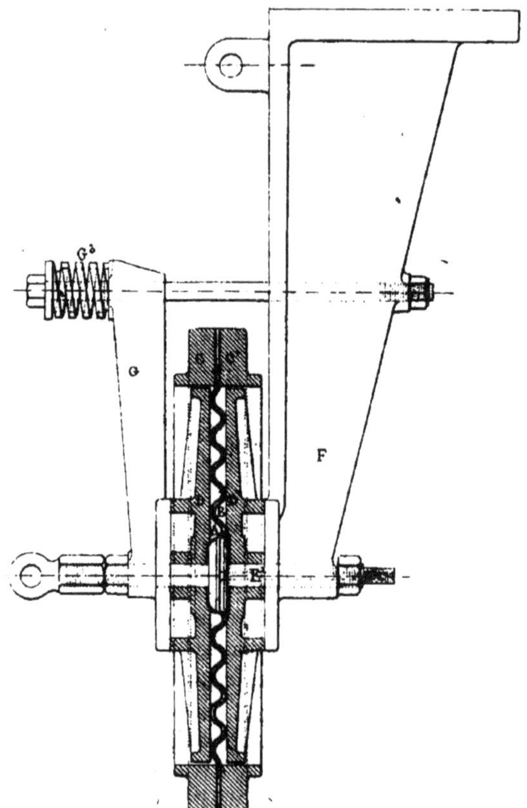

brane flexible A, serrée, avec joint étanche en CC′, sur le disque
B, de façon à constituer une enveloppe appuyée sur D′F. Le mélange comprimé dans le réservoir accumulateur pénètre, par l'axe

du boulon E', entre les membranes A et B et les écarte, dès que la pression y dépasse sa valeur normale, de manière à repousser d'autant le plateau D.

Ces régulateurs de pression du mélange peuvent être avanta-

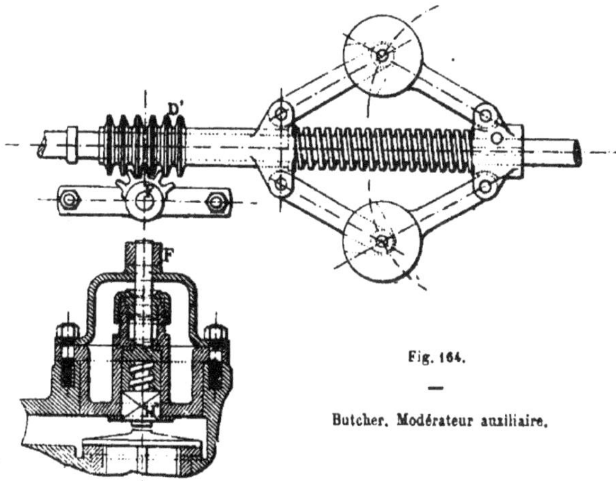

Fig. 164.

—

Butcher. Modérateur auxiliaire.

geusement accompagnés d'un modérateur étranglant l'admission

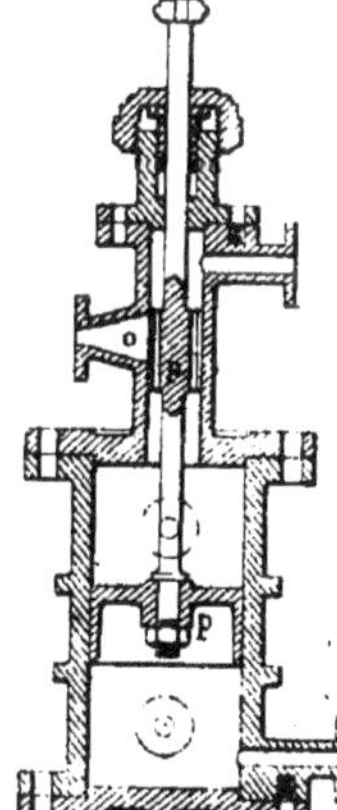

Fig. 165. — Cie parisienne

du mélange au cylindre, par exemple en diminuant, comme l'indique la figure 164, la levée de la soupape de refoulement, par l'abaissement du taquet à vis H', tournée dans son écrou par le mécanisme D'F.

Les machines plus récentes d'*Atkinson* sont munies (fig. 12, pl. 46) d'un dispositif analogue.

Le mécanisme différentiel proposé, dès 1862, par la *Compagnie parisienne du gaz*, avait pour objet de maintenir un rapport constant entre les pressions de l'air et du gaz refoulés au cylindre moteur ; il consistait en un piston libre P, (fig. 165) soumis sur sa face supérieure à la pression du gaz et de bas en hau^t

à celle de l'air. Si la pression du gaz augmentait, le piston descendait, entraînant avec lui l'obturateur p, qui mettait, par o, le refoulement de la pompe à gaz en communication avec son aspiration.

Sombart (1883). Le mode de régularisation adopté par M. Sombart, pour ses moteurs à deux cylindres, a principalement pour

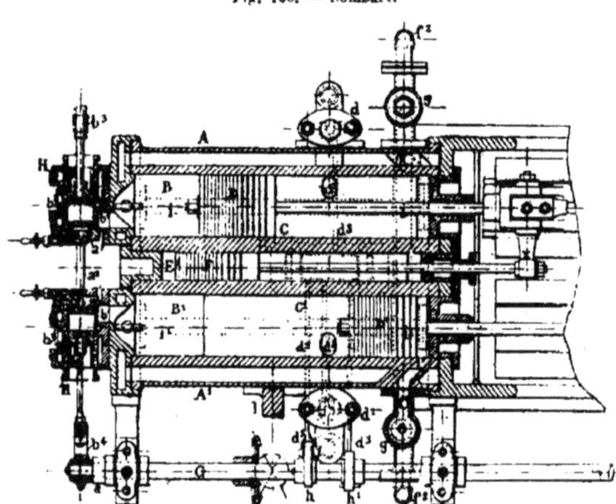

Fig. 166. — Sombart.

objet de permettre de supprimer, lorsque la machine s'emporte, le fonctionnement de l'un des cylindres, sans nuire sensiblement au rendement du moteur.

Pendant sa course-avant, déterminée par l'explosion en' B, (fig. 166) le piston D du cylindre A refoule en M, par f, l'air primitivement aspiré en c par $f_2 gl$ (fig. 168).

Dès que le piston D découvre l'orifice d^2 (fig. 167), l'échappement anticipé s'opère par la soupape d, ouverte par le levier d_1, et l'air de M, légèrement comprimé, vient, aussitôt que la pression du cylindre s'est suffisamment abaissée, balayer les produits de l'explosion, par les tuyaux i et par une soupape située à l'arrière du cylindre.

La compression de l'air ainsi admis en B a lieu dès le repassage de l'orifice d_2 par le piston D, au retour.

En même temps, le piston F de la pompe à gaz E′ refoule en B, par *t* et *p*, le gaz primitivement aspiré par T*nm*, de façon à l'y mélanger intimement à l'air.

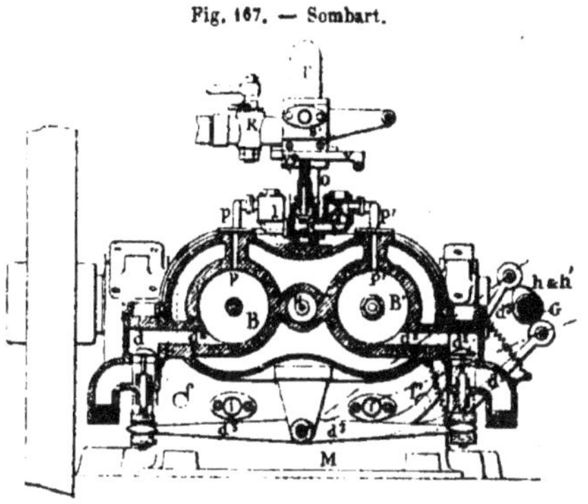

Fig. 167. — Sombart.

Les opérations que nous venons de décrire se répètent simultanément, mais en sens inverse, dans le second cylindre A′, dont la manivelle est à 180° de celle de A. La pompe à gaz agit, en

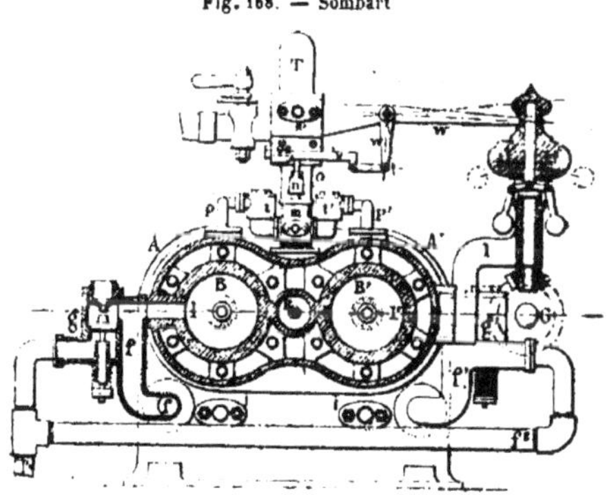

Fig. 168. — Sombart

conséquence, à double effet. Elle alimente par une extrémité le cylindre A, et par l'autre le cylindre A₁, à l'aide d'organes affectés des mêmes lettres accentuées.

En marche normale, la machine donne donc deux coups par tour;

mais il suffit de tourner l'un des robinets s ou s' pour fermer le gaz à l'une des extrémités de la pompe, et paralyser ainsi l'un des cylindres.

Quand la machine s'emporte, le régulateur l déplace, par w, les tiroirs v, sur leurs guides o, de manière que leurs taquets v_2 viennent maintenir constamment ouvertes les soupapes d'aspiration n et n_1, et paralyser ainsi l'action de la pompe, qui refoule alors dans T, puis en détend le gaz, par ces soupapes toujours ouvertes. Le volume du réservoir T doit être tel que la pression n'y atteigne jamais celle des cylindres moteurs, de façon qu'elle ne puisse jamais ouvrir, pendant l'action du régulateur, les clapets de refoulement t et t_1.

L'allumage a lieu par une injection de flamme. Le piston k, mu par G a b_4 b_3, aspire par a', dans H, de l'air et du gaz allumé par l'aspiration d'une flamme en b^2, puis refoulé par b' dans le cylindre.

Le régulateur de la machine sans compression d'*Allcock* (pl. 62) agit (fig. 1) en modifiant l'introduction du mélange au cylindre par l'intermédiaire d'un tiroir de régularisation B, mu par un excentrique D, à coulisse d, qui ferme plus ou moins l'admission b au tiroir principal A, suivant la position que le régulateur impose, par d_2, au coulisseau de la tige d_3.

Le même mécanisme fonctionne sur les moteurs à compression (fig. 2 à 6) comme on le reconnait aux lettres correspondantes, mais la tige d_3 est, de plus, reliée, par d_4 d_5 E e, à la tige de la soupape d'aspiration c de la pompe de compression E, de manière à la soulever et à en paralyser l'action quand le régulateur abaisse son coulisseau.

Le refoulement du mélange aspiré en G par g e se fait par c', dans l'accumulateur C, qui l'amène, par b_2, au tiroir régulateur B.

Ce tiroir aspire en outre, par K, du mélange qu'il refoule par k' dans la chambre d'allumage b_3, et injecte au cylindre après inflammation par F.

La figure 7 représente, avec les mêmes lettres, l'application de ce système à une distribution par tiroirs plats.

Dans la machine d'*Emmet*, le régulateur ferme l'admission et

force le piston moteur à refouler le mélange à travers une valve
d'étranglement *qui agit comme un frein*. La fermeture de l'admission se fait (fig. 8, pl. 41) par le glissement de la came *m* sur
son arbre, glissement qui la débraye du levier d'admission *b″*,
et fait embrayer la came *n* avec le levier *c″ d′*, qui actionne la
soupape de compression *l*. Cette soupape oppose une grande
résistance au refoulement de l'air renfermé dans le cylindre
moteur, et y prévient tout excès de pression.

Le régulateur de *Fielding* agit en maintenant ouverte, pendant
une plus ou moins longue fraction de la course foulante du piston
B (fig. 9, pl. 43) la soupape de réglage *p*, de sorte qu'une partie de
ce mélange puisse retourner, par p_1, à l'aspiration de la pompe N.
Le mécanisme de régularisation est représenté en détail par les
figures 14 et 15. La tige R imprime, par R_1 R_2, un mouvement de
va et vient à la tige J_1 de la soupape *p*, et l'ouvre plus ou moins,
suivant que le levier J_2, actionné par la tige J_3 du régulateur, relève ou non la dent du cliquet R_2. Quand la machine marche normalement, cette dent échappe, ainsi que l'indique la figure 14,
le tasseau S, et la valve *p* ne s'ouvre pas ; l'inverse a lieu quand le
moteur va trop vite (fig. 15). En même temps que le cliquet R_2
lâche S (fig. 15), le bossage *u* du levier T vient s'appuyer sur le
bloc S, de manière à lui faire ouvrir par T_1 la valve d'admission *o*
(fig. 9) du gaz à la pompe N, dès que la soupape *p* reste fermée.
Lorsque cette soupape s'ouvre, le bossage *u*, sans point d'appui
(fig. 15), permet à la valve d'admission du gaz de rester fermée
par son ressort. Le dosage du mélange demeure ainsi invariable.

L'isochronisme du régulateur A (fig. 24) s'obtient en faisant
porter son contrepoids C sur les articulations à galets D_2 des tiges
D et B. Le point A_2 est fixe, et l'on a $A_2 D_2 = A_2 A_1$. Cette forme
de régulateur est extrêmement sensible aux environs de la vitesse de régime, pour laquelle la composante verticale de la force
centrifuge des boules B équilibre le poids C.

Le régulateur gyroscopique représenté par les figures 25 et 26,
est établi d'après le même principe ; l'anneau B, à poids B_1, appuie
par D_2 sur la glissière F de l'axe A. Lorsque B se couche sous

l'action de la force centrifuge, il soulève, en s'appuyant sur D_2, et par les bielles D_1, le contrepoids E de la sphère E_1, le long de la tige A. La longueur D_1 D_2 des bielles D est égale à la distance de D_1 au centre de E.

C'est sur le tiroir d'admission d'air et de gaz E qu'agit (fig. 1, pl. 59) par une came D, le régulateur de la machine à gaz et vapeur de *Simon*, de manière à faire varier le dosage et la durée de l'admission du mélange moteur.

Dans la machine de *Crowe*, le régulateur agit en reculant plus ou moins (fig. 5. pl. 10) le levier d'admission D, de manière à faire varier la durée de sa prise, en C, avec son levier de manœuvre B.

Régulateurs agissant sur la durée de l'échappement et le dosage du mélange.

Le mode de réglage proposé par *Beechey*, pour sa première machine, est le suivant (pl. 31). Le régulateur agit en déplaçant devant la came à gradins k, et par le mécanisme $abdd$ (fig. 3), le galet i, qui commande par g (fig. 5) la valve d'échappement h; il agit aussi, par un mécanisme analogue, sur la soupape E fig. 4), qui règle la quantité du mélange aspiré par la pompe de compression en raison de la vitesse de la machine et de la charge explosive admise à chaque coup.

Lorsque la machine va trop vite, l'échappement se ferme, et la soupape E s'ouvre, de manière à admettre, pendant l'aspiration de la pompe de compression, une dose du mélange comprimé en réserve dans l'accumulateur F, telle que la pression ne s'y élève pas sensiblement. La fermeture anticipée de l'échappement atténue, d'autre part, la puissance de l'explosion, en laissant séjourner, dans le cylindre moteur, une plus grande proportion de gaz brûlés.

Le régulateur de la machine à compression de *Richard Halle-well* agit (fig. 7, pl. 18) à la fois sur la valve d'échappement a',

en soulevant ou en abaissant l'intermité *b* du levier qui la manœuvre, et sur le dosage du mélange refoulé au cylindre par la
pompe à gaz G. A cet effet, la pompe à gaz communique avec une
soupape dont la tige *f'* est munie d'une coulisse telle que le
levier *b'* ouvre cette soupape, et laisse ainsi pénétrer dans la
pompe de l'air en même temps que du gaz, dès que le régulateur
a suffisamment abaissé son extrémité *b*.

LES RÉGULATEURS ÉLECTRIQUES

L'application des moteurs à gaz à l'actionnement des dynamos
employées pour l'éclairage électrique prend chaque jour plus d'importance. Le moteur à gaz présente, en effet, pour cette spécialité.
des facilités exceptionnelles ; l'éclairage qu'il produit ne revient
guère plus cher que celui du gaz même, et l'on obtient une régularité
suffisante, ou du moins égale à celle que procurent les moteurs à
vapeur, par l'emploi des machines à gaz jumelles ou accouplées.

Cette régularité, essentielle pour l'éclairage, peut être encore
accrue par l'emploi de régulateurs spéciaux, agissant sur la marche du moteur en raison directe de la variation des courants.
Nous avons pensé qu'il serait intéressant, au risque de sortir un
peu du cadre de ce livre, d'en consacrer quelques pages à la description des régulateurs électriques.

Nous commencerons cette monographie par la reproduction
d'un article que nous avons publié sur cette question dans le journal *la Lumière électrique*,qui a bien voulu nous y autoriser en
nous prêtant gracieusement, avec sa libéralité habituelle, les
gravures qui nous ont servi à l'illustrer.

Les régulateurs qui font agir sur la marche de la machine à vapeur (ou à
gaz) le courant même de la dynamo qu'elle fait mouvoir peuvent se diviser en
deux classes, suivant qu'ils ont pour objet de maintenir la vitesse de la

machine constante malgré les variations du courant, ou de faire, au contraire, varier la vitesse de la machine de manière que le courant reste constant.

Ces derniers appareils semblent seuls mériter le nom de *régulateurs élec-*

Fig. 169. — Carus Wilson.

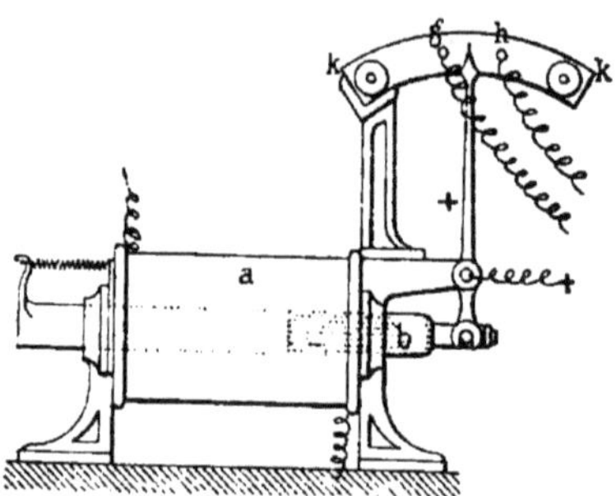

triques, les autres ne faisant intervenir l'électricité que comme auxiliaire des régulateurs ordinaires.

Le mécanisme électrique qui agit comme régulateur est constitué, le plus souvent, par un électro-aimant ou par des solénoïdes parcourus par le courant de la dynamo, et dont l'armature actionne la valve de détente ou d'étranglement de la vapeur.

L'action très faible des solénoïdes conduit, du moins pour les moteurs de

Fig. 170. — Carus Wilson.

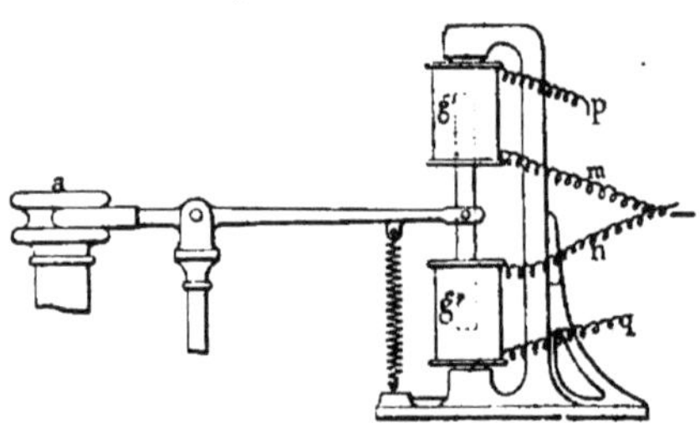

quelque importance, à donner la préférence aux dispositifs à action indirecte dont le principe consiste à ne faire agir directement l'armature du solénoïde que sur un très petit organe de distribution distribuant, au piston d'un cylindre auxiliaire, de la vapeur qui le déplace avec une puissance suffisante pour actionner les leviers de détente et les valves d'étranglement des plus fortes machines. C'est le principe des changements de marche hydrauliques ou à

vapeur adoptés pour les machines marines, les moteurs des forges et des
puits d'extraction, et même sur les locomotives (1).

MÉCANISMES A ACTION DIRECTE.

Carus Wilson (1881). Dans l'un des nombreux appareils proposés par
M. Carus Wilson pour régler la vitesse des machines à vapeur en fonction de
la force électromotrice des dynamos qu'elles commandent, le courant de la

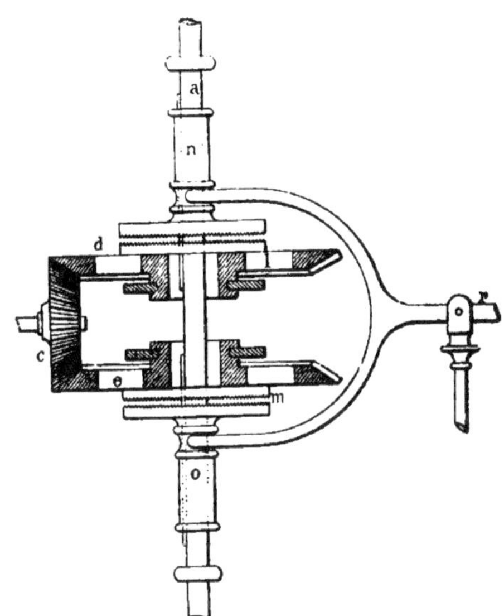

Fig. 171. — Carus Wilson.

machine traverse un électro-aimant a (fig. 169) dont l'aiguille c est plus ou
moins attirée par l'armature b suivant l'intensité du courant.

Quand l'intensité augmente l'aiguille c, reliée au pôle positif de la dynamo,
vient toucher la borne h, de sorte que le courant passe en partie, par le tra-
et c h q g_2 n, du pôle positif au pôle négatif de la dynamo, à travers l'élec-

____

(1) Voir la description du régulateur à galet Siemens et Halske. *La Lumière électrique* du 17 février 1883, p. 222.

tro g^2, dont l'armature, attirée de haut en bas, soulève le manchon a du régulateur, et réduit l'admission de la vapeur.

Quand l'intensité du courant diminue, l'aiguille c vient buter sur g, l'armature b se trouvant repoussée par son ressort; le courant passe alors, par $c\, g\, p\, m$, à travers l'électro g' dont l'armature abaisse le manchon a du régulateur.

Fig. 172. — Carus Wilson. Régulateur à mercure.

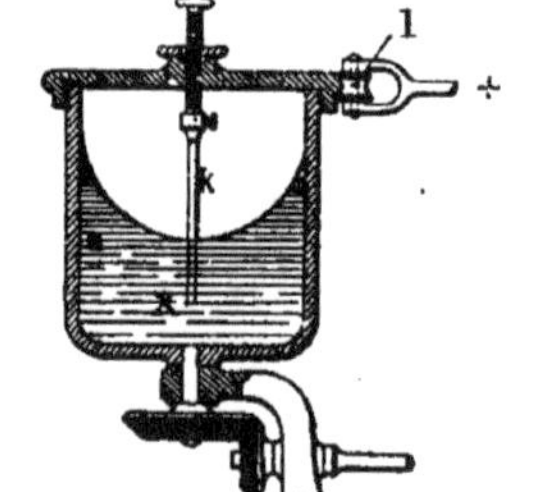

La sensibilité de l'appareil se règle en faisant varier, au moyen des vis k, l'écartement des bornes $g\, h$.

On peut accentuer l'effet du régulateur en faisant agir le levier r des solénoïdes g_1 et g_2 sur deux embrayages l et m (fig. 171) de sorte que la roue c,

Fig. 173. — Richardson.

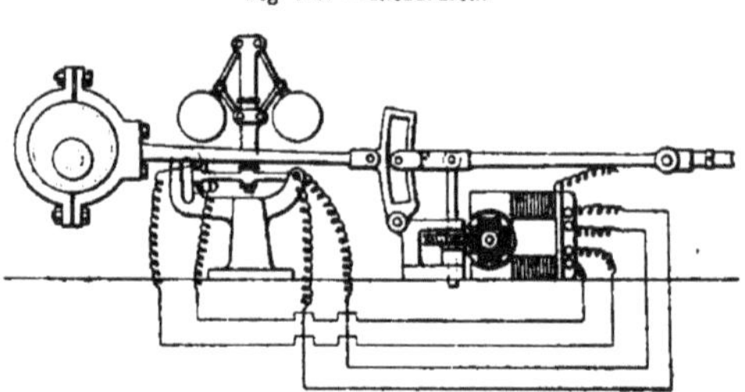

constamment en mouvement, fasse tourner, par d ou par e, à droite ou à gauche, l'arbre a des valves régulatrices, sur lequel les manchons n et o sont calés à rainure et languette. En vitesse de régime, les roues e et d, folles sur a et dégagées de leurs embrayages, tournent sans produire aucun effet sur a.

Le dispositif représenté par la figure 272 a pour objet de régler l'intensité du courant par l'introduction d'une résistance à peu près proportionnelle aux vitesses du moteur.

Cette résistance est constituée par une tige de carbone k, plongeant dans le mercure X d'un vase de porcelaine mis en rotation par le moteur. Le crayon k plonge dans le mercure d'autant moins que la machine va plus vite et offre par conséquent, au courant qui parcourt le trajet $m\,x\,k\,l$, une résistance d'au-

Fig. 174. — Cook.

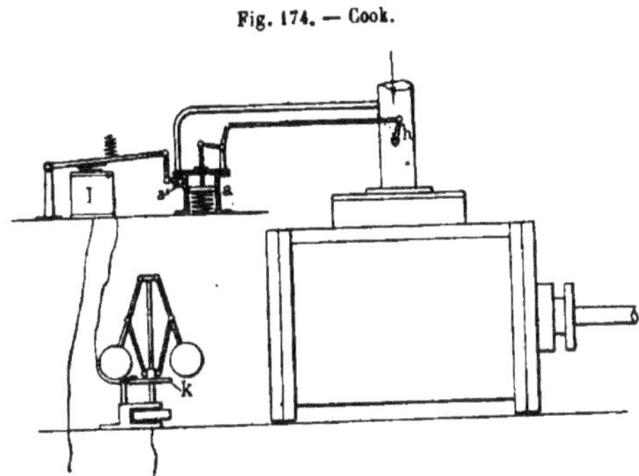

tant plus grande que le moteur va plus vite. On règle par une vis l'immersion normale de k.

Richardson (1883). M. John Richardson, ingénieur de la maison Robey, a proposé un grand nombre de dispositions fondées, pour la plupart, sur l'ac-

Fig. 175. — Cook.

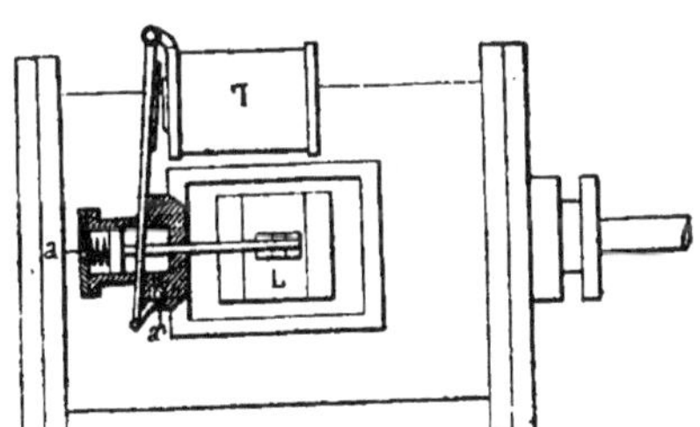

tion directe de solénoïdes parcourus par le courant sur les valves de détente ou d'étranglement reliées à leur armature.

La dernière invention de M. Richardson a, au contraire, pour principe, d'actionner le coulisseau f du tiroir figure 173, par une machine dynamo tournant à droite ou à gauche, abaissant ou relevant le coulisseau, suivant que le régulateur fait passer le courant à travers la dynamo par les contacts C ou D.

On peut considérer ce mécanisme comme un intermédiaire entre les dispositifs à action directe de Wilson et les mécanismes à action indirecte ou à moteur auxiliaire, que nous allons décrire.

Hary Whiteside Cook. L'artifice proposé par M. Cook, en 1880, pour rendre l'action de l'électricité régularisatrice plus sensible et plus puissante

Fig. 176 et 177. — Cook.

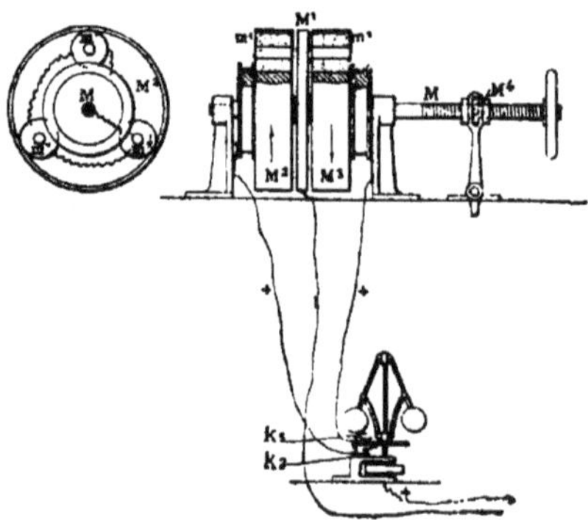

consiste, ainsi que l'indique la figure 174, à faire agir l'électro-aimant I, mis en circuit par le contact *k* du régulateur, non pas directement sur la valve de

Fig. 178. — Cook.

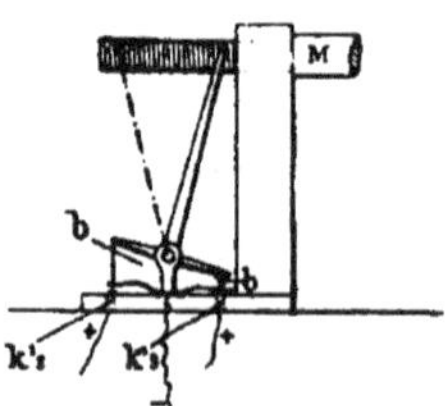

vapeur *h*, mais indirectement, en admettant, par le petit robinet a_1, la vapeur au haut du cylindre auxiliaire *a*. Le piston de ce cylindre s'abaisse alors et ferme la valve d'étranglement.

Quand le courant cesse de passer, l'électro lâche le levier de son armature, qui reprend la position primitive sous l'action d'un ressort, ouvre ainsi l'échappement de la vapeur au-dessus du piston a, et lui permet de remonter sous la poussée d'un ressort.

Fig. 179, 180 et 181. — Westinghouse.

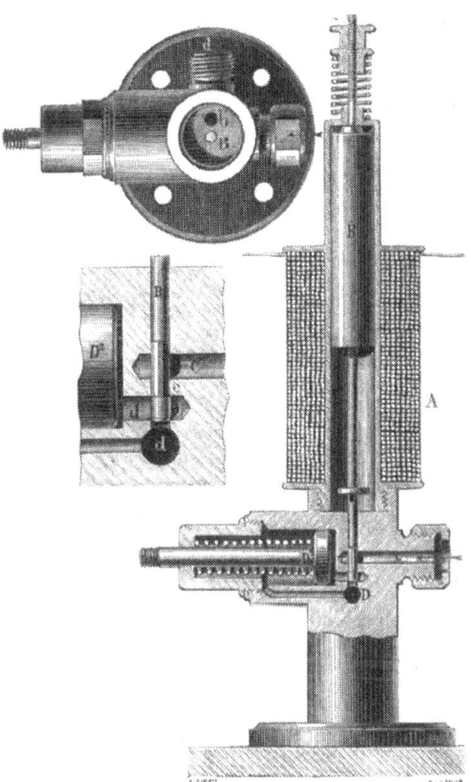

On peut, ainsi que l'indique la figure 175, faire agir le mécanisme de régularisation sur un tiroir de détente L; ce mode d'action est plus favorable que le précédent à l'économie de la vapeur.

Dans l'appareil représenté par les figures 176 et 177, le piston auxiliaire des dispositifs précédents est remplacé par deux poulies $M_2 M_3$, folles autour de

l'axe M, tournant en sens contraire, et munis d'électro-aimants m_1. Le plateau
de fer M_1 est, au contraire, calé sur l'axe M. Suivant que le régulateur ferme
le contact en k_2 ou en k_3, le courant active les aimants de M_2 ou de M_3, qui
entraînent alors le plateau M_1 et son arbre dans un sens ou dans l'autre, par

Fig. 182, 183 et 184. — Westinghouse. Régulateur à pompe.

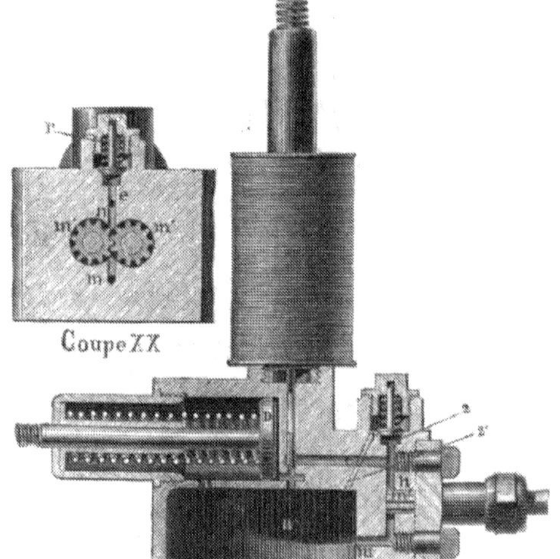

adhérence magnétique. L'arbre M porte un filetage dont l'écrou agit sur le
changement de marche ou sur l'organe de détente.

Afin de limiter les mouvements de l'écrou M^4, on fait passer le courant à
travers deux contacts auxiliaires $k'_2k'_3$, figure 178, correspondant aux contacts k_2 et k_3 du régulateur, et reliés, par des fils b, à un balancier dont la

tige fait l'écrou sur M. Les fils b soulèvent les ressorts k'_2 ou k'_3, et rompent ainsi le courant, dès que le balancier dépasse l'ampleur d'oscillation correspondant à l'une des positions extrêmes de l'écrou M^4.

G. *Westinghouse* (1881). On retrouve, dans l'appareil de Westinghouse, les heureux groupements de mécanismes que l'on est habitué à rencontrer sur ses freins continus à air comprimé.

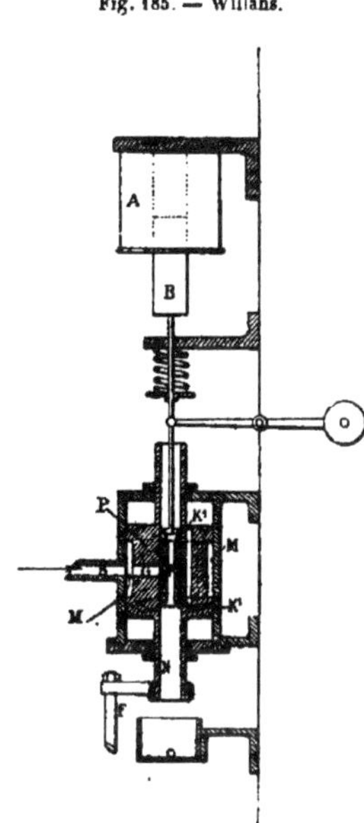

Fig. 185. — Willans.

Lorsque l'intensité du courant augmente, l'armature B de l'électro-aimant A, figures (179 et 180), en dérivation sur le circuit, s'abaisse, et la partie amincie e de sa tige laisse, (figure 181), la vapeur amenée par la conduite c venir pousser, par e d', le piston D^2, dont la tige commande le mécanisme de détente. Quand le courant diminue, B se relève et la vapeur s'échappe, par dD, du cylindre de D_2, qui se trouve ramené en arrière par un ressort, plus ou moins, suivant la position de B. Le canal b, en communication avec D, laisse s'évacuer la vapeur provenant des fuites autour de e.

On peut, au lieu de la vapeur, faire agir sur D_2, (figure 182-184), de l'eau aspirée dans un réservoir W par une pompe rotative mm' et refoulée par ne; la soupape de sûreté r, à conduit de retour r', empêche tout excès de pression. La pompe m_1 est mise en rotation par le moteur ou par sa dynamo.

Le régulateur de M. Westinghouse a donc pour effet, non pas de conserver l'uniformité du mouvement de rotation de la machine, mais de faire varier ce mouvement de manière à maintenir la force électromotrice constante dans le circuit.

Fig. 186. — Willans.

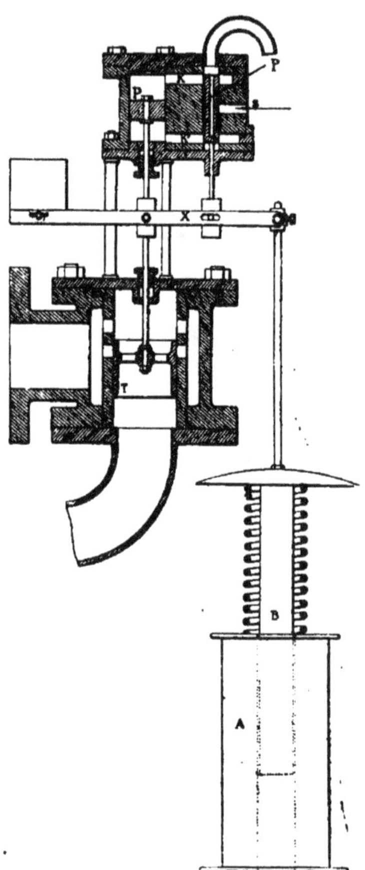

Willans (1883). L'appareil plus récent de M. Willans, agit d'une manière analogue.

L'armature B, (figure 185), de l'électro A soulève, quand la force électromotrice augmente, le petit piston-tiroir p, entouré d'eau sous pression amenée par S et G ; cette eau pénètre en même temps, par M, autour du gros piston P qu'elle baigne de toute part. Le soulèvement du petit piston a pour effet de laisser l'eau sous pression s'échapper du dessus du piston P dans l'atmosphère, par le conduit K et le tube N, pendant qu'elle pénètre, par le conduit pointillé K', au-dessous de ce piston.

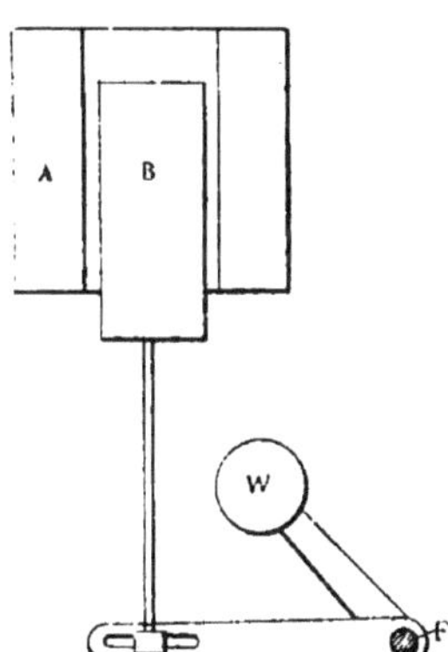

Fig. 187. — Willans.

Le gros piston se trouve donc soulevé avec force, entraînant la tige F du régulateur jusqu'à ce que, le courant s'affaiblissant en même temps que le moteur se ralentit, P rattrape p et s'arrête, en fermant les deux conduits K et K_1 dans la position normale ou de régime, indiqué sur la figure.

Quand le courant s'abaisse au-dessous de sa valeur normale, les phénomènes que nous venons de décrire se reproduisent en sens inverse, et F ouvre la valve d'admission.

On peut ainsi faire agir (fig. 186) l'armature B sur le petit piston par l'intermédiaire d'un levier, au point X duquel la tige du gros piston P, reliée à la valve d'étranglement T, imprime, concurremment avec B, un mouvement *différentiel*, qui ramène en temps voulu le petit piston au point neutre, et immobilise P tant que le courant se maintient à sa valeur de régime.

Dans les appareils que nous venons de décrire, le ressort de l'électro est réglé de façon que l'armature B tende à rester en équilibre au milieu de sa course, quand le courant acquiert sa valeur de régime ; on utilise ainsi, pour la régularisation, les longueurs de la course de l'armature pendant lesquelles l'action du solénoïde croît, comme celle du ressort, proportionnellement à l'écart de sa position moyenne, à mesure que l'armature s'enfonce dans l'électro-aimant.

Si l'on veut, au contraire, faire agir l'électro-aimant en maintenant son armature presque toute entière à l'intérieur de son noyau pendant la période de régime, c'est-à-dire utiliser la portion de sa course pendant laquelle l'effort du courant décroît à mesure que B s'enfonce dans l'électro, il faut compenser cette diminution par l'action d'un contrepoids W (figure 187), dont le moment, par rapport à F, varie en raison inverse de l'effort exercé par le courant sur B.

Dans le nouvel appareil de M. *Willans*, représenté par la

Fig. 188. — Willans.

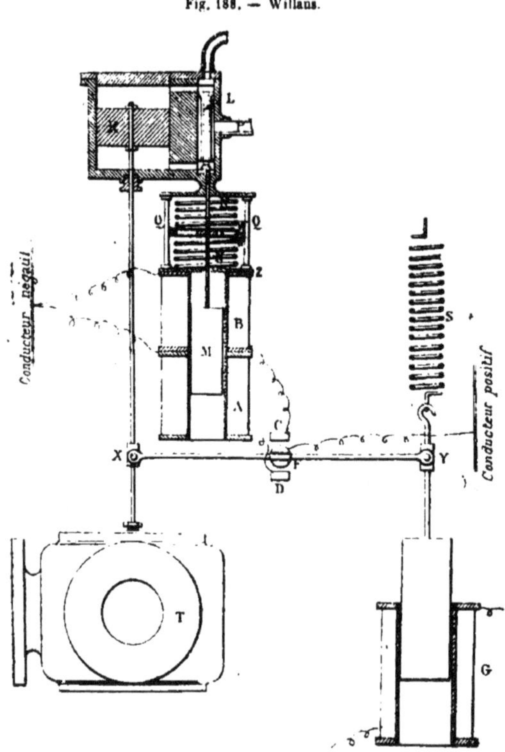

figure 188, dès que le courant qui passe dans l'électro-aimant régulateur G devient trop fort, son armature descend, malgré le ressort S, de façon à établir par X Y un contact entre F et D. Le courant passe alors, du conducteur positif au conducteur négatif, ainsi que l'indique la figure, à travers le solénoïde inférieur A. L'armature M descend et fait remonter, par le distributeur P L, le piston K, qui ferme en partie la valve d'admission T.

Ce mouvement entraîne en même temps l'extrémité X du levier, de sorte que F reçoit, de G et de K, un mouvement différentiel qui s'arrête, avec la descente de K, dès que F se sépare de D.

Lorsque le courant s'affaiblit en G, le ressort S soulève son armature, le contact s'établit en F C, la solénoïde B remonte M, et la valve T s'ouvre davantage.

Afin d'éviter les étincelles de rupture, M. Willans construit en

Fig. 189. — Willans. Détail des contacts.

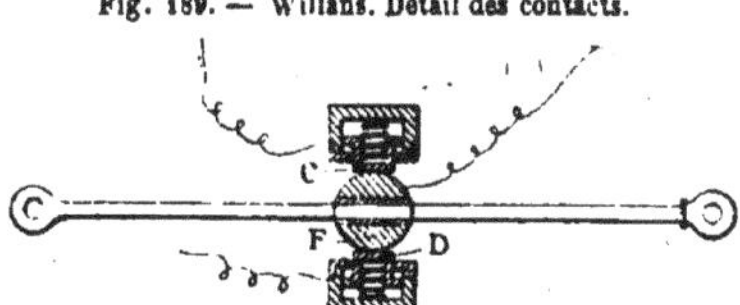

réalité ses contacts avec des touches élastiques C et D, ainsi que l'indique la figure 189, de sorte qu'en temps normal les deux tou-

Fig. 190. — Edison.

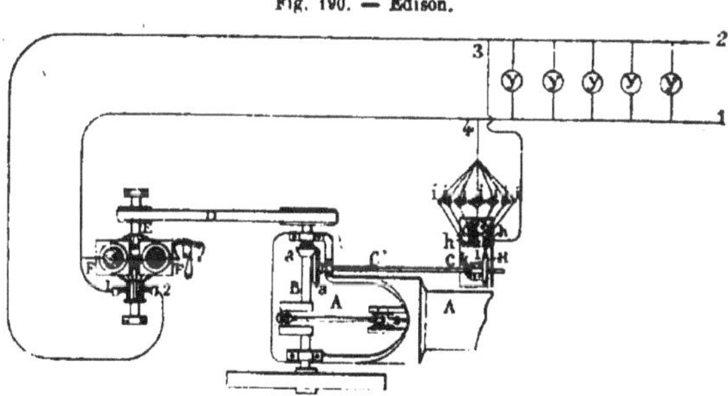

ches fassent contact avec F. Les actions de A et de B se neutralisent alors sur M, dont les vibrations sont atténuées par le jeu de deux palettes W, appuyées sur la rondelle V par des ressorts N, et limitées par des taquets Q.

Le régulateur électrique d'*Edison* s'applique tout particulièrement aux moteurs à gaz.

L'arbre de distribution C du moteur à gaz A B *a a* porte
(fig. 190) un excentrique H (fig. 193) dont la tige *l* M N (fig. 191)
promène sur le collecteur K (fig. 192) la pointe de contact *b*.

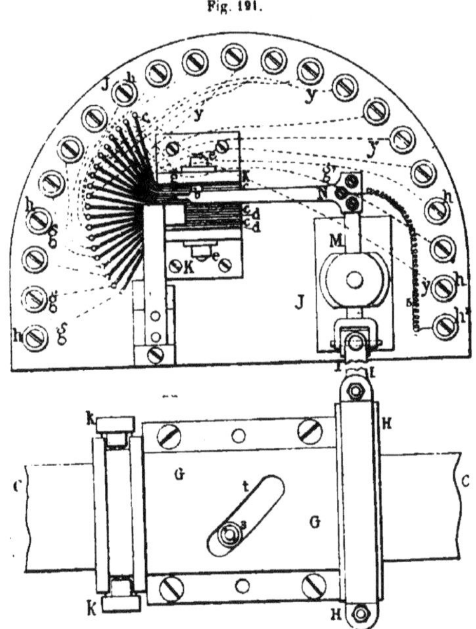

Fig. 191.

Ce collecteur est formé d'une série de lames métalliques *c*,
séparées par des feuilles de mica *d*, serrées par un boulon *e*, et
reliées à des fils *g*.

Les balais de la dynamo F, commandé par D E, sont reliés aux
conducteurs principaux 1 et 2 (fig. 190) sur lesquels sont montées
en dérivation les lampes *y* et le circuit régulateur 3-4. Le fil 3
aboutit à la borne h_1 (fig. 191) du plateau isolé J et, de là, par 5, au
bras N, dont la pointe ne touche pas le dos des lames *c d*. Le fil 4
se divise en un grand nombre de branchements (fig. 190) renfer-

mant chacun un certain nombre de lampes régularisatrices $i\,i\,i$, et aboutissant aux bornes $h\,h$...

Fig. 192. — Collecteur

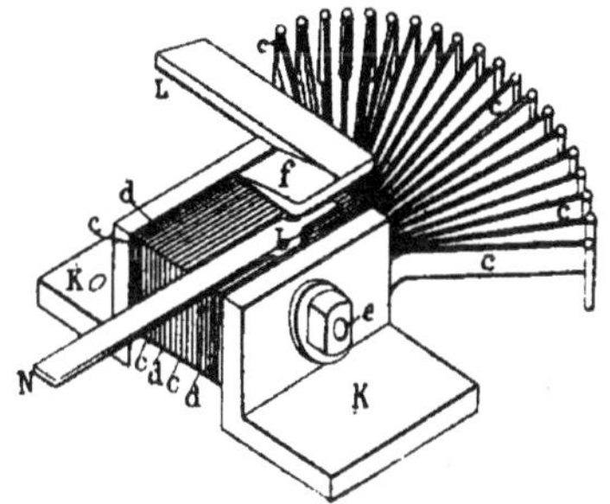

L'excentrique H est orienté de façon, qu'au moment de l'explosion, quand le moteur s'accélère, la pointe b occupe la position

Fig. 193. — Calage de l'excentrique.

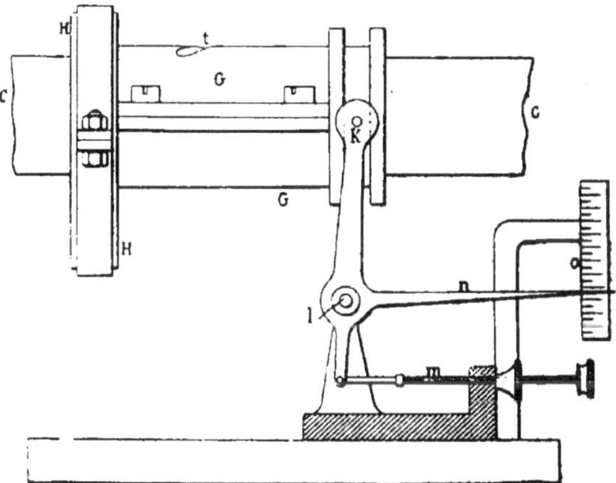

indiquée sur les figures 191 et 192. Cette pointe se trouve alors entraînée sous le coin f du ressort isolé L, de manière qu'elle appuie sur les lames c, et introduise, dans le circuit 3-4, un nombre de lampes i d'autant plus considérable que la machine va plus vite, et dérive ainsi, du courant principal, une quantité d'électricité croissante avec l'accélération de la dynamo.

Pendant les périodes de compression et d'échappement, c'est-à-dire pendant le second demi-tour de l'arbre C, la pointe b échappe la lame f, et tout le courant passe par le circuit principal 1-2.

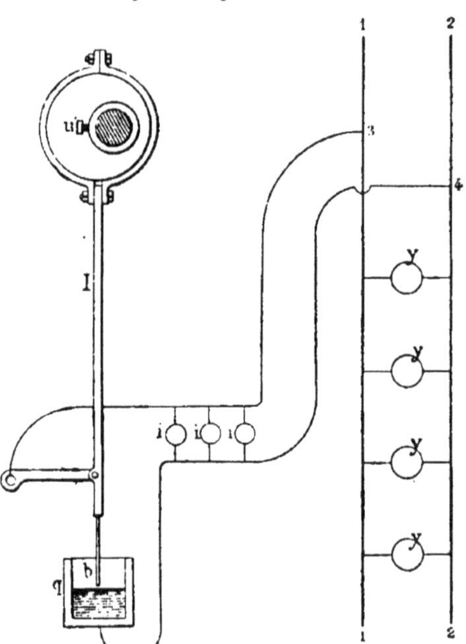

Fig. 194. — Régulateur à mercure.

La vis m permet de faire glisser, par lK, le manchon G de l'excentrique H sur l'arbre C, et de varier ainsi son calage, le coulisseau s (fig. 191) fixé sur C, obligeant, par la coulisse t, le manchon G à tourner en même temps qu'il avance sur C. L'index o permet de repérer facilement le calage le plus favorable à la régularité du moteur.

Les figures 194 et 195 représentent deux autres dispositions du régulateur d'*Édison* toujours d'après le même principe.

Dans la disposition représentée par la figure 194, l'excentrique u

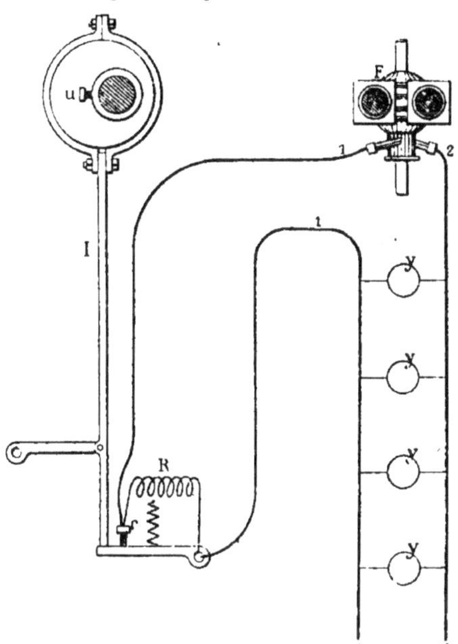
Fig. 195. — Régulateur à action directe.

calé sur l'arbre de distribution du moteur, ferme, au moment de l'explosion, la dérivation 3-4 des lampes de résistance i, par l'immersion de b dans le mercure q.

Dans le dispositif de la figure 195 la tige b agit en introduisant, par la rupture du contact r, une résistance R, dans le circuit principal 1-2.

Régulateurs divers.

Réglage à la main.

La machine de *Foulis* présente (pl. 9) un ensemble complet de dispositifs de réglage.

Le réglage de l'échappement se fait (fig. 1) au moyen du volant i^{10}, modifiant la position du coulisseau i_4 dans la coulisse i_3, qui commande la soupape d'échappement I par l'arbre i_2.

L'admission se règle au moyen de la vis c_2 (fig. 6), qui permet de modifier la grandeur de l'espace annulaire par lequel le mélange pénètre en F, dans le cylindre moteur.

Le réglage et le dosage du mélange admis à la pompe de compression se font au moyen des robinets représentés par les figures 8 à 13.

On fait varier la quantité du mélange admis en agissant sur la manette x_2, qui modifie les sections des orifices d'admission d'air t et de gaz u, sans altérer leur rapport.

On modifie le dosage du mélange en tournant la vis x_3, qui charge, en abaissant ou en soulevant le boisseau x, le rapport des sections d'entrée du gaz et de l'air.

Turner a proposé, pour sa machine sans compression, de régler à la fois la quantité et le dosage du mélange, en modifiant, au moyen des vis l_2 (fig. 2, pl. 3), la levée des boulets l_1, qui admettent au tiroir l'air et le gaz du mélange.

Régulateur agissant sur la course du piston.

Je citerai, à titre de curiosité, le mode de réglementation proposé par *Butcher*, qui consiste à faire agir le régulateur (fig. 5, 6 et 7, pl. 36) sur le piston moteur, dont il modifie la distance à la culasse, et, par cela même, la chambre de combustion, par le mécanisme M H G F D B, dont l'un ou l'autre des plateaux H fait tourner à droite ou à gauche l'écrou B de la tête du piston, suivant que la machine s'accélère ou se ralentit.

Régularisation par le vide ou l'air comprimé.

Nous avons vu, par la description des moteurs de *Beechey* (p. 177) et de *Simon* et *Wertenbruch* (p. 168), comment on pouvait, dans les moteurs à compression, utiliser, pour la régularisation, le vide produit par la raréfaction du mélange ou par la

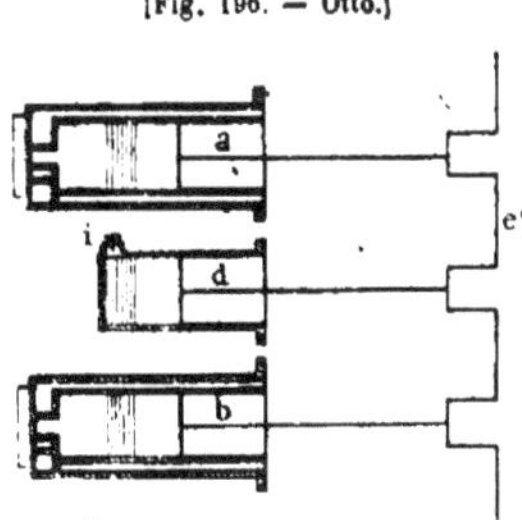

[Fig. 196. — Otto.]

condensation des produits de l'explosion, analogue à celle qui agissait principalement comme force motrice dans les machines atmosphériques.

M. *Otto* a proposé d'utiliser la pression atmosphérique sur le piston d'un troisième cylindre ou cylindre de régularisation *d* (fig. 196), logé entre les cylindres moteurs *a* et *b* de ses machines jumelles (p. 139). Le clapet *i* s'ouvre vers l'atmosphère seulement, de sorte que le piston *d* accomplit contre l'atmosphère, et pendant les courses-avant de *a* et de *b*, un travail qui lui est restitué au retour.

La figure 197 montre comment on peut, en coudant les manivelles *e'* à 180° des manivelles motrices, transformer le cylindre *d* en un compresseur refoulant dans un réservoir *e* de l'air qui régularise l'action du moteur, en lui restituant son travail de com-

pression pendant les courses-arrière ou résistantes des pistons a
et b. On peut encore, ainsi que l'indique la figure 198, remplacer

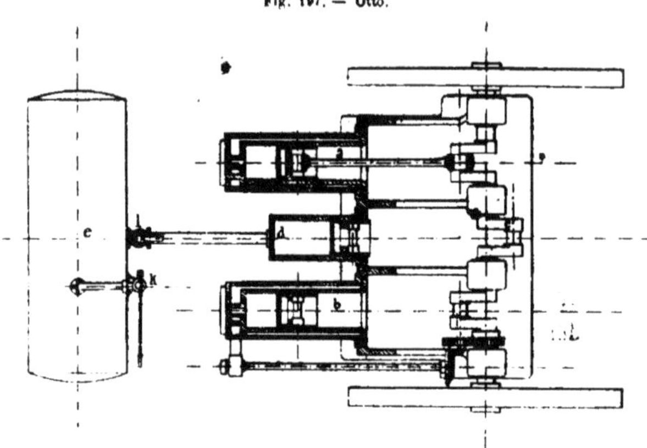

Fig. 197. — Otto.

le cylindre d par la fermeture de l'un des cylindres moteurs, b par
exemple, dont l'avant communique alors directement, par f,

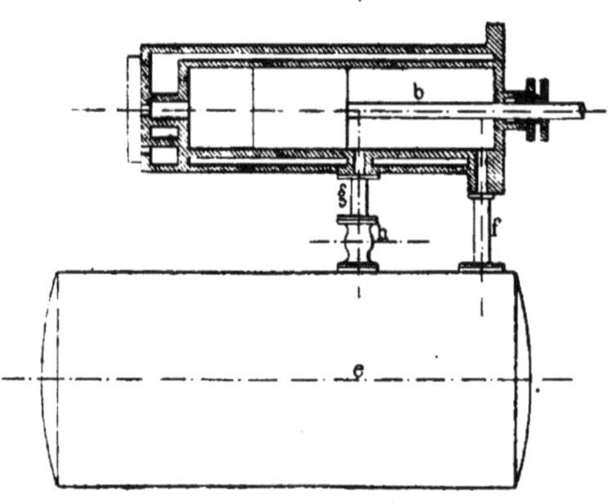

Fig. 198. — Otto.

avec l'accumulateur e. Cet accumulateur communique, en outre,
avec chaque explosion, par g et le clapet de retenue h, de manière qu'il conserve automatiquement sa pression.

Poches en caoutchouc.

On connaît le principe des régulateurs à poche de caoutchouc, dont l'élasticité agit comme une sorte d'accumulateur, pour maintenir sensiblement uniforme la pression du gaz dans la conduite d'alimentation, malgré les soubresauts occasionnés par les aspirations du moteur.

M. *Crossley* a proposé de régulariser cette action des poches en y faisant admettre le gaz par la valve H (fig. 4 à 7, pl. 15) ramenée par le système à ressort D C E quand la poche change de volume. Les mouvements du système sont atténués par l'action modératrice d'un cylindre à huile L. La valve H s'ouvre quand la poche s'applatit, et se ferme quand elle se gonfle, de manière à réduire les variations de pression de la colonne de gaz en amont.

M. *Bischopp* a aussi, comme nous l'avons vu (p. 96), proposé d'aider l'action des poches par celle d'un ressort.

L'appareil de M. *Beechey*, représenté par la figure 199, s'inter-

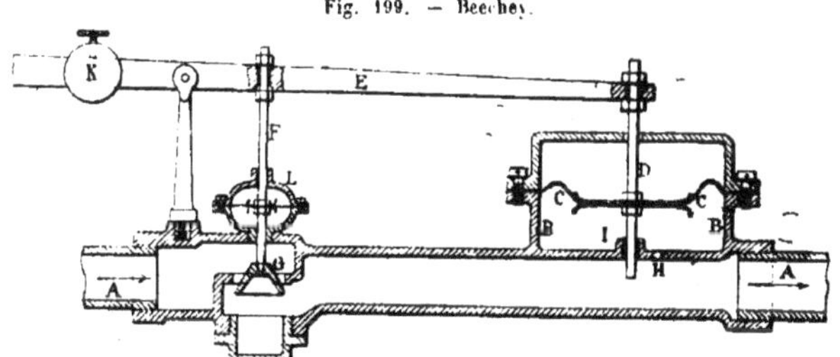

Fig. 199. — Beechey.

pose entre la conduite de gaz et les poches de réglage. Le gaz est forcé de passer, suivant A A, par l'étranglement G, plus ou moins ouvert selon la pression du gaz en B. Grâce à la faible section de l'ouverture E et du jeu I, 1/4000 environ de la surface de la membrane C, la pression en B ne suit pas immédiatement les variations de la poche, et reste sensiblement égale à sa pression moyenne, de sorte que la soupape G ne danse pas. La mobilité du poids K le long de E permet de régler la sensibilité de l'appareil.

Fig. 200. — Foulis. Régulateur double.

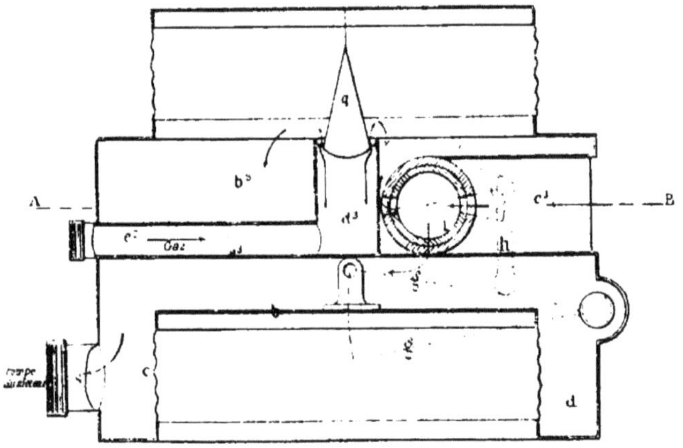

Fig. 201. — Coupe suivant AC.

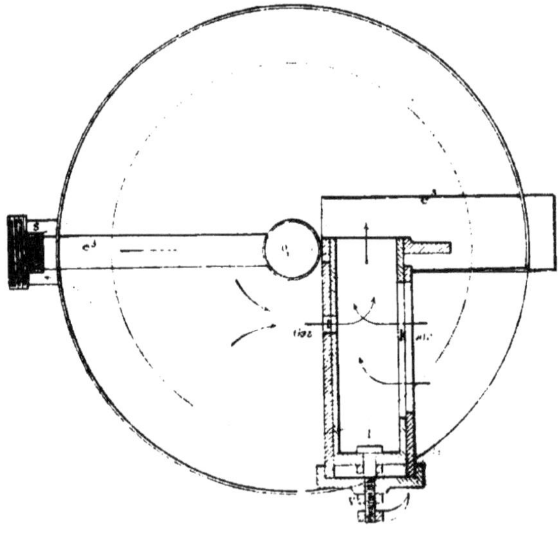

Foulis. L'air et le gaz pénètrent dans le tuyau d'aspiration s de la pompe du moteur de Foulis après avoir traversé (fig. 200 et 201) les lumières l et k du robinet à dosage fixe i, plus ou moins ouvert par $g\,h$, suivant que l'aspiration de la pompe force la poche $b\,e$ à se redresser sous la pression de l'atmosphère qui s'exerce en b de bas en haut.

Le gaz, amené par $e_2\,d_2$, est en outre soumis, avant de pénétrer par c_2 dans le robinet i, à l'action régularisatrice de l'obturateur q, dont la chambre élastique b_3, séparée de d par le diaphragme a_3, n'obéit qu'aux variations de la pression du gaz.

La vis v permet de régler, par le glissement de son boisseau. le débit normal de ce robinet.

Huigh et *Nutall* (Pl. 43). La poche du régulateur de Haigh et Nuttall (fig. 8 et 9 a ses parois ou membranes en caoutchouc 11 mues par 15, de sorte, qu'à chaque bout du réservoir 9, elles aspirent en 10 du gaz amené par 16 et le refoulent, par 17 et 18, dans le réservoir o. Dès que la pression atteint la tension de la membrane 21, cette membrane ferme le tuyau 20 et l'aspirateur cesse.

CHAPITRE IX
DÉTAILS DE CONSTRUCTION

Je ne saurai, sans répétitions inutiles, décrire séparément tous les détails de construction des moteurs à gaz; ils ont été, pour la plupart, suffisamment indiqués dans la monographie des machines précédemment décrites.

La plupart de ces mécanismes n'appartiennent pas d'ailleurs, à proprement parler, aux moteurs à gaz, qui les utilisent en commun avec les machines à vapeur.

Parmi les organes particuliers aux moteurs à gaz, il convient de citer, au premier rang, les *réchauffeurs*, ou comme on les appelle quelquefois les *régénérateurs* de chaleur ; mais ces appareils, d'une utilité théorique incontestable, ne donnent pas en pratique des résultats aussi brillants, parce que les gaz les traversent trop vite, ou sans s'y diffuser suffisamment, ou parce que leurs organes s'encrassent au point d'en diminuer considérablement la conductibilité.

Les *mélangeurs*, destinés à opérer le plus intimement possible le mélange de l'air et du gaz, présentent souvent des particularités intéressantes. Le principe de la plupart des diffuseurs consiste à faire arriver suivant des directions perpendiculaires les courants d'air et de gaz aussi ramifiés et divisés que possible, de manière à les ramifier l'un dans l'autre. Quelques-uns de ces dispositifs ont été étudiés, au contraire, en vue de maintenir, entre l'air et le gaz, une certaine stratification, par couches superposées ou cylindriques ; mais le fonctionnement *rigoureux* de ces appareils parait inconciliable avec les lois de la diffusion naturelle des gaz en contact.

Quelques inventeurs ont cherché à modifier la *transmission* habituelle du mouvement du piston à l'arbre moteur, de manière à atténuer le plus possible les chocs dus à la vivacité de l'explosion; les dispositions les plus rationnelles de ce genre sont celles de *Turner* et de *Bischopp*. L'expérience parait avoir démontré l'inutilité de ces combinaisons dans les moteurs à compression bien construits.

Il n'en est pas de même des mécanismes de *mise en train*, qu'il serait à souhaiter de voir adopter, pour les moteurs à compression, dès qu'ils atteignent une force de 10 à 12 chevaux. Le procédé le plus fréquemment proposé consiste à utiliser de l'air ou du mélange détonant, ou encore une partie des gaz de l'échappement, préalablement comprimés dans un réservoir de mise en train, et que l'on fait agir, au démarrage, sur le piston moteur ou sur celui de la pompe de compression. Pour les machines de moindre importance, il suffit de supprimer momentanément la compression, comme on le fait dans les moteurs *Otto*.

Le *refroidissement* du cylindre moteur s'opère par une circulation d'eau, comme dans le moteur *Otto*, ou d'eau et d'air (moteur *Bénier*), par une injection d'eau (*Fiddes*, *Tonkin*, *King*, *Edwards*, *Emmet*), par des surfaces rayonnant à l'air libre, (*Bischopp*), ou par une circulation d'air (*Hutchinson*, *Edwards*). Dans quelques moteurs, comme celui de *Turner*, le tiroir lui-même est rafraîchi par une circulation d'eau. Dans quelques moteurs, comme celui de *Simon*, on a tenté d'utiliser comme force motrice la chaleur de l'eau de circulation, vaporisée d'ailleurs en partie par les gaz de l'échappement, mais sans économie notable.

Les *pistons*, presque toujours à simple effet, doivent être légers et longs; il est bon qu'ils présentent à chaque course une partie de leur surface au refroidissement de l'air extérieur : grâce à leur longueur, on peut les guider et les rendre suffisamment étanches sans grand serrage des garnitures.

Les réchauffeurs.

Les cycles qui donnent le rendement le plus élevé dans les moteurs à gaz et à air chaud sont au nombre de deux :

Dans l'un, l'air chauffé à pression constante se détend suivant une adiabatique, se refroidit sous une pression constante, et se trouve enfin ramené au point de départ par une compression adiabatique. C'est le cycle *théorique* des moteurs du deuxième type.

Dans l'autre cycle, l'élévation et l'abaissement de température de l'air ont lieu à volume constant.

Ces deux cycles jouissent de la propriété que leur rendement est maximum quand la chute de température résultant de la détente ou du refroidissement est égale à l'élévation de température résultant de compression ou de l'explosion, ou quand les températures intermédiaires sont égales chacune à la moyenne proportionnelle entre les températures limites du cycle.

On en conclut, dans les deux cas, à l'inutilité *théorique* d'un réchauffeur ou régénérateur qui abaisserait la température des gaz sortant du cylindre moteur au-dessous de celle qui correspond au rendement maximum; mais, en pratique, cette température est toujours dépassée, et le régénérateur très rationnel.

De plus, les cycles *réels* des moteurs à gaz s'écartent beaucoup, comme nous l'avons vu, des cycles fermés et réversibles que nous venons de définir. Les deux premières périodes seules sont à peu près accomplies, et les cycles fermés théoriques sont rompus deux fois, à l'échappement et au retour du piston.

La considération que nous venons d'exposer n'est donc aucunement applicable aux moteurs à gaz qui perdent, en pratique, près du sixième de leur chaleur par l'échappement.

Cette perte à l'échappement est, en outre, à l'inverse de ce qui se produit dans les moteurs à air chaud, souvent inférieure à celle qui résulte du refroidissement nécessaire des parois du cylindre.

D'autre part, l'expérience des moteurs à air chaud a démontré que les régénérateurs ne peuvent jamais remplir qu'en partie leur rôle de transporteurs ou d'échangeurs de chaleur. Leur encrassement et leur oxydation paraissent, en effet, inévitables et constituent un obstacle sérieux à leur efficacité.

Les réchauffeurs doivent, tout en opposant le moins de résistance possible aux gaz qui les traversent, leur présenter une masse conductrice à grandes surfaces, pour en absorber et en restituer la chaleur le plus promptement, tenir peu de place, pouvoir se nettoyer facilement, et enfin, pour le cas particulier des moteurs à gaz, n'apporter aucun danger d'explosion ou d'allumage intempestif. Ces conditions multiples, et même contradictoires, expliquent la difficulté pratique de ce problème en apparence très simple.

Les toiles métalliques satisfont à deux de ces conditions : la l'activité d'échange et la compacité, mais elles s'encrassent et se détruisent même assez vite ; elles peuvent, en outre, rougir par places et déterminer des explosions.

Sir W. Siemens avait, dès 1860 (*), attiré l'attention sur l'économie que procurerait l'emploi d'un régénérateur dans les machines à gaz, et il en avait même tenté l'application sur une machine du deuxième type, analogue à celle de *Crowe* (p. 131), qu'il abandonna pour ses études de métallurgie. On retrouve, comme nous l'avons vu, les réchauffeurs dans sa nouvelle machine, décrite à la page 217, et qui peut, ainsi que l'indiquent les descriptions de la page 219, se transformer facilement en un moteur à air chaud.

Dans le moteur sans compression de la *Compagnie parisienne du gaz* (1867), l'air pénétrait par *c* (fig. 202) au mélangeur du tiroir K (fig. 203), à angle droit du gaz aspiré par G G' et le diffuseur H,

---

(*) Brevet anglais 2074 (28 août 1860). Voir aussi les brevets 12.006 (1846), 12.351 (1849), 326 (1852), 1363 (1856) et 2.246 (1873).

après s'être réchauffé, en D D′ FF′ B, autour du cylindre O, ou, suivant le trajet E B′, autour des tubes *t* de l'économiseur A, traversés par les gaz de l'échappement suivant L*qn′* M.

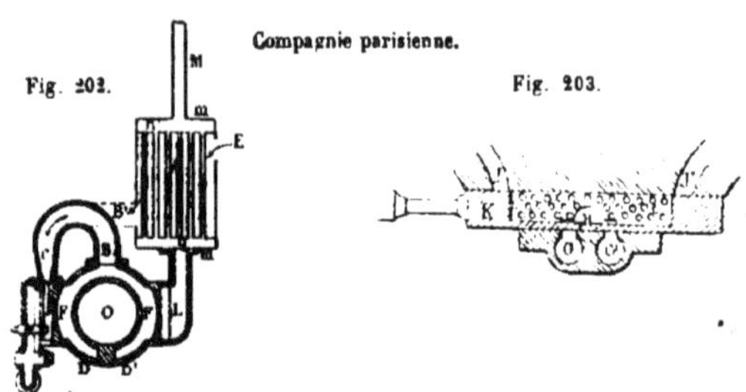

MM. *Foulis* et *Crowe* ont remplacé, comme nous l'avons vu aux pages 130 et 131, les tubes métalliques par des tubes en terre réfractaire, entourés par les produits de l'échappement et traversés, dans le moteur de Crowe, par l'air destiné à brûler le gaz, et, dans celui de Foulis, par le mélange détonant même, refoulé par la pompe de compression.

Laurent (p. 284) emploie des tubes métalliques à double circulation, traversés à l'intérieur par les produits de l'explosion et à l'extérieur par le mélange d'air et de gaz.

Butcher a proposé de remplacer (fig. 18 à 21, pl. 38) les tubes par une série de plaques parcourues sur l'une de leurs faces, de C en D, suivant les flèches *cd* (fig. 19), par les produits de la combustion, et, sur l'autre face, de A en B, suivant *ab*, par l'air destiné à la combustion du gaz ou à la formation du mélange. Ces plaques peuvent être disposées horizontalement ou verticalement dans leur enveloppe de maçonnerie.

Dans un autre moteur de *Butcher* (pl. 37), le rechauffeur est constitué par un double serpentin en cuivre, $d_{\bullet}$ (fig. 19), que le mélange d'air et de gaz comprimé en R (fig. 18) entoure et traverse, avant de gagner, par j_{ι}, la soupape d'admission. L'intérieur de ce serpentin est parcouru en sens contraire par les produits de l'explosion, qui s'échappent par la soupape *j* (fig. 1 et 2), la boîte garde-flamme *d* (fig. 20 et 21) à toiles métalliques *l*, le serpentin, le socle et le tuyau *j*, (fig. 18), de manière à réchauffer aussi le réservoir accumulateur R.

Le réchauffeur de la machine *Lenoir* consiste, comme nous

Fig. 204. — Lenoir.

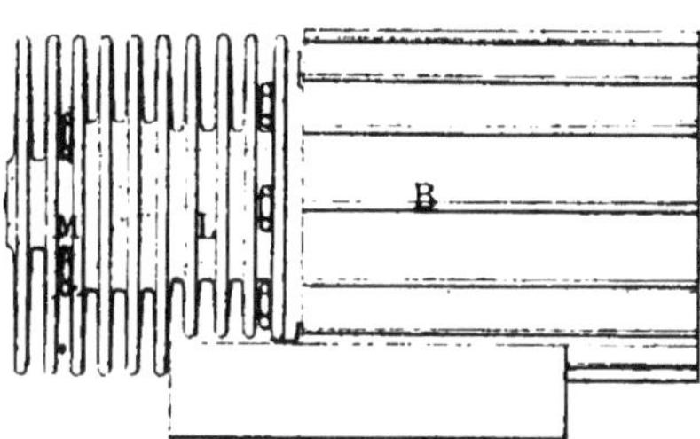

l'avons vu (p. 188), en une chambre de combustion d'Otto, garnie à l'intérieur d'ailettes destinées à lui conserver sa chaleur et, à l'extérieur (fig. 204), de spirales L, analogues à celles des moteurs Forest, destinées, en apparence, à la refroidir. L'échappement de produits brûlés se fait *partiellement* en M, et l'admission latéralement, comme dans certains moteurs de Crossley (p. 141). Le mélange aspiré par le tiroir est comprimé, au retour du piston, au-dessus des produits brûlés de L, auxquels il se mêle plus ou moins. La chaleur du réchauffeur faciliterait, d'après M. Lenoir, l'allumage des mélanges pauvres.

Nous ne ferons que rappeler le régénérateur de *Niel* (p. 275), placé, comme la chambre de Lenoir, au fond du cylindre, et les appareils de *Bischop* (p. 94); de *Simon* (p. 280), et de *Northcott* (p. 281), qui sont en même temps des vaporisateurs.

Les dispositifs que nous venons de décrire semblent démontrer qu'il est très difficile d'établir, pour les machines de petite force du moins, un économiseur réellement efficace, sans être coûteux et trop encombrant.

Refroidissement du cylindre.

Il est malheureusement nécessaire de refroidir par des moyens artificiels les cylindres des moteurs à gaz, et d'augmenter ainsi l'influence des parois, au lieu de la diminuer, comme pour les machines à vapeur. Nous avons vu que cette influence devient ainsi, dans les meilleurs machines, assez puissante pour absorber près de la moitié de la chaleur du mélange.

Le moyen de refroidissement le plus naturellement indiqué est l'emploi d'une circulation d'eau dans une enveloppe entourant le cylindre et, au besoin, les organes de la distribution. On peut, comme dans les moteurs *Otto* (Pl. 12, fig. 6), employer, à cet effet, la même eau circulant indéfiniment.

L'enveloppe ordinaire peut être remplacée par un serpentin, comme dans le moteur de *Watson* (Pl. 26), et le réservoir d'Otto par un serpentin extérieur, exposant à l'air, comme dans le moteur d'*Atkinson* (pl. 47), une surface très étendue.

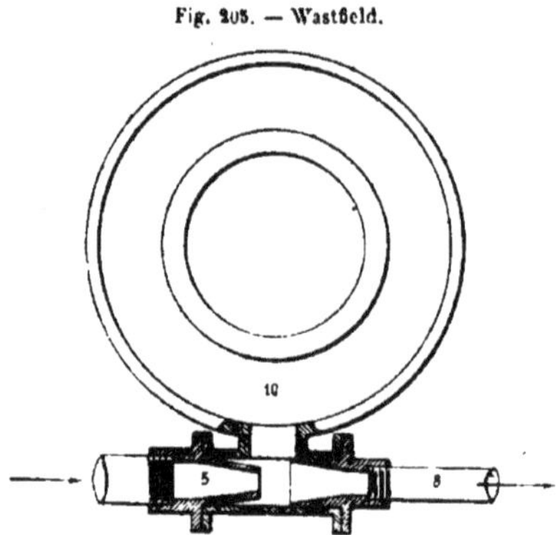

Fig. 205. — Wastfield.

L'eau peut enfin rester stationnaire, à la condition d'être sans cesse rafraîchie, comme dans le moteur *Bénier* (p. 110), par une circulation d'air. Dans la machine de la *Compagnie parisienne*,

le refroidissement par l'appel d'air, que l'échappement *o* (fig. 212,
p. 425) détermine à travers les tubes *a*, est accompagné d'une circulation de l'eau, suivant les flèches, en *s*, autour des tubes *a*, et
en *w*, à travers les gorges percées dans les ailettes de rayonnement
qui entourent le cylindre.

On peut, pour les petits moteurs, se contenter d'une circulation
d'air formée, comme dans les moteurs d'*Edwards* (p. 207) et de
Crowe (p. 131), par l'air même du mélange, ou appelée, comme
pour la machine de *Wastfield*, dans l'enveloppe 10 (fig. 205)
et rejeté en 8, par une éjecteur de l'échappement 5 ; mais il est
plus pratique de se contenter du rayonnement seul du cylindre
augmenté par des ailettes, longitudinales comme dans le moteur
Bischopp (p. 93), ou disposés en hélice, comme dans celui de
Forest (p. 115).

L'un des moyens les plus anciennement employés pour refroidir les cylindres consiste dans l'injection d'une petite quantité d'eau soit, comme le faisait M. *Hugon* (fig. 12 et 13,
pl. 53) au moyen d'une pompe A, dont le piston, mu en F par le
taquet G de la bielle H, refoulait en C et en D l'eau aspirée par B ;
soit, comme dans le moteur de *Tonkin* (fig. 23 à 25, pl. 40), au
travers d'un pulvérisateur R, à pomme simple ou double, S, avec
jeu fixe ou à ressort. La pompe de *Robson* (fig. 5, pl. 50) aspire
l'eau en 3, par 5, sous l'action du ressort 5′, puis la refoule,
par 7, dans le cylindre, sous la poussée exercée sur 1 par
l'explosion, qui communique, en 6, avec le haut de la pompe 2.
La présence de cette eau a, en général, le défaut de nuire à la
combustion du mélange.

Expulsion des produits de l'explosion.

Un grand nombre d'inventeurs se sont efforcés de chasser
complètement, après chaque course motrice, les produits de
l'explosion.

La pratique des moteurs Otto a démontré que cette précaution n'est pas nécessaire, pourvu que l'on comprime suffisamment le mélange et que l'on en gradue la composition de manière qu'il soit suffisamment riche en gaz aux environs de l'allumage. Dans ces conditions, la présence d'une partie des produits brûlés n'occasionne pas de ratés, pas d'explosions intempestives, et ne nuit pas à la combustion du mélange.

On peut se servir, pour expulser les produits de l'explosion, d'une chasse d'air comprimé emmagasiné dans une poche élastique (*Bischopp*, p. 95), ou dans un réservoir accumulateur (*Emmet*, p. 221; *Maxim*, 237; *Fielding*, 226), ou refoulé par une pompe (*Linford*, p. 164; *Beechey*, 177; *Wordsworth et Luidley*, 181; *Picking et Hopkins*, 268).

Le dispositif de **King et Cliff** (fig. 24, pl. 65) appartient à cette dernière classe: l'air refoulé par le gros piston A, à travers *a*, s'emmagasine en B, pour s'échapper par *b*, malgré le ressort *c*, dans le cylindre en C, dès que la pression y baisse suffisamment, après l'explosion, par l'ouverture de l'échappement *e*. Au retour des pistons, l'air comprimé en B, et poussé par A, pénètre toujours par *b*, mais en même temps que du gaz refoulé par *d*, et ce mélange achève, joint à l'air qui le précède, de chasser les produits brûlés tant que *e* reste ouvert, c'est-à-dire, jusqu'au milieu environ de la course-arrière. A la fin de cette course, la chambre d'explosion se trouve donc pleine de mélange comprimé, et le réservoir B rempli d'air à la même pression.

Dans la variante du moteur de King représentée par la figure 25, c'est l'avant du piston moteur M qui refoule, par les orifices annulaires *f*, la charge d'air qui chasse de C, suivant la flèche, les produits brûlés à travers la soupape d'échappement *g*, placée, comme celle du moteur Lenoir, au fond du cylindre. Le cylindre moteur se trouve donc rempli, au commencement du retour du piston, d'un mélange très chargé de produits brûlés à l'arrière et presque d'air pur à l'avant. Les produits brûlés ayant été presque totalement chassés par l'air, la pompe G refoule, par *i*, dans cet air, un mélange *très* riche en gaz, aspiré en *k*, de manière à constituer le mélange hétérogène favorable à l'explosion.

C'est par un matelas d'air en avant du mélange que l'on réalise
à la fois, dans les machines de *Clerk* (p. 201), de *Niel* (p. 251), de
Haigh et *Nuttal* (p. 222), et de *Griffin* (p. 257), ce mélange hétérogène et l'expulsion plus ou moins comprimés des produits brûlés.

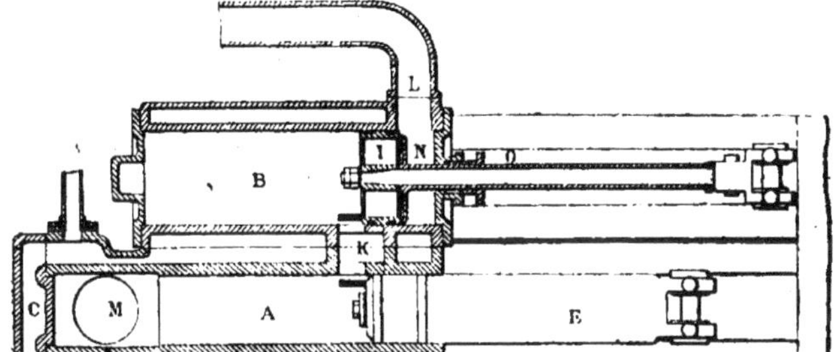

Fig. 206. — Williamson.

Dans les moteurs de *Robinson* (p. 193), d'*Andrew* (p. 250) et de
Beissel (p. 234), c'est par le mélange même qu'a lieu cette
expulsion.

On peut enfin obtenir ce résultat par l'emploi de pistons auxiliaires, comme l'ont proposé *Otto* (p. 140), *Bickerton* (p 172),
Lucas (p. 209), *Hale* (p. 241), et *Bull* (p. 253).

Dans la machine de *Bickerton*, représentée par les figures 12
à 17 de la planche 63, le piston auxiliaire E, *i* ou *l*, laisse, pen-
· dant la période d'aspiration, le mélange, admis par G, pénétrer
derrière lui ou (fig. 17) entre le piston moteur B et lui. Dès que
l'échappement H s'ouvre, la détente des gaz comprimés en *e*, en
i ou en *l*, repousse le piston auxiliaire au fond du cylindre ou sur
le piston moteur, de façon à chasser complètement les produits
brûlés de la chambre d'explosion. La soupape *m* (fig. 14) permet
· de faire varier la pression entre les deux pistons, et de n'expulser ainsi qu'une partie des produits brûlés.

C'est une solution complète, mais trop compliquée, d'un problème qui présente peu d'intérêt.

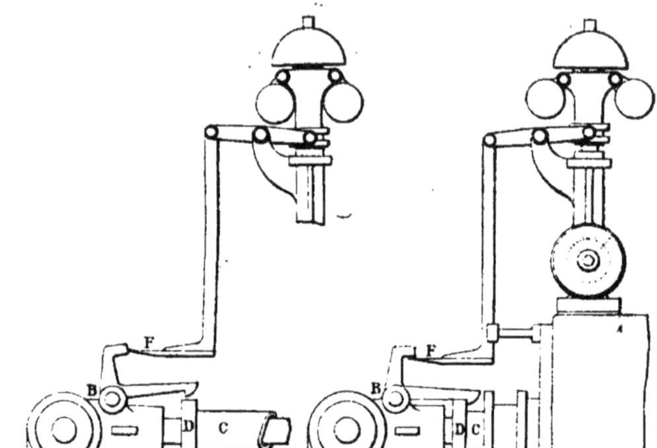

Fig. 207. — Williamson. Régulateur.

M. *Williamson* emploie (fig. 206), pour débarrasser le cylindre moteur A des produits de l'explosion, un cylindre à vide B, dont le piston I est conjugué au piston E par des manivelles à 35°. Lorsque E arrive au bout de sa course motrice, les produits de l'explosion s'échappent d'abord directement dans l'atmosphère, par K L, puis le piston I ferme K L et met A en communication, par K, avec le vide de B, de sorte que les produits brûlés s'y précipitent. Ces produits sont expulsés, au retour de I, par la soupape N, solidaire d'un tube O, enfilé sur la tige du piston I, et dont l'extrémité voisine de la crosse est représentée en C D sur les figures 207.

En temps ordinaires, le déclic F B du régulateur laisse cette soupape fonctionner librement, tandis qu'il la maintient ouverte en immobilisant le collier D quand la machine s'emporte, de sorte que la soupape N ne peut plus occasionner en B le vide nécessaire pour soulever la soupape M d'admission du mélange (fig. 206).

Dans l'un des moteurs de *Butcher* (fig. 10 et 10 *a*, pl. 38), la lumière *a*, en communication avec le fond du cylindre de la pompe, permet d'en chasser les produits brûlés après la fermeture des orifices *b* par le piston moteur. Le tiroir ferme, ainsi que l'indique la figure 10, la lumière *a*, lorsque le piston arrive au fond de sa course, mais il laisse ouvertes les lumières $b, b_1...$ en rapport, par b_2, avec l'échappement du cylindre moteur D, dont la pression s'abaisse ainsi jusqu'à celle de l'atmosphère.

Les mélangeurs.

Le principe général des appareils mélangeurs consiste à faire arriver les deux fluides, le gaz et l'air, en courants multiples suivant des directions à angle droit, très inclinées, ou même opposées.

L'appareil diffuseur peut être isolé ou faire partie du distributeur.

Tel est le cas des moteurs de *Bischop* (p. 93), de *Forest* (p. 115), de l'*Économic Motor C°* (120) et d'*Otto*.

On retrouve cette disposition sous la forme d'une rangée d'orifices disposés autour de l'admission dans les moteurs de *Clerk* (p. 202), d'*Ewards* (p. 208), de *Wordsworth* et *Lindley* (p. 225), de *Maxim* (p. 239).

Dans les moteurs de *Shweizer*, d'*Hallevell* et de *Wordsworth*, le diffuseur est constitué par un simple tuyau percé de trous nombreux, amenant'le gaz dans la chambre d'explosion ou de mélange.

Dans la machine de l'*Économic Motor C°*, l'air et le gaz, aspirés en *r* (fig. 208), traversent, avant d'arriver au cylindre C, un amas de pierres ponce ou de laine de laitier, maintenu en M

. par une toile métallique *z*, et qui achève de les mélanger intimement. On reconnaît en V l'allumage à incandescence décrit à la
page 259, en U u^1, le chalumeau de sa flamme.

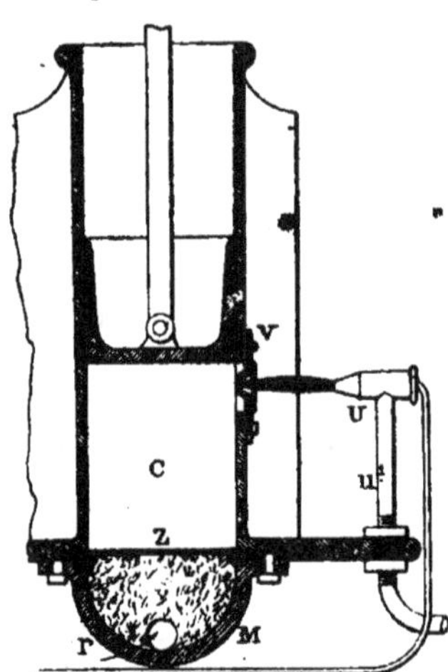

Fig. 208. — Economic Motor C°.

Le mélangeur de *Beechey* (fig. 10, pl. 33) est bien compris.
Le gaz, admis par la soupape *l* soumise au régulateur, vient se
mêler, par *iii*, en minces filets, à l'air aspiré par les trous *j'*, dans
la chambre de la soupape H₂, d'aspiration du mélange.

Le mélangeur de *de Kabath* (fig. 9 et 10, pl. 51), reçoit le gaz
en G, l'air au bas du cylindre D, et conduit le mélange à la machine par P. Le jeu des pistons *l* et *l'*, solidaires et plus ou moins
soulevés par la pression de l'atmosphère sous *l'*, règle automatiquement, suivant la demande du moteur, les volumes d'air et de
gaz aspirés au travers des trous *q* et *f*. Quand la machine s'arrête,
les pistons retombent, et *l* ferme l'admission du gaz. Le dosage du
mélange est réglé à la main à l'aide du robinet E, tournant sur F
de manière à graduer les orifices *ff*.

On peut utiliser comme mélangeur le piston même de la pompe
de compression. Tel est le cas de la machine de *Rider* (pl. 31).

Le piston de la pompe de compression (fig. 6) aspire, par sa course
ascendante, de l'air dans le cylindre A et du gaz dans le cylindre
concentrique C, à travers le conduit c_2 ; il refoule ensuite ce **gaz**
dans l'air par la soupape c'_2, puis le mélange ainsi formé dans le
cylindre moteur, par C_1.

Dans le moteur de *Watson* (pl. 39), le gaz est introduit (fig. 3)
par le robinet doseur *o*, sous la forme d'un jet annulaire autour
de l'air amené sous le siège de la soupape *l*, dont la levée est limitée par la tige *u* du régulateur.

M. *Tonkin* s'est attaché à stratifier l'air et le gaz en couches
superposées ou concentriques.

Dans le premier cas (fig. 1, 2 et 3, pl. 40), le mélange arrive au
fond du cylindre par une ouverture circulaire D, avec ou sans
déflecteurs. Ces ouvertures et ces déflecteurs sont disposés de
manière à contrarier et à atténuer la vitesse du mélange, afin
de le maintenir séparé du gaz pur précédemment admis , destiné
à prolonger et à amortir l'explosion.

Dans le second cas (fig. 11 à 19), le mélange admis **par les**
ouvertures tangentielles G enveloppe l'admission centrale C, par
où pénètre un mélange plus riche, que l'on peut ainsi faire tour-
noyer, comme l'indique la figure 18 , de façon qu'il persiste en
tourbillon dans l'axe du cylindre où se fait l'allumage.

La séparation des produits brûlés et des gaz actifs est maintenu, dans l'appareil de *Martini*, à l'aide desfourreanx décrits à
la page 187, principalement pour atténuer les effets de refroidissement des parois du cylindre.

Le dispositif de *Butcher* (fig. 8, pl. 36) a, au contraire, pour
objet de mêler intimement le gaz actif admis par C aux produits
de l'explosion, qui restent en A. Ce gaz, admis sous une compression considérable, tourbillonne, ainsi que l'indiquent en
B les longues flèches, par sa réflexion sur le fond sphérique du
piston D, et se mêle complètement aux produits brûlés entraînés
comme le montrent les flèches courtes.

La soupape mélangeuse de *Butcher* est représentée par les

figures 8 et 9 de la planche 38. Le gaz, admis par *j* et par les trous *c* et *bk*, se mêle à l'air admis par *a* et *d*, dès que l'aspiration est suffisante pour soulever cette soupape à quatre sièges, malgré le ressort *l*.

Dans la disposition représentée par les figures 11 à 13, l'air refoulé en R, par C et A, se mêle en B_3 au gaz admis par B_4 et B_5. La tige de la soupape d'admission d'air A est fermée par le ressort F, plus fort que le ressort E qui tend à l'ouvrir; mais, pendant la course aspirante de la pompe, le levier G déprime, par le manchon D, le ressort F, de sorte que la soupape s'ouvre par le ressort E et n'offre pas de résistance au passage de l'air. La soupape B_3, d'admission du mélange, est commandée indépendamment par le régulateur.

Le mélangeur *m* de *Dougill* (fig. 2, pl. 63) est placé au-dessus de son tiroir qui laisse le mélange pénétrer au cylindre par *a*. Lorsque la machine s'emporte, le clapet *m'*, violemment soulevé, ferme, par *n*, l'admission du gaz. L'échappement se fait par *a'e* (fig. 1 et 3), à travers un tiroir auxiliaire *q*, mobile dans le tiroir *p* (fig. 4 et 5), analogue à celui de la disposition plus récente représentée à la page 306.

Pompes de dosage

On trouvera, dans les monographies des moteurs que nous avons décrits, de nombreux exemples de pompes destinées à

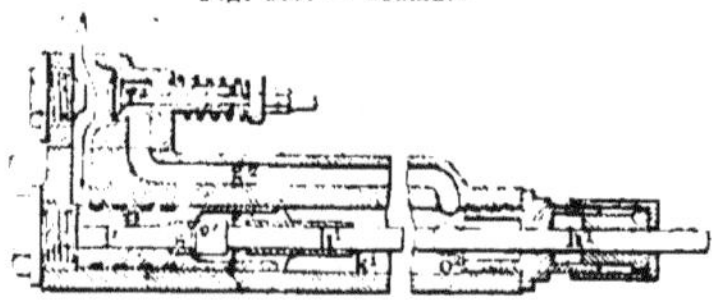

Fig. 209. — Sombart

refouler au cylindre moteur, ou dans un réservoir accumulateur, l'air, le gaz, ou leur mélange en proportions définies.

Ces pompes ne présentent, en général, rien de bien particulier à l'exception du soin que l'on prend d'y réduire l'espace nuisible parfois, comme dans le type de *Hale* (p. 240 et 244), à l'aide de dispositions spéciales.

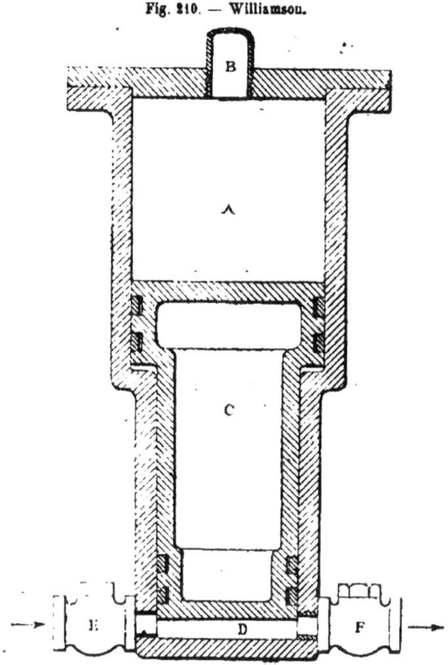

Fig. 210. — Williamson.

La pompe d'*Atkinson* (pl. 46, fig. 11) est munie de gorges de fuites, 22, en communication, par 24, avec l'aspiration 21.

La pompe à gaz de *Sombart* (fig. 209) présente un groupement ingénieux; quand la tige h marche vers la droite, elle décole o' de s, puis entraîne le piston creux o, de sorte que le gaz, précédemment aspiré par o_2 et renfermé en k, passe, par $f l'$, dans le cylindre moteur. Quand le moteur va trop vite, le régulateur maintient la soupape f_2 ouverte, de sorte que le gaz refoulé fait retour à la pompe, sans aller au cylindre de distribution.

On obtient le même résultat à l'aide de soupapes de sûreté, telles que celle d'*Emmet* (p. 222).

Le fonctionnement de la soupape de *Williamson* (fig. 210) est automatique. Le gros cylindre A est mis alternativement en rapport, par B, avec le cylindre à vide, puis avec le cylindre moteur, de façon à aspirer le gaz en D, par E, puis à le refouler par F, dans l'air du cylindre moteur, en raison de la différence des surfaces que le piston C présente en A et en D.

Les atténuateurs.

Les dispositifs mécaniques proposés pour atténuer le choc de l'explosion sont très nombreux ; un seul d'entre eux résout complètement la question, c'est le piston libre d'*Otto-Langen* (p. 85), de *Giles* (p. 100), d'*Hallevell* (p. 101), et de *Robson* (p. 105).

Les autres solutions : bielle inclinée de *Bischop* (p. 93) et de *Nash* ; arbre excentré de *Turner* (p. 103), amplificateurs de *Martini* (p. 184), de *Bénier* (p. 109), ne satisfont qu'imparfaitement.

La meilleure solution pratique est encore une compression de 2 à 3 atmosphères, préparant les organes en serrant leurs articulations, diminuant l'excès de pression de l'explosion, concouramment avec l'emploi d'un mélange hétérogène à combustion prolongée, dont l'avant, pauvre en gaz, fait matelas sur le piston. C'est la solution d'*Otto*, tant imitée depuis.

Doughill a proposé, pour atténuer les chocs de l'explosion, d'en transmettre l'action par l'intermédiaire d'un ressort *d* (fig. 1 à 8, pl. 63) fixé, d'une part, à un disque A, calé sur l'arbre, et, d'autre part, au volant et à la poulie motrice *e*. L'autre extrémité de l'arbre porte (fig. 10 et 11) un disque *h*, à frein automatique *g*, disposé de façon à pouvoir tourner librement dans le sens de la flèche et à empêcher tout recul du piston.

M. *Odling* a proposé récemment (1883) une solution qui ne

paraît guère pratique. Le gros piston A aspire (fig. 8, pl. 62), par B et C, d'abord du mélange d'air et de gaz, puis de l'air seul qu'il refoule en descendant, par D, chassant d'abord, par G, les produits de l'explosion déjà évacués en partie par F, puis comprimant ces gaz en L, sous le petit piston P. Lorsque les pistons arrivent au fond de leur course, l'intervalle compris entre les pistons atténuateurs I et J, écartés par leurs ressorts i et j, ainsi que la chambre H, sont remplis d'air pur, ou du moins très pauvre en gaz, tandis que le canal L, jusqu'à la chambre d'allumage K, est rempli de mélange riche. L'explosion se produit alors, rapprochant les deux pistons I et J du fond H, et forçant l'air compris entre eux à traverser les toiles métalliques t. C'est la détente de cet air, chauffé par t et achevant de brûler le gaz du mélange riche, qui pousse en avant le piston moteur P.

On obtiendrait un résultat analogue avec le système proposé

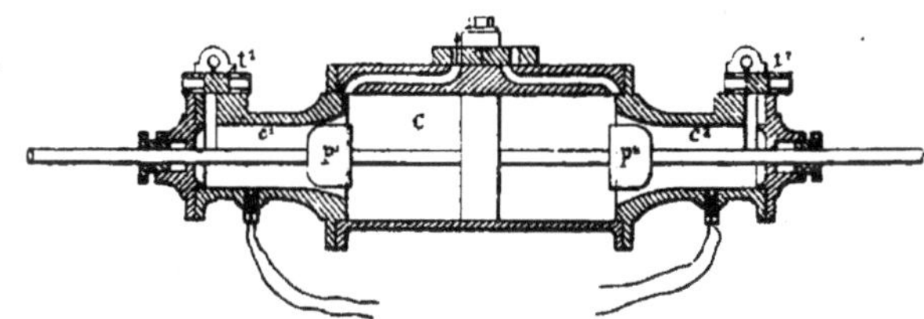

Fig 211. — Compagnie parisienne.

par la Compagnie parisienne du gaz, en 1863, et qui consiste à faire détoner le mélange riche alternativement en c_1 et c_2 (fig. 211) sur les petits pistons p_1 et p_2, qui laissaient la flamme de l'explosion se prolonger dans l'air du cylindre de détente c, fermé d'un côté par le tiroir d'échappement T. La distribution du mélange aux cylindres c_1 et c_2 se faisait par les tiroirs t_1 et t_2.

Les transmissions.

La transmission la plus fréquemment employée pour communiquer à l'arbre du moteur l'effort du piston est toujours le mécanisme de bielle et manivelle, modifié parfois afin d'atténuer le choc de l'explosion et renforcé, parce que la bielle n'agit que par compression, une fois par tour ou tous les deux tours.

Nous connaissons déjà les mécanismes à bielle inclinée ou excentrée de *Bischop* (p. 93) et de *Turner* (p. 103), admissibles seulement pour les moteurs sans compression.

Les mécanismes à bielle en retour, de *Bénier* (p. 110) et de *Forest* (p. 115), ont, ainsi que les parallélogrammes de *Northcott* (p. 281), de *Picking* (p. 268) et d'*Atkinson* (39 et 40, fig. 7, pl. 46), pour objet principal de réduire l'encombrement du moteur. Il en est de même des balanciers de *Linford* (p. 163), de *Funk* (p. 244) et de *Simon* (p. 280).

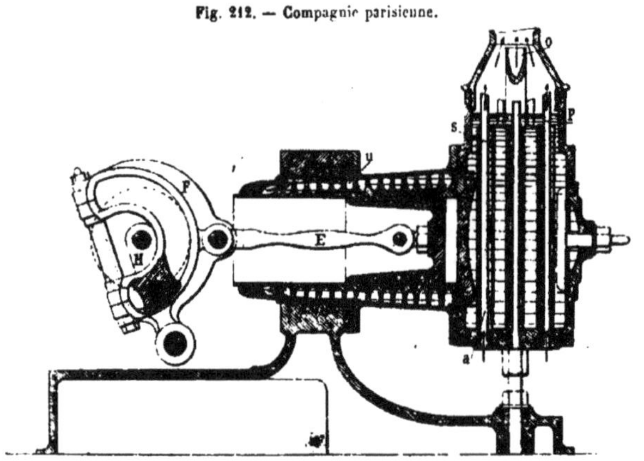

Fig. 212. — Compagnie parisienne.

Le parallélogramme d'*Edwards* (fig. 17, pl. 34) a pour but d'amplifier, sans exagérer la course du piston, l'oscillation supérieure de la bielle dont le talon actionne la soupape d'échappement *e* ; celui de *Martini* a, comme nous l'avons vu (p. 184), pour objet d'allonger la course motrice du piston.

La coulisse du *Bischop* (p. 95) permet d'augmenter la vitesse de la course motrice et de diminuer ainsi l'influence des parois et des chocs de l'explosion ; celle de *Fielding* (p. 228) accélère au contraire la course foulante de la pompe de compression.

La glissière ou coulisse courbe F de la machine, proposée en 1871 par la *Compagnie parisienne du gaz* (fig. 212), agit comme celle de Bischop, et permet, en outre, de réduire la longueur du moteur. Cette coulisse oscille, comme un accélérateur de Whitworth, autour de A' ; on voit en K son coulisseau, en G H, l'arbre moteur, animé d'un mouvement uniforme.

L'articulation P de la bielle du moteur de *Nash* est guidée (fig. 32, pl. 64) par un bras R_2, disposé de manière que P se trouve, au moment de l'explosion, dans l'axe du cylindre. Les mécanismes occupent alors les positions représentées sur la figure 32, de sorte que la bielle R_3 attaque la manivelle motrice presque à angle droit, et que l'arc décrit par P ne s'écarte pas beaucoup de l'axe du cylindre pendant la partie la plus active et la plus rapide de la course du piston. La bielle R_1 peut pivoter librement sur le grain d'acier T_1 (fig. 33). Dans la modification représentée par les figures 41 et 42, la bielle appuie sur T_1 par un poinçon P_3 serré par B à l'intérieur de la petite tête T, de façon à constituer une articulation sphérique très mobile. La manivelle motrice tourne dans un bain d'huile et d'eau w, ainsi que les excentriques y_1 et y_2, qui commandent la distribution.

Cette distribution s'opère au moyen de deux tiroirs cylindriques V_1 et V_2 (fig. 37 et 40).

Le tiroir V_1, conduit par $y_1 x_1$, détermine l'admission du mélange à la chambre de compression C_3 et au tiroir V_2, ainsi que l'échappement des produits brûlés. Le tiroir V_2 détermine l'admission au cylindre moteur et l'allumage.

Le tiroir V_1 porte une lumière I_1, communiquant avec G_6 I et w_2, pour admettre la charge d'air, de gaz et d'eau, pendant une partie de sa course, puis elle fait communiquer G_1 avec G_4, pour laisser le gaz comprimé en v par le tiroir V_2 se rendre au cylindre, à travers l'allumage L, par $G_2 G_1 G_4 G_3$.

La lumière I_4, de V_1, fait communiquer le réservoir accumulateur C_4 avec I_3 qui règle (fig. 38) l'admission au cylindre.

L'échappement a lieu par o (fig. 40).

Nous ne ferons que rappeler les transmissions des machines oscillantes de *Ravel* (pl. 3) et de *Rider* (pl. 31), en faisant remarquer que l'on peut utiliser comme distributeur le tourillon même du cylindre, ainsi que l'a proposé tout récemment M. *Mugnier* (*).

Pistons.

Les pistons des moteurs à gaz doivent être ajustés avec un soin tout particulier.

Leurs bagues ou segments, en bronze ou en fonte, doivent être nombreuses, à joints droits ou étagés. Les segments des moteurs *Otto* peuvent (fig. 15, pl. 13) s'enfiler sans s'ouvrir sur des anneaux de retenue, que l'on maintient ensuite au moyen d'un plateau à vis. M. *Bischop* arrive, comme nous l'avons dit p. 97, à ce résultat par un autre moyen.

MM. *Steel* et *Whitehead* donnent, au piston a de leurs machines (pl. 63) une forme longue et creuse vers l'arrière, de façon qu'il tende à se dilater sous l'effort de l'explosion, et serve en même temps de chambre d'explosion. Le piston de *Mobbs* (fig. 18) est, de plus, fendu suivant une hélice D, de sorte qu'une partie de sa surface même forme joint et segment.

Le piston de *Foulis* (fig. 3^A, pl. 9) porte, vers la chambre d'explosion A, un appendice en matière réfractaire destiné à protéger le piston proprement dit qui fonctionne dans la partie froide A_1 du cylindre, rafraichie par une circulation d'eau et séparée de la

---

(*) Brevet 6678, (22 avril 1884).

partie chaude par un joint épais d'amiante. Le piston de *Laurent* (pl. 61, fig. 2) présente une disposition analogue; celui de *Bull* (p. 253) est protégé par une circulation d'eau.

Les segments D du piston du moteur de *Nash*, sont protégés de l'explosion par une longue gaine H (fig. 32, pl. 64). Le piston porte, de plus, une soupape V, par laquelle une partie du mélange comprimé dans la chambre C_3 passe, par C_2, dans le réservoir accumulateur C_4, constitué par le bâti même du moteur, de sorte que ce mélange absorbe en partie la chaleur des parois du cylindre.

Les pistons servent parfois, mais sans avantage réel, d'organe distributeur, comme dans les machines de *Drake* (p. 232) de *Fielding* (p. 227) et d'*Edwards* (pl. 34).

Les pistons peuvent au contraire, pour les petites forces surtout, tenir avantageusement lieu de glissières, comme dans les machines de *Clerk*, de *Bénier*, de *Forest* et de *Linford*, et dans presque tous les moteurs à pistons différentiels; tels sont ceux de *Beechey* (pl. 21), de *Siemens* (pl. 35) et de *Kabath* (pl. 51).

Les *garnitures* doivent être, autant que possible, évitées dans les moteurs à gaz; elles se brûlent, fuient, ou serrent trop la tige du piston.

Fig. 213. — Butcher.

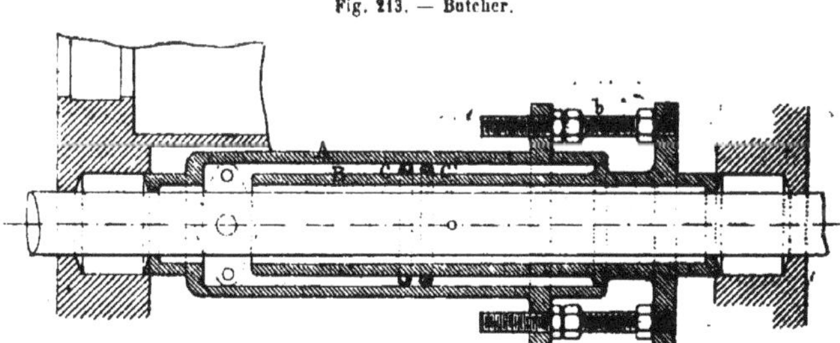

Les garnitures à long fourreau X de *Griffin* (p. 259) simples (fig. 74) ou à circulation d'eau (fig. 76) peuvent servir plus longtemps. Il en est de même de celles de *Butcher* (fig. 213) avec anneau de caoutchouc $c\,c'$, et circulation d'eau entre A et B.

Graisseurs.

Le graissage des tiroirs des machines à gaz exige, en raison des hautes températures et des pressions qu'ils supportent, d'être fait avec soin, au moyen de bonne huile animale ou minérale rectifiée de premier choix. On peut employer pour le graissage des cylindres des huiles minérales ordinaires, neutres et n'encrassant pas.

Les graisseurs doivent satisfaire à la condition de ne pas laisser pénétrer dans l'huile les gaz de l'explosion, qui la décomposeraient.

Le graisseur des machines *Otto* est très pratique ; son principe consiste (fig. 11, 12 et 13, pl. 13) à faire plonger dans l'huile une série d'aiguilles a, montées sur des roues mises en mouvement par la machine, et venant successivement déposer leur goutte dans les becs des tuyaux a' et a'', qui amènent cette huile au cylindre et au tiroir, ainsi que l'indique la fig. 1. Le graisseur est divisé par une cloison qui permet d'employer deux espèces d'huile différentes, pour le cylindre et le tiroir.

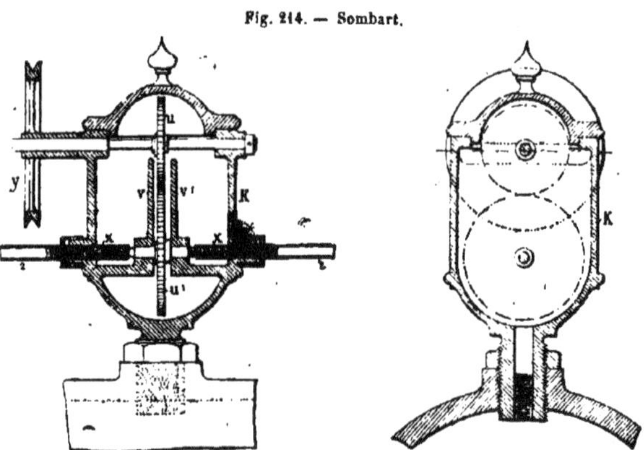

Fig. 214. — Sombart.

Dans l'appareil de M. *Sombart* (fig. 214), également divisé en deux parties par les cloisons v, v_1, les aiguilles d'Otto sont remplacées par deux vis x, x_1, tournant avec un jeu suffisant, par $y\ u\ u_1$. dans les tubes graisseurs z. Le graisseur Otto a l'avantage de permettre de varier la dépense d'huile en changeant le nombre des aiguilles, et de ne pas s'encrasser.

Le graisseur de *Wordsworth* (fig. 19, pl. 42) est moins simple. Le levier 49, mu par la machine, fait monter et descendre, sur la crémaillère 46, le pignon 48, qui vient, par 50, déposer l'huile goutte à goutte dans le bec 52.

Le graissage s'opère, dans la machine de *Williams* (pl. 39), soit (fig. 25), par un disque p tournant dans l'huile et raclé par le bec v, soit par une pompe p (fig. 23 et 24) aspirant l'huile de v en t, puis la refoulant en v', par l'orifice u.

Les graisseurs de *Niel* sont, comme nous l'avons vu (p. 276), actionnés directement par l'aspiration même du cylindre. Celui de *Clerk* (p. 203) est actionné par des taquets. Dans la variante représentée par les figures 10 et 11 de la planche 57 l'huile, en communication avec la pression du cylindre par $e\ b$, s'y écoule par c, donc la vis a règle le débit, autour d'une aiguille soulevée à chaque coup par l'action du piston sur le taquet d, coupé en biseau.

Dans le graisseur de *Kœrting* (fig. 18, Pl. 43), le robinet f, qui amène au cylindre l'huile de G, est relié au robinet de prise de gaz E par une tringle j, de façon qu'il se ferme en même temps. de sorte que l'huile cesse de s'écouler dès que le moteur s'arrête.

Le tiroir d'*Atkinson* (fig. 13 et 14, pl. 46) est graissé par l'immersion, dans l'huile 69, de ses tiges garnies de mèches.

Mise en train.

Il est très utile, et parfois nécessaire, de munir les machines à gaz d'un mécanisme destiné à faciliter leur mise en train, dès que leur force dépasse 6 à 10 chevaux.

Pour les petites forces, de 2 à 6 chevaux, on peut se contenter, comme dans les moteurs *Otto* (p. 139), de supprimer momentané-

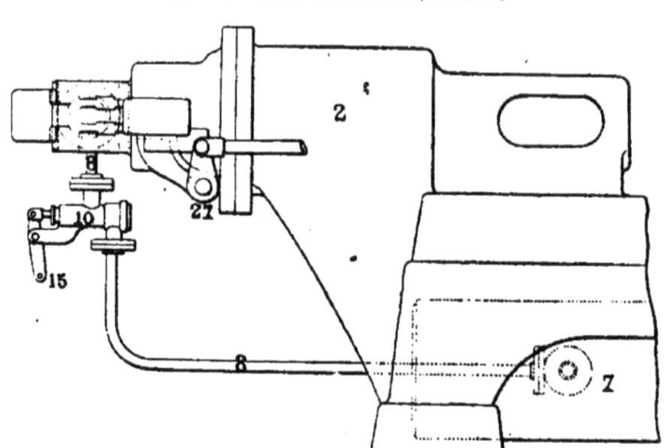

Fig. 215. — Clerk Mise en train (Élévation.)

ment la compression, complètement, ou seulement en partie, ainsi que l'a proposé *Robson* (p. 106).

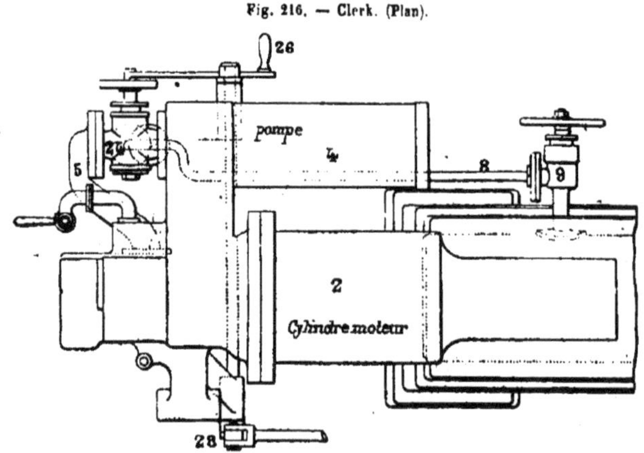

Fig. 216. — Clerk. (Plan).

Au-dessous de la force de 2 chevaux, on peut, avec un peu d'habileté, se passer de cette précaution.

Les solutions proposées pour la mise en train des grands moteurs se ramènent à deux principes : l'emploi d'une petite machine à gaz auxiliaire et la transformation, au moment de la mise en marche, du moteur à gaz en une machine marchant par de l'air comprimé en réserve, par une pompe séparée dans le cas des

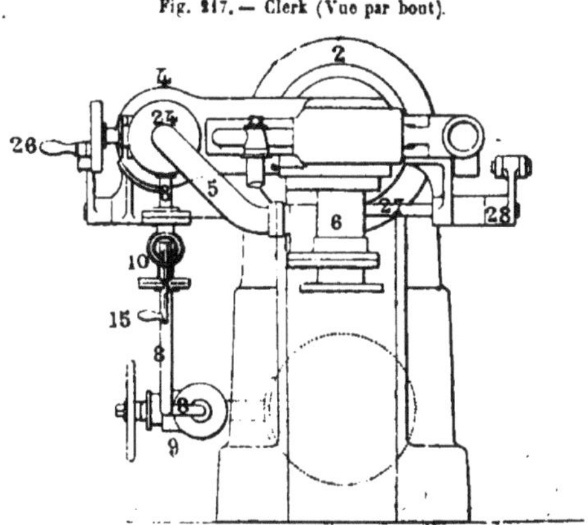

Fig. 217. — Clerk (Vue par bout).

moteurs du 3ᵉ type A, ou par la pompe même du moteur dans le cas des machines du 3ᵉ type B, ou enfin, dans les deux cas, par l'explosion même du mélange détonant.

C'est à cette solution très simple que s'est arrêté M. *Crossley*. A chaque explosion, une partie des gaz du cylindre est refoulée par B'B (fig. 1 à 3, pl. 15) dans un réservoir de mise en train C, jusqu'à ce que la pression y atteigne celle de l'explosion. Il suffit, pour mettre en train, de glisser, par *l*, la came E sur l'arbre de distribution F, de manière à lui faire ouvrir par D, et à chaque admission, le conduit B', qui amène au cylindre le gaz comprimé en C ; cette came ouvre aussi, par I, l'échappement à chaque course-arrière, de sorte que la machine marche pendant quelques tours par l'action du mélange comprimé en C.

C'est, au contraire, à l'action de sa pompe de compression que M. D. Clerk a recours, pour la mise en train de son moteur décrit à la page 200.

On reconnaît, sur les figures 215 à 217, en 2, le cylindre moteur ; en 4, le cylindre de la pompe ; en 5, le tuyau qui les relie.

Fig. 218. — Clerk. Robinet à trois voies.

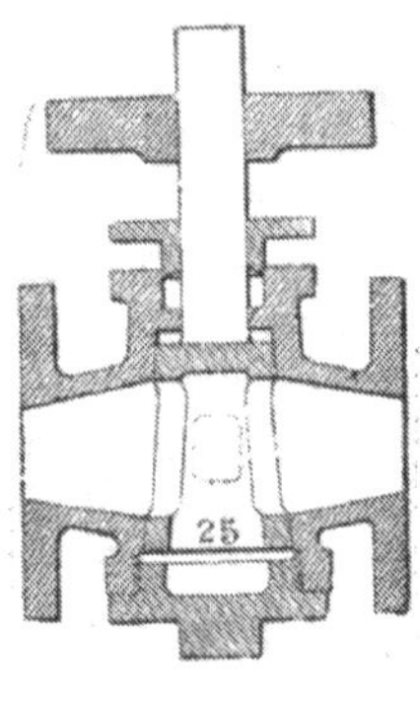

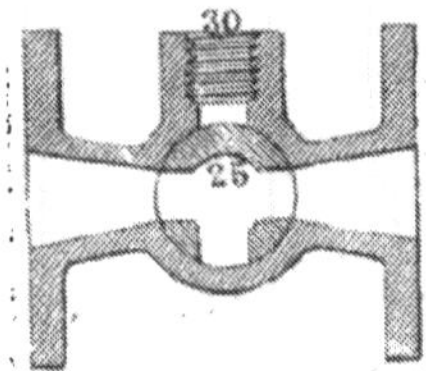

Sur ce tuyau, en 24, se trouve monté un robinet à trois voies 25 (fig. 218) pouvant mettre en relation, par 30, la pompe ou le

Fig. 219. — Clerk. Soupape de retenue.

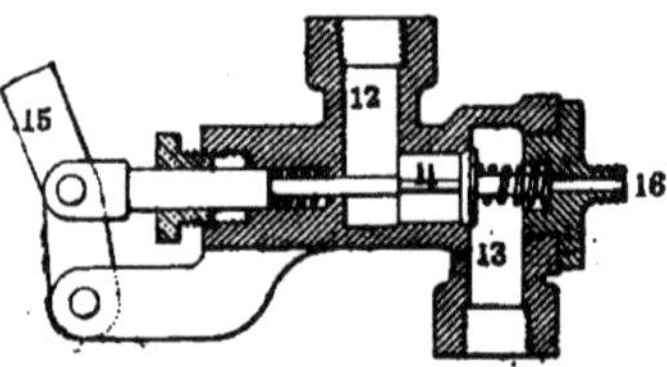

cylindre moteur avec le réservoir de mélange comprimé 7. En temps ordinaire, ce robinet met, ainsi que l'indiquent les figures, le cylindre en communication avec la pompe.

Pour remplir le réservoir 7 de mélange comprimé, il suffit d'ouvrir un peu le conduit 30, de sorte que la pompe y refoule à

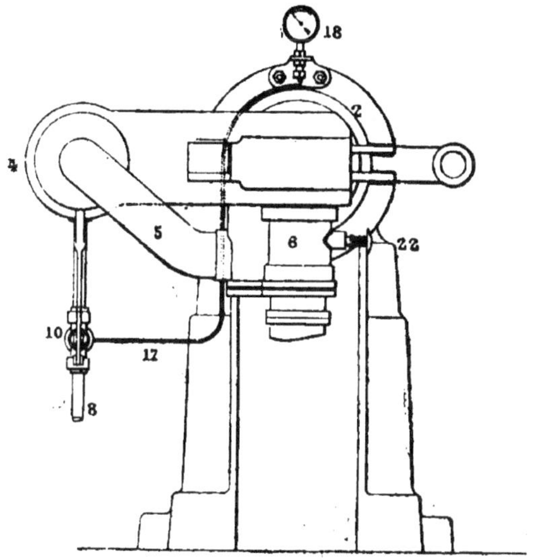

Fig. 220. — Clerk. (Variante). Vue par bout.

chaque coup une partie du mélange, à travers la soupape de retenue 10 (fig. 220), représenté en détail par la figure 219.

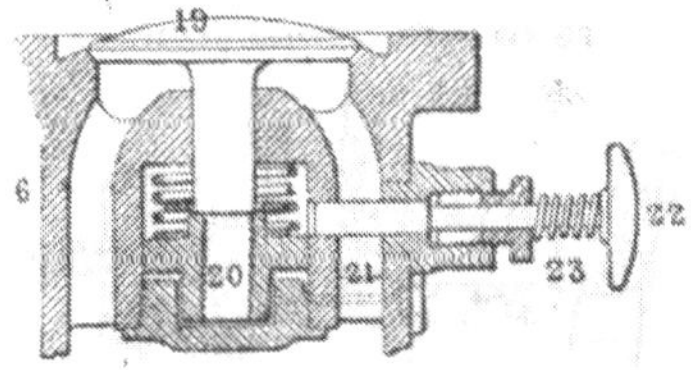

Fig. 221. — Clerk. Soupape de charge.

Lorsqu'on veut mettre en train, on repousse le levier 15 de cette soupape, qui laisse alors le mélange comprimé en 7 passer, par 13, 11 et 12, au robinet 25.

Ce robinet reçoit en même temps, soit à la main, par 26, soit automatiquement, par 27 et 28, un mouvement d'oscillation par lequel il met le mélange comprimé en communication avec le cylindre de la pompe jusqu'au fond de course-avant de son piston, puis cette pompe en rapport avec le fond du cylindre moteur, où le mélange s'enflamme.

Le tuyau 8, qui va du réservoir 7 à la soupape 10, est, de plus, muni d'un robinet 9, qui permet de l'isoler.

Dans une variante de ce système, la chambre 6 (fig. 220) porte deux soupapes : l'une pour l'aspiration du mélange, l'autre 19 fig. 221) située au-dessus de la première, et destinée au refoulement du mélange de la pompe au cylindre. Il suffit, pour charger le réservoir de mise en train, d'étrangler ce refoulement au cylindre, en poussant le bouton 22, dont la tige 21, diminue, en avançant au-dessus du piston 20, la levée de la soupape 19. La pression du réservoir est indiquée par un manomètre 11 (fig. 220) branché par 17 sur le tuyau 8.

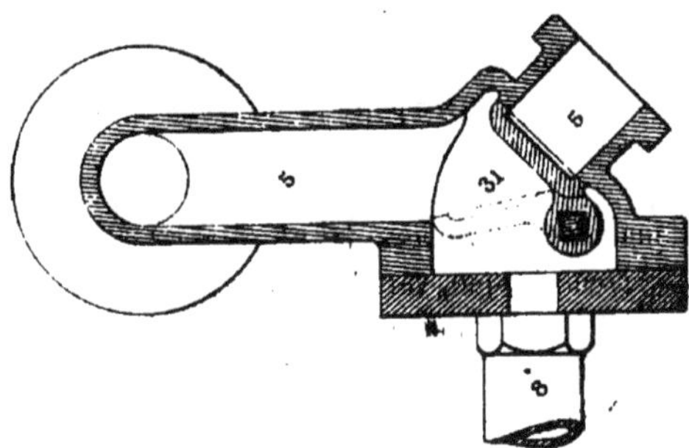

Fig. 222. — Clerk. Clapet de charge.

On peut aussi se servir, pour le chargement du réservoir, d'un simple clapet 31 (fig. 222) laissant en temps ordinaire, ainsi que l'indique sa position pointillée, la pompe communiquer librement, par 5-5, avec la distribution du cylindre, et pouvant à volonté fermer ou étrangler cette communication. Il est facile de manœuvrer ce clapet de façon à remplir le réservoir de mélange à la pression voulue, par le trajet 5-8.

L'avant du cylindre des machines accouplées de *Butcher* (fig. 12 et 13, pl. 36) qui sert de pompe de compression, porte une soupape de refoulement F (fig. 9, 10 et 11) et un tiroir de mise en train M. En temps ordinaire, les coulisseaux du tiroir M sont au point mort, et les soupapes F, dégagées par les excentriques G de la pression de leur ressort, laissent passer l'air refoulé de la pompe au cylindre accumulateur. Pour mettre en train, dans un sens ou dans l'autre, on abaisse ou l'on soulève les coulisseaux des tiroirs, et l'on tourne, par G_i, les excentriques G, de manière que les soupapes F restent fermées par leurs ressorts. Les tiroirs M mettent alors l'avant du cylindre en communication, par N o R, avec l'air comprimé de l'accumulateur, puis, par RP, avec l'échappement. Les tubes *l* dispensent de garnitures à chacune des boites F, qui peuvent servir elles-mêmes de réservoir accumulateur.

La mise en train des moteurs d'*Atkinson* a lieu également en laissant l'air comprimé, dans un accumulateur, pénétrer au cylindre, par une soupape 20 (fig. 20, 26 et 27, pl. 47). Lorsque la pression de cet air est trop faible, on peut faciliter son action en ouvrant plus ou moins la soupape 22 (fig. 22), de manière à diminuer la compression pendant les premiers tours.

Dans la machine de *Rhodes*, le réservoir de mise en train *j* (fig. 5, pl. 5_4) communique, vers la fin de la marche et par ses extrémités, avec celles de la pompe de compression, à l'aide des clapets de retenue *j'*, que l'on met, par j_e, en état de fonctionner. Le réservoir se remplit ainsi d'air comprimé, puis on ferme les soupapes *j'*. Il suffit, pour mettre en train, d'ouvrir celle de ces soupapes la plus proche du piston de la pompe, pour y admettre l'air comprimé qui agit comme moteur.

Je ne ferai que rappeler les dispositifs de *Tonkin* et de *Fielding*, décrits aux pages 217 et 230, et fondés sur le même principe.

L'emploi de l'air ou des mélanges comprimés, très rationnel pour les machines de force moyenne, a l'inconvénient d'exiger, pour les moteurs de grande force, des réservoirs trop volumineux. Il semble préférable d'employer, dans ce cas, un petit moteur auxiliaire agissant sur le volant, et dont il est presque toujours facile de trouver l'utilisation en dehors de son objet spécial.

La mise en train de *de Kabath* consiste (fig. 20 et 21, pl. 51) en un treuil *f*, à cliquet *h*, calé sur l'arbre moteur et sollicité à tourner par un contrepoids. Ce contrepoids est remonté par l'action de la vis sans fin *o v* sur l'engrenage du treuil. Il suffit, pour mettre en train, d'abaisser le support *n* de la vis *v*, de façon à la dégager du treuil, libre alors de tourner sous l'action du poids, en entraînant avec lui le moteur. Le volant, fou sur l'arbre du moteur, est entraîné par l'embrayage à friction *tr*.

M. *Robson* a proposé de faire agir, sur le volant 5 du moteur (fig. 11 et 12, pl. 50), un galet de friction 6, appuyé par le levier 7 et mis en mouvement par le pignon 8 d'une turbine alimentée par l'eau d'un accumulateur 2, à valve de réglage 3.

CHAPITRE X
APPLICATIONS DIVERSES

Les moteurs à gaz peuvent s'appliquer économiquement, en remplacement des machines à vapeur et sans aucune installation spéciale, jusqu'à des forces de 8 à 12 chevaux : au delà, l'avantage de l'économie revient, en général, aux machines à vapeur, à moins que l'on ne fabrique le gaz soi-même. Si l'on veut s'assujettir à cette condition, le moteur à gaz conserve son avantage économique, même pour les plus grandes forces, comme l'ont démontré les applications de ce système à la raffinerie d'Ellsdorf (p. 157) et dans l'usine de MM. Crossley (p. 459).

Parmi les cas où le moteur à gaz s'impose en dehors de toute question d'économie, il faut citer ceux où doivent prédominer avant tout les considérations de sécurité parfaite, aussi bien contre les incendies que contre les explosions. Tels sont le service de l'éclairage électrique et de la machinerie des théâtres, les installations de force motrice dans les maisons particulières, et partout où la fumée devient un obstacle sérieux.

Le moteur à gaz convient tout particulièrement aux services intermittents, par sa mise en train spontanée et par la nullité de sa dépense au repos.

Tel est le cas des treuils et tire-sacs des grands magasins, où il n'apporte aucun risque nouveau d'incendie. On trouve dans les docks anglais de nombreuses applications de ce genre, installées par *Crossley*, sans autre addition que celle d'un mécanisme de débrayage convenablement approprié. MM. *Hale* et *Robson* ont proposé des adaptations spéciales du moteur à gaz à l'actionnement des treuils; nous les décrirons, mais seulement à titre de renseignement, car elles ne se recommandent pas par une grande simplicité.

On peut encore citer l'application du moteur à gaz à la conduite des ascenseurs continus, qui commencent à se répandre à Londres dans les grandes maisons de bureaux.

Le moteur à gaz s'adapte très bien à la conduite des pompes dont le service est intermittent, comme celui des alimentations des gares de moyenne importance. La pompe peut être commandée par engrenages, par courroies ou directement. MM. *Robson* et *Hale* ont proposé, pour ce cas particulier, quelques dispositions ayant principalement pour objet d'atténuer le choc de l'explosion; nous les avons décrites (p. 106), malgré leur complication, ainsi que le montage très simple de la pompe de *Butcher* (p. 442).

L'application des moteurs à gaz paraît tout indiquée pour les pompes à incendie fixes et roulantes, plus légères et moins coûteuses que les pompes à vapeur; mais on n'est pas encore arrivé, pour ce dernier cas, à une solution pratique.

Il en est de même pour l'application des moteurs à gaz aux tramways, malgré les avantages tout particuliers que présente le gaz comprimé comme accumulateur d'énergie, et bien que cette question ait été, comme nous le verrons, l'objet d'études prolongées et de solutions vraiment ingénieuses. Nous n'avons pas hésité à nous étendre un peu longuement sur cette question, à notre avis des plus intéressantes.

On a tenté souvent de faire marcher les moteurs à gaz à l'aide des huiles lourdes et des pétroles volatilisés et entrainés par un courant d'air, mais l'encrassement rapide du moteur, l'odeur insupportable des produits de la combustion et les dangers d'incendie ont fait échouer la plupart de ces combinaisons.

Il n'en est pas de même du gaz produit par le passage d'un courant d'air et de vapeur d'eau à travers une couche de charbon incandescent, dont l'emploi a donné, comme nous le verrons, entre les mains de MM. *Dowson et Crossley*, des résultats remarquables.

Treuils.

Nous avons déjà décrit la disposition proposée par *Robson* pour l'actionnement direct des pompes au moyen des treuils à gaz. Dans le mécanisme représenté par les figures 9 et 10 de la planche 50, les bielles 2 sont articulées d'une part à la crosse 1 du piston, et, de l'autre, aux manivelles 5, folles sur l'arbre 9 du treuil, par des leviers 3, à vis de tendeur filetées dans les manivelles 5. Au retour du piston, sous l'action de ses ressorts (p. 106), l'une ou l'autre des vis 3 serre ses bielles 5 sur le disque 6, pourvu que le cliquet correspondant 7, manœuvré par 8, lui permette de tourner. Le disque 6 et l'arbre du treuil tournent ainsi comme les aiguilles d'une montre ou en sens contraire, suivant que l'on met en prise avec 3 le cliquet 7 du bas ou du haut de la figure 9.

Le moteur de *Hale*, représenté par les figures 5, 7 et 9 de la planche 49, est muni d'un mécanisme permettant de l'arrêter dans la position la plus favorable à sa mise en train immédiate par la pompe de compression. Pour arrêter le moteur, on abaisse, par Q (fig. 9), la bielle E_2, dont l'extrémité E_4 joue dans le triangle x qui termine la tige du cylindre de compression, et en commande rigoureusement le piston quand elle se trouve encochée dans le haut du triangle. La bielle E_2 est reliée par u (fig. 7) à la tige d'excentrique p' maintenue soulevée par le régulateur H. Dès que la vitesse du moteur est suffisamment ralentie pour qu'on puisse l'arrêter brusquement sans danger, le régulateur laisse *y* venir en prise avec le sabot *z* du frein qui, tiré par *p*, s'arc-boute et arrête aussitôt la machine dans la position voulue. Cette position est telle qu'il suffit de relever E_2 par Q (fig. 9) pour repousser E par l'appui de E_4 sur le côté *x′* du triangle, de manière que le piston de compression refoule à travers l'allumage du cylindre moteur la dose de mélange nécessaire pour la mise en train. Cette manœuvre desserre en même temps, par *u*, le frein *z*.

Ainsi qu'on le voit sur la figure 7, l'échappement des produits brûlés se fait, comme dans les moteurs d'Edwards (p. 207) à travers les pistons C, suivant *g w* A', par une soupape *h*, que manœuvre le talon *a* de la bielle *b*.

Lorsque le treuil commandé par le moteur à gaz est mobile, comme celui d'une grue roulante ou d'un pont d'atelier, on peut, ainsi que l'a proposé *Crossley*, l'alimenter par un tuyau *b* (fig. 11, pl. 70), prenant le gaz dans une gouttière à joint hydraulique *a*.

Pompes.

Le piston *c′* de la pompe de *Butcher* (fig. 14 à 17, pl. 38) est solidement fixé au prolongement A du piston A_2, formant glissière en A_3; le volant est actionné par deux bielles H, à tourillon *j*, enveloppant la pompe, de sorte qu'il suffit de démonter les joints F et E, à boulons B, pour enveler la pompe et n'avoir plus qu'un moteur à gaz ordinaire.

La disposition du moteur à double effet, disposé par *Hale* pour l'actionnement direct des pompes a pour objet spécial d'atténuer les chocs en communiquant la chaleur de l'explosion à une masse d'air considérable qui agit par sa détente, comme dans la disposition antérieure proposée par la Compagnie parisienne du gaz (p. 424). L'explosion du mélange se produit en F, puis se communique à l'air admis par LG en E, sur la face du grand piston D. L'échappement s'opère à la fois, de E et de G,

Fig. 223.— Pompe de la National Motor C°.

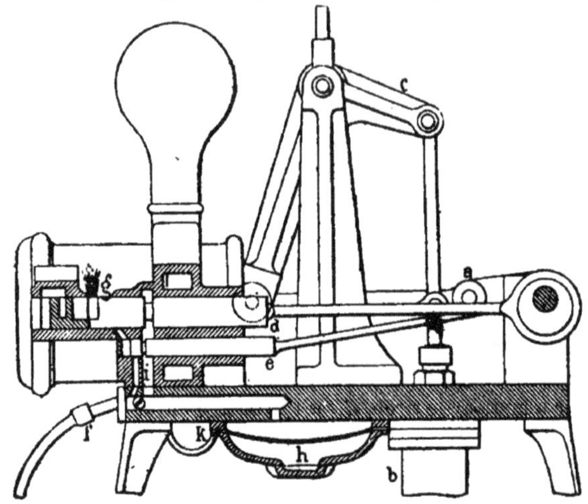

par $oo'h$ et p. La tige N des soupapes d'échappement o et o' est

Fig. 224.

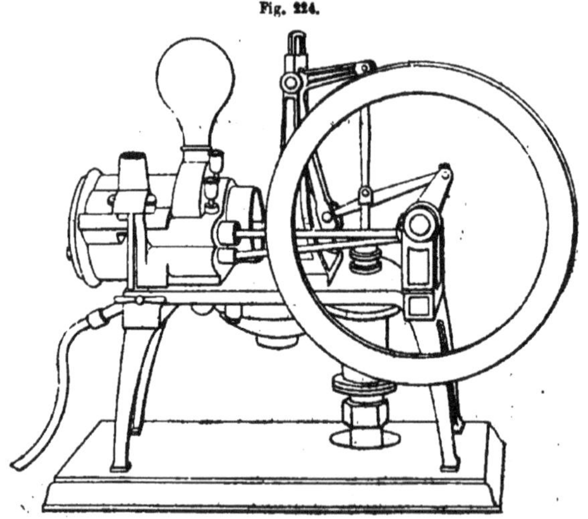

actionné, par le mécanisme MRX. Le mélange est refoulé du cylindre de compression B (fig. 11) au cylindre moteur par les conduits 4 et 5. Le piston compresseur porte, à cet effet (fig. 13), deux canaux a et a_1, aboutissant aux débouchés superposés des conduits 4 et 5 (fig. 12 et 13) munis de clapets de retenue b, destinés à empêcher l'explosion d'agir sur le piston de la pompe de compression. Le gaz arrive aux deux extrémités du cylindre de compression par les canaux 8 et l'orifice 9, soumis au régulateur. L'air est admis par une soupape k (fig. 14) à ressort n, dont la tige l entraine une plaque 29, qui découvre en même temps l'orifice 11 du tuyau de gaz auxiliaire p.

La petite pompe à gaz, représentée par les figures 223 et 224, est construite par la *National Motor C°* de New-York. L'admission du gaz se fait, du tuyau f et de la poche h, par le tiroir e ; l'admission de l'air a lieu par le tiroir d, et l'allumage en g. La pompe b est menée par un balancier c, articulé à la crosse de la tige du piston assujettie par des ressorts qui lui permettent le jeu nécessaire. L'ensemble, groupé dans un volume de $0^m,20 \times 1^m$ sur $0^m,40$ de haut, pèse 50 kilogrammes et développe une puisssance effective de 1/15 de cheval environ, en eau montée.

Applications aux tramways.

Le moteur à gaz présente comme locomoteur quelques avantages particuliers.

Plus léger, à puissance égale, que l'air comprimé, puisqu'il permet d'ajouter au travail de sa compression l'énergie considérable de sa combustion, le gaz constitue, sous cette forme, l'agent de locomotion de la force la plus énergique dont nous puissions disposer, puisqu'il fournit, à poids égal, plus de deux fois plus de travail que le charbon.

Le moyen le plus rationnel d'utiliser le gaz pour la locomotion consiste donc à le faire agir d'abord par sa détente puis par sa combustion, dont la chaleur supprime les effets fâcheux produits sur les mécanismes par le refroidissement dû à la détente. Tel est le principe des systèmes proposés par M. *Marcel Deprez*, puis par MM. *Marchant* et *Wrigley*, en 1883.

Le système de ces derniers inventeurs est représenté par les figures 5 à 10 de la planche 68.

Le gaz comprimé est admis d'abord, par AB, au cylindre de détente C, dont il pousse en avant le piston D, puis, par BA′EA, B′, à la chambre F, où il se mélange à l'air refoulé en G par les pompes H (fig. 10). Ce mélange, admis par I dans la chambre d'explosion K, puis enflammé par ML, repousse en arrière le gros piston N, jusqu'à ce qu'il découvre l'échappement o.

Le robinet p (fig. 5) permet de faire, au démarrage, communiquer plus longtemps A′ avec B, et d'augmenter ainsi la puissance du mélange.

Le gaz est comprimé dans les réservoirs du tramway par une pompe à pressions étagées (fig. 7 et 8) refoulant les gaz, par d, dans une capacité e, d'où il est aspiré en a′, puis refoulé, par d′, en e′, à une pression très élevée. Le corps de pompe et les compartiments e et e′ sont remplis d'huile en quantité suffisante pour éviter les espaces nuisibles. Le tuyau f (fig. 8) débouche dans l'huile à la pompe et en c′; le robinet g permet d'en régler l'étranglement.

Dans le locomoteur proposé par *Krauss*, en 1879, le gaz comprimé des réservoirs traverse, avant de se mélanger à l'air refoulé par la pompe b″ (fig. 3, pl. 66), un détendeur d″; la pression du gaz n'est utilisée qu'accessoirement comme force motrice.

Changements de marche.

Le mécanisme proposé par *Holt* et *Crossley*, en 1879, pour permettre de changer le sens de la marche du tramway sans renverser celle du moteur, est représenté par les figures 8 à 13 de la planche 67.

L'essieu moteur C a ses boites prises dans le châssis d'une plaque tournante f (fig. 10) à galets f' (fig. 8 et 11) et pouvant pivoter, sous l'action du treuil n', autour de l'arbre p du moteur à gaz.

Cet arbre commande l'essieu moteur, ainsi que l'indique la figure 12, par un jeu de pignons oo', o étant calé à rainure et languette sur p.

Pour changer la marche, il suffit de laisser s'échapper par ll (fig. 9) l'eau sous pression dès cylindres h, qui maintient, en temps ordinaire, les roues motrices appuyées sur les rails, malgré l'antagonisme des ressorts i. Ces ressorts soulèvent alors suffisamment l'essieu moteur pour permettre de le tourner de 180° au-dessus de la voie, le tramway reposant sur les roues porteuses d. La manœuvre faite, on immobilise la plaque au moyen des verrous m, et l'on admet de nouveau la pression de l'eau en h.

On remarquera la liaison de l'essieu moteur à la crapaudine de l'arbre p (fig. 12), par un coussinet sphérique c_1, lui permettant de s'adapter aux inégalités de la voie.

Dans le même ordre d'idées, MM. Holt et Crossley ont proposé, en 1880, de faire agir (fig. 11 et 12, pl. 68) un piston hydraulique H, par les tirants H'H', sur les boîtes de l'essieu porteur d'arrière EE, mobile autour de l'axe G. Le piston H, tirant sur H', rapproche E de l'essieu moteur D', et soulève, ainsi que l'indique la figure 11, les roues D, puis leur applique les roues E, qui, devenues motrices par leur adhérence sur D, entraînent le tramway en sens contraire.

La manœuvre du cylindre H s'opère au moyen d'un mécanisme de servo-moteur hydraulique dont la pompe K refoule l'eau dans un distributeur k^2. Le tiroir de ce distributeur laisse cette eau pénétrer au cylindre H ou faire retour à la pompe, suivant le mouvement qu'il reçoit du levier différentiel k^3, relié d'une part à l'une des barres H', et, de l'autre, par k_2, à la manœuvre k_1. Il résulte, de cette disposition, que k_2 ferme l'admission en H après que le piston a parcouru un trajet proportionnel au déplacement du levier de commande k_1. La soupape d'aspiration de la pompe

K est reliée, en K_s, à un piston chargé par un ressort et en communication, sur l'autre face, avec le refoulement de la pompe; Quand la pression devient trop élevée, le piston K_s repousse son ressort, soulève la soupape d'aspiration, et la pompe cesse de fonctionner.

La figure 9 de la planche 69 montre les différentes positions que l'on peut faire prendre aux roues motrices D, à leur essieu D_1, au pignon et à l'arbre du moteur, C_s et C_1, par le déplacement de l'essieu E.

On peut déplacer, au lieu de l'essieu d'arrière, l'essieu moteur même, ainsi que l'indique la figure 10, par la manivelle D_2, articulée au châssis oscillant D_1 de l'essieu moteur.

La disposition représentée par la figure 11 permet de soulever le véhicule parallèlement à la voie, par le jeu des manivelles conjuguées m et m'.

Le mécanisme représenté par les figures 12 et 13 permet de débrayer à volonté l'arbre C du moteur d'avec son pignon C_s, qui ne se trouve entrainé par le volant C_1 que si le frein $p_1 p_2$, articulé sur ce volant en p_3, est serré, par les ressorts p_s, sur la poulie p_1 solidaire de C_s. Lorsqu'on serre, par la manœuvre p_s, le frein p_s sur la poulie p_7, de façon à l'empêcher de tourner avec C, la chaine c s'enroule et se tend, tire le levier p_6, dont l'excentrique p_4 écarte les ressorts p_s, ouvre le frein $p_1 p_2$ et laisse l'arbre C tourner fou dans le pignon C_2.

Dans le tramway à gaz de *Krauss* (1879) le changement de marche et le débrayage ont lieu au moyen de la manœuvre *p.o.m.g* (fig. 8 à 11, pl. 66) qui commande le pignon f de l'arbre moteur b par le pignon c ou par le train cdc', suivant que levier gi occupe la position de droite ou de gauche de la figure 11, c'est-à-dire, suivant que le manchon o, calé à rainure et languette sur b, serre sur c ou sur c_1 leurs embrayages de friction. Lorsque ce levier occupe la position moyenne indiquée en traits pleins, aucun des deux manchons ne serre, et l'arbre b du moteur est débrayé.

Les moteurs AA du tramway de *Pursell* transmettent (fig. 1 à 4, pl. 67) leur puissance à l'essieu moteur par le train F*l*, dont les manchons de friction NN, manœuvrés par P, fonctionnent comme ceux du moteur de Krauss. L'arbre Q, qui commande P, est mû par la manivelle R, dont le coulisseau *s* est conduit par la coulisse T, mobile autour du point fixe U, sous l'action de la tige V, à écrou de manœuvre W.

On retrouve ces cônes de friction en GH (fig. 1 à 4, pl. 68) sur le locomoteur de *Quick* (1879) leur jeu fait actionner l'essieu moteur directement par la poulie L, ou indirectement, et en sens contraire, par le train *o o'*L'.

La solution proposée antérieurement par *Krauss* (1879) est mixte. En temps ordinaire, lorsqu'il ne faut changer la marche que temporairement, on redresse, par *l m* (fig. 2 et 3, pl. 66), le genou *g*, qui sépare les roues de friction *c* (fig. 4 et 5), calées sur l'arbre de la machine, de celles de l'essieu moteur, puis on amène, par *n n'n"i*, les galets intermédiaires *i' i'* en prise avec ces deux paires de roues, de telle sorte qu'ils entrainent l'essieu moteur en sens contraire.

Lorsque le changement de marche doit persister pendant un long parcours, on l'effectue en renversant le mouvement même du moteur. Ce renversement s'opère en maintenant, par le jeu des pignons 1, 2 et 3 (fig. 3), le sens de la rotation de l'arbre de distribution *d* invariable, malgré le changement de celle de l'arbre moteur.

Transmissions.

Nous venons de décrire, à propos des changements de marche, les transmissions des locomotives de *Crossley* par un train d'engrenages pouvant pivoter autour de l'arbre du moteur (fig. 8 à 13, pl. 67), ou par des pignons C_1 et C_2 (fig. 2 et 4, pl. 69) de diamètres différents, de façon que l'on marche plus ou moins vite, suivant que l'on embraye C_1 ou C_2 avec l'arbre moteur.

M. Krauss a proposé, comme nous l'avons vu, de remplacer

les engrenages par des roues de friction. Dans la variante de son système représentée par les figures 6 et 7 de la planche 66, la machine à gaz attaque les essieux moteurs par deux arbres c et d, à roues de friction f et e, accouplés de manière à tourner dans le même sens sous l'action des deux pistons a et b, entre lesquels se produit l'explosion.

Les coins i, manœuvrés par hh', permettent de mettre en prise, suivant que l'on veut aller plus ou moins vite, les galets f ou e avec l'essieu moteur correspondant, ou de les débrayer tous, lorsque les coins se trouvent, comme l'indique la figure 6, dans leur position moyenne.

La transmission du locomoteur de *Wigham* a lieu (fig. 5 à 7, pl. 67) par deux poulies extensibles de Blackburn, G et G', analogues à celles qui sont depuis longtemps appliquées par Combes sur ses métiers de filatures. La poulie G transmet son mouvement à l'arbre H avec des vitesses différentes, suivant que le manchon F' met en prise les pignons PQ ou P'Q'. L'arbre H entraîne à son tour l'essieu moteur K par les pignons l, l' et le train $R'R^2RR_3$, dont les roues R et R' pivotent sur un diamètre de l', fou sur K. R_4 est calé sur K ; R_3, fou sur K, est solidaire de S. En temps ordinaire, l'ensemble du train R_1R_2... tourne d'une seule pièce, entraînant avec une égale vitesse les roues S et S'. Lorsque l'on immobilise en courbe, par le serrage du frein, l'une des roues S ou S', la roue non calée se met à tourner deux fois plus vite, en laissant au véhicule toute liberté de s'inscrire dans la courbe.

Le locomoteur plus récent (1881) de *Holt et Crossley*, représenté par les figures de la planche 70, est actionné par le train DEE, dont les poulies E peuvent se rapprocher ou s'écarter de l'arbre moteur C, détendre ou tendre leurs courroies, par l'action du mécanisme HFG qui, en même temps, serre ou desserre les freins K.

Le moteur à gaz A fait marcher une pompe B (fig. 1 et 2) qui comprime de l'air dans un réservoir accumulateur. Lorsque l'on met en marche, on tourne le robinet R (fig. 4) dont les voies L et

M aboutissent au tiroir *t* (fig. 2) et les voies N et O au cylindre B, de façon que la pompe agisse comme moteur sous la pression de l'air comprimé dans le réservoir. Lorsque le robinet occupe la position représentée par la figure 4, les deux extrémités du cylindre de B communiquent librement, et la pompe ne fonctionne pas.

Les figures 12 à 14 de la planche 15 indiquent la conduite de l'arbre de distribution F du moteur par le système QR, ou par une simple coulisse R, dont le point moteur P, pris sur la bielle, décrit une ellipse. On retrouve les éléments de ce mécanisme en P'Q'R' (fig. 1, pl. 70) pour l'actionnement de l'excentrique E' du tiroir de la pompe de mise en train.

Ce locomoteur est, de plus, muni d'un *indicateur régulateur de vitesse* représenté par les figures 15 à 18 de la planche 15. La poulie A du strophomètre B, reliée par une courroie à l'arbre du moteur, commande, par E (fig. 17), l'axe des ailettes G. Quand la vitesse augmente, l'accroissement de la résistance des ailettes fait que la roue E exerce, sur la vis sans fin de leur axe, une pression suffisante pour l'abaisser malgré le ressort R, de sorte que l'axe des ailettes descend ou monte, suivant que la vitesse augmente ou diminue. Ces oscillations, transmises à la poulie H. font qu'elle trace, sur le tambour indicateur D (fig. 18) dont le papier se déroule par C', un diagramme enregistreur des vitesses.

Enfin, quand la vitesse augmente, la bielle K s'abaisse, ainsi que l'indique la figure 17, de façon que son extrémité échappe la tige M, qui ne peut plus alors ouvrir, par L, la prise de gaz du moteur.

Le régulateur agit, dans le second dispositif de *Crossley*, représenté par la figure 5 de la planche 69, en faisant tourner le levier L_4, de manière qu'il soulève, quand la vitesse augmente, la soupape L_2, et laisse le mélange comprimé pénétrer, par $L_2 L_1 L_3$, du cylindre moteur au cylindre du frein. Quand la vitesse revient à son allure normale, l'inverse se produit; le levier L_1 soulève la soupape L_3, et le mélange comprimé dans le cylindre à frein retourne, par L_2, au cylindre moteur.

L'arbre g (fig. 11 et 12, pl. 3) du moteur pour tramway de *Turner* porte un manchon q'_1, fou sur g, et muni de deux disques q' et q'', à roues r et r', engrenant avec les pignons u et u', de sorte que q' tourne plus ou moins vite, suivant que l'on serre le frein s ou le frein s'. Ce manchon commande par chaine sans fin l'essieu moteur du tramway. Lorsque les deux freins s et s' sont desserrés, l'arbre g du moteur tourne librement sans entrainer le tramway.

Tournage du tramway. MM. *Holt* et *Crossley* ont proposé deux dispositions permettant de tourner leur locomoteur sans employer une plaque proprement dite.

Le premier dispositif consiste (fig. 11 et 12, pl. 68) à soulever le véhicule autour d'une colonne centrale, ou pivot, appuyée sur la voie par une croix l, et terminée par un piston hydraulique j; le second consiste à faire pivoter autour de la crapaudine o, sur le cercle de roulement o', le tramway soulevé à l'avant sur le galet N.

Prise de gaz. On peut se servir comme prise de gaz pour les réservoirs du locomoteur, du pivot même qui sert à le faire tourner.

Dans la disposition proposée par *Crossley* en 1880, ce pivot Q (fig. 8, pl. 69) est creux. En temps ordinaire, il plonge dans l'eau en Q', ce qui l'empêche de recevoir le gaz par Q_2 (fig. 6 et 7). Lorsque le locomoteur se présente pour se faire tourner, on le soulève, ainsi que l'indique la figure 6, sur le tuyau Q, qui lui sert de pivot étanche en Q_3, et laisse en même temps le gaz pénétrer, par $R_2 R_1$, dans le réservoir accumulateur R.

Le gazomètre du locomoteur, représenté par les figures 5 et 6 de la planche 70, consiste en un double toit A B, dont le couvercle mobile B est relié aux parois par une toile imperméable C, tendue et guidée latéralement par les rouleaux D, et, sur les côtés, par des billes E (fig. 6).

Le gaz peut aussi être transporté dans un réservoir formant tender et réuni au locomoteur par un accouplement G (fig. 12, pl. 70) dont les soupapes H, maintenues ouvertes par la butée de leurs tiges *b*, se ferment automatiquement par leurs ressorts, dès que l'on défait l'accouplement.

Le gaz à l'eau.

Nous n'avons pas à discuter ici la question si débattue de la substitution du gaz à l'eau au gaz de houille plus cher, mais racheté par ses sous-produits; nous nous contenterons de signaler quelques-unes des tentatives les plus récentes de son adaptation aux moteurs à gaz.

Lorsqu'on fait traverser une colonne de charbon incandescent par un courant d'air et de vapeur d'eau en proportions convenables, il se produit un gaz combustible, mélange d'acide carbonique, d'oxyde de carbone, d'azote, d'hydrogène et d'oxygène, en proportions variant avec l'efficacité des réactions.

Théoriquement, 4 équivalents (ou 18 kilog.) de vapeur d'eau, mis en présence de 4 équivalents (ou de 12 kilog.) de charbon, donnent lieu à 2 équivalents (ou à 2 kilog., ou à $22^{m\hspace{-1pt}s}$,5) d'hydrogène, et à 2 équivalents d'oxyde de carbone (28 kil.) occupant le même volume. Cette réaction s'exprime par la formule

$$4\,HO + 4\,C = 4\,CO + 4\,H.$$

Les résultats obtenus en pratique diffèrent, comme nous le verrons, considérablement de ceux de la théorie, principalement par la nécessité d'employer un excès d'air pour maintenir l'incandescence du charbon : on obtient ainsi, en réalité, un gaz beaucoup plus pauvre en hydrogène que le gaz à eau théorique composé, en volumes, d'égales quantités d'hydrogène et d'oxyde de carbone, et, en poids, de 1 kilogramme d'hydrogène pour 14 d'oxyde de carbone.

Pascal. M. Pascal a, dès 1861, indiqué d'une façon très complète l'application du gaz à l'eau pour l'alimentation des moteurs à gaz. Son appareil est représenté par les figures 225 et 226. Le tiroir o, mû par la machine, met le combustible incandescent a en communication alternativement par q, avec une soufflerie qui lui envoie de l'air dans le cendrier d, sous la grille c, et, par r, avec le gazomètre s (fig. 226) qui aspire par u, de bas en haut à travers a, la vapeur d'eau produite en e. La cheminée m porte un clapet qui se ferme pendant cette opération. Le chargement se fait en j, le nettoyage de la grille en i; tout l'appareil est enveloppé d'une garniture en tôle f, avec niveau d'eau h.

Fig. 225. — Gazogène.

Fig. 226. — Gazomètre.

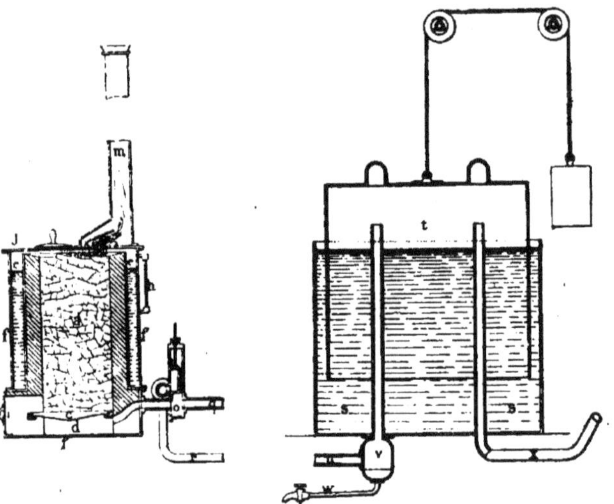

Le gazomètre communique par x avec les moteurs. Le tuyau d'aspiration u porte, en v, un purgeur à robinet de décharge w. Dans les grands appareils la vapeur serait fournie par une chaudière distincte, chauffée par le gaz, et injectée dans le même sens que l'air.

Le gaz passe du gazomètre dans une pompe de compression a

(fig. 227) qui le refoule à deux ou trois atmosphères, par *d*, dans un accumulateur, d'où il se rend au tiroir distributeur du cylindre moteur.

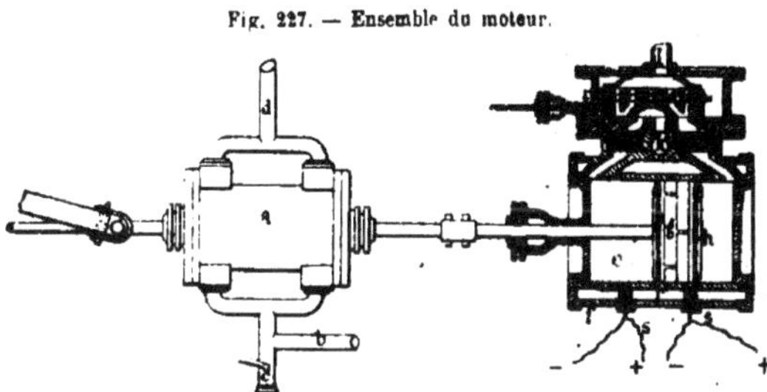

Fig. 227. — Ensemble du moteur.

La distribution se fait (fig. 228) par deux tiroirs, l'un *n* mû par un excentrique, et l'autre, *o*, entrainé par *n* jusqu'à ce que ses taquets *r* viennent buter sur les parois de la boite. Le tiroir *o* est pressé par une contre-plaque *p*, maintenu par un ressort *q*. L'échappement a lieu en *k* et l'admission à travers les ouvertures *j*, garnies de toiles métalliques formant régénérateurs, en restituant une partie de la chaleur des gaz de l'échappement.

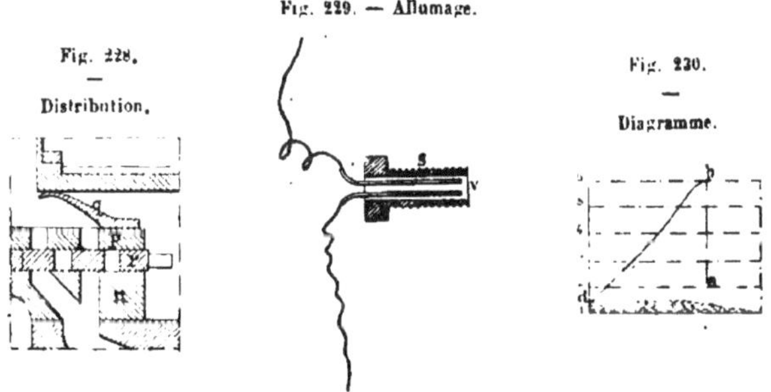

Fig. 228.
—
Distribution.

Fig. 229. — Allumage.

Fig. 230.
—
Diagramme.

L'allumage a lieu en *s*, par l'étincelle électrique jaillissant entre les deux fils *v*, isolés par de l'amiante.

La marche théorique de ce moteur est indiquée sur le diagramme (fig. 230) dont la partie ombrée représente le travail de la pompe alimentaire ; le gaz admis jusqu'à *a*, au tiers de la course, augmente

de pression par la chaleur du régénérateur, fait explosion suivant
ab, et se détend en *bd*, jusqu'à 1 atmosphère et demie environ.

Strong. L'appareil de Strong est représenté par la figure 231;
il convient surtout aux grandes installations.

L'air admis sous la grille G traverse la masse de charbon C,
jusqu'à ce qu'elle soit portée à l'incandescence. Les produits de
cette combustion imparfaite achèvent de se brûler au contact
d'une nouvelle admission d'air en G', puis s'échappent, suivant
les flèches à travers les deux régénérateurs R et R'.

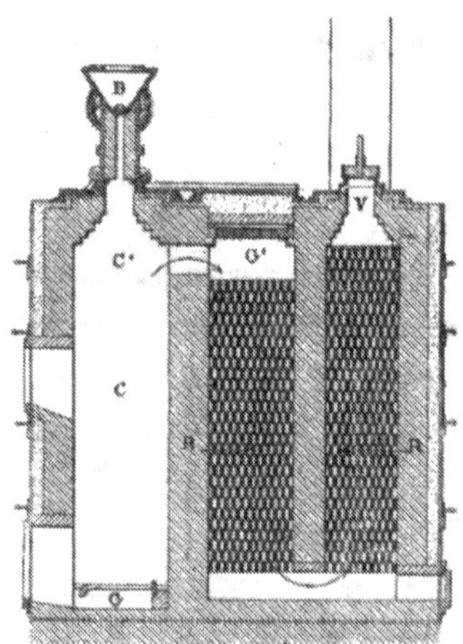

Fig. 231 — Gazomètre Strong.

Une fois les briques de ces deux surchauffeurs portées au rouge,
on ferme les entrées d'air, et on les fait traverser en sens contraire par un courant de vapeur admis en V. Cette vapeur
surchauffée, et peut-être en partie dissociée, rencontre en C' une
nappe de charbon en poussière distribuée par le broyeur B, s'y
combine immédiatement, et descend avec les produits de la combustion à travers la masse incandescente C, au bas de laquelle se
trouve la prise du gazomètre.

On fait de nouveau repasser l'air quand l'incandescence du
charbon diminue.

La marche de l'appareil est donc intermittente.

La composition moyenne du gaz serait, d'après M. Moore, la suivante :

Oxygène.	0,77	⎫
Acide carbonique	2,05	⎬ 7,18 éléments inertes.
Azote.	4,43	⎭
Carbures d'hydrogène. . . .	4,11	⎫
Oxyde de carbone.	35,08	⎬ 91,95 éléments combustibles.
Hydrogène.	52,76	⎭

Il exigerait, pour sa combustion complète, 2,47 fois son volume d'air et posséderait une puissance calorifique égale à la moitié environ de celui du gaz de la houille.

M. *Parker* a proposé, pour l'utilisation de ce gaz, un moteur

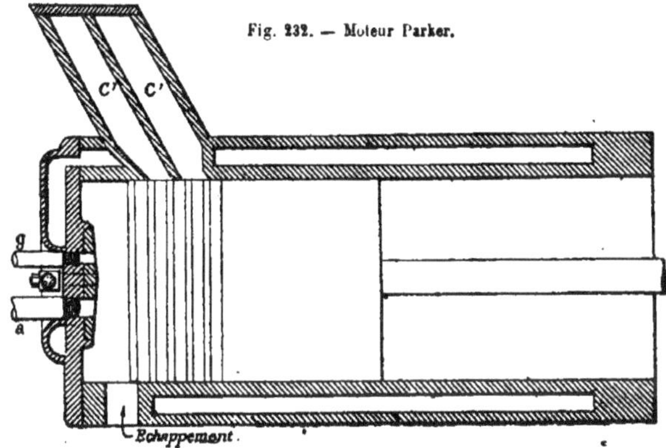

Fig. 232. — Moteur Parker.

caractérisé par l'emploi de deux chambres d'explosions auxiliaires C'C' (fig. 232). L'air est admis par *a*, le gaz par *g*; au retour du piston les chambres C' se remplissent de mélange comprimé, ainsi que l'arrière du cylindre, où a lieu l'allumage par l'électricité. Le mélange de C'C', fait explosion successivement, à mesure que les ouvertures de ces chambres sont découvertes par le piston.

Nous ne possédons aucun renseignement certain sur le rendement de ce moteur.

Dowson. L'appareil Dowson est représenté par les figures 233 et

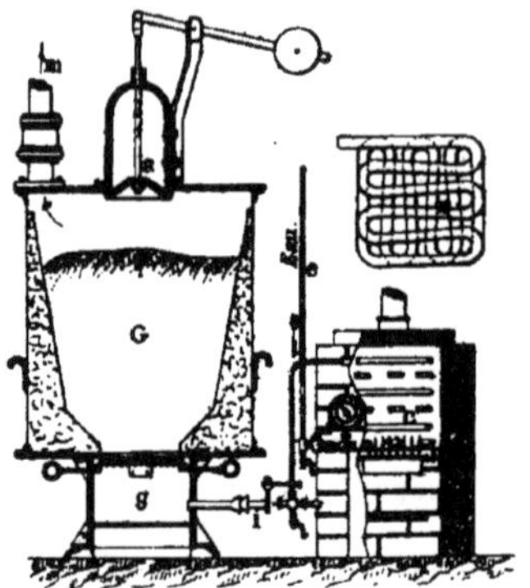

Fig. 233. — Dowson. Gazogène.

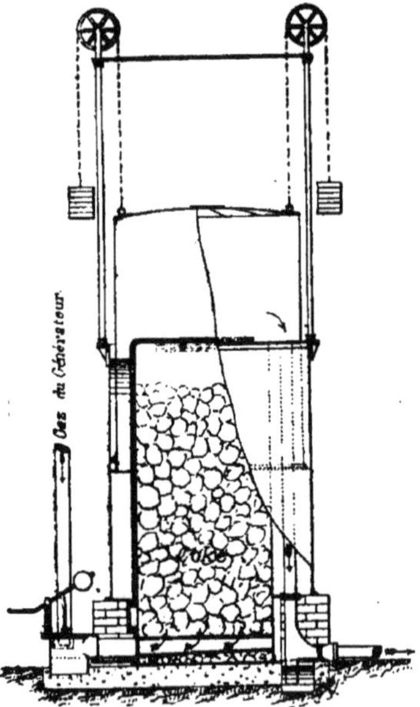

Fig. 234. — Dowson. Gazomètre épurateur.

234; l'eau, refoulée sous une pression de 2 à 3 atmosphères à travers le serpentin s de la chaudière c, s'y vaporise, et sa vapeur surchauffée pénètre dans le cendrier fermé g du générateur de gaz G, en entrainant en même temps, par l'injecteur i, l'air nécessaire à la production du gaz. Le gaz s'échappe du générateur par m, d'où il passe à travers une colonne de coke mouillé qui peut se trouver, au besoin, disposée, comme l'indique la figure 234 à l'intérieur du gazomètre. Le chargement du générateur se fait par la trémie a. La production du gaz est continue.

La dépense d'eau est de 150 gr. environ par mètre cube de gaz.

Il convient d'employer, pour la fabrication du gaz destiné aux moteurs, de l'anthracite, qui ne donne ni ammoniaque ni produits sulfurés et n'encrasse pas les machines. La composition moyenne du gaz d'anthracite est donnée, d'après M. Foster, par le tableau suivant.

COMPOSITION.	GAZ D'ÉCLAIRAGE.			GAZ DOWSON.		
	VOLUME à 0° c. et 760^{mm}	POIDS de 100 litres.	PUISSANCE calorifique de 100 litres.	VOLUME à 0° c. et 760^{mm}	POIDS de 100 litres.	PUISSANCE calorifique de 100 litres.
	p. 100	grammes	calories	p. 200	grammes	calories
Hydrogène	51,81	4,63	159,559	18,73	1,67	57,689
Hydrogène protocarboné ou gaz des marais. . .	35,25	25,20	329,187	0,31	0,22	2,899
Gaz oléfiant..	3,53	4,41	52,664	0,31	0,38	4,523
Oxyde de carbone. . . .	8,95	11,20	27,854	25,07	31,36	77,992
Acide carbonique.	»	»	»	6,57	12,91	»
Ogygène	0,08	0,11	»	0,03	0,04	»
Azote.	0,38	0,47	»	48,98	61,27	»
Totaux.	100,00	46,02	569,264	100,00	107,85	143,213

La puissance calorifique du gaz Dowson, qui renferme près de 60 p. 100 d'azote en poids, est donc environ quatre fois moindre que celle du gaz d'éclairage.

D'après une expérience de M. D. K. Clark, exécutée avec un petit appareil fournissant environ 30^{mc} de gaz par heure, on n'aurait dépensé que 2,3 grammes d'anthracite par mètre cube

de gaz produit, et 4^{m3},23 de ce gaz par cheval et par heure,
au frein d'un moteur Otto de 4 chevaux, ce qui correspond à une
dépense de 0^k,630 d'anthracite par cheval-heure.

Avec un appareil plus grand, produisant 70^{m3} par heure, on
est arrivé, dans un essai par MM. Crossley, à ne consommer
aussi, avec un moteur Otto de 30 chevaux, que 0^k,630 d'anthracite par cheval effectif et par heure.

Le gaz Dowson n'exige théoriquement, pour se brûler, que
1,10 fois environ son volume d'air, tandis que le gaz d'éclairage
en exige 5 à 5 1/2 volumes. On s'explique ainsi que le moteur
Otto puisse, avec un même volume de cylindre et de gaz Dowson,
développer à peu près le même travail qu'avec le gaz d'éclairage,
malgré sa plus grande puissance calorifique.

Il convient d'ailleurs, pour assurer l'allumage et conserver un
bon rendement du moteur avec le gaz Dowson, d'augmenter un
peu la compression. Elle atteint, dans certains moteurs Otto de
Crossley marchant au gaz Dowson, jusqu'à 3^{at},5, ainsi que l'indique le diagramme suivant (fig. 235).

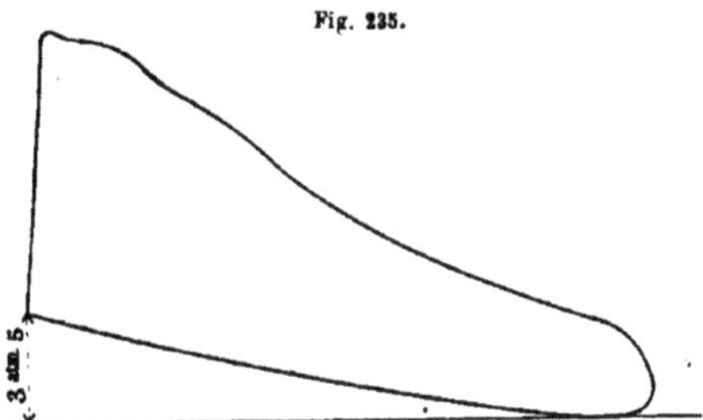

Fig. 235.

Le gaz Dowson a été à la suite de ces essais, l'objet d'une
application en grand pour l'actionnement des moteurs à gaz qui
font mouvoir l'importante usine de MM. Crossley, à Manchester.
Cette usine fabrique annuellement près de 2000 moteurs Otto.
On y a installé les appareils de M. Dowson en nombre suffisant
pour une force de 150 chevaux. L'installation comprend (fig. 236
et 237) : trois générateurs G alimentés par une chaudière C,
trois laveurs au coke L, et un gazomètre d'où le gaz se rend
aux machines.

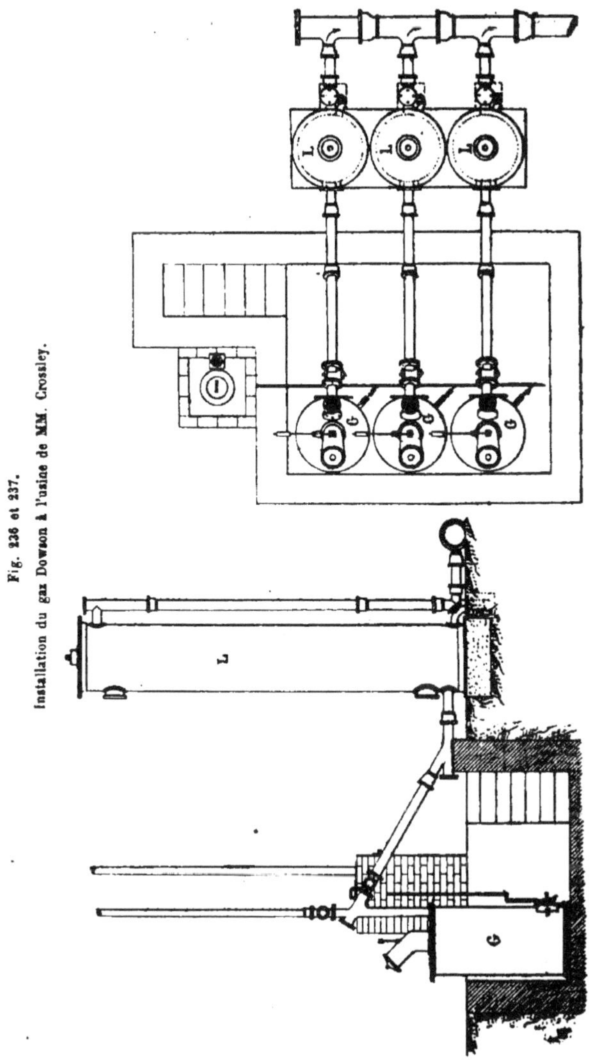

Il faut 45 minutes environ pour allumer complètement les générateurs.

APPENDICE

COMPLÉMENT DE LA PAGE 159

ANALYSE D'UN DIAGRAMME DE MOTEUR A GAZ OTTO
Par MM. AYRTON et PERRY.

MM. Ayrton et Perry ont publié, dans le « *Philosophical Magorme* », de juillet 1884, alors que la majeure partie de notre ouvrage était déjà imprimée, une remarquable analyse des diagrammes relevés sur un moteur Otto. Nous en donnons un résumé comme complément des expériences de MM. Brookes et Stewart p. 143.

La série de diagrammes qui fait l'objet du mémoire de MM. Ayrton et Perry a été relevée à Finsbury College, sur un moteur Otto de 6 chevaux marchant au gaz d'éclairage, présentant une chambre de compression égale aux 0,4 du volume total occupé par le mélange quand le piston se trouve au bout de sa course-avant.

La course du piston était de. . . . . 315 millimètres.
La longueur de la chambre de compression de. 275   »

Ces diagrammes sont groupés sur la figure 238 dans laquelle OA' représente la longueur l_0' de l'espace nuisible, et les abscisses, comptées à partir de A', les courses λ du piston, de sorte que les volumes v, occupés par le gaz derrière le piston, sont proportionnels aux longueurs

$$l = l_0' + \lambda,$$

comptées à partir du point O.

On remarquera que, si les courbes d'explosion ou d'allumage Q, E, F, G, varient beaucoup suivant la quantité de gaz admise, les courbes de détente et de compression restent sensiblement invariables.

Fig. 238.

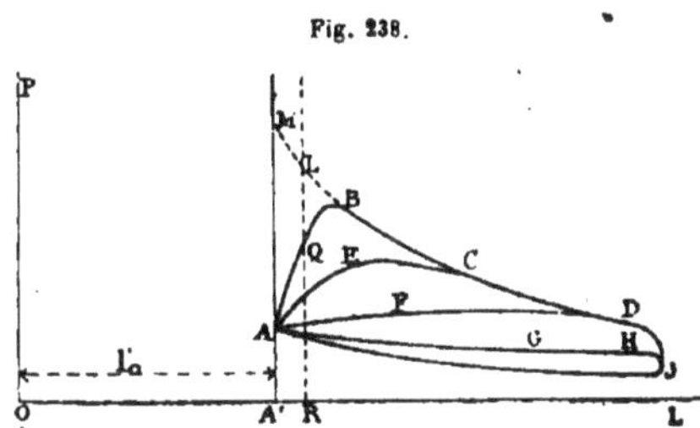

Équation des courbes de détente et de compression. Si la courbe de détente suit sensiblement la loi adiabatique

$$pv^x \quad \text{ou} \quad pl^x = \text{constante} = c,$$

d'où

$$\log p + x \log l = \text{constante} = k \quad \text{et} \quad \log C = k,$$

les points ayant pour ordonnées $\log p$ et $\log l$ doivent, se trouver ainsi que l'indique la figure 239, à peu près en ligne droite.

Fig. 239.

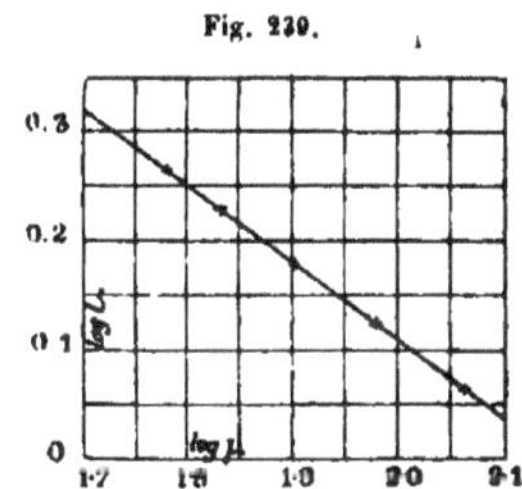

On trouve ainsi, en établissant le tracé de la figure 239 d'après celui des diagrammes,

$$\text{pour} \quad \log l = 0{,}313, \quad \log p = 1{,}7,$$
$$\text{»} \quad \text{»} = 0{,}0425, \quad \text{»} = 2{,}1,$$

d'où

$$1{,}7 + 0{,}313\ x = k,$$
$$2{,}1 + 0{,}0425\ x = k$$

et

$$x = 1{,}479,$$
$$k = 2{,}1629.$$

On a, en outre,

$$\log 145{,}5 = 2{,}1629.$$

On en tire, pour la courbe de détente, l'expression

$$pl^{1,479} = 145,5.$$

On trouve de même, pour la courbe de compression,

$$pl^{1,304} = 39,36.$$

La courbe de détente est donc plus inclinée et la courbe de compression moins inclinée que les adiabatiques

$$pv^{1,40}$$

$$pv^{1,37}$$

de l'air (p. 10) et du mélange (p. 149). La courbe de détente des diagrammes de MM. Perry et Ayrton est aussi notablement plus inclinée que celle de MM. Brookes et Steward, d'équation

$$pv^{1,336} \quad \text{(p. 152).}$$

Les quatre courbes de la figure 240 ont été obtenues en prenant pour abscisses les longueurs de course du piston et pour ordonnées les valeurs correspondantes des quotients

$$\frac{QR}{LR} \quad \text{(fig. 238)}$$

des pressions réelles par leurs ordonnées prolongées jusqu'à leur rencontre avec la courbe de détente continuée jusqu'en M.

Fig. 240.

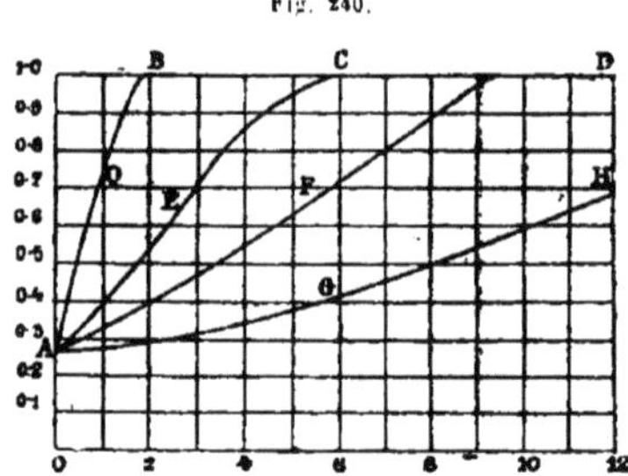

On voit que ces courbes réduites se confondent presque avec deux droites. On en déduit, pour les courbes de détente et de compression, une formule empirique de la forme

$$p = M \, l^{-1,479}(k' + n\lambda - \sqrt{(k - n\lambda)^2 + s}),$$

M, k, k', n et s étant des constantes; k et k' propres à tous les diagrammes M, s et n variant avec chaque diagramme.

Plus s est petit, plus les courbes réduites se rapprochent de droites; à limite lorsqu'elles coïncident avec des droites leurs équations deviennent :

pour la courbe d'allumage $\quad p = (a + b\lambda)kl^{-x}$
et pour la courbe de détente $\quad p = kl^{-x}$.

D'après nos diagrammes (p étant exprimé en livres par pouce carré et λ en pieds) :

$$k = 145{,}5, \quad x = 1{,}479,$$

$$a = 0{,}257.$$

Pour la courbe ABCD. . . $\quad b = 4{,}372,$
$\qquad\qquad\quad$ AED. . . . $\quad b = 1{,}457,$
$\qquad\qquad\quad$ AFD. . . . $\quad b = 0{,}782,$
$\qquad\qquad\quad$ ACH. . . . $\quad b = 0{,}313.$

Les constantes a et b se déterminent comme il suit, après avoir calculé, comme précédemment, les coefficients k et x.

Soient λ_1 la longueur de la course au moment où l'explosion du mélange
$\qquad$ est complète;

$\qquad p_0$ la pression au commencement de la course, en A, pour $\lambda = 0$
$\qquad$ et $l = l_0$.

On a

$$a = \frac{p_0}{k}\, l_0^m$$

et

$$a + b\lambda_1 = 1.$$

d'où

$$b = \frac{1 - a}{\lambda_1} = \frac{1 - \dfrac{p_0}{k} l_0^m}{\lambda_1}$$

Répartition de la chaleur du mélange. Si l'on désigne par A la surface du piston, le travail élémentaire du mélange sur le piston est donné par l'expression

$$A p\, dl$$

et la chaleur correspondante reçue par le fluide par

$$A q\, dl,$$

q étant la chaleur reçue par unité de longueur de la course l.

On a, d'autre part, en thermodynamique, la formule

$$q = \frac{1}{\gamma - 1}\left(\gamma p + l\frac{dp}{dl}\right) \quad \text{(p. 11 et 153),}$$

dans laquelle

$$\gamma = 1{,}37.$$

La courbe EFGH (fig. 241) a été tracée en portant comme abscisses les valeurs de q ainsi calculées d'après les diagrammes.

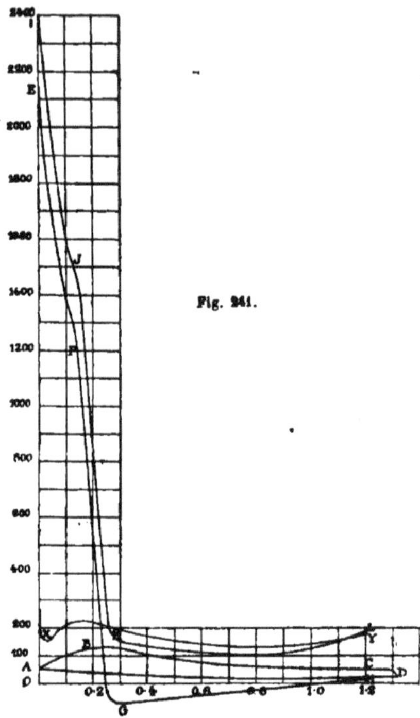

Fig. 241.

La chaleur reçue par le mélange, très intense à l'origine de l'explosion, diminue beaucoup vers la fin de l'explosion; elle devient même négative, c'est-à-dire que le fluide cède de la chaleur, en GH, pendant la détente.

La courbe de l'indicateur est reportée en ABCD; l'aire EFGH, représentant en pieds-livres la chaleur cédée au fluide, à la même échelle que le travail qu'il effectue se trouve figurée par le diagramme d'indicateur.

On peut encore déterminer la valeur q correspondant au point S du diagramme d'indicateur en menant par ce point (fig. 242) une tangente à la courbe du diagramme coupant l'ordonnée d'origine OP en R. On a alors

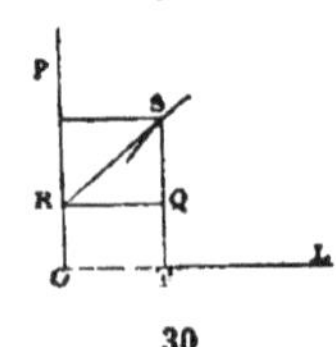

Fig. 242.

$$TS - TQ = l\,\frac{dp}{dl},$$

30

d'où

$$q = \frac{SQ + \gamma ST}{\gamma - 1}.$$

La formule

$$p = kl^{-x}$$

permet enfin de déterminer théoriquement q pour la courbe de détente, par l'expression

$$q = \frac{\gamma - x}{\gamma - 1}\, p.$$

La courbe expérimentale GH ne coïncide pas exactement avec cette détermination.

Répartition de l'énergie totale du mélange. Le travail équivalent à la chaleur totale H reçue par le fluide pendant la course $l_1 - l_2$ du piston est donné par l'intégrale

$$H = A \int_{l_1}^{l_2} q\,dl = \frac{a}{\gamma - 1}\,(p_2 l_2 - p_1 l_1) + A \int_{l_1}^{l_2} p\,dl.$$

On trouve ainsi que H est égal à 3,45 fois le travail W indiqué par le fluide :

$$H = 3{,}45\,W.$$

La chaleur conservée par le fluide à l'entrée de l'échappement est égale à 1,94 W. MM. Perry et Ayrton admettent qu'il en emporte 1,57 W; de sorte qu'une chaleur de $1{,}94 - 1{,}57 = 0{,}37$ W se communique aux parois du cylindre.

On arrive ainsi à la répartition suivante de l'énergie totale du fluide :

1,38 W, travail de la course motrice jusqu'à l'ouverture de l'échappement anticipé;

0,14 W, travail de la course motrice, après l'échappement;

2,31 W, chaleur cédée au cylindre pendant la course motrice par rayonnement, avant l'ouverture de l'échappement anticipé;

0,14 W, chaleur de la combustion du mélange après l'ouverture de l'échappement, rayonnée au cylindre;

1,57 W, chaleur emportée dans le tuyau d'échappement;

0,37 W, chaleur cédée au cylindre après l'échappement, en partie par le frottement dans la soupape d'échappement, en partie pendant les 3/4 des parties inertes du cycle.

Le *rendement organique* est, en moyenne, de 8 p. 100, de sorte que l'on dépense 0,2 W environ à vaincre les frottements du moteur.

Prenant pour la température des gaz à l'échappement 410°, et après la compression 120°, d'après les expériences de Brookes et Steward, on trouve que la température maxima des gaz peut atteindre 1900°.

Il est facile de calculer, d'après ces données, la température t du gaz aux différents points du diagramme, suivant la formule

$$pv = R\tau.$$

La température t de l'eau de circulation était, à la sortie, de 60°, on obtient, en admettant que la perte de chaleur par les parois est, pendant un élément de temps $d\theta$, sensiblement proportionnelle à t, la courbe AB de la figure 243,

Fig. 243.

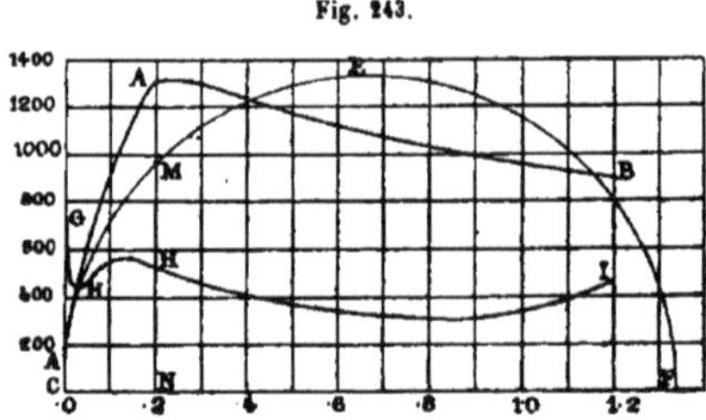

dont les ordonnées sont proportionnelles aux valeurs de

$$\frac{dH}{d\theta},$$

correspondant aux courses λ du piston, portées aux abscisses.

Or, on a

$$\frac{dH}{d\lambda} = \frac{\dfrac{dH}{d\theta}}{\dfrac{d\lambda}{d\theta}}$$

et

$$\lambda = r(1 - \cos \alpha\theta),$$

r étant le rayon de la manivelle,

α l'angle qu'elle décrit dans l'unité de temps;

d'où

$$\frac{d\lambda}{d\theta} = 2\alpha \sin \alpha r,$$

c'est-à-dire, que $\dfrac{d\lambda}{d\theta}$ est proportionnel aux ordonnées du demi-cercle CEF, de rayon r.

La courbe GHI, obtenue en prenant pour ordonnées les rapports

$$\frac{AM}{HN}$$

des ordonnées de la courbe AB à celles du demi-cercle, représente l'absorption de la chaleur par le cylindre aux différents points de la course, par unité de longueur de cette course, de sorte que l'aire CGHIF représente la perte totale de chaleur au cylindre pendant une course.

Cette courbe a été reportée à l'échelle réduite en XLY, sur la figure 241, de sorte que la courbe IJKY, dont les ordonnées sont la somme de celles des courbes EFGH et XLY, représente la chaleur *totale* de la combustion du mélange.

ADDITIONS

Allumage.

Hutchinson (fig. 20, pl. 8). Quand le tiroir d'allumage descend, la petite soupape à boulet située à sa partie inférieure se soulève et laisse le mélange primitivement aspiré en 23 pénétrer en 32, à travers des ouvertures latérales ménagées dans le siège supérieur du boulet. Ce mélange, enflammé au contact du bec 35, est ensuite transporté, par 31, en présence de la lumière d'allumage 36.

Edwards (fig. 24, pl. 34). La flamme du clapet principal f est soutenue par une flamme auxiliaire r également aspirée à travers un clapet.

Dans le dispositif représenté par la figure 25, le gaz admis par d, puis allumé par e brûle dans le robinet d'allumage ; les produits de la combustion s'échappant par f quand ce robinet occupe la position A. Lorsque le robinet occupe la position B, f est fermé, d et e sont presque fermés ; en G, ces orifices sont complètement fermés et le robinet mis en rapport, par g' avec le cylindre moteur, lui communique sa flamme.

Fielding (fig. 20 à 20, pl. 45). Ce dispositif permet d'allumer par incandescence le mélange de plusieurs cylindres mis successivement en communication avec les tubes B_1 B_2 et B_3 (fig. 21), ou, par C (fig. 22 et 23) et par D_1 D_2 et D_3, avec un seul tube B, porté au rouge par une flamme unique A.

Dans la seconde disposition de M. Fielding, représentée par les figures 10 et 11 de la planche 43, le piston A' ouvre E vers la fin de sa course de compression, un peu avant de fermer E'. Le mélange conprimé en A (fig. 9) passe alors, par l'étranglement variable E_2 et le tube H dans, l'ampoule de platine G, portée au rouge, s'y enflamme et vient se projeter par E dans le cylindre moteur A, dès que le piston, parvenu à l'extrémité de sa course de compression, découvre le conduit E_1. Le tube G, enfermé dans une enveloppe réfractaire F_1 G_1, est porté au rouge par une flamme de Bunsen I F_2.

Hale (fig. 3, pl. 49). La pompe de dosage du moteur de Hale sert aussi à l'allumage. La flamme du brûleur o (fig. 2) aspirée dans l'espace x_2 (fig. 3) développé par l'écartement des pistons J et P, allume le gaz qui, primitivement admis en i par t_3, sort en x_2 par k'. Le piston j recouvre ensuite l'orifice o, après que n a mis x_2 en communication avec le conduit d'équilibre t. Le mélange enflammé dans x_2 est ensuite refoulé par la poussée de D P, coulissant sur p' dans le conduit d'allumage e (fig. 2).

Mélangeurs.

Kœrting (fig. 1 à 3, pl. 65). Les figures indiquent suffisamment le mélange de l'air et du gaz tourbillonnant autour de la soupape M.

Atténuateurs.

Atkinson (fig. 9, fig. 47). M. Atkinson interpose, sur le trajet 3 et 4 du mélange refoulé au cylindre moteur, un piston libre 1 chargé, par 5 et 2, d'air ou de mélange comprimé qui cède et amortit les chocs en cas d'explosion intempestive.

Compression variable.

Allcock (fig. 5 et 6, pl. 62). La compression dans le réservoir accumulateur C varie suivant le calage de la coulisse d_t ou de l'excentrique y, qui mènent le levier d_t commandant la soupape d'aspiration e (fig. 2). Ce calage est fixé par le boulon j.

Régulateurs.

Haigh et Huttall (fig. 2, pl. 43). Agit, par interposition ou retrait d'une palette t', entre le talon du tiroir et la tige de la valve à gaz k.

Distributeurs.

Hugon (fig. 6 et 9, pl. 53). Le tiroir L, mu par les taquets t et t' de K, reçoit par V V_t (fig. 8), l'injection d'eau et par $V_t V_t$ et $V_t V_t$ l'air et le gaz.

Dans la disposition représentée par la figure 8, l'allumage a lieu au centre par deux brûleurs alimentés d'air en a. L'échappement se fait par dd et l'admission en m.

FIN

INDEX ALPHABÉTIQUE

S